Martín Iriondo

INTRODUCCIÓN A LA GEOLOGÍA

Con ejemplos latinoamericanos

Editorial Brujas

Título: *Introducción a la Geología. Con ejemplos latinoamericanos*

Autor: Martín Iriondo

```
Iriondo, Martín H.
    Introducción a la Geología : con ejemplos latinoamericanos / Martín
H. Iriondo. - 3a ed.- Córdoba : Brujas,
    2020. 320 p. ; 25 x 17 cm.

    1. Geología. I. Título.
    CDD 551.09
```

© De todas las ediciones, Martín Iriondo
© 2020 Editorial Brujas
1° Edición.
Impreso en Argentina

Queda hecho el depósito que marca la ley 11.723.
Ninguna parte de esta publicación, incluido el diseño de tapa, puede ser reproducida, almacenada o transmitida por ningún medio, ya sea electrónico, químico, mecánico, óptico, de grabación o por fotocopia sin autorización previa.

www.editorialbrujas.com.ar publicaciones@editorialbrujas.com.ar
Tel/fax: (0351) 4606044 / 4691616– Pasaje España 1486 Córdoba–Argentina.

Índice

Prefacio a la primera edición -------------- 9
    NOTA A LA SEGUNDA EDICIÓN...11
    PREFACIO A LA TERCERA EDICIÓN..12
    PREFACIO A LA CUARTA EDICIÓN 13
    PREFACIO A ESTA EDICIÓN 14

1. La Tierra, la Geología y los minerales--15
    EL UNIVERSO Y EL SISTEMA SOLAR...16
    LA TIERRA 21
    LOS MINERALES 24
    DESCRIPCIÓN DE ALGUNOS MINERALES IMPORTANTES........................30

2. Dinámica interna de la Tierra ----------33
    EL NÚCLEO TERRESTRE 33
    LA MESOSFERA 34
    LA ASTENOSFERA 35
    LA LITOSFERA 36
    LA PLACA OCEÁNICA DEL CARIBE 42
    EVOLUCIÓN DE LA CORTEZA OCEÁNICA 43
    EVOLUCIÓN DE LA CORTEZA CONTINENTAL..44

3. Procesos magmáticos ----------------------45
    LOS SILICATOS EN EL MAGMA 45
    LAS SUSTANCIAS VOLATILES EN EL MAGMA...46
    CLASIFICACION DE LAS ROCAS MAGMATICAS 47
    TIPOS DE MAGMA 47
    PLUTONISMO 49
    DIQUES Y FILONES 50
    EL LAHAR DE ARMERO 54
    TEXTURA Y ESTRUCTURA 55

4. Procesos metamórficos --------------------57
    CAUSAS DEL METAMORFISMO 57
    CONDICIONES AMBIENTALES DEL METAMORFISMO 58
    MINERALES METAMÓRFICOS 59
    METASOMATISMO 60
    METAMORFISMO DINÁMICO 60
    METAMORFISMO TÉRMICO 61
    METAMORFISMO DINAMOTÉRMICO 62
    ESTRUCTURAS DEL METAMORFISMO DINAMOTERMICO 63
    INTENSIDAD DEL METAMORFISMO 63
    FACIES METAMÓRFICAS 65
    METAMORFISMO PROGRESIVO Y RETRÓGRADO....................................65
    METAMORFISMO REGIONAL 66
    ALGUNAS ROCAS METAMÓRFICAS 66

5. Geología estructural ----------------------69
    PROPIEDADES FÍSICAS DE ROCAS Y SEDIMENTOS..................................69
    LOS SISMOS 72
    ESCALAS DE RICHTER Y DE MERCALLI 73
    LAS ROCAS COMO CUERPOS GEOLÓGICOS 74
    GEOMETRÍA DE LOS PLIEGUES 76
    GEOMETRÍA DE LAS DIACLASAS 77
    GEOMETRÍA DE LAS FALLAS..79

GEOLOGÍA DE LOS PLIEGUES	80
ENTORNO GEOLÓGICO DE LAS DIACLASAS	82
GEOLOGÍA DE LAS FALLAS	82
MANTOS Y ESCAMAS	84
OROGENIAS	85

6. Meteorización — 87

EFECTOS DE LA ATMÓSFERA SOBRE LAS ROCAS	87
METEORIZACIÓN FÍSICA	88
METEORIZACIÓN QUÍMICA	92
METEORIZACIÓN BIOLÓGICA	93
METEORIZACIÓN ANTRÓPICA	93
SERIES DE METEORIZACIÓN	94
PRODUCTOS DE LA METEORIZACIÓN	94
LAS SALES DISUELTAS	94
LOS MINERALES ARCILLOSOS	95
LOS RESIDUOS INALTERADOS	98
EL SUELO	100
LOS SEDIMENTOS CLÁSTICOS	101
LOS BLOQUES	102
LOS CANTOS RODADOS	103
EL LIMO	105
LOS COLOIDES	107
COMPOSICIÓN	108
PROPIEDADES DE LOS COLOIDES	109

7. Movimientos en masa — 113

TIPOS DE MOVIMIENTOS EN MASA	114

8. Procesos aluviales — 121

PROPIEDADES FÍSICAS DEL AGUA	121
EROSIÓN	123
TRANSPORTE DE SEDIMENTOS	124
DINÁMICA DEL AGUA SOBRE LA SUPERFICIE DE LA TIERRA	128
PROCESOS ALUVIALES EN ZONAS DE MONTAÑA	129
PROCESOS ALUVIALES EN ZONAS DE PIE DE MONTE	130
PROCESOS ALUVIALES EN ZONAS DE LLANURA	131
CAUCES TIPO RÍO DE LA PLATA	134
TERRAZAS FLUVIALES	134
CUENCAS FLUVIALES	135
EVOLUCION DE LAS CUENCAS FLUVIALES	140
EL VALLE DE YPACARAÍ	142
CUENCAS CERRADAS	145
CUENCAS DE LLANURA DE SUDAMÉRICA	145
LOS MEGA-ABANICOS – EL CASO DEL PILCOMAYO	149

9. Procesos eólicos — 151

PROPIEDADES FÍSICAS DEL AIRE	151
EROSION	152
TRANSPORTE DE SEDIMENTOS POR ARRASTRE	155
TRANSPORTE EN SUSPENSIÓN	161
LOESS CLÁSICOS Y NO CLÁSICOS	162
LOS LOESS SUDAMERICANOS	165
TRANSPORTE EN SOLUCIÓN	165
DESIERTOS	166
DUNAS COSTERAS	168
DISIPACIÓN DE DUNAS	168
EL SISTEMA EÓLICO PAMPEANO	168
CIRCULACIÓN GENERAL DE LA ATMÓSFERA	170

10. Procesos glaciales — 175
- PROPIEDADES FÍSICAS DEL HIELO ... 176
- EROSIÓN ... 178
- RÉGIMEN DEL GLACIAR Y TRANSPORTE DE SEDIMENTOS ... 179
- TIPOS DE GLACIARES ... 182
- DEPÓSITOS GLACIALES ... 185
- GLACIACIONES ... 188
- LOS CAMPOS DE HIELO PATAGÓNICOS ... 191

11. Procesos litorales — 193
- OLAS ... 193
- MAREAS ... 196
- TSUNAMIS Y ONDAS DE TORMENTA ... 197
- TSUNAMIS ... 197
- EROSIÓN ... 198
- PLAYAS, CORDONES Y ALBUFERAS ... 202
- ESTUARIOS Y MARISMAS ... 206
- DELTAS ... 208

12. Procesos marinos — 215
- EL OCÉANO ... 215
- CIRCULACIÓN GENERAL O TERMOHALINA ... 216
- EL FENÓMENO "EL NIÑO" ... 217
- CORRIENTES OCEÁNICAS ... 218
- EDAD DEL OCÉANO ... 218
- LA PLATAFORMA CONTINENTAL ... 219
- EL TALUD CONTINENTAL ... 220
- CORRIENTES DE TURBIDEZ ... 222
- LAS PLANICIES ABISALES ... 222
- LAS CORDILLERAS OCEÁNICAS ... 223
- LAS FOSAS ABISALES Y LOS ARCHIPIÉLAGOS EN ARCO ... 223
- LOS CORALES ... 224

13. Lagos, lagunas y pantanos — 227
- LOS LAGOS ... 228
- EL LAGO TITICACA ... 230
- EL LAGO MASCARDI ... 231
- EL SALAR DE UYUNI ... 232
- EL LITIO ... 232
- LAS LAGUNAS ... 234
- LOS PANTANOS ... 239
- LOS BAÑADOS ... 240
- LOS HUMEDALES ... 240
- EL PANTANAL DE MATO GROSSO ... 242
- LOS AMBIENTES LENÍTICOS DE LA REPÚBLICA ARGENTINA ... 244

14. Rocas sedimentarias — 247
- ROCAS CLÁSTICAS ... 248
- DESCRIPCIÓN DE ALGUNAS ROCAS CLÁSTICAS ... 250
- ROCAS ORGANÓGENAS Y QUÍMICAS ... 252
- ESTRUCTURAS SEDIMENTARIAS ... 255

15. Geología Histórica — 261
- ESTRATIGRAFÍA FÍSICA ... 262
- PALEONTOLOGÍA ... 265
- LOS FÓSILES DEL TERCIARIO Y EL CUATERNARIO EN SUDAMÉRICA ... 269
- HISTORIA GEOLÓGICA DE LA TIERRA ... 275
- ANALOGÍA ... 283
- ESQUEMA GEOGRÁFICO ACTUAL ... 284

16. Geomorfología — 283
- ASPECTOS BÁSICOS. 285
- GEOMORFOLOGÍA DE ESTRUCTURAS DE FRACTURAS. 287
- GEOMORFOLOGÍA DE ESTRUCTURAS PLEGADAS. 288
- LOS PEDIMENTOS O EXPLANADAS. 289
- EL KARST. 291
- PAISAJES VOLCÁNICOS 292
- REGIONES RIOLÍTICAS 293
- INFLUENCIA DEL CLIMA 293

17. Llanuras — 295
- SISTEMAS EXTERNOS QUE INFLUYEN EN LAS LLANURAS 296
- LLANURAS EOLICAS 299
- LLANURAS GLACIALES 300
- LLANURAS LACUSTRES 301
- LLANURAS ALUVIALES 301
- LLANURAS LITORALES 302

18. El agua subterránea — 303
- EL CICLO DEL AGUA EN LA NATURALEZA 305
- EL AGUA EN LA ATMÓSFERA 305
- EL AGUA EN EL SUBSUELO 310
- LA QUÍMICA DEL AGUA 311
- LAS CUENCAS HIDROGEOLÓGICAS 312
- EXPLOTACIÓN DE ACUÍFEROS 313
- EL AGUA Y LA SOCIEDAD HUMANA 315
- EL AGUA EN EL MUNDO 317

19. Geotecnia — 319
- INTRODUCCIÓN 319
- LA MECÁNICA DE SUELOS 319
- LA MECÁNICA DE ROCAS 325
- PROBLEMAS GEOLÓGICOS EN OBRAS DE INGENIERÍA 326
- MAPAS GEOTÉCNICOS 329

20. Cambios climáticos — 331
- LAS GLACIACIONES 334
- CAUSAS DE LOS CAMBIOS CLIMÁTICOS 335
- MÉTODOS DE ESTUDIO 337
- CAMBIOS CLIMÁTICOS EN SUDAMÉRICA 340
- CAMBIOS CLIMÁTICOS EN LA REGIÓN PAMPEANA 342

21. Bosquejo geológico de América del Sur — 345
- ESQUEMA GENERAL DE SUDAMÉRICA 347
- LOS TERRENOS ANTIGUOS 350
- LA CORDILLERA DE LOS ANDES 351
- NEOTECTÓNICA 353
- LAS GLACIACIONES 359
- LAS TIERRAS BAJAS INTERIORES 361
- MEGA-ABANICOS 362
- DEPÓSITOS EÓLICOS 364
- HUMEDALES 365
- LOS GRANDES RÍOS 367
- LA COSTA Y LA PLATAFORMA CONTINENTAL 368
- BANCO BURWOOD/NAMUNCURÁ 371
- LOS CLIMAS CUATERNARIOS 373
- LOS MEGA-ABANICOS DE LA AMAZONIA OCCIDENTAL 375
- EL CLIMA ACTUAL 376
- EL POLVO EÓLICO PATAGÓNICO EN LA ANTÁRTIDA 377
- EPÍLOGO - LO QUE VENDRA 378

PREFACIO
A La Primera EDICIÓN

Los que nos ocupamos de las Ciencias de la Tierra sabemos que la corteza terrestre provee la mayor parte de los materiales necesarios para nuestra vida civilizada. Y mientras más avancemos en el conocimiento de nuestra disciplina, mauyor será nuestro aporte a la Humanidad al proveerle materias primas abundantes y baratas.

Por otro lado, tenemos que reconocer que la Geología ocupa un lugar bastante humilde en el conjunto de las ciencias actuales, con sus prodigiosos descubrimientos y las tecnologías que sobrevienen casi de inmediato. Pensemos por ejemplo en la Física Nuclear, en la Genética o en la Cirugía. La revolución teórica que representa la Tectónica de Placas ha pasado desapercibida para el gran público (y para muchos geólogos también, para ser honestos).

Y sin embargo, debemos reclamar un puesto de honor en la Historia de la Ciencia. La Geología fue en realidad el origen de un método de pensamiento y de investigación cuyas consecuencias fueron inmensas y marcan a todo el progreso científico moderno: el concepto de la evolución de todas las cosas, el factor tiempo. Fue Nicolás Steno el que encendió la primera chispa en 1680, cuando descubrió que "si hay dos rocas superpuestas, la de abajo es más vieja que la de arriba". Este razonamiento, engañosamente modesto, es el fundamento de la relación entre la superposición de los terrenos y el tiempo, que permitió fijar la edad relativa de los fósiles y afirmar su antigüedad. Ello se produjo en el siglo siguiente, con el desarrollo de la Estratigrafía y la Geología Regional, al utilizarse los fósiles sistemáticamente para correlacionar rocas alejadas entre sí. También esto pasó desapercibido.

Cuando el factor tiempo y la información acumulada por la Paleontología fueron introducidos en la Biología, a mediados del siglo pasado, surgió la Teoría de la Evolución de las Especies de Darwin. Esto consstituyó un verdadero revulsivo en los ambientes intelectuales de la época, debido a sus derivaciones filosóficas y religiosas.

La Historia y la Sociología comenzaron en el siglo XIX a discernir el encadenamiento de los hechos en las sociedades humanas, lo que resultó en la síntesis del materialismo histórico de Marx, teoría que tuvo profundas consecuencias políticas en el siglo XX.

La Física fue una de las últimas ramas de la Ciencia en adoptar la noción de evolución y tiempo. Fue introducida por Einstein con la Teoría de la Relatividad, que entre otras consecuencias transformó el concepto del Universo y permitió la fabricación de bombas atómicas. Resulta superfluo repetir aquí que una guerra nuclear puede acabar con nuestra civilización en menos de una semana.

Yo daría lo que no tengo por saber qué pensaría el pobre Nicloás Steno de las consecuencias de su "modesto" descubrimiento, al darse cuenta quesi hay dos rocas sobrepuestas, la de abajo es más vieja que la de arriba. La primera reflexión es que pensar por cuenta propia puede resultar peligroso…

Este libro está destinado a estudiantes de primer año de Geología y disciplinas afines, sin conocimientos geológicos previos. Consta de 15 capítulos que forman tres grupos. El primero trata de Geodinámica Interna (1 a 5); el segundo desarrolla los temas de la Geodinámica Externa (6 a 13). El tercer grupo (14 y 15) trata los productos resultantes de la actuación de los procesos anteriores a lo largo de los tiempos geológicos, o sea las rocas sedimentarias y la historia de la Tierra.

Cada capítulo contiene en su primera parte un breve resumen de los mecanismos físicos, químicos o biológicos que provocan los efectos geológicos que se tratan en el mismo. Están citados a nivel de divulgación, para ser entendidos por cualquier lector sin conocimientos específicos.

El motivo fundamental que me impulsó a escribir este volumen fue la carencia de textos argentinos actualizados sobre el tema. Ya han pasado 32 años desde la aparición de la excelente obra de Petersen y Leanza, y la Geología ya no es la misma. El estuciante que se inicia en nuestra carrera se ve obligado a estudiar en textos traducidos de lenguas extranjeras, plagados de ejemplos exóticos, y generalmente no muy modernos. Y como mejor que decir es hacer, tomé la tarea por mi cuenta.

El Autor
Paraná, enero de 1985.

NOTA A LA SEGUNDA EDICIÓN

La presente edición se efectúa con motivo de la realización de las *Primeras Jornadas Geoambientales para Estudiantes Secundarios.* Los organizadoresde este evento, el Departamento de Geología de la Universidad Nacional de Río Cuarto, seleccionamos este libro para ser donado a los Colegios de Enseñanza Media participantes, considerando que se trata de un texto que en forma sencilla, clara y a la vez precisa da cuenta de los distintos fenómenos y procesos naturales que son motivode estudiio de las Ciencias Geológicas. Es de destacar que los ejemplos mencionados corresponden a lugares de nuestro país facilitando la ubicación geográfica del lector.

Finalmente es nuestro deber agradecer profundamente al autor del libro, Dr. Martín Iriondo, por haber facilitado sus originales con la sola motivación de poner a disposición de los jóvenes de su provincia de nacimiento este excelente texto introductorio a las Ciencias de la Tierra.

DEPARTAMENTO DE GEOLOGIA
UNIVERSIDAD NACIONAL DE RIO CUARTO
Río Cuarto, septiembre de 1993.

PREFACIO A LA TERCERA EDICIÓN

La tercera edición de este libro es un 20 % más amplia que las anteriores. Contiene párrafos de actualización incorporados en varios capítulos, y además dos capítulos nuevos (el 16 y el 17), que pertenecen temáticamente al tercer grupo, o sea que son sistemas que resultan de la actuación de las geodinámicas interna y externa a lo largo del tiempo geológico: Geomorfología y Llanuras. Se trata de temas de gran importancia en la Argentina y países limítrofes. Con los casos citados allí, los ejemplos geológicos de nuestro país que figuran en este libro llegan casi al centenar.

Como tantas cosas en este mundo, la preparación de esta edición tuvo numerosos contratiempos. El manuscrito quedó terminado un par de años después de aparecida la edición de Río Cuarto. En febrero del año 2000 lo entregué a la editorial de la UNL, pero el trámite quedó congelado porque también solicitamos (junto con D. Krohling) la impresión de un libro sobre el río Uruguay. Y el responsable de la editorial encontró que "dos libros de un mismo autor es inaceptable".

Pasó el tiempo, unos tres años. Las EDICIÓNes anteriores ya estaban agotadas. Entonces volví a la editorial para ver si se le podía levantar la prohibición al libro. Y encontré que se habían perdido todas las modificaciones introducidas al texto, y también habían desaparecido los dos capítulos nuevos. Rechazo plano, nítido y terso de la encargada de la imprenta: "Usted trajo sólo esto", exhibiendo el esqueleto de un libro viejo. Sin sombra de duda, sin echar una mirada al cajón de abajo o al estante olvidado… Me retiré impotente y "comiendo caca". Reconociendo mi derrota sin hidalguía, tuve que volver a empezar, buscando en borradores viejos, revolviendo apuntes y en la memoria de esos años; hasta que, a fin de 2006, la reconstrucción alcanzó un nivel razonable de actualización y coherencia (me parece).

El Autor
Paraná, diciembre de 2006.

PREFACIO A LA CUARTA EDICIÓN

La cuarta edición aparece con tres capítulos agregados: Agua subterránea, Geotecnia y Cambios climáticos. Me he dado cuenta que, al fin y al cabo, posiblemente la mayoría de los egresados de Geología pasa tarde o temprano por hacer algunos trabajos sobre agua subterránea o sobre Geología aplicada a la Ingeniería, y merece tener alguna noción de esos temas ya desde su primer año de estudio. En cuanto a los cambios climáticos, es notable que siendo un tema tan conversado en estos últimos años, el público en general (y hasta los naturalistas) tengan conocimiento de solo una pequeña parte de los posibles factores que los controlan; va un modesto pantallazo en el capítulo agregado a tal fin.

Varios capítulos han sido ampliados con ejemplos argentinos importantes, tales como descripciones geológicas y geomorfológicas del río Paraná, del lago Mascardi, de la región chaco,pampeana y otros. También las figuras han sido rehechas casi completamente, para adaptar el libro a la moderna estética digital. Esto fue hecho para atender las discretas sugerencias de varios usuarios y colegas docentes ("Sí, sí. El libro está bien, pero los dibujos son una porquería..."). Agradezco a los doctores Orfeo y Brunetto por su imprescindible ayuda.

El Autor
Marzo de 2009

PREFACIO A ESTA EDICIÓN

Esta edición de Introducción a la Geología está ampliada en varias decenas de páginas en comparación con las anteriores. Se han agregado temas generales, tales como sismos, sedimentos clásticos (entre éstos un tratamiento extendido sobre los coloides en Geología), la circulación general del océano y otros. Obviamente, a nivel introducción. El enfoque principal (o exclusivo) en la elección de ejemplos y casos típicos está centrado en regiones de América Latina, pues estoy convencido que en Ciencias Naturales, a diferencia con las Ciencias Exactas, cada continente acarrea implícitamente y en forma algo esfumada, la memoria de la historia de los cientos de millones de años transitados por su pedazo de planeta.

Es decir, a nosotros nos resulta mejor y aprendemos más claramente si nos ponen como ejemplo al río Paraná que al Misisipí. Y vamos a entender más rápidamente el origen del petróleo de Vaca Muerta que el de Arabia Saudita. De manera que, a riesgo de abundar, se ha agregado aquí el Capítulo 21, con 40 páginas dedicadas a presentar un bosquejo geológico de Sudamérica.

El Autor
Córdoba, febrero de 2020.

1
La Tierra, la Geología y los minerales

La Geología es la rama de las Ciencias Naturales que estudia la historia, la composición, la estructura y los procesos de la Tierra, más específicamente de las rocas que constituyen nuestro planeta desde la superficie hasta 100 ó 200 kilómetros de profundidad.

Como ciencia, la Geología aplica métodos y teorías de la Física, de la Química, de la Matemática y de la Biología, las cuales constituyen las principales **ciencias conexas**. Se han desarrollado con las mismas amplios temas de interés común, en los cuales no resulta nada fácil saber dónde termina una ciencia y dónde comienza la otra. Existen también otras ciencias conexas con la Geología, aunque de vinculación menos importante.

En realidad la Naturaleza es una sola y no existen límites reales entre distintas manifestaciones de la misma. Los límites entre las diferentes disciplinas científicas son arbitrarios, ideados para facilitar y simplificar el razonamiento de los seres humanos que se ocupan de ellas. Pero nunca pueden haber contradicciones entre los postulados y descubrimientos de dos ciencias diferentes.

Hay que tener en cuenta las consideraciones del párrafo anterior cuando se quiera entender la Geología. La Tierra es uno de los planetas del Sistema Solar, sujeto a procesos y transformaciones internos, con una corteza sólida compuesta por sustancias cristalinas denominadas **minerales**, que sufren modificaciones, alteraciones y hasta destrucción cuando las condiciones químicas o físicas se hacen desfavorables. En la mayoría de los casos las modificaciones se producen en la superficie del planeta, provocadas por la tenue pero agresiva envoltura gaseosa llamada **atmósfera**, o por la **hidrósfera**, capa líquida constituida por ríos y océanos.

EL UNIVERSO Y EL SISTEMA SOLAR.

De acuerdo a las teorías científicas actuales, el Universo en el que vivimos, con toda su materia y energía y todo su espacio, se originó en una tremenda explosión ocurrida hace aproximadamente 15.000 millones de años. Desde entonces se encuentra en expansión. Aunque contiene todos los elementos químicos que existen, el 99,9 % de los átomos y el 98 % de su peso corresponden al hidrógeno y al helio.

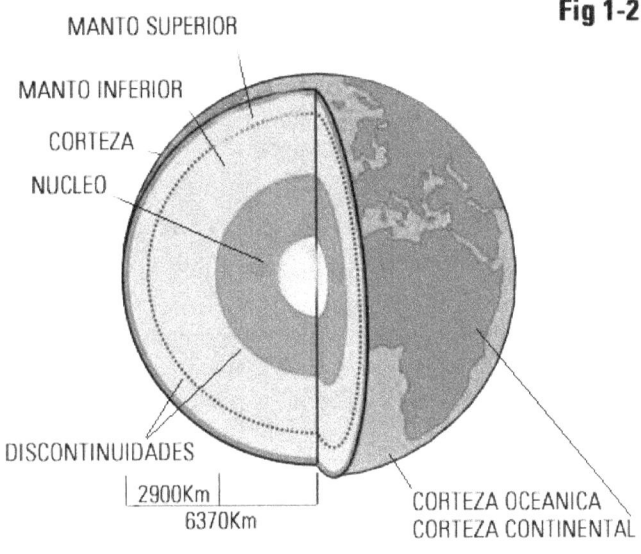

Fig 1-2

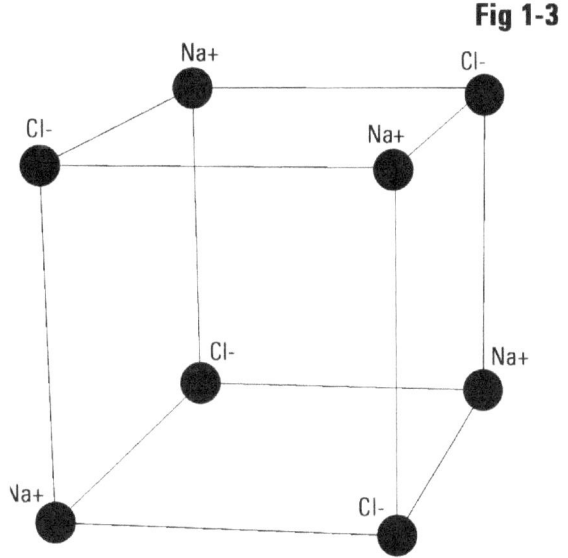

Fig 1-3

La mayor parte de la materia del Universo se encuentra concretada en enormes cúmulos de estrellas, denominados **galaxias**. Las galaxias tienen forma de elipses, de discos o de espirales de varios brazos (Fig. 1-1). El número de estrellas que hay en cada una de ellas es realmente difícil de imaginar. Nuestra galaxia, conocida desde tiempos remotos con el nombre de Vía Láctea, está formada por trescientas mil millones de estrellas. De acuerdo a los datos disponibles en este momento, nuestra galaxia se formó hace 10.000 millones de años.

El Sistema Solar - El Sol es una estrella de mediana magnitud y de brillo intermedio, ubicada en la zona externa de la galaxia. Describe un movimiento de circulación alrededor del centro de la misma, en la cual demora 200 millones de años.

El Sol es una estrella de "segunda generación", es decir, no se formó en el momento del nacimiento de la galaxia, sino que apareció a raíz de la explosión de una estrella más vieja. Esta explosión ocurrió hace unos 4.800 millones de años.

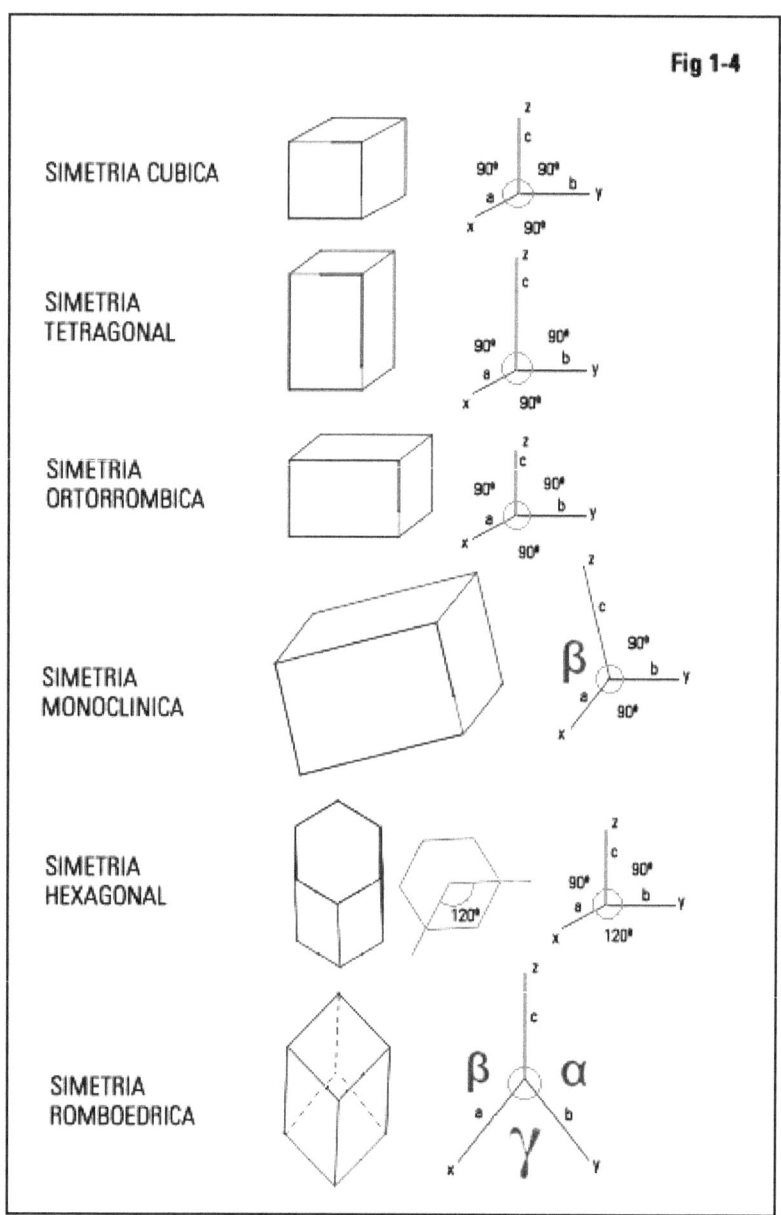

En dicho fenómeno explosivo, denominado "supernova", se formaron a partir del helio elementos pesados tales como silicio, carbono e hierro, que luego constituirían los planetas. El Sol pertenece a un tipo de estrellas que subsisten de 10.000 a 12.000 millones de años, hasta agotar toda su energía. O sea que ahora se encuentra aproximadamente en la mitad de su vida.

Alrededor del Sol giran cuerpos menores: planetas, asteroides y cometas, los más importantes de los cuales son los planetas. Relativamente cerca del Sol se encuentra los llamados "planetas interiores", Mercurio, Venus, la Tierra y Marte. Son pequeños y formados por masas rocosas semejantes al basalto; sus atmósferas tienen poco espesor. Comparados con el tamaño del Sol son ínfimos, La Tierra posee el 0,0005 de la masa solar.

Comparados con el tamaño del Sol son ínfimos. Sin embargo, el estudio de estos planetas ha permitido avanzar en el conocimiento del planeta Tierra, principalmente en lo que se refiere a sus primeras épocas.

Mercurio - Es el planeta más próximo al Sol y considerablemente más pequeño que la Tierra. Tiene una superficie basáltica sembrada de cráteres y un período de rotación (día/noche) de 59 días y da una vuelta alrededor del Sol en 88 días. Recibe del Sol unas cien veces más que la Tierra. Está compuesto en su mayor parte por hierro, con una capa externa de silicatos, por eso se cree que estuvo fundido al formarse y el enfriamiento produjo una segregación de sus materiales. No tiene atmósfera y es probable que no la haya tenido nunca.

Venus – El segundo planeta. Es muy parecido a la Tierra en sus datos astronómicos; su principal diferencia consiste en que tiene un año de 225 días y un período de rotación de 243 días. Tiene un período de rotación retrógrado, el Sol sale por el oeste y se pone por el este, pero un "día" de Venus dura alrededor de un "año". La superficie es semejante al fondo de los océanos terrestres: ligeramente ondulada en general, y con enormes volcanes sobresaliendo en algunos sitios. Este planeta está siempre cubierto de nubes; tiene una atmósfera más gruesa que el nuestro, lo que provoca un fuerte efecto invernadero que eleva la temperatura a unos 500 grados centígrados. Es un ambiente infernal, sumamente agresivo, donde se producen frecuentes lluvias de ácido sulfúrico.

Marte - Se encuentra por fuera de la órbita terrestre. Su tenue atmósfera permite ver la superficie, de color rojizo debido al óxido de hierro. Tiene un día de 24 horas y un año de687 días. Es un planeta geológicamente complejo, con dos hemisferios geomorfológicamente diferentes, con llanuras en el norte y un territorio cubierto de cráteres en el sur. Tiene dos casquetes polares, probablemente formados por hielo de anhídrido carbónico (se supone que existe agua congelada en el subsuelo). Existen volcanes mucho más grandes que los de la Tierra (hasta 27.000 metros de altura) y valles fluviales formados en épocas geológicas pasadas. Igual que Mercurio, Venus y la Tierra, está formado por un núcleo de hierro rodeado por un manto de silicatos.

El Cinturón de Asteroides – Por fuera de la órbita de Marte (entre Marte y Júpiter) giran alrededor del Sol en forma bastante caótica unos cien mil "asteroides", cuerpos pequeños rocosos y metálicos que no llegaron a aglutinarse en un planeta durante la época en que nacieron la Tierra y los otros similares. El tamaño de los asteroides varía entre menos de un kilómetro y mil kilómetros. Los asteroides tienen un especial interés para los astrónomos y cosmólogos, pero también para los geólogos: Hace 65 millones de años uno de estos objetos, de "solo" diez kilómetros de diámetro chocó contra la Tierra y provocó un cataclismo que extinguió a los dinosaurios y a la mayor parte de las especies animales y vegetales del planeta. Se estima que un evento similar a ese ocurre una vez cada doscientos millones de años (estadísticamente).

Los planetas se formaron por acreción de pequeños volúmenes de roca, denominados "planetesimales", en un período de pocos millones de años. Los meteoritos que caen esporádicamente hoy en día a la Tierra son un ejemplo del tamaño y composición de los planetesimales.

Más hacia afuera se encuentran los "planetas exteriores", Júpiter, Saturno, Urano y Neptuno, cientos de veces más voluminosos que los interiores. Son, por otra parte, mucho menos densos que aquellos; están compuestos en su casi totalidad por hidrógeno líquido caliente. Están a su vez acompañados por grandes satélites rocosos cubiertos por hielos de amoníaco, de agua y de dióxido de azufre.

Júpiter – Es el gigante de los planetas. Su masa es el doble de todos los demás planetas juntos. En realidad, Júpiter es solamente un poco más pequeño de lo que debería ser una estrella, donde se desata la fusión nuclear y se produce energía en forma autónoma; en ese sentido, Júpiter es una "cuasi-estrella" y en su interior ocurren algunos fenómenos típicos de las estrellas. Tiene una gran velocidad de rotación; Se mueve con una velocidad de 13 kilómetros por segundo en su órbita, que se halla cinco veces más lejos del Sol que la de la Tierra; su año es doce veces el año de nuestro planeta. Debido a su gran masa, Júpiter provoca notables alteraciones en el resto de los planetas, y sobre todo en los asteroides que destruyen los ecosistemas terrestres cada 200 millones de años.

Saturno – Es el segundo más grande planeta del sistema Solar, y se parece a Júpiter en muchos aspectos. Tiene varias lunas y un gran sistema de anillos, formados por bloques de hielo, que lo identifican. De acuerdo a las teorías vigentes en la actualidad, los anillos serían inestables y desaparecerían en pocos cientos de miles de años. Saturno tiene también atmósfera, compuesta por Nitrógeno y metano. Alguna de sus lunas contienen grandes cantidades de agua y pueden albergar vida.

Urano – Tarda 84 años terrestres en dar la vuelta al Sol y tiene por lo menos cinco lunas. Es muy achatado y su día dura 17 horas. Podría tener un núcleo de hierro y una capa de rocas cubiertos por hielo de agua.

Neptuno – Es el último planeta comprobado. Tiene una importante fuente interna de calor y su día dura 18 horas. Por fuera de él orbita Plutón, un cuerpo celeste del cual se duda que sea realmente un planeta: podría ser también un asteroide lanzado a su curiosa órbita actual por una perturbación de Júpiter.

Cometas – Los cometas son cuerpos pequeños, que generalmente tienen pocos kilómetros de diámetro. Están formados por una masa esponjosa de hielo y polvo estelar y se encuentran normalmente en la "Nube de Oort", un conjunto caótico y enorme de estos cuerpos que rodea al sistema solar a distancias muy grandes. En esa región los cometas están inactivos y son simples bloques de cascajo. Cuando alguno de ellos se desvía de su órbita y cae en el interior del sistema, el calor del Sol sublima el hielo (pasa de sólido a gas directamente) y se forma una corona o "coma" alrededor de varios miles de kilómetros de diámetro, y una "cola" mucho mayor, que lo hace visible en el espacio nocturno. Actualmente se discute si los cometas pueden haber contribuido a originar la vida en la Tierra, al acarrear hacia aquí moléculas orgánicas complejas.

LA TIERRA

La Tierra es un cuerpo muy parecido a una esfera, levemente achatado en los polos, que mide 12.740 kilómetros de diámetro; su superficie es de 510.000.000 km^2 y su diámetro ecuatorial 40.076 km. Está compuesta básicamente por **núcleo** metálico y un **manto** rocoso que lo cubre. El manto, a su vez, está cubierto por una **corteza** sumamente delgada, también formada por rocas. La estructura general de la Tierra es, por lo tanto, una serie de capas superpuestas. La densidad de las mismas aumenta desde arriba hacia abajo. Las capas están separadas unas de otras por **discontinuidades** (Fig. 1-2).

En el comienzo la Tierra era una bola indiferenciada de roca caliente, que incluía metales pesados, silicatos y gases diversos, entre éstos últimos el agua. Comenzó luego a calentarse más por descomposición de elementos radiactivos a lo largo de cientos de millones de años, hasta alcanzar el punto de fusión del hierro (1.538 grados centígrados en superficie) originando la *catátrofe del hierro*. Al fundirse, el hierro y otros materiales pesados se hundieron hacia el centro del planeta. Los silicatos y otras rocas máas livianas, también el agua y el aire, se segregaron hacia arriba convirtiéndose en el manto y la corteza. Este proceso se denomina *diferenciación planetaria*. Los elementos que se disuelven en hierro, llamados "siderófilos", se acumularon en el núcleo; entre ellos figuran el oro, el platino y el cobalto. También el azufre: el 90 % del azufre de la Tierra se encuentra en el núcleo.

El núcleo terrestre - Actualmente el núcleo está compuesto por dos partes: el núcleo externo fundido y el núcleo interno sólido. El límite que separa estas regiones se denomina *discontinuidad de Bullen*. Es la capa más caliente, que llega a seis mil grados centígrados, temperatura similar a la de la superficie del Sol. El núcleo externo tiene 2.200 kilómetros de espesor y está principalmente compuesto por hierro y níquel. Su temperatura varía entre 4.500 y 5.500 °C. Esa mezcla fundida tiene baja viscosidad y sufre violentos procesos de convección, lo que produce el campo magnético de la Tierra.

El núcleo interno es una esfera compuesta principalmente por hierro; su temperatura es de aproximadamente 5.200 °C y la presión en el centro es de casi 3,6 millones de atmósferas. La temperatura es muy superior al punto de fusión del hierro en superficie, pero la intensa presión impide que se derrita. Este núcleo interno gira hacia el este en forma independiente al resto del planeta en forma algo más rápida, completando una rotación relativa cada mil años.

El **núcleo** llega hasta el centro de la Tierra, a 6.370 km. de profundidad. Está compuesto por metales, principalmente por hierro y níquel. Su densidad es de 10,7 gr./cm^3. Su temperatura se estima en 5000°C. La Tierra en su conjunto tiene una densidad de 5,5 gr./cm^3 y la presión es de 3,3 millones de atmósferas a 5000 kilómetros de profundidad.

El núcleo está compuesto por dos partes. El núcleo externo forma una capa fundida que se extiende desde los 2900 Km hasta los 5100 Km de profundidad. Este metal fundido posee las propiedades de un líquido muy viscoso, con corrientes de convección que llegan desde su base hasta su techo, y un flujo permanente de oeste a este. La convección transfiere calor del núcleo al manto. El núcleo interno es sólido; está compuesto por minerales metálicos cristalizados y tiene alrededor de 1200 kilómetros de espesor. Su composición no es homogénea. La particularidad más notable del núcleo interno es que gira a mayor velocidad que el resto del planeta; esta diferencia de velocidad se estima entre 1 y 3 % lo que, medido en superficie, son más de cien kilómetros por día. Su eje de rotación tiene un ángulo de 10° con respecto al eje terrestre.

La interacción dinámica entre el núcleo interno, el núcleo externo y el manto constituye una "dínamo", que produce el campo magnético terrestre. Dicho campo es 100 veces más fuerte en el núcleo que en la superficie de la Tierra.

El manto - El **manto** está compuesto por silicatos de hierro y magnesio, que forman rocas llamadas eclogitas, tienen una densidad media de 4,5 gr./cm^3. Se extienden desde la corteza hasta 2.900 kilómetros de profundidad. Presenta una discontinuidad interna a 700 km. de profundidad, que separa el manto superior del manto inferior. La composición química de ambos es la misma; el manto superior es algo menos denso, porque se encuentra parcialmente fundido y sus minerales tienen una estructura más abierta que los del manto inferior. El manto inferior se denomina también **mesosfera.**

En el manto superior existen dos discontinuidades internas, de menor categoría que las que lo separan de la corteza y del manto inferior. Una de ellas se encuentra a 410 kilómetros de profundidad, y está producida por la transformación de un silicato (olivino) en otro silicato más denso (espinelo-b) debido a la enorme presión producida por el peso de las rocas de arriba. A 660 Km de profundidad se encuentra otra discontinuidad menos conocida.

La corteza - La **corteza** está formada por dos componentes. Uno de ellos es el "Sima" o corteza basáltica, compuesto por rocas ricas en silicio y magnesio, de color oscuro, que recubre completamente al manto. Tiene una densidad cercana a 3 gr./cm^3. El otro es el "Sial", o corteza granítica, compuesto por rocas ricas en silicio y aluminio, de densidad igual a 2,7. La corteza granítica forma masas discontinuas, que sobresalen de la superficie general y constituyen los continentes (Fig. 1-2). La corteza terrestre tiene un espesor de unos 10 km. debajo de los océanos y de 35 a 70 km. en los continentes. Está compuesta casi en su totalidad por ocho elementos químicos, de los cuales el oxígeno y el silicio forman la mayor parte. Obsérvense los porcentajes:

	Porcentaje en peso	Porcentaje en volumen
Oxígeno	46,60	93,77
Silicio	27,72	0, 86
Aluminio	8,13	0,47
Hierro	5,00	0,43
Magnesio	2,09	0,29
Calcio	3,63	1,03
Sodio	2,83	1,32
Potasio	2,59	1,83

El volumen total de nuestro planeta está distribuido de la siguiente manera:

	%
# Corteza	2,7
# Manto superior	24,9
# Manto inferior	56,3
# Núcleo externo	15,4
# Núcleo interno	0,8

LOS MINERALES

Se denomina **mineral** a toda sustancia inorgánica originada por procesos naturales en la corteza terrestre, con propiedades físicas constantes y composición química definida.

Los cristales - La propiedad más significativa de los minerales es que se encuentran en "estado cristalino", con sus átomos dispuestos en redes espaciales geométricamente regulares y simétricas, donde cada átomo se encuentra en una posición fija, en equilibrio eléctrico y mecánico con los átomos que lo rodean. Los cuerpos así formado se denominan **cristales**. Un ejemplo sencillo de cristal lo representa la sal común (ClNa), donde los átomos de cloro y de sodio forman los vértices de un cristal cúbico (Fig. 1-3).

Existen cristales de muchas formas, a las que se pueden agrupar en varios "sistemas". La sal común, por ejemplo, cristalizada en el sistema **cúbico,** el cuarzo en el sistema **exagonal.** Existen además los sistemas **ortorrómbico, monoclínico, triclínico, tetragonal,** y **romboédrico,** caracterizados por distintos tipos de simetría (Fig. 1- 4).

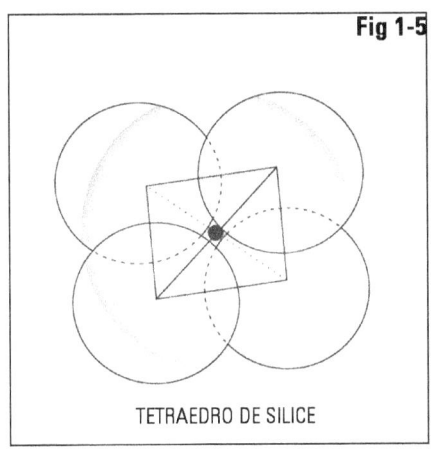

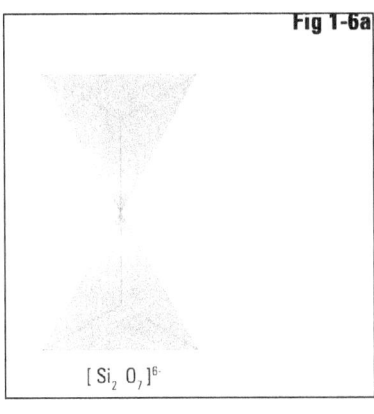

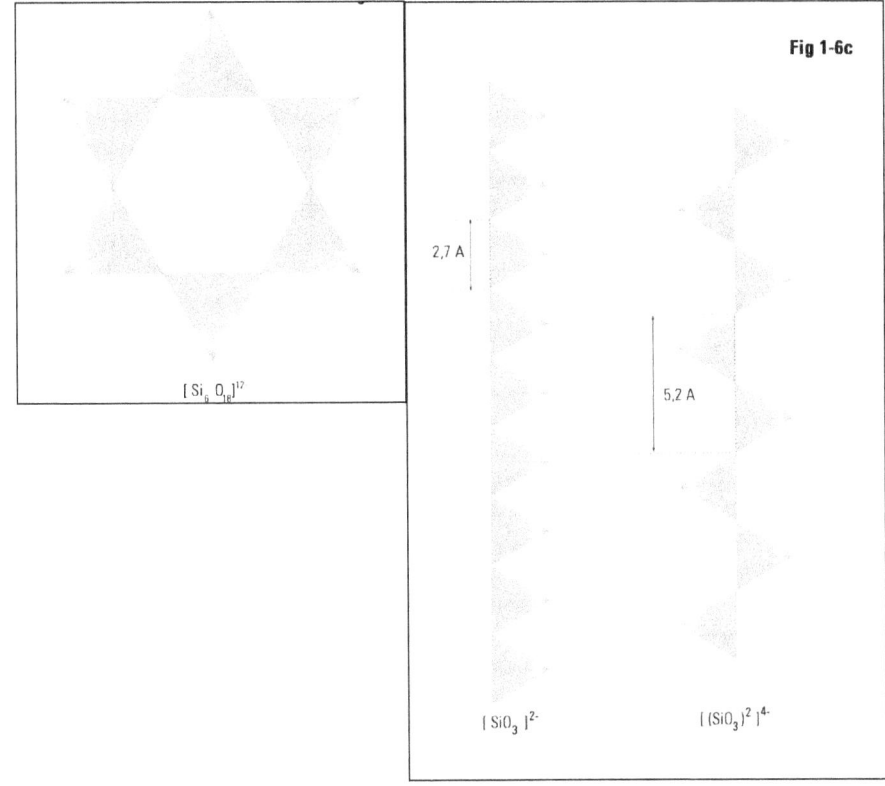

El hecho de que la inmensa mayoría de los minerales se encuentre en estado cristalino, se debe a que toda materia tiende a alcanzar el equilibrio con el ambiente que la rodea. Para ello, los átomos intentan acomodarse de tal manera que la energía libre del sistema sea mínima. En el estado sólido esta disposición es siempre una estructura cristalina, geométricamente regular. Existen también raros minerales sin estructura cristalina; se los denomina **amorfos**.

Los **enlaces** que mantienen unidos a los átomos de las sustancias minerales son responsables de algunas características de las mismas. Existen cuatro tipos de enlace: El enlace metálico, muy fuerte, es el responsable de la cohesión de los metales. El enlace homopolar o coordenado se presenta en el diamante y algunos otros cristales duros. El enlace iónico, más débil, es característico de minerales como la sal y el yeso. El enlace residual o de van der Walls, es muy débil, responsable de la fijación de los cationes en las arcillas.

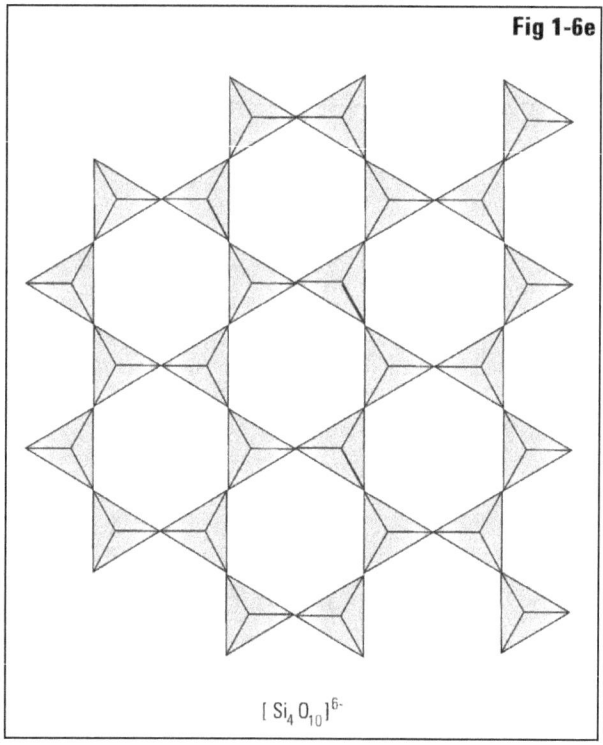

Fig 1-6e

$[Si_4O_{10}]^{6-}$

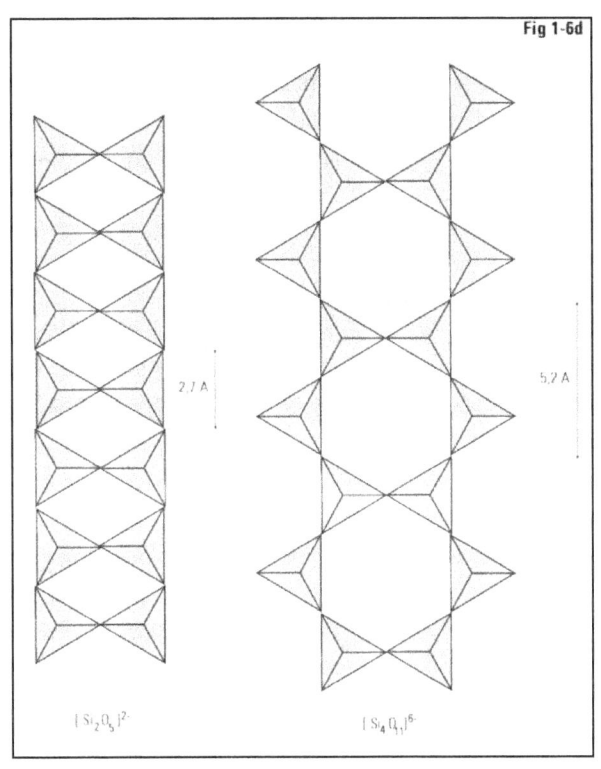

Fig 1-6d

$[Si_2O_5]^{2-}$ $[Si_4O_{11}]^{6-}$

2,7 Å   5,2 Å

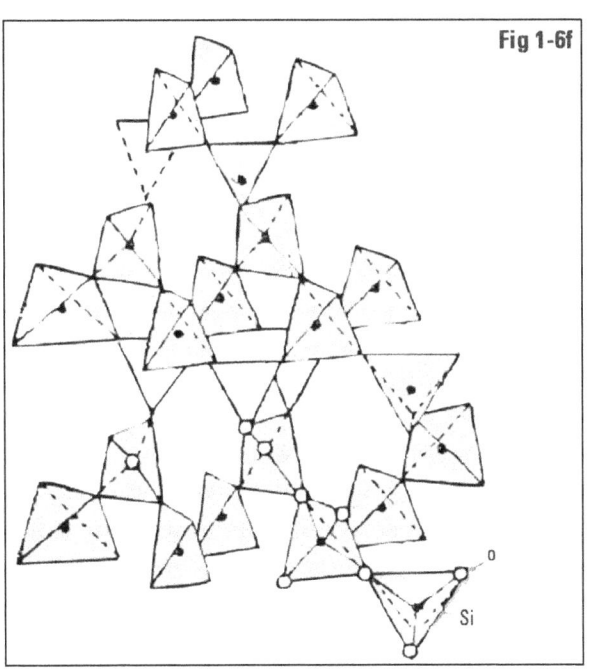

Fig 1-6f

Los silicatos - Las sustancias más importantes del reino mineral, por su abundancia y su diversidad, son los silicatos. Ello se debe a que el silicio posee la propiedad de asociarse en moléculas sumamente complejas, junto con el oxígeno. En esas moléculas existen diminutas celdillas tetraédricas asociadas, que van formando cadenas, anillos, láminas, etc. En este sentido, las propiedades del silicio son muy semejantes a las del carbono en la Química Orgánica.

La unidad fundamental de los silicatos es el **tetraedro de sílice** (Fig. 1-5), el cual está formado por cuatro átomos de oxígeno, de gran tamaño, rodeando a un pequeño átomo de silicio ubicado en el centro. Los enlaces entre silicio y oxígeno son sumamente fuerte, intermedios entre iónico y homopolar.

Un tetraedro puede compartir uno o más oxígenos con tetraedros vecinos. De esa manera se originan los distintos tipos de silicatos, que son los siguientes:
- **Tetraedros independientes** o "nesosilicatos". Forman minerales tales como los **olivinos.**
- **Tetraedros dobles** (Fig. 1- 6a) o "sorosilicatos". Se unen por medio de un oxígeno compartido.
- **Anillos** (Fig. 1- 6b) o "ciclosilicatos". En ellos se unen varios tetraedros en forma de círculo. Un ejemplo es el **berilio.**
- **Cadenas simples** (Fig. 1- 6c), de extensión indefinida, en las cuales cada tetraedro comparte dos oxígenos. Entre ellas figura el importante grupo de los **piroxenos.**
- **Cadenas dobles** (Fig. 1- 6d). En ellas los tetraedros comparten alternativamente dos y tres oxígenos. Los **anfíboles** son minerales de este tipo. Junto con las cadenas simples, éstas reciben el nombre de "inosilicatos".
- **Hojas** o "filosilicatos" (Fig. 1- 6e). Tres oxígenos de cada tetraedro son compartidos por tetraedros adyacentes, para formar extensas hojas planas. Las **micas** y las **arcillas** tienen esta estructura.
- **Redes tridimensionales** o "tectosilicatos" (Fig. 1- 6f). Cada uno de los tetraedros comparte los cuatro oxígenos con los tetraedros vecinos, formando una red espacial continua. Aquí la proporción silicio - oxígeno es igual 1:2. El **cuarzo** es ejemplo típico.

Los demás elementos que se encuentran en los silicatos pueden ser considerados simplemente como sustituciones del silicio y del oxígeno. El silicio suele ser reemplazado por el aluminio, lo que provoca un desequilibrio en los cristales, ya que el aluminio tiene una valencia más. Esto a su vez produce la incorporación de iones positivos como el sodio o el potasio, a fin de restablecer el equilibrio eléctrico. Los **feldespatos** están compuestos de esta manera.

Propiedades físicas - Los minerales más comunes suelen ser identificados de manera expeditiva mediante la observación de unas pocas propiedades físicas sencillas. Las principales de ellas son las siguientes:

- **Color:** La mayor parte de los minerales tienen un color característico, generalmente determinado por los átomos de hierro, que contiene, aun en los casos en que este metal se encuentra como impureza. El hierro en estado reducido o ferroso produce colores oscuros, verde, negro, o gris. En estado oxidado o férrico de lugar al rojo, amarillo y sus variantes. La abundancia de aluminio produce colores claros. Para la determinación del color hay que tener en cuenta la clase de luz empleada y si el mineral está seco o húmedo.
- **Brillo:** Es el aspecto que presenta la superficie de un mineral en luz reflejada. Existen dos tipos de brillo: metálico (no transmite la luz) y no metálico. El no metálico puede ser vítreo, sedoso, mate, etc.
- **Dureza:** Es la medida de la resistencia de un mineral a ser rayado. Se ha establecido una escala cualitativa de dureza, **la escala de Mohs**, que va de 1 a 10. Cada mineral de la escala puede rayar al que lo precede y es rayado por el que lo sigue. El más blando es el talco (dureza 1), que incluso puede ser rayado con la uña. El más duro es el diamante (dureza 10), capaz de rayar a cualquier otra sustancia conocida. La escala completa es la siguiente:

Mineral	Dureza
Talco	1
Yeso	2
Calcita	3
Fluorita	4
Apatita	5
Ortosa	6
Cuarzo	7
Topacio	8
Corindón	9
Diamante	10

— **Clivaje:** Es la tendencia que poseen algunos minerales a romperse en planos lisos, llamados planos de clivaje, conforme a direcciones que corresponden a los de mínima cohesión en sus cristales. En los minerales que carecen de clivaje, se le habla de fractura.

— **Raya:** Es el color que se observa al frotar un mineral sobre un trozo de porcelana rugosa. El color de la raya puede ser diferente del color del mineral en sí.

— **Peso específico:** Es la relación que existe entre el peso del mineral y el peso de un volumen igual de agua. La mayoría de los minerales tienen un peso específico que varía entre 2,5 y 3,4 gr./cm3.

Existen otras propiedades físicas que son características de cada mineral, pero que requieren el empleo de instrumentos especiales y preparación de las muestras a analizar. Estas son, entre otras, algunas propiedades ópticas, conductividad eléctrica, dilatabilidad, etc.

Abundancia relativa de los minerales en la corteza terrestre:

Aunque existen más de 2.000 minerales conocidos en la corteza terrestre, sólo unos pocos de ellos, ocho o diez, forman el 98 % de la misma; casi todos los de este grupo son silicatos. Ello significa que, desde el punto de vista del volumen, la corteza está compuesta casi enteramente por grandes átomos de oxigeno, unidos entre sí por cationes metálicos intersticiales. Los minerales comunes son, en orden de importancia; feldespatos, cuarzo, piroxenos, anfíboles, micas, arcillas y calcita.

DESCRIPCIÓN DE ALGUNOS MINERALES IMPORTANTES.

El cuarzo. (SiO_2). Es un mineral de color generalmente blanco a transparente. Brillo vítreo. Fractura irregular a concoidal. Dureza 7. Pertenece al grupo de los tectosilicatos.

Los feldespatos. Son los minerales más comunes. Se dividen en dos grupos. 1) El feldespato de potasio u **ortoclasa** ($KAlSi_3O_8$). Color carne. Raya blanca. Clivaje evidente. Dureza 6. Brillo vítreo. 2) Las **plagioclasas**: se trata de mezclas de dos minerales íntimamente asociados: **albita** ($Si_2O_8Al_2Ca$). Estos dos se mezclan entre sí en cualquier proporción, constituyendo "mezclas isomorfas". Las plagioclasas cristalizan en el sistema triclínico, son de color gris a blanquecino. Dureza 6. Clivaje perfecto. Los feldespatos son tectosilicatos en los cuales el silicio ha sido parcialmente reemplazado por el aluminio y se le han agregado cationes tales como Na, Ca y K.

Los piroxenos. $(Mg, Fe) SiO_3$; $CaMgSi_2O_6$. Forman un grupo de minerales estrechamente relacionados por sus propiedades cristalográficas, físicas y químicas. Se trata de silicatos de hierro, magnesio y calcio, que forman cadenas simples. Cristalizan en los sistemas rómbico y monoclínico. Color verde oscuro a negro. Dureza 5 a 6. Son frecuentes las mezclas isomorfas entre especies minerales diferentes, lo mismo que en las plagioclasas.

Los anfíboles. (Si_4O_{11}), $(Fe, Mg, Ca, Na)_7(OH)$. Grupo considerablemente complejo de silicatos y aluminosilicatos de magnesio, hierro, calcio y sodio, a veces hidratados. Color oscuro, verde a negro. Dureza 5 a 6. Brillo vítreo. Clivaje bueno. Forman cadenas dobles de tetraedros de sílice, cuyos nichos cristalográficos descompensados son ocupados por los cationes metálicos. Existen numerosas mezclas isomorfas entre los minerales de este grupo.

Las micas. $Si_3O_{10}Al(OH)_2(K, Mg, Fe)$. Se reconocen fácilmente por su clivaje basal perfecto y brillo vítreo intenso. Son aluminosilicatos hidratados complejos, incoloros, negros o verdes en la mayoría de los casos. Dureza 2 a 3. Cristalográficamente forman hojas superpuestas, débilmente unidas entre sí. Cristalizan en el sistema monoclínico.

Las arcillas. Tienen una composición y estructura semejantes.

La calcita. (Co_3Ca). Es el más frecuente de los carbonatos. Color blanco a transparente en la mayoría de los casos. Dureza 3. Cristaliza en el sistema exagonal. Raya blanca. Produce una fuerte efervescencia al ser atacada con ácido clorhídrico diluído.

Lecturas complementarias
Sol, lunas y planetas – Keppler, E. 1986 – Biblioteca Científica Salvat, 278 pp., Barcelona.
Tratado de mineralogía – Klockmann, F. y Ramdohr, P. 1970 – Ed. G. Gili, 736 pp., Barcelona.

2
Dinámica interna de la Tierra

El interior de nuestro planeta está sufriendo una serie de procesos que lo afectan globalmente y que son los responsables del origen y distribución de continentes y océanos, levantamiento de cordilleras y sumersión de extensos territorios bajo el mar. Dichos procesos tienen lugar en las capas superficiales de la Tierra hasta aproximadamente 1.000 kilómetros de profundidad.

La envoltura externa de la Tierra está constituida por la litosfera, compuesta por rocas rígidas y elásticas que presentan tendencia a fracturarse cuando se las somete a grandes esfuerzos. Está dividida en unas pocas placas de tamaño continental, que crecen, chocan entre sí, se separan o rotan.
Tiene un espesor de 100 a 120 Km. y comprende la corteza terrestre y parte del manto superior.

Debajo le sigue la **astenosfera**, responsable de los movimientos y otros procesos que sufren la litosfera. Está constituida por materiales en estado plástico a alta temperatura, sometidos a fluencia y convección en toda su masa. Cuando se la somete a esfuerzos se deforma plásticamente. Se extiende hasta unos 700 Km. de profundidad y está asentada sobre la **mesosfera**, sólida y más densa. La astenosfera está ubicada en el manto superior. La mesosfera constituye el manto superior.

EL NÚCLEO TERRESTRE

El Núcleo Terrestre es un sistema autónomo activo en el interior del planeta. La rotación independiente de su sector interno sólido provoca movimientos y flujos en la capa fundida, con interacciones en la base de la Mesosfera. El efecto más importante de las corrientes del hierro/níquel fundido es la existencia del campo magnético terrestre, que protege al planeta contra la lluvia de letales rayos cósmicos, los cuales podrían impedir la vida en la superficie de la Tierra.

El campo magnético tiene variaciones en intensidad. Los polos magnéticos Norte y Ssur no coinciden con los polos geográficos sino que varían anualmente a lo largo de decenas y cientos de kilómetros en forma errática. Todo esto indica una dinámica interna significativa.

LA MESOSFERA

Es una capa sólida cuya dinámica se conoce poco. Está constituida por silicatos de hierro y magnesio con estructuras cristalinas muy cerradas, lo que origina una densidad de 5, casi el doble del valor de la corteza continental. Hace las veces de nexo entre el núcleo terrestre y la astenosfera, transmitiendo el calor hacia arriba. Probablemente se produzcan en la mesosfera movimientos de convección; existen datos geofísicos que apoyan esta teoría, pero aún no se ha logrado una certeza razonable.

Se sabe que en la faja de contacto entre el núcleo y la mesosfera ocurren fenómenos de gran magnitud. Se han encontrado indicios de que ocasionalmente se recalienta una zona en esa faja. Entonces, una gran "burbuja" (de más de mil kilómetros de diámetro) de roca casi fundida se forma en la base de la Mesosfera y migra hacia arriba. Al llegar a la superficie o cerca de ella se producen fenómenos volcánicos generalizados, acompañados por modificaciones en la química oceánica y cambios climáticos en la atmósfera. Uno de estos fenómenos ocurrió cien millones de años atrás, en el Período Cretácico.

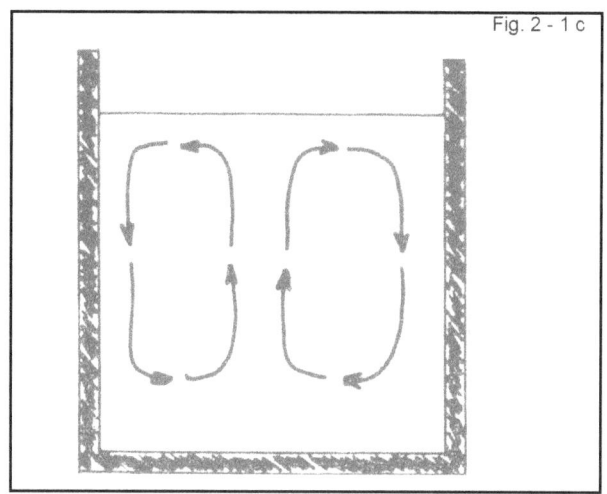

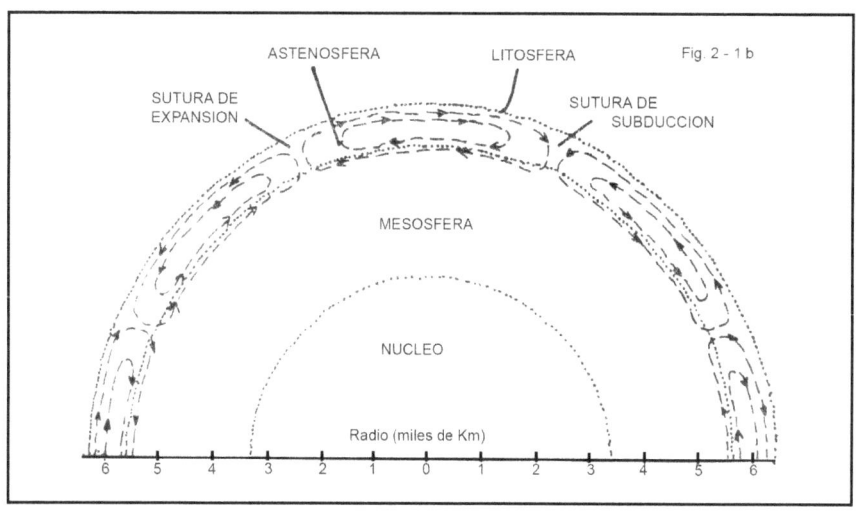

LA ASTENOSFERA

La astenosfera es una capa plástica, parcialmente fundida, compuesta principalmente por peridotitas con una densidad 3,4 sometida a presiones, se deforma y fluye. Recibe calor desde la mesosfera y lo transmite hacia afuera mediante un mecanismo de convección, similar al que puede observarse en el agua hirviendo, es decir, una porción que se calienta en la base del recipiente se dilata y comienza a subir debido a su menor densidad. Llegada al límite superior, dicha porción se va enfriando paulatinamente a medida que circula en forma horizontal y termina hundiéndose, pues se contrae y se hace más densa por enfriamiento. El espacio recorrido por el fluido desde que se eleva del fondo, es transportado por la parte superior, se hunde y llega finalmente al punto original, se denomina "célula de convección" (Fig. 2 - 1).

La astenosfera, debido a su gran viscosidad y a su espesor de 600 kilómetros, está ocupada por células de convección de gran escala, de miles de kilómetros de largo y millones de kilómetros cuadrados de superficie. La circulación de las mismas se mantiene a lo largo de decenas de millones de años y determina los grandes rasgos de la litosfera suprayacente. La fuente de calor que provoca la circulación proviene de la mesosfera.

Existen otras fuentes de calor dentro de la propia masa de la astenosfera; son los minerales radiactivos que producen energía térmica por desintegración. Estos focos internos provocan alteraciones locales, tales como fusión de rocas y anomalías geofísicas.

La astenosfera no es homogénea. En su parte superior existe una capa de unos 50 Km. de espesor, más fluida que el resto de su masa, que facilita los movimientos de la litosfera. Por debajo de los continentes, además, sufre la fusión de algunos de sus minerales, los cuales llegan a la superficie de la Tierra en forma de erupciones volcánicas. Como consecuencia de ello, esta capa queda empobrecida en sus componentes basálticos y más fría en esos sectores. Se calcula que la temperatura es de 1.400 grados debajo de los océanos y de minución en la densidad de sus rocas, que es compensada por el peso suplementario de las masas continentales.

LA LITOSFERA

La litosfera es la envoltura externa de la Tierra. Tiene de 100 a 120 Km. de espesor. Es rígida y frágil, es decir, sometida a grandes tensiones las resiste elásticamente y eventualmente se fractura. Está compuesta por la capa más externa del manto y por la corteza terrestre. Está sometida en algunas zonas a procesos de crecimiento provocados por material que sube a superficie desde la astenosfera; en otras zonas sufre contracción debida al hundimiento de masas de rocas en la astenosfera.

Actualmente la litosfera está dividida en varias **placas**, separadas entre sí por **suturas**. Las placas mayores, como las de América del Sur, Eurasia o del Pacífico. Miden decenas de millones de kilómetros cuadrados. Existen otras más pequeñas, como la de Turquía y la de Nazca, ubicada en un sector del Pacífico frente a Chile y Perú (Fig. 2 - 2). Las interacciones entre las placas, provocadas por los movimientos convectivos de la astenosfera, configuran los episodios más importantes de la Geología y son estudiados por una disciplina de reciente aparición denominada **Tectónica de placas o tectónica global.**

Las áreas de actividad principal son las suturas o líneas de contacto entre placas, delgadas fajas que rodean al planeta en varias direcciones. Ellas generan la expansión de las placas en algunos sitios y su acortamiento en otros. Existen dos tipos de sutura:

Suturas de expansión - Están situadas en las líneas donde las corrientes convectivas de la astenosfera transportan materia a la superficie, generalmente en forma de lavas. Las presiones generadas por los sucesivos aportes hacen que los materiales más viejos vayan siendo paulatinamente apartados de la línea central con una velocidad que varía entre 1 y 20 centímetros por año (Fig. 2 - 3). Este proceso va produciendo continuamente nueva corteza en forma de bandas paralelas de edad progresivamente mayor, a partir de la sutura. Toda la corteza que se forma de esta manera es corteza oceánica, de composición basáltica, de manera que cuando aparece una sutura de expansión, origina siempre el nacimiento o el crecimiento de un océano.

Con el tiempo, este proceso forma grandes **dorsales o cordilleras oceánicas** de miles de metros de altura y dimensiones mayores que los Andes o el Himalaya. La dorsal meso-atlántica es el ejemplo más conocido. Se extiende a lo largo de 15.000 kilómetros por el centro del Atlántico desde Islandia hasta la latitud de las Islas Georgia del Sur. Un rasgo de importancia en la configuración de las cordilleras oceánicas son los **valles de fractura o valles tipo Rift**, ubicados en su línea central y formados por fuerzas tensionales. Sus bordes están constituidos por escarpas de fracturas verticales de cientos y aún miles de metros de altura. En su interior y alrededor ocurren frecuentemente intensos movimientos sísmicos y hay actividad hidrotermal. Un perfil detallado de un valle de fractura está representado en la figura 2 - 4.

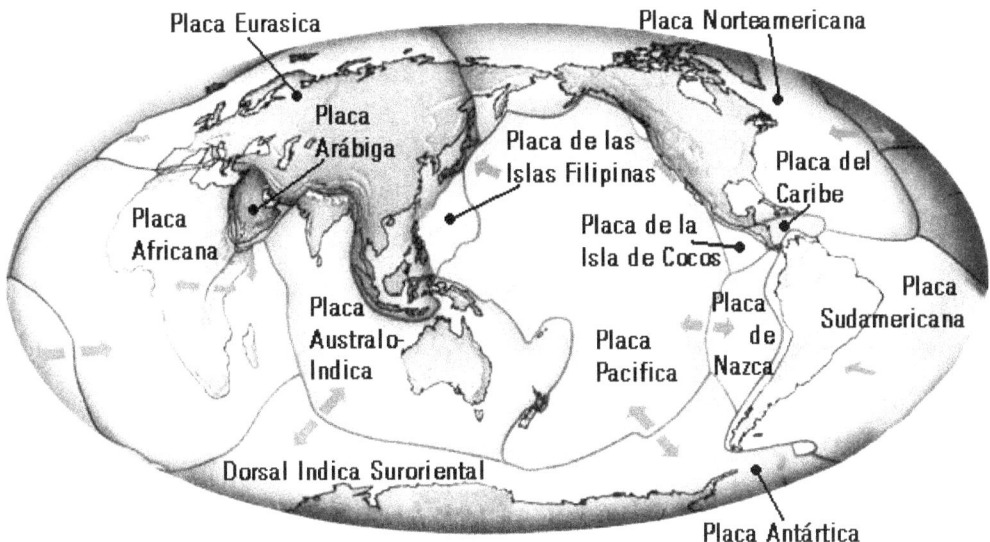

Fig 2-2

Otros rasgos de primera magnitud que afectan a las dorsales oceánicas son las **fallas transformantes,** grandes zonas de fractura generalmente transversales, que pueden extenderse miles de kilómetros en los fondos oceánicos y aún sumergidas bajo los continentes. Están materializadas por un relieve considerable, de 100 a 200 km. de ancho y hasta 3.000 metros de altura sobre el fondo oceánico circundante. Dichas fallas transformantes dislocan a las crestas de las dorsales en distancias apreciables.

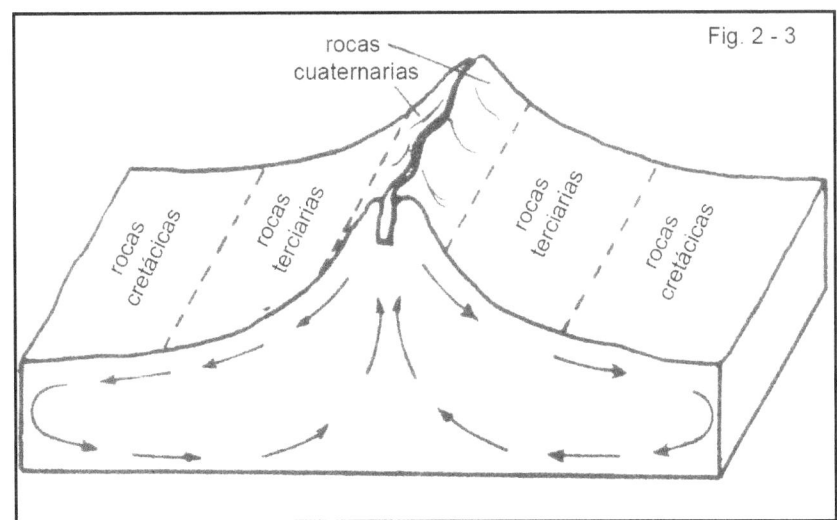

Fig. 2 - 3

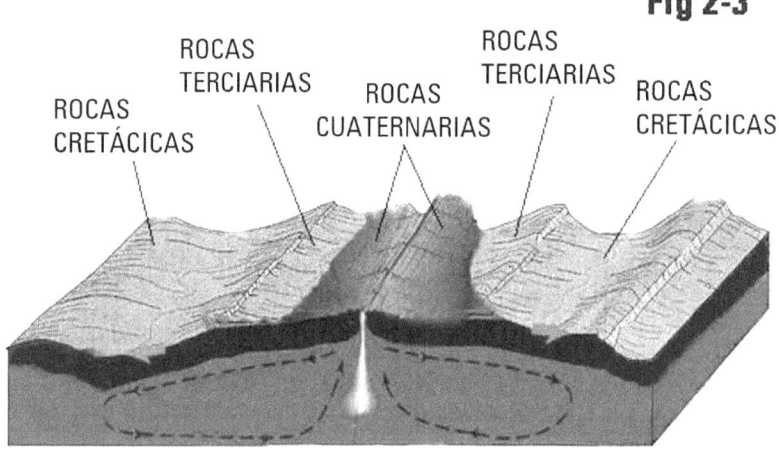

Fig 2-3

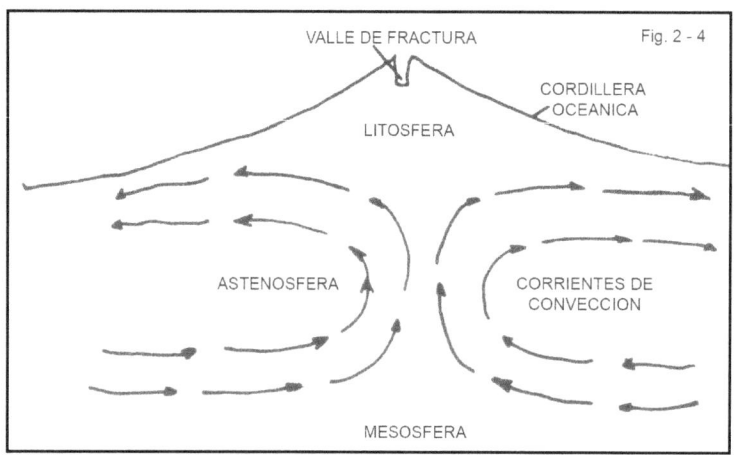

Fig. 2-4

Una sutura de expansión puede aparecer en un momento cualquiera de la historia de la Tierra, permanecer activa durante millones de años y finalmente paralizarse. Un ejemplo actual de sutura naciente puede observarse en el mar Rojo, prolongándose hacia el sur en los grandes valles estructurales del África y hacia el norte en la depresión del mar Muerto. Se trata, en efecto, del nacimiento de un océano que partirá al África en dos y separará al Asia Menor de Eurasia.

El Atlántico es un océano de este tipo, que comenzó a desarrollarse hace 165 millones de años, separando a Sudamérica de África. Está constituido por fajas de edad sucesivamente mayor a medida que se alejan de la dorsal. La velocidad de expansión es de 1 a 2 centímetros por año.

Suturas de subducción- Están ubicadas donde chocan dos placas contiguas. Se las denomina también "suturas de destrucción", porque a lo largo de las mismas la corteza terrestre se hunde en la astenosfera. A lo largo de estas líneas una de las placas empuja a la otra hacia abajo, avanzando sobre ella (Fig. 2 - 5).

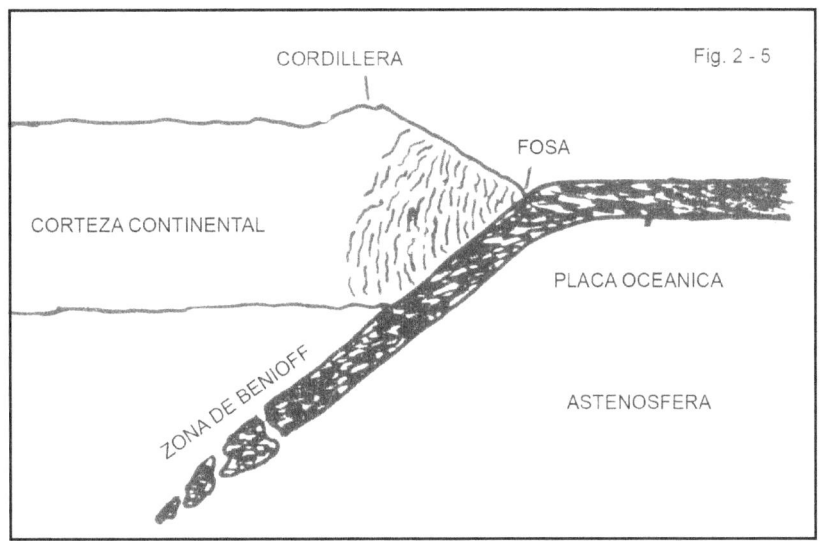

Las placas hundida se incrusta en la astenosfera en un ángulo variable, que depende de la velocidad de acercamiento entre las placas; mientras más rápido sea el acercamiento menor será el ángulo con la horizontal. La placa continúa hundiéndose hasta que se asimila en la astenosfera por fusión y mezcla, o bien hasta que choca con la mesosfera, sufriendo posteriormente asimilación en la mesosfera.

La colisión entre dos placas produce rozamientos en gran escala en la zona de contacto, que originan movimientos sísmicos frecuentes. De hecho, las áreas sísmicas más importantes de la Tierra están ubicadas en líneas de subducción. El rozamiento también eleva la temperatura de las rocas, fundiéndolas en muchos lugares, y dando origen a procesos magmáticos, incluído vulcanismo generalizado. También ocurre metamorfismo regional. La faja de contacto entre las placas en el interior de la Tierra se denomina **zona de Benioff.**

Pueden darse tres casos de suturas de subducción: a) Cuando se enfrentan dos placas de corteza oceánica. b) Cuando se enfrentan una placa continental y una oceánica. c) Cuando se enfrentan dos placas de corteza continental. En cada caso se originan elementos típicos en la superficie.

Al enfrentarse dos placas de corteza oceánica aparece una **fosa abisal**, depresión larga y estrecha que puede tener entre 7.000 y 11.000 metros de profundidad. Dichas fosas se encuentran en todos los océanos, la más profunda es la que se encuentra al sur de las islas Marianas, con 11.022 metros. También aparecen **archipiélagos en arco**, rosarios de islas alineadas en forma curvada, sujetas frecuentemente a fenómenos sísmicos y volcánicos. Existen numerosos ejemplos de este tipo, entre ellos Japón, las Antillas Menores y las islas subantárticas argentinas (Fig. 2 - 6).

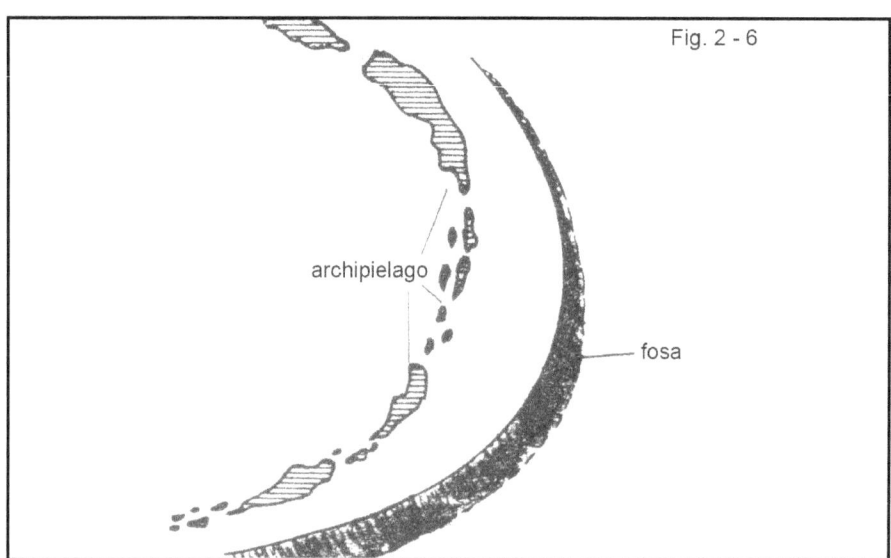

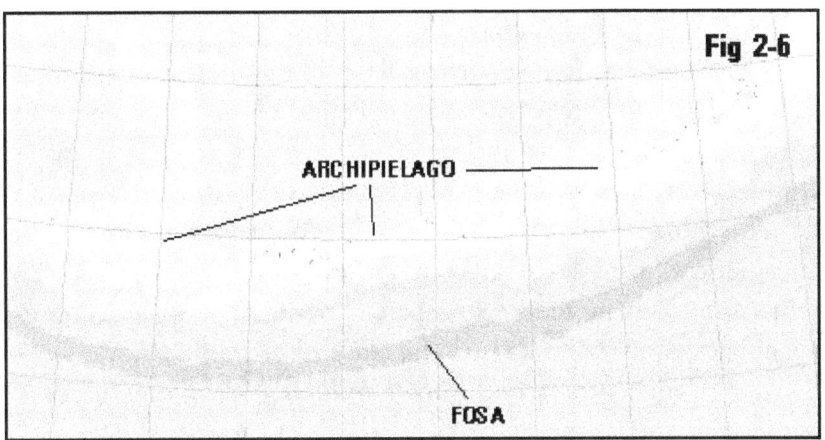

Cuando se enfrenta una placa continental con una placa oceánica, la placa oceánica es siempre la que se hunde hacia la astenosfera, porque la diferencia de densidades entre ellas hace que el continente quede en superficie. En estos casos se forma una **cordillera** en el borde continental y una **fosa abisal** en el borde oceánico. El ejemplo más claro de este fenómeno lo constituye la costa occidental de América del Sur donde la placa Sudamericana avanza sobre el océano Pacífico. En esa faja apareció la cordillera de los Andes y la fosa de Atacama.

Al chocar dos placas continentales, ninguna de ellas puede hundirse en la astenosfera, por razones de densidad. Se genera entonces un campo de tensiones y deformaciones muy complejo, con corrimientos horizontales de "escamas" de rocas de cientos de kilómetros, engrosamientos del continente por compresión, fuertes plegamientos, etc., acompañados por intensos movimientos sísmicos. Un ejemplo actual de este fenómeno es la colisión de la India con Eurasia, que comenzó hace aproximadamente 45 millones de años y prosigue en la actualidad. Se formaron allí el Himalaya y otras de las cordilleras más altas del mundo, que constituyen un sistema orográfico sumamente complicado.

LA PLACA OCEÁNICA DEL CARIBE

Un ejemplo americano de placa oceánica activa está representado por la *placa del Caribe*, ubicada entre las placas continentales de Norteamérica y Sudamérica. Limita también con las placas oceánicas del Atlántico y de Cocos (situada esta última en el océano Pacífico).

La placa del Caribe tiene una superficie de 3,2 millones de kilómetros cuadrados. Es considerablemente activa desde el Período Jurásico y ha generado tres archipiélagos en arco. El más antiguo es el mayor; está completamente emergido y forma el territorio de América Central desde el límite de Yucatán hasta Panamá. El segundo arco, actualmente soldado en forma parcial a la placa de Norteamérica, forma las Antillas Mayores (Cuba, Puerto Rico, La Española y Jamaica.). Cuba pertenece solo parcialmente a esta placa; Puerto Rico y La Española están ubicadas sobre la faja de sutura con la placa del Atlántico; en esa zona se encuentra la ***fosa abisal de Puerto Rico,*** que marca la mayor profundidad de todo el océano Atlántico. El tercer archipiélago es el más reciente; está formado por las Antillas Menores, un conjunto de numerosas islas pqueñas donde existen actualmente varios volcanes activos.

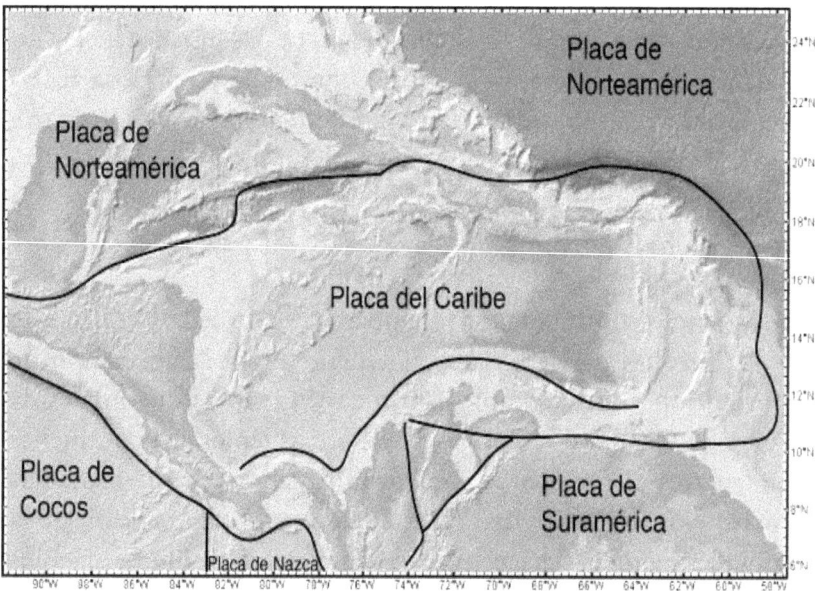

FIG. 2-7 Placa Tectónica del Caribe

EVOLUCIÓN DE LA CORTEZA OCEÁNICA.

La corteza oceánica está sujeta a una permanente dinámica endógena (originada en el interior de la Tierra) y se renueva constantemente. Las suturas de expansión crean anualmente varios kilómetros cuadrados de corteza nueva, que migra lentamente hasta alcanzar alguna sutura de subducción y hundirse en la astenosfera, donde desaparece. El ciclo completo de renovación de la corteza oceánica tiene una duración de 100 a 150 millones de años; no existen rocas más antiguas en el lecho de los océanos.

Coherentemente con esta dinámica, los océanos también aparecen, se desarrollan por expansión y eventualmente pueden encogerse hasta desaparecer. Ya se han citado ejemplos de océanos nacientes (Mar Rojo) y en desarrollo expansivo (Atlántico). El caso más importante de océano en contracción es el Pacífico, rodeado en toda su extensión por suturas de subducción. La dorsal del Pacífico oriental, que es una línea de expansión, no alcanza a contrarrestar esa tendencia general.

El mar Mediterráneo es un océano en la última fase de su evolución, que ya casi ha desaparecido por el acercamiento entre África y Europa. Si prosigue el acortamiento de la corteza a la velocidad actual, habrá desaparecido completamente en menos de 10 millones de años. Se presentará entonces un coso similar al de la colisión de la India con Eurasia.

EVOLUCIÓN DE LA CORTEZA CONTINENTAL

La corteza continental es mucho más estable que la oceánica. Se va generando por adosamiento lateral de masas de rocas poco densas, de composición "granítica". Dichas rocas están compuestas por elementos segregados por diferenciación química en el interior de la Tierra y que emergen después de haberse fundido. Actualmente la corteza continental cubre aproximadamente el 30 % de la superficie de la Tierra, pero constituye solo el 0,4 % de la masa total del planeta. En épocas primitivas era considerablemente menor. Existen masas continentales, los escudos, con edades superiores a los 2.600 millones de años y valores extremos que llegan a los 4.000 millones. En efecto, la corteza continental no se destruye; una vez que se forma permanece indefinidamente en la superficie de la litosfera.

Lecturas complementarias

Mountain belts and new global tectonics – Devey, J. y Bird, J. 1970 – Journal of Geophysical Review, 75:2625-2647.
Elementos de Geología aplicada – Petersen, C. y Leanza A. 1979 – Ed. Nigar SRL, 473 pp., Buenos Aires.

3
Procesos magmáticos

Las rocas que componen la litosfera ocasionalmente se funden, originando el **magma**. El magma es una mezcla de silicatos fundidos y sustancias volátiles, principalmente agua. Su naturaleza química es variable y su temperatura se encuentra entre 600 y 1.400°C, dependiendo esto de su origen y composición. Constituye en el interior de la corteza masas de forma lenticular que miden desde unos pocos metros hasta muchos kilómetros cúbicos. Está sometido a procesos físicos y químicos que lo modifican y provocan alteraciones a las rocas que lo rodean. Su enfriamiento en el interior de la corteza produce las rocas **plutónicas**. Cuando se abre paso por las grietas y fisuras de las rocas hacia zonas de menor presión, puede solidificarse en cuerpos largos y estrechos llamados rocas **filonianas**. Si el magma llega a la superficie se derrama en forma de lava, dando lugar por enfriamiento a las rocas **volcánicas**. Las rocas plutónicas, filonianas y volcánicas se denominan en conjunto **rocas ígneas o magmáticas**.

LOS SILICATOS EN EL MAGMA

Los silicatos constituyen la masa principal del magma, a veces hasta más del 99 % del total. Durante el estado de fusión reaccionan entre sí en forma compleja, obedeciendo a los principios de la Termodinámica. El estado de los silicatos no es el de un líquido propiamente dicho, sino que constituyen cadenas y estructuras diversas de átomos, muy débiles e irregulares, fácilmente disgregables, pero que le confieren al magma alta viscosidad (Fig. 3 - 1). Se trata de un estado similar al de la polimerización de los plásticos. Al bajar la temperatura comienza un proceso de desmezcla, cristalizando los diversos componentes.

Las condiciones de cristalización no son simples, como podría ser la transformación de agua en hielo, que se produce en forma completa al bajar la temperatura a ceros grados. Si consideramos un magma hipotético con solo dos componentes, por ejemplo cuarzo y albita, el componente más abundante, supongamos el cuarzo, comienza a cristalizarse en primer lugar, pues es el que primero se satura al ir bajando la temperatura.. Si por alguna causa la temperatura deja de descender y se estabiliza, los cristales de cuarzo interrumpen su crecimiento, pues la presencia de líquido albítico se lo impide. Al bajar la temperatura nuevamente, el crecimiento continúa. Continuando el enfriamiento, se alcanza el punto de saturación de la albita, que comienza a cristalizar junto con el cuarzo, sin que siga bajando la temperatura. De manera que la temperatura final de cristalización depende de la proporción cuarzo - albita y no de las propiedades físicas de cada componente como en el caso agua - hielo.

Si se considera un sistema de tres componentes el grado de complejidad aumenta considerablemente, porque cada uno de ellos influye en los otros dos. Los magmas reales están formados por seis o siete componentes principales y varios componentes secundarios; debido a ello las interacciones son muy numerosas y la cristalización obedece a un esquema sumamente complejo. Se los debe visualizar como masas densas y muy viscosas, sembradas de cristales ya formados suspendidos en ellas.

LAS SUSTANCIAS VOLÁTILES EN EL MAGMA

Están constituídas por elementos, óxidos y otras moléculas sencillas en estado gaseoso. Entre ellas figuran el azufre, el boro, el arsénico, etc.; predomina en forma absoluta el vapor de agua. Estas sustancias volátiles no forman una fase libre en la mezcla magmática, sino que se encuentran disueltas en los silicatos fundidos. Su proporción en el total del magma es muy pequeña, alrededor del 1 %, pero ejercen influencia considerable porque le hace bajar la viscosidad, dándole más fluidez y movilidad.

A medida que el magma se va enfriando y cristalizan los silicatos, la fase fundida se va enriqueciendo en volátiles, que en la etapa final constituyen **líquidos residuales**, con predominio del agua conteniendo silicatos disueltos.

CLASIFICACIÓN DE LAS ROCAS MAGMATICAS

Para clasificar a una roca magmática se deben tener en cuenta dos características fundamentales. La primera de ellas es el ambiente de cristalización, en cámaras magmáticas situadas a miles de metros de profundidad, en fisuras de las rocas o bien en la superficie de la Tierra. De ello depende la velocidad de enfriamiento del magma, el tamaño de los cristales y otras características importantes. La segunda es la composición química, referida aquí al porcentaje SiO_2 que contiene la roca, ya que es la sustancia fundamental de toda la litosfera. Si una roca contiene más 66 % de SiO_2 se denomina **ácida**, si contiene entre 52 y 66 % la roca es **mesosilícica,** entre el 45 y 52 % es **básica;** y si contiene del 45 % la roca es **ultrabásica**. El tipo de minerales que se forman al enfriarse el magma depende del porcentaje de sílice presente. Así, en las rocas ácidas predomina el cuarzo y los feldespatos de sodio y potasio, mientras que las rocas básicas están compuestas por piroxenos y feldespatos cálcicos.

Esquemáticamente las rocas magmáticas se clasifican de la siguiente manera:

Contenido de SiO_2	66% Acidas	52% Mesosilísicas	45% Básicas	Ultrabásicas
VOLCANICAS	Riolita	Andesita	Basalto	Limburgita
FILONIANAS	Pegmatita		Diabasa	
PLUTONICAS	Granito	Diorita	Grabo	Peridotita

TIPOS DE MAGMA

Conforme a la composición de la litosfera y a la distribución de las rocas magmáticas en la superficie de la Tierra, existen dos tipos fundamentales de magma, el granítico y el basáltico. Cada uno de ellos posee características químicas y comportamiento físico particulares y se origina en diferentes lugares de la litosfera.

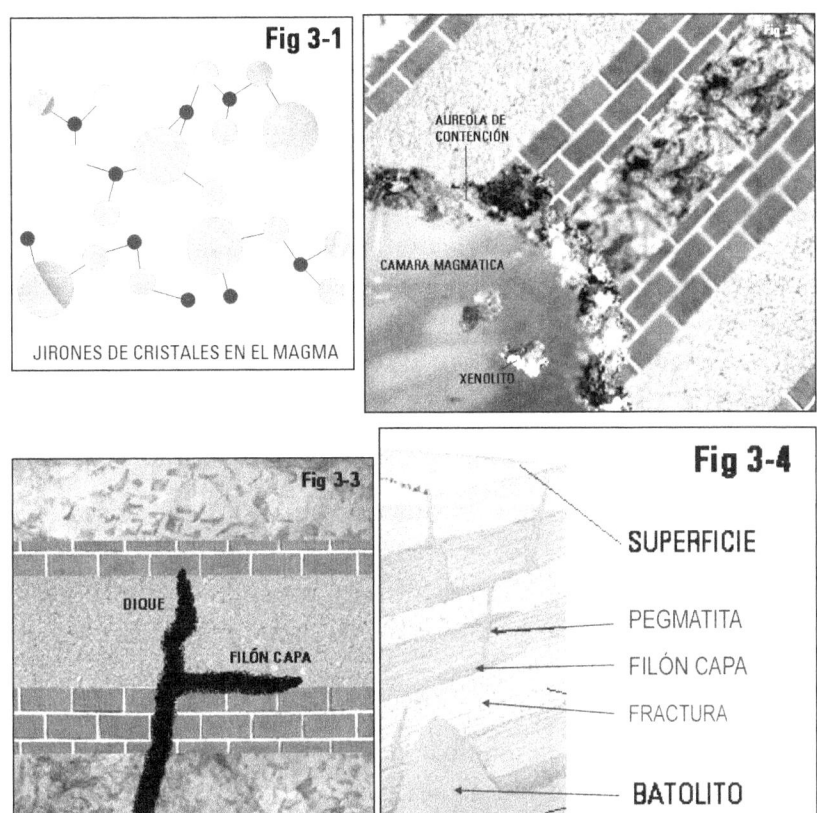

El magma basáltico está constituído por silicatos fundidos, con un porcentaje de sílice que oscila entre el 45 y el 52 %. El contenido de sustancias volátiles es escaso y su temperatura está entre los 1.000 y los 1.200 grados. Su fluidez es considerable, lo que le da gran movilidad, tanto en el interior de la corteza como cuando llega a superficie. Se origina en la astenosfera, por fusión parcial de rocas peridotíticas, y sube a lo largo de las suturas de expansión hasta la superficie. De esta manera, toda la corteza oceánica está constituída por basalto. El magma basáltico se ha derramado también en forma de lava sobre vastas extensiones continentales, cuando se produjeron profundas fracturas de tensión que llegaron hasta la astenosfera. Un ejemplo de este fenómeno es la cuenca del Paraná, donde los basaltos cubrieron aproximadamente un millón de kilómetros cuadrados durante el Cretácico Superior, en una superficie que abarca el noreste argentino, sur de Brasil y Paraguay y norte de Uruguay. Su espesor alcanza 1.000 metros en la zona de Concordia, compuesto por numerosas coladas de 15 a 25 metros de espesor individual.

El magma granítico contiene más del 66 % de sílice y una proporción relativamente elevada de sustancias volátiles, que pueden sobrepasar el 5 % del total. Su temperatura es baja, oscilando entre 650 y 800 grados. Debido a ello es sumamente viscoso y le resulta difícil fluir, aunque se lo someta a presiones elevadas. Se origina en las suturas de subducción, por fusión parcial de rocas sedimentarias. El color que provoca la fusión proviene del rozamiento de las placas en la zona de Benioff, y en menor medida de la descomposición de elementos radiactivos. Este magma tiende a cristalizarse en el interior de la corteza, en el núcleo de las cordilleras.

PLUTONISMO

Se designa con el término de **plutonismo** al conjunto de procesos que sufre el magma en el interior de la corteza terrestre; las rocas que derivan de él son las rocas **plutónicas**. El magma se encuentra ocupando un espacio llamado **cámara magmática**, rodeado por rocas que lo limitan y que reciben el nombre de **rocas de caja.** Las formas generales de la cámara magmática son redondeadas, pero suelen tener protuberancias denominadas **apófisis** (Fig. 3 - 2). El interior de la corteza está sometido continuamente a fuerzas de comprensión y de tracción; la masa fundida reacciona hidrostáticamente a las tensiones existentes, migrando lentamente hacia áreas de menores presiones. En el interior de la cámara magmática se producen también movimientos de flujo, con traslado de material en un medio viscoso.

Un proceso de importancia es aquí la **diferenciación magmática**, que se produce cuando los cristales de los primeros minerales que se van formando caen por densidad hacia el fondo de la cámara magmática. Estos minerales normalmente contienen menor proporción de anhídrido silícico que el magma, que en consecuencia se va enriqueciendo paulatinamente en sílice. Finalmente, al terminar la cristalización de toda la masa, quedan dos o más rocas superpuestas de diferentes composición, que provienen del mismo magma.

Otro proceso que contribuye a la diferenciación química es la reacción del magma con las rocas de caja, que se calientan en contacto con éste, se desprenden y caen en la cámara magmática, terminando por ser fundidas y asimiladas en el líquido. En algunos casos, los fragmentos de roca de caja que caen en el magma no alcanzan a ser fundidos, recibiendo entonces el nombre de **xenolitos.**

La velocidad de enfriamiento del magma en los plutones del interior de la corteza es muy lenta. Las rocas resultantes están formadas por cristales bien desarrollados, visibles a simple vista. La roca plutónica más frecuente es el granito, que suele formarse en cuerpos que cubren superficies de cientos a miles de kilómetros cuadrados llamados **batolitos**. El batolito de Achala, en la Sierra Grande de Córdoba, es un ejemplo de este tipo. Se ha calculado que el enfriamiento y cristalización de un batolito típico dura alrededor de un millón de años.

DIQUES Y FILONES

Bajo ciertas condiciones, el magma es expulsado de la cámara magmática a lo largo de las fracturas de las rocas. Los silicatos fundidos se introducen en las fracturas y las ensanchan mediante un mecanismo de presión hidráulica, similar al que se emplea en los frenos de los automóviles. A lo largo de estas fisuras el magma fluye hacia zonas de menor presión y eventualmente llega a superficie. Cuando cristaliza dentro de ellas, se forman las rocas filonianas, caracterizadas por su enfriamiento comparativamente rápido, formas tabulares y escasa reacción con las rocas de caja. Cuando atraviesan las estructuras de las rocas preexistentes, estos cuerpos se denominan **diques o filones,** si son concordantes reciben el nombre de **filones capa** (Fig. 3 - 3).

Los diques de magma basáltico tienen a veces más de cien kilómetros de extensión horizontal, con un espesor de pocas decenas de metros. Por lo común son más pequeños, se presentan en sistemas que cubren amplias extensiones conservando todos el mismo rumbo y el mismo buzamiento. La roca que constituyen estos diques es la **diabasa**, compuesta por piroxeno y plagioclasa cálcica. Son típicas de regiones que ya han sufrido mucha erosión, y donde el basalto que existía sobre ellas ha desaparecido por la acción de los agentes atmosféricos.

Los diques del magma granítico son las **pegmatitas**, rocas compuestas por cuarzo y feldespatos potásicos y sódicos. Dichos minerales suelen presentarse en cristales de grandes dimensiones, de hasta varios decímetros de longitud, acompañados de bolsones de mica con iguales características. Provienen de la cristalización de los líquidos residuales del granito, ya de baja temperatura. Se presentan en enjambres de diques en la periferia de los batolitos (Fig. 3 - 4). Suelen contener minerales raros de berilio, litio, fluor y otros elementos poco comunes. Se calcula que un magma granítico demora aproximadamente cien años desde que se inyecta en las fisuras hasta que termina de cristalizar la pegmatita.

VULCANISMO

Se denomina vulcanismo al conjunto de procesos que sufre el magma cuando llega a superficie. Las rocas resultantes son las **rocas volcánicas**. Cuando el magma irrumpe en superficie, siempre lo hace en forma violenta mediante **erupciones**, liberando gran cantidad de energía. El vulcanismo está caracterizado por un conjunto de fenómenos espectaculares, tales como derrames de lava, explosiones de gases, nubes de ceniza volcánica, etc. El tipo de magma determina la naturaleza de la forma y tamaño de los depósitos resultantes.

A lo largo de repetidas erupciones en un mismo lugar, el magma construye un **volcán,** mediante sucesivos depósitos de lava y fragmentos de rocas. La lava sube desde el interior de la litosfera a lo largo de la **chimenea**, que termina en el **cráter**. La lava sale por el cráter y se derrama por las **laderas**, acrecentando así el tamaño del volcán (F9g. 3 - 5).

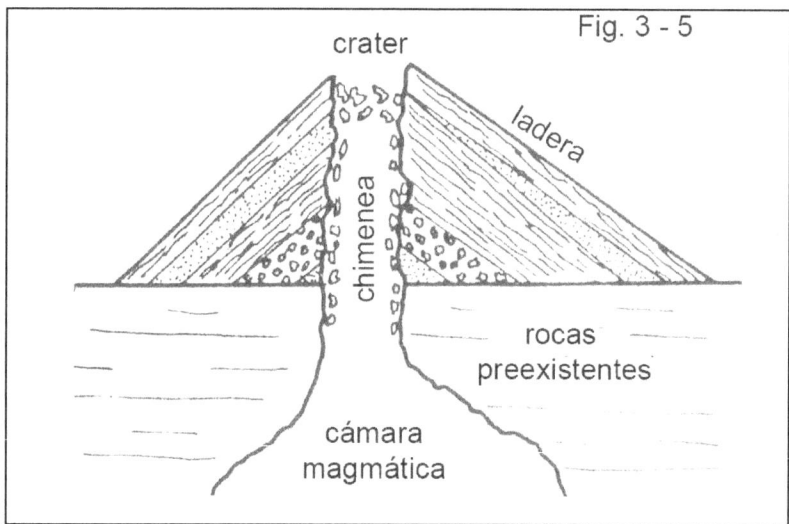

El magma basáltico llega a superficie a una temperatura de 1.000°C o más. Es relativamente fluido y sus lavas pueden correr a una velocidad de varios kilómetros por hora. El contenido de vapor de agua y otros gases es pequeño. Cuando la lava llega a superficie los gases se liberan, por descomposición y enfriamiento, y forma burbujas que se elevan dentro de la masa fundida hasta salir a la atmósfera. Frecuentemente, algunas de esas burbujas quedan atrapadas en la roca al enfriarse el magma demasiado rápido, originando el **basalto alveolar**. Este magma forma volcanes chatos y muy extensos, los volcanes en escudo. Algunos de ellos son los más extensos de la Tierra y sus cráteres contienen verdaderos lagos de lava incandescente durante largos períodos. Los volcanes en escudo de mayor tamaño se encuentran en Hawaii.

En los episodios geológicos importante, el magma basáltico se ha derramado en superficie a lo largo de **fisuras**, inundando grandes extensiones. Afortunadamente, no se ha producido ningún fenómeno de este tipo en épocas históricas, pero las evidencias de que ocurrieron en el pasado son muy claras, especialmente en Islandia.

El magma granítico llega a superficie a unos 700°C. de temperatura. Por su gran viscosidad se asemeja más a una pasta que a un líquido. Prácticamente no fluye y contiene gran cantidad de gases. Dichos gases se desprenden explosivamente del magma, arrojando al aire fragmentos de todo tamaño, que van a caer a distancia variable del cráter, de acuerdo a la energía de la explosión y al tamaño de los fragmentos. Se los denomina **materiales piroclásticos.** Los materiales piroclásticos más importantes son las **cenizas volcánicas,** compuestas por fragmentos menores a 4 mm de diámetro. Las cenizas generalmente están constituídas por vidrio volcánico; son elevadas a miles de metros en la atmósfera por las corrientes ascendentes que provoca la erupción, formando grande nubes. Posteriormente son dispersadas por los vientos, que pueden transportarlas a cientos de kilómetros de distancia. Cuando finalmente se depositan, forman **mantos** de poco espesor y gran extensión, que cubren grandes áreas siguiendo las irregularidades del paisaje. Al consolidarse constituyen un tipo de rocas llamadas **tobas**.

En ciertos casos una nube de gases densos a alta temperatura se desprende del cráter y se desplaza ladera abajo a gran velocidad, acarreando en suspensión fragmentos de lava a medio enfriar y otras rocas que arranca a su paso. La nube se encauza por un valle o quebrada y corre pendiente abajo a una velocidad que puede sobrepasar los cien kilómetros por hora, quemando todo a su paso. Este fenómeno recibe el nombre de **nube ardiente**. Una de ellas destruyó la ciudad de San Pedro, en Martinica, a fines del siglo pasado.

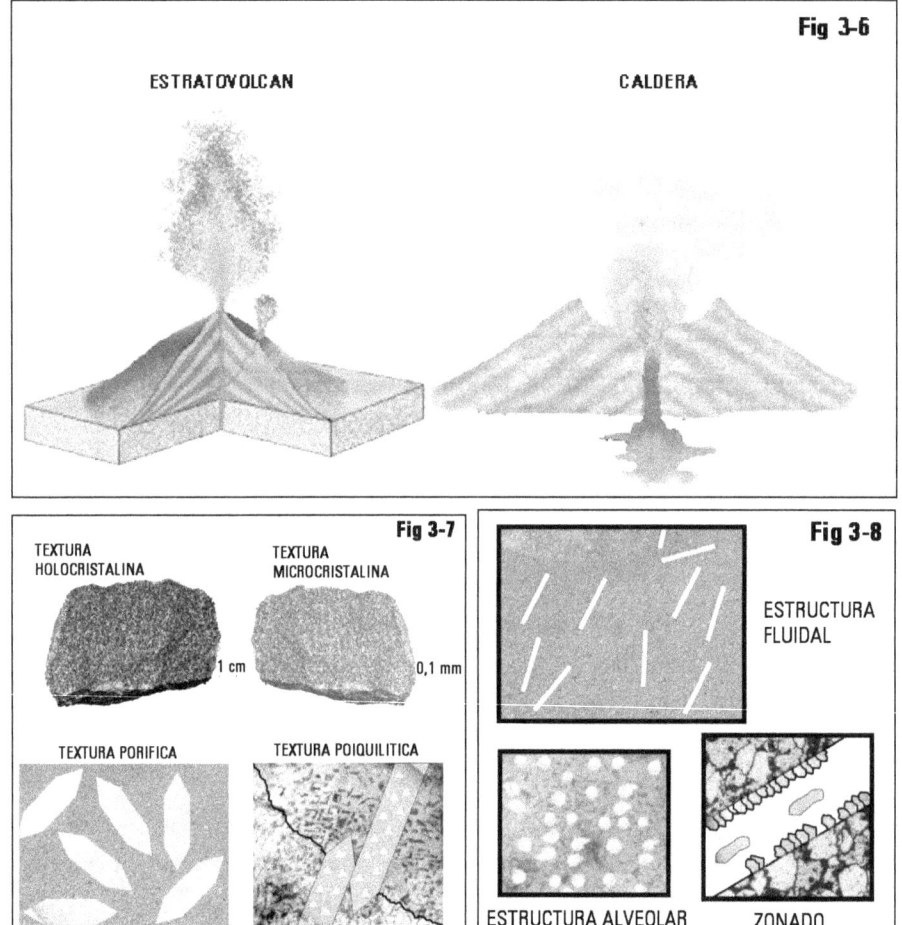

Cuando los gases se disipan, después de recorrer cierta distancia, los fragmentos acarreados se depositan. Debido a la alta temperatura que poseen, se acomodan plásticamente unos a otros, soldándose entre sí al enfriarse. El producto de este proceso es una roca denominada **ignimbrita**. Este tipo de rocas es frecuente en las depresiones del oeste de la Puna; corresponde allí a un vulcanismo relativamente reciente.

El vulcanismo ácido y mesosilícico forma los **estratovolcanes**, compuestos por capas sucesivas de lavas enfriadas y de materiales piroclásticos. En los volcanes basálticos el calor de la cámara magmática ubicada en el subsuelo suele debilitar la resistencia de las rocas de la parte alta alrededor del cráter, provocando el hundimiento de todo el sector. La depresión que se forma recibe el nombre de **caldera** (Fig. 3 - 6); dentro de ella puede desarrollarse posteriormente un cono menor. El ejemplo más famoso de este proceso está representado por el Vesubio, en Italia, que se desarrolló en la caldera de un volcán más antiguo. En el sur de la provincia de Mendoza pueden observarse varias calderas volcánicas.

EL LAHAR DE ARMERO

Se denomina *lahares* a los episodios volcánicos desatados por nubes ardientes y que forman las ignimbritas. Se trata de flujos de lodo, gases pesados, tierras y escombros de todo tipo, inclyendo trozos de árboles, que se encauzan en los valles de ciertos volcanes y descienden a gran veelocidad, algunos a más de cien kilómetros por hora. Ocurren durante erupciones de tipo *pliniano*, que se producen repetidamente en ciertos volcanes. Dichos volcanes son frecuentes en gran parte de la Cordillera de los Andes desde el norte de Argentina hasta el norte de Colombia, y especialmente numerosos en Ecuador. También en algunas islas del Caribe.

El volcán Nevado del Ruiz e el más septentrional de los focos activos de la cadena volcánica de los Andes. Es un estratovolcán compuesto por capas derivadas de lavas y cenizas intercaladas. Apareció unos 2 millones de años antes del presente y registra tres períodos principales de actividad; el actual comenzó hace 150 mil años. Sus erupciones son generalmente de tipo **pliniano**, nubes ardientes formadas por gases más pesados que el aire, que se mezclan con la nieve que cubre el cráter en la cima y generan flujos de barro (**lahares**) que se encauzan por los valles que descienden de esta montaña.

En noviembre de 1985 se produjo una erupción relativamente pequeña, después de 69 años de inactividad. Esa erupción derritió parte del hielo de la cima y provocó cuatro lahares en varios de los valles, Uno de ellos adquirió enorme tamaño y bajó a más de 60 kilómetros por hora; estaba formado por gases calientes, lodo, escombros de roca y trozos de árboles. El flujo cubrió la pequeña ciudad de Armero, situada a 50 Km de distancia del volcán, matando a 20.000 de sus 29.000 habitantes, que fueron cubiertos por la masa de barro ignimbrítico de varios metros de espesor y superficie suavemente horizontal.

Los trabajos de rescate resultaron severamente obstaculizados por la alta plasticidad del lodo, que hacía casi imposible moverse sin quedar atrapado. Esta fue la segunda catástrofe volcánica más mortífera del siglo XX (tras la nube ardiente del monte Pelée, en la isla de Martinica) y la cuarta desde el año 1.500.

TEXTURA Y ESTRUCTURA

Textura y estructura son dos términos descriptivos muy utilizados en Petrografía. La **textura** de una roca describe el tamaño de sus cristales y la manera en que éstos se encuentran relacionados entre sí. Ejemplos de textura son: la **holocristalina**, en la cual todos los minerales esenciales tienen cristales visibles a simple vista, es típica de las rocas plutónicas; la **microcristalina**, en la que los cristales sólo pueden observarse al microscopio; y la **porfírica**, en la cual existen grandes cristales llamados "fenocristales", rodeados por una "pasta" vítrea, caso frecuente en las rocas volcánicas. En la textura **poiquilítica** grandes cristales de un mineral engloban a pequeños cristales de otro, es frecuente en las pegmatitas (Fig. 3 - 7).

La **estructura** es una característica que depende de la dinámica a que fue sometida la roca en el momento de su formación. Muchos basaltos tienen estructura **fluidal**, con sus fenocristales alineados en la dirección en que fluía el magma en el momento de enfriarse. La estructura **alveolar** se presenta cuando una lava se solidifica conteniendo burbujas gaseosas. El **zonado**, frecuente en rocas filonianas, es la concentración de ciertos minerales en fajas paralelas o en bolsones (Fig. 3-8). Los **xenolitos** son estructuras presentes en algunas rocas plutónicas, se trata de fragmentos de la roca de caja que cayeron en el magma y que no alcanzaron a ser digeridos por éste (Fig. 3 - 2).

La **fábrica** de las rocas es un concepto que abarca conjuntamente a la textura y a la estructura.

4
Procesos metamórficos

Dentro de la litosfera existen presiones y temperaturas elevadas, que provocan la alteración de los minerales y rocas sedimentarias e ígneas originados en otras condiciones. Se forman nuevas rocas y minerales mediante procesos que ocurren fundamentalmente en estado sólido, conocidos con el nombre de **metamorfismo**. El metamorfismo producido por la acción dominante o exclusiva de la temperatura se denomina **metamorfismo térmico**; el **metamorfismo dinámico** está provocado por el efecto predominante de la presión. Esos dos tipos de metamorfismo no son los que predominan en la litosfera, sino el **metamorfismo dinamotérmico**, producido por la combinación de ambos factores. Tanto el metamorfismo dinámico con el térmico tienen lugar en áreas reducidas, mientras que el metamorfismo dinamotérmico es el responsable principal del **metamorfismo regional**, que cubre extensas áreas de la superficie terrestre, especialmente en los escudos continentales.

En el metamorfismo en general, es muy frecuente la migración de elementos y sustancias minerales de un lugar a otro. Este fenómeno es conocido como **metasomatismo**.

CAUSAS DEL METAMORFISMO

Las razones que hacen que se produzca el metamorfismo de rocas y minerales se encuentran en la tendencia general de los productos geológicos hacia el equilibrio físico y químico. Una arcilla, por ejemplo, que se origina en la superficie de la Tierra a 20°C de temperatura y 1 atmósfera de presión, está en equilibrio con dichas condiciones ambientales. Si esta arcilla se hunde a 10 kilómetros en la corteza debido a movimientos tectónicos, se verá sometida a una presión 30.000 veces mayor y a una temperatura de más de 300°C.

Evidentemente la arcilla estará fuertemente desequilibrada con respecto a su nuevo ambiente. El metamorfismo provocará la deshidratación del mineral y la reducción de la red cristalina, tal vez con la adición de pequeñas cantidades de otros elementos, produciendo un nuevo mineral del tipo de las micas o de los anfíboles, en equilibrio con las nuevas condiciones ambientales. Por el contrario, existen otros minerales como el cuarzo, que son estables en un amplio rango de presiones y temperaturas, y no son transformados por el metamorfismo.

Las rocas, por su parte, se transforman, aunque estén constituídas por minerales estables. Se hacen más densas y más compactas, reordenándose los minerales que las componen.

CONDICIONES AMBIENTALES DEL METAMORFISMO

Las presiones que existen en el interior de la litosfera y que influyen en el metamorfismo son de dos tipos. Una de ellas es la **presión confinante**, que depende de la profundidad. Está provocada por el peso de las rocas que están encima y es muy semejante a la presión hidrostática de los líquidos. Esta presión aumenta hacia abajo a razón de 3 atmósferas por metro. La unidad de presión que se utiliza corrientemente en los trabajos geológicos en el kilobar, igual a 1.000 atmósferas. Se alcanza 1 kilobar de presión confinante a 330 metros de profundidad. La presión confinante provoca la compactación de las rocas y la aparición de minerales más densos que los originales.

El otro tipo de presiones está formado por las tensiones de compresión a que está sometida la litosfera debido al movimiento de las placas. Sus valores son muy variables, alcanzando intensidades máximas en las fajas de subducción.

A profundidades pequeñas, el peso de las rocas sobreyacentes también ejerce tensiones compresionales verticales, dirigidas hacia abajo. Las tensiones de comprensión provocan la aparición de minerales planos o alargados, ubicados en dirección paralela, y estructuras tales como la esquistosidad, caracterizadas por el paralelismo de fajas minerales.

El rango de temperaturas en que se produce el metamorfismo oscila entre algo más de 100°C, en que comienza a descomponerse algunos minerales hidratados, hasta 600 ó 700°C, que es el comienzo de la fusión generalizada de los silicatos. De manera que se trata de un intervalo de unos 500 a 600 grados. Conforme al valor del gradiente geotérmico, esas temperaturas se encuentran entre los 4 y los 20 kilómetros de profundidad. Evidentemente, éstos son valores promedio y la variabilidad es grande, pero indican el estado general de las temperaturas en el interior de las masas continentales.

Otro factor de importancia en el ambiente metamórfico es la presencia de magmas. Estos pueden afectar a las rocas directamente, elevando la temperatura de las zonas adyacentes mediante la irradiación del calor de la masa fundida. También la masa magmática provoca tensiones diversas al reaccionar en forma hidráulica en su campo de fuerzas. El magma afecta a las rocas también indirectamente, infiltrando a sus componentes volátiles en las rocas que lo rodean. La presencia de magmas es responsable del metamorfismo térmico y de gran parte del metasomatismo.

MINERALES METAMÓRFICOS

Cuando rocas preexistentes son sometidas a metamorfismo, se produce una cantidad de reacciones químicas, **esencialmente en estado sólido,** que produce el reordenamiento de las redes cristalinas de los minerales y provoca la aparición de minerales nuevos. Algunos de los minerales recién formados son sustancias comunes, como las micas o los anfíboles, que también aparecen en los procesos magmáticos. Junto con éstos aparece un conjunto de minerales específicos, que solo se forman mediante el metamorfismo, denominados **minerales metamórficos,** tales como la cordierita, la sillimanita y el talco.

Las reacciones químicas que se producen en el metamorfismo son de naturaleza compleja. Algunas de ellas son "reacciones secas", es decir, tienen lugar entre sustancias minerales en estado sólido. La mayor parte de las reacciónes metamórficas, sin embargo, tiene lugar con la intervención de fluidos, especialmente el agua, que las facilita y las hace más rápidas. En muchos casos, el fluido emigra después totalmente del lugar de reacción.

METASOMATISMO

El movimiento de materia en el metamorfismo se denomina **metasomatismo**. La magnitud de los movimientos es variable; se han medido migraciones de iones de hierro de hasta 6 metros y de sílice de hasta 15 metros. Los elementos muy solubles en fluidos acuosos, como el cloro y el boro, se desplazan hasta 1.000 metros. Los propios fluidos pueden recorrer distancias de hasta 10 kilómetros, facilitando a su paso reacciones minerales.

Los mecanismos de los movimientos comprenden la difusión de iones a través de sólidos y líquidos, y el transporte por medio de fluidos en movimiento. La difusión puede realizarse a través de los minerales, avanzando a lo largo de las imperfecciones de las redes cristalinas, que normalmente son más de mil millones por centímetro cúbico. También pueden realizarse a lo largo de las superficies de los cristales, donde las imperfecciones son considerablemente más numerosas. Los mecanismos más eficientes, sin embargo, son la difusión de iones a través de un fluido intergranular estático y el transporte de los iones disueltos mediante el movimiento de fluidos que migran a través de las rocas. Los iones migran desde los lugares de mayor concentración hacia los de menor concentración; o bien, para expresarlo de forma más correcta y no exactamente equivalente, migran desde los lugares de mayor energía hacia los de menor energía.

La influencia del metasomatismo en todo el conjunto del metamorfismo es muy importante. En la Naturaleza casi todos los fenómenos metamórficos se efectúan mediante la transferencia parcial de materia.

METAMORFISMO DINÁMICO

El metamorfismo dinámico propiamente dicho se produce esporádicamente en los ambientes poco profundos de la litosfera. Está provocado por los esfuerzos de compresión intensos y tiene lugar en las fallas y fajas de cizalla. En esos lugares la presión se concentra de tal manera que tritura a la roca en fragmentos pequeños, hasta microscópicos. Estos se funden luego parcialmente, debido al calor provocado por el rozamiento. Dicho proceso da origen a una roca denominada **milonita**, caracterizada por la recristalización parcial de los minerales preexistentes y el alineamiento de los mismos a lo largo del plano de cizalla.

METAMORFISMO TÉRMICO

El metamorfismo térmico se produce por el efecto de las altas temperaturas magmáticas sobre las rocas cercanas. Su expresión más importante la constituyen las aureolas de contacto (Fig. 3 -2) Está caracterizado por reacciones químicas generalizadas de los minerales preexistentes, con la consiguiente aparición de nuevos minerales. Se produce una deshidratación generalizada y una pérdida de CO_2; los anfíboles se transforman en piroxenos y aparecen granates cálcicos.

Las texturas típicas del metamorfismo térmico son equidimensionales, es decir, los minerales no tienen una orientación preferente. Se denomina **corneanas** a las rocas de textura microcristalina originadas por este tipo de metamorfismo. Un rasgo característico de las rocas de metamorfismo térmico es la presencia de manchas, provocadas por la presencia de cristales de cordierita en textura poiquilitica.

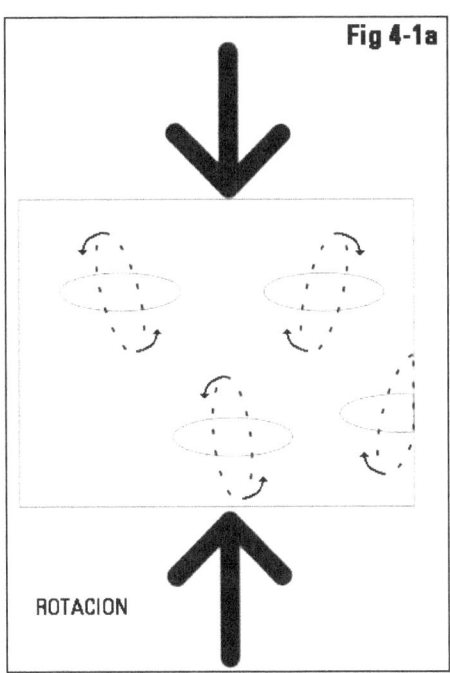

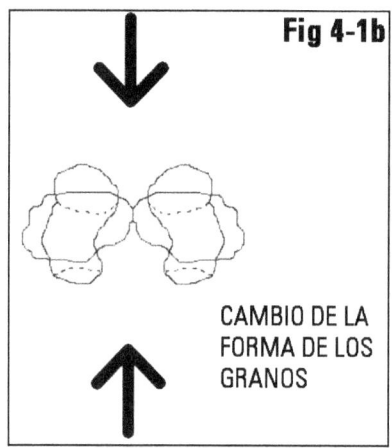

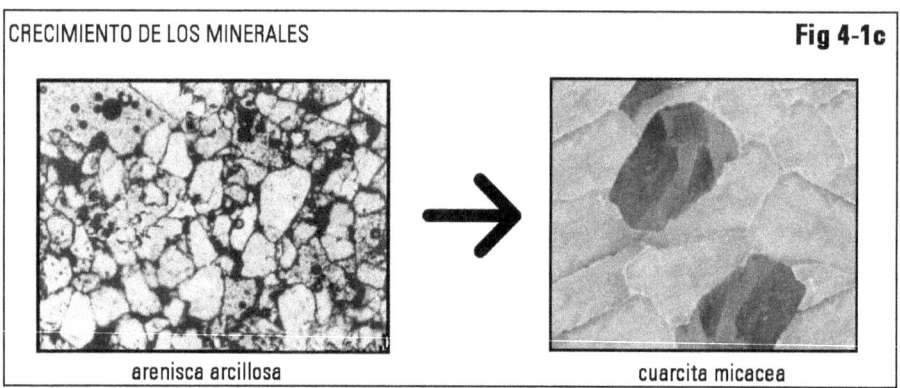

Las rocas que se ven afectadas con mayor intensidad por el metamorfismo térmico son los xenolitos. La aureola de contacto tiene un grosor que depende del tamaño del cuerpo magmático, con intensidad de metamorfismo decreciente hacia afuera. Este tipo de metamorfismo es poco importante a escala regional, por lo general sus efectos se reducen a dimensiones que varían entre algunas decenas y pocos cientos de metros. La duración de un episodio de metamorfismo térmico se estima entre 10.000 y 100.000 años.

METAMORFISMO DINAMOTÉRMICO

Está producido por la acción combinada de la presión confinante, tensiones dirigidas y altas temperaturas. Por lo general, ocurren fenómenos metasomáticos importantes durante el metamorfismo dinamotérmico. Este tipo de metamorfismo es mucho más importante que los descriptos anteriormente y tiene características propias que resultan de la gran escala de los fenómenos y de la larga duración de los mismos. Cada evento afecta a porciones importantes de la corteza (miles de kilómetros cúbicos), y su duración puede alcanzar de 1 a 10 millones de años. Los límites de los cuerpos metamorfizados son imprecisos y la transiciones entre éstos y las rocas no alteradas abarcan varios de kilómetros. Los espesores también se miden en kilómetros.

Los minerales que se forman mediante este proceso suelen ser escasos; es frecuente que una asociación de tres o cuatro minerales se mantengan constante a través de un área extensa.

En los casos en que las rocas metamorfizadas no se hayan hundido a mucha profundidad en la corteza, predominan las tensiones compresionales sobre los otros factores, y provocan el desarrollo de **orientaciones preferentes** en los minerales y en las rocas. En este fenómeno actúan varios mecanismos; uno de ellos es la rotación de las partículas minerales preexistentes. Otro, que ocurre frecuentemente, es el cambio de forma de los granos por efecto de la compresión, que provoca la migración de los átomos del cristal desde los puntos de alta presión a los de presión baja. Un tercer mecanismo, muy generalizado, es el crecimiento de minerales nuevos con formas alargadas o planas, como las micas. Por ejemplo, las areniscas arcillosas se transforman en cuarcitas micáceas (Fig. 4 - 1). Finalmente, se puede citar la **segregación** de los minerales que constituyen algunas rocas, lo que origina en la misma estructura bandeadas o lenticulares.

Cuando el metamorfismo tiene lugar a grandes profundidades, los factores dominantes son la presión confinante y la alta temperatura. Se originan rocas densas, compuestas por minerales no hidratados y sin orientación preferencial.

ESTRUCTURAS DEL METAMORFISMO DINAMOTERMICO

La estructura más común producida por el metamorfismo dinamotérmico es **la esquistosidad,** caracterizada por fajas paralelas de distintos minerales. Las rocas que poseen esquistosidad se denominan genéricamente **esquistos**. Cuando la roca está formada por lentes irregulares de minerales claros (cuarzo o feldespatos) intercalados con lentes y bandas de minerales oscuros, se denomina **gneis**, y la estructura de la misma es la estructura gnéisica. Las pizarras poseen la propiedad de partirse en planos paralelos, debido a la orientación preferente de cristales microscópicos de mica; dicha característica se conoce como **clivaje pizarreño**. En los casos en que una roca presenta agrupaciones redondeadas de cristales rodeadas por minerales de otra naturaleza, se denomina a dicha estructura "glandular"(Fig. 4 - 2).

INTENSIDAD DEL METAMORFISMO

Los procesos metamórficos pueden ser clasificados por su intensidad, que aumenta con la profundidad del hundimiento de las masas rocosas afectadas y la proximidad de cámaras magnéticas o de faja de compresión en la litosfera. Se pueden distinguir así tres grados de intensidad metamórfica:

- **Metamorfismo de bajo grado** o de "epizona". Se desarrolla a profundidades relativamente pequeñas, y temperaturas relativamente bajas. Las tensiones compresionales predominan netamente sobre la presión confinante. Se originan silicatos hidratados, especialmente micas como la clorita y la sericita. Sus rocas características son la pizarra y la filita.
- **Metamorfismo intermedio** o de "mesozona". Está caracterizado principalmente por transformaciones químicas. La temperatura es más elevada que en el caso anterior y las tensiones todavía son más importantes que la presión confinante. El tamaño de los cristales es en general mayor que los originados en el metamorfismo de bajo grado. Los minerales típicos son biotita y muscovita entre las micas, estaurolita y anfíboles. Las rocas típicas son los esquistos y gneises.
- **Metamorfismo profundo** o de "catazona". Se trata de recristalizaciones químicas muy avanzadas, producidas a temperatura y presión confinante muy elevadas. Las tensiones son poco importantes. Se forman minerales tales como biotita, sillimanita, plagioclasas cálcicas, piroxenos y olivino. Sus rocas típicas son algunos tipos de gneis y las granulitas.

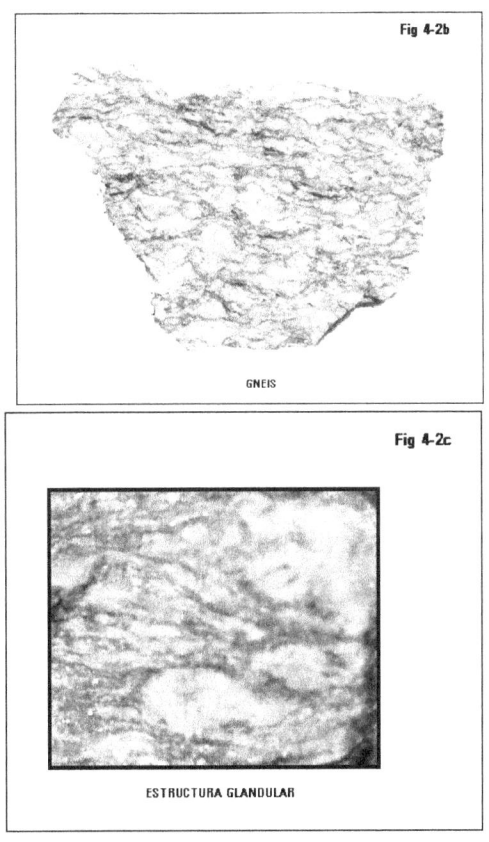

FACIES METAMÓRFICAS

Un concepto sencillo, de gran utilidad para el geólogo, es el de facies metamórficas. Tiene el mismo fundamento ambiental que el de las facies sedimentarias. En este caso, una facies determinada describe el campo de estabilidad de una asociación mineral, marcada por un intervalo de temperaturas y un intervalo de presiones. Las facies importantes son pocas:

a. Facies de esquistos verdes. Indica un metamorfismo de bajo grado y está caracterizada por la asociación mineral clorita-biotita.
b. Facies de anfibolitas. Se trata de un metamorfismo más alto, con formación de hornblenda y plagioclasas. La esquistosidad es menos definida.
c. Facies de granulitas. Es un metamorfismo profundo, de altas presiones y temperaturas. Una de sus características es la aparición de minerales densos, sin hidroxilos, y la falta de esquistosidad. Está caracterizada por la asociación piroxeno-granate.

METAMORFISMO PROGRESIVO Y RETRÓGRADO

Cuando una masa rocosa entra paulatinamente en un ambiente de grandes presiones y alta temperatura, por ejemplo al hundirse en la corteza debido a fenómenos tectónicos, sufre un metamorfismo progresivo, cada vez más intenso.

Un ejemplo de este proceso puede observarse en el metamorfismo creciente de las **lutitas**, rocas sedimentarias de grano fino. Al ser sometidas a metamorfismo de bajo grado se aplastan, pierden porosidad, se hacen más densas; aparecen cristales microscópicos de una mica llamada sericita, derivada de las arcillas. La roca resultante es una **pizarra**. Si el metamorfismo se intensifica, las arcillas remantes y la sericita se transforman en otro tipo de mica: la clorita. El resultado es una roca esquistosa, de color verde, llamada **filita**. Si el metamorfismo sigue intensificándose, la clorita a su vez se descompone, originando nuevos minerales y a otra roca, el **esquisto micáceo**. Finalmente, en condiciones extremas de presión y temperatura, se llega al metamorfismo profundo y la roca se transforma en una **granulita**, compuesta por piroxenos y feldespatos.

Por otra parte, cuando una roca ya metamorfizada permanece suficiente tiempo en ambientes metamórficos de menor intensidad que el que la originó, puede sufrir reacciones retrógradas, transformándose sus minerales en otros menos densos y más hidratados. Un ejemplo de ello es la transformación de piroxenos en micas y anfíboles.

METAMORFISMO REGIONAL

Desde el punto de vista geológico, el metamorfismo suele ocurrir en episodios de larga duración, que puede estimarse entre 1 y 10 millones de años, y que afectan a decenas de miles de kilómetros cuadrados. Esto se denomina **metamorfismo regional** y consiste fundamentalmente en el metamorfismo dinamotérmico de toda la región, con diferencias locales de intensidad y reducidas manifestaciones de metamorfismo térmico y dinámico puros. Las rocas que forman gran parte de las Sierras Pampeanas constituyen un ejemplo de metamorfismo regional, ocurrido en le Paleozoico inferior.

El metamorfismo regional suele separarse en dos tipos: 1) Termodinámico o dinámico; se desarrolla en zonas de compresión, principalmente en las fajas de las placas continentales afectadas por suturas de subducción. Tiene lugar durante las orogenias (formación de montañas), con grandes tensiones que provocan la esquistosidad y con flujos de calor en grandes extensiones que provienen del manto. 2) De hundimiento o soterramiento. Ocurre en las zonas de extensión de las placas, particularmente en los llamados "márgenes pasivos" de los continentes, tales como en la plataforma continental argentina. En los lugares en que los sedimentos y rocas volcánicas acumulados en una cuenca geológica alcanzan 15 o más kilómetros de espesor se produce este tipo de metamorfismo. Está caracterizado por falta de esquistosidad y transformaciones minerales mucho menores que los que ocurren en el tipo dinámico.

De los párrafos anteriores puede deducirse que gran parte de la corteza terrestre (concepto estático) y/o de la litosfera (concepto dinámico) está formada por rocas metamórficas.

ALGUNAS ROCAS METAMÓRFICAS

Gran parte de las regiones metamórficas del mundo está compuesta por unas pocas rocas; algunas de ellas son las siguientes:

Pizarra - Roca de grano fino, de color gris a negro. Posee la propiedad de partirse según planos perfectos, originados por el crecimiento de cristales microscópicos de sericita. Proviene del metamorfismo de lutitas.

Filita - Roca esquistosa de grano fino, color verde grisáceo. Su mineral característico es la clorita. Presenta brillo lustroso.

Anfibolita - Está compuesta por anfíboles y en menor medida por plagioclasas. Presenta esquistosidad, producida por la alineación de los cristales prismáticos de los anfíboles. Es producida por el metamorfismo intermedio de arcillas y de basaltos. Color gris a negro.

Gneis - Roca caracterizada por lentes y bandas irregulares de minerales claros, cuarzo y feldespatos, intercalados con lentes de minerales oscuros, anfíboles y piroxenos. Es el producto de metamorfismo dinamotérmico regional de grado intermedio a alto.

Mármol - Roca formada por carbonato de calcio, de color claro hasta blanco. Proviene del metamorfismo de calizas sedimentarias.

Cuarcita - Está compuesta casi exclusivamente por granos de cuarzo. Es de color gris claro a blanco. Proviene del metamorfismo de areniscas silíceas y a veces conserva las estructuras sedimentarias de las rocas originarias.

5

Geología estructural

La Geología Estructural es la rama de la Geología que estudia las propiedades físicas de las rocas y sedimentos, sus deformaciones y fracturas y la mecánica de las fuerzas que actúan sobre ellas. La corteza terrestre está sometida a un complejo sistema de tensiones provocado por el movimiento de las placas de la litosfera, que se traducen localmente en tracciones, compresiones y torsiones diversas. Las rocas, como cualquier sustancia sólida, ejercen resistencia a las tensiones, pero cuando éstas son demasiado fuertes o muy prolongadas se deforman y eventualmente se fracturan. La forma en que las rocas responden a los esfuerzos depende de su naturaleza, de las presiones y temperatura a que están sometidas, a la duración de las tensiones y a otros factores.

PROPIEDADES FÍSICAS DE ROCAS Y SEDIMENTOS

Elasticidad – Cuando se ejerce presión moderada sobre un sólido cualquiera, éste resiste la fuerza acortándose y cuando se retira la presión recobra su forma original. En algunos casos, el material es visiblemente deformado durante la experiencia, por ejemplo si se emplea el caucho, pero la gran mayoría de los sólidos reacciona en forma imperceptible. Las rocas presentan el mismo comportamiento, si bien son necesarios aparatos especiales para determinar la deformación, que siempre es muy pequeña. Este tipo de alteración, llamada **deformación elástica**, desaparece cuando es retirada la fuerza que la provocó. Depende en forma exclusiva de la intensidad de la fuerza y su comportamiento físico puede ser visualizado como el de un resorte (Fig. 5 - 1a). El grado de acortamiento depende de la naturaleza del material y está expresado físicamente por el **módulo de Young**.

Viscosidad - Si la presión que se ejerce sobre la roca es fuerte y sobrepasa un cierto límite, ésta comienza a deformarse plásticamente, sufriendo un acortamiento irreversible, que no desaparece al retirar la presión. Esta es la llamada **deformación viscosa** y depende fundamentalmente del tiempo en que la presión estuvo aplicada. Se puede representar este comportamiento con el movimiento de un pistón en un cilindro (Fig. 5 - 1b). En realidad, existe en la deformación de las rocas una superposición parcial entre la deformación elástica y la viscosa. Sobrepasada la resistencia elástica existe un tramo de resistencia **viscoelástica**, en la cual se suman ambos efectos. Esto puede ser visualizado como el movimiento de un pistón asociado a un resorte. Quitando la carga, la deformación se recupera solo en parte, siendo el resto de la misma irreversible (Fig. 5 - 1c). El comportamiento de una roca sometida a un esfuerzo creciente de compresión está representado en la figura 5 - 2. Si se la sometiera a un esfuerzo de tracción la repuesta sería similar, pero con valores menores porque la resistencia de las rocas a la tracción es aproximadamente diez veces menor que a la compresión.

Plasticidad - La plasticidad es una propiedad de los sedimentos arcillosos no consolidados. Se dice que un sedimento es plástico cuando puede ser amasado y moldeado al humedecerlo. Dicho comportamiento se debe a la naturaleza particular de los minerales de la arcilla. Estos están formado por una serie de láminas microscópicas superpuestas y poseen ciertas propiedades eléctricas que hacen que una película de agua se pegue a su superficie. Esta película tiene propiedades diferentes de las del agua líquida, pues sus moléculas están organizadas en una especie de estructura rígida entre las partículas de los minerales arcillosos y la acción lubricante de la película de agua.

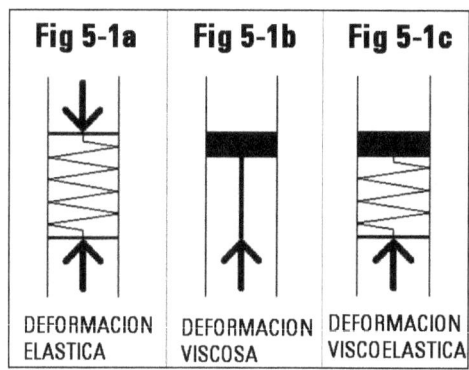

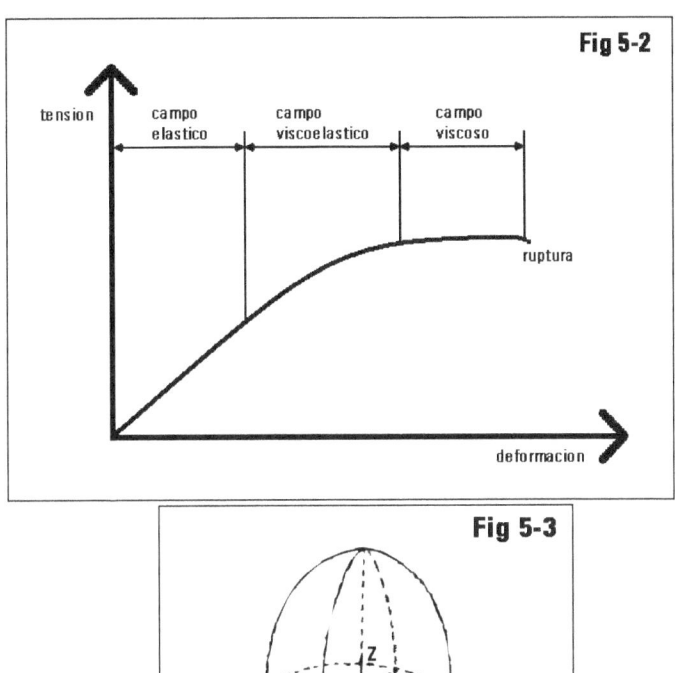

Fig 5-2

Fig 5-3

ELIPSOIDE TRIAXIAL: las propiedades fisicas varian segun las direcciones de los ejes x, y, z.

Las arcillas son capaces de absorber también cantidades considerables de agua líquida, que les hace disminuir su cohesión. Superada una cierta proporción de agua, la arcilla se transforma en un líquido y comienza a fluir. El punto en que se produce la transformación se denomina **límite líquido**.

Fricción interna - Es una propiedad típica de las arenas. La superficie de los granos de la arena es generalmente rugosa, con pequeñas protuberancias, picaduras y otras irregularidades. Esto hace que los granos continuos de una masa de arena estén o menos trabados entre sí y la masa entera conserve su coherencia y estabilidad. La estabilidad del cuerpo arenoso está dada por la suma de las fricciones que sufre cada grano en los puntos de contacto con sus vecinos, de ahí el término de "fricción interna". A menudo los poros existentes entre los granos están ocupados por agua, que desarrolla una presión hidráulica, denominada **presión de poros,** que actúa en sentido contrario a la fricción interna, haciendo disminuir la estabilidad de la masa de arena. En casos extremos, la presión de poros sobrepasa a la fricción interna de la arena y se produce un fenómeno llamado "licuefacción": toda la masa se transforma en un líquido y comienza a fluir. El caso más conocido de licuefacción está representado por las arenas movedizas.

Fracturación - Cuando el esfuerzo a que está sometida una roca o un sedimento se hace demasiado intenso, el material se fractura. En primer lugar, aparecen grietas y fisuras en toda la masa o en parte de ella durante la fases de deformación viscosa y viscoelástica. Este mecanismo ayuda a prolongar la resistencia aliviando las tensiones. Si la intensidad del esfuerzo continúa aumentando, se produce una falla y el material se rompe. Las fallas ocurren frecuentemente a lo largo de líneas de menor resistencia, ya marcadas por fisuras.

LOS SISMOS

Los sismos son ondas elásticas o vibraciones que se producen por liberación de energía en los lugares donde se fractura una roca. De la misma manera que las ondas de luz o de sonido, se propagan desde el punto de origen en todas direcciones en forma de esfera, transportando la energía acumulada. El punto de ruptura de la roca se denomina **foco**; está ubicado generalmente en el interior de la corteza terrestre, a decenas o cientos de kilómetros de profundidad. La ruptura se expande rápidamente en un plano que puede alcanzar la superficie del terreno. El lugar situado en la superficie verticalmente encima del foco es llamado **epicentro** del sismo.

En el momento de la ruptura se forman dos tipos de ondas: **P** y **S.** Las ondas P (o primarias) son longitudinales, de tipo compresional, es decir que avanzan por el interior de la roca en forma de golpes de martillo desde el centro a la periferia. Son las más veloces (aproximadamente 5000 metros por segundo en granito). La roca es alternativamente comprimida y dilatada en dirección a la propagación. Se propagan a través de cualquier tipo de material, rocas sedimentos sueltos y también el agua. Las ondas S (o secundarias) son ondas transversales. La roca es movida en un balanceo perpendicular a las ondas P. Son más lentas que éstas; su velocidad es aproximadamente 1,73 veces menor y no se propagan a través de los líquidos, tales como el agua o el núcleo metálico fundido del centro de la Tierra.

Las ondas P y S se mueven dentro de las rocas. Al llegar a la superficie del terreno generan otro tipo de ondas, las **ondas Love** o superficiales, que producen un movimiento superficial de corte. Tienen menor velocidad que las ondas S (un 90 % aproximadamente). También se desarrollan las **ondas de Rayleigh**, que producen un movimiento elíptico retrógrado del suelo. Ambas constituyen la fase destructiva de los terremotos.

ESCALAS DE RICHTER Y DE MERCALLI

Los sismos son importantes procesos de liberación de energía en la Naturaleza. Varían desde temblores imperceptibles hasta terremotos capaces de destruir grandes ciudades y provocar derrumbes de laderas y tsunamis. Existen dos escalas numéricas para medir la intensidad de un sismo: la de Richter y la de Mercalli.

La **escala de Richter** es una escala semilogarítmica arbitraria que asigna un número para cuantificar la energía que libera un sismo. Es un número que crece de manera potencial, cada punto de aumento significa más de 32 veces de aumento de energía.. Es decir, cada dos unidades el aumento de energía es de unas mil veces. Los efectos visibles son los siguientes:

Escalas   de 1 a 3 : Se registran en sismógrafos pero no se sienten.

"   de 3 a 5 : Causan daños menores.

"   de 6 : Terremoto. Daños severos.

"   de 7 : Terremoto mayor. Graves daños.

"   de 8 y más : Gran terremoto Destruccción total.

La **escala de Mercalli** está formada para evaluar la intensidad de los terremotos utilizando los daños causados a viviendas, edificios y otras estructuras. Tiene 12 niveles (que se escriben en números romanos). Algunos de éstos son:

I - Muy débil. Lo sienten solamente algunas personas en condiciones favorables.

IV - Moderado. Se siente en los interiores pero no en el exterior. Vibracion de vajillas y ventanas.

VI - Bastante fuerte. Se siente claramente en el exterior. Se mueven los muebles. Daños leves en estructuras.

VII - Muy fuerte. Daños considerables en viviendas mal construidas. Se siente en vehículos en movimiento.

X - Desastroso. Destrucción de viviendas bien construidas. Agrietamiento del terreno. Las vías ferroviarias se tuercen. Deslizamientos de tierra.

LAS ROCAS COMO CUERPOS GEOLÓGICOS

Para comprender el comportamiento de las rocas ubicadas en la litosfera, es necesario considerar una serie de factores adicionales, a veces contrapuestos, que influyen sobre las propiedades físicas fundamentales enumeradas anteriormente.

En primer lugar, la mayoría de las rocas es físicamente **anisótropa**, es decir, no tiene la misma resistencia en todas las direcciones. Se trata de propiedades intrínsecas de los minerales, que también afectan a su permeabilidad, resistencia eléctrica, etc. Están determinadas por los ejes cristalográficos de los minerales, los planos de sedimentación de rocas y otros factores. La anisotropía de rocas y minerales se representan mediante el **elipsoide triaxial** (Fig. 5 - 3), que permite la visualización de las propiedades en tres direcciones independientes.

Presión confinante - Se trata de un factor de primera magnitud. Las rocas en el interior de la litosfera están sometidas a grandes presiones, provocadas por el peso de los materiales ubicados encima y por la resistencia que ejercen las masas contiguas a cualquier deformación. A ello hay que sumarle las presiones horizontales en ciertas áreas. Las fuerzas confinantes son muy elevadas en profundidades de varios kilómetros, pudiendo sobrepasar las 10.000 atmósferas. En estas condiciones las rocas aumentan su resistencia considerablemente, pudiendo soportar esfuerzos que en la superficie de la Tierra las destruirían. Por el contrario, aumentan considerablemente las deformaciones viscoelástica y viscosa.

Temperatura - El aumento de temperatura con la profundidad hace que las rocas se vean sometidas a temperaturas de cientos de grados centígrados en el interior de la corteza, provocando una disminución general de la resistencia y un aumento relativo de la capacidad de deformación viscosa. Este efecto es tan notable, que en ciertas condiciones las rocas muy blandas como el yeso o la sal fluyen en estado sólido cuando se las somete a temperaturas y presiones elevadas. El alto calor disminuye claramente la resistencia elástica y también la resistencia al fracturamiento.

Tiempo geológico - Cuando se realiza en laboratorio un ensayo de resistencia en una roca, se coloca una probeta de la misma en una prensa y se le aplican presiones cada vez mayores, hasta que la roca se rompe. Se ha observado que la roca es más resistente si se la comprime rápidamente que si el experimento dura más tiempo. La misma arenisca que se fractura a 1.000 kg/cm^2 en un ensayo rápido que dura diez minutos se rompe a solo 700 kg/cm2 en un ensayo lento de 28 días. Evidentemente, el tiempo debilita la resistencia de las rocas. Se trata de un fenómeno análogo a la llamada "fatiga" de los metales, que hace que un objeto se rompa después de haber funcionado un número muy grande de veces.

La influencia de este factor es, sin duda, muy difícil de calcular porque los experimentos más largos que se han realizado duraron dos años, mientras que el tiempo geológico se mide en millones de años. Lo que sí podemos deducir con certeza, es que el factor tiempo es muy importante. Probablemente hace que la deformación viscoelástica sea más importante que la registrada en laboratorio, en desmedro de la resistencia elástica. Deformaciones elásticas, por otra parte, existen en muchas regiones montañosas; algunas de ellas se han conservado por decenas de millones de años.

Agua intersticial - El agua que a menudo ocupa los poros y fisuras de las rocas y sedimentos debilita la resistencia del material, como la sal y el yeso, pero también influye en las rocas resistentes como el granito y el basalto.

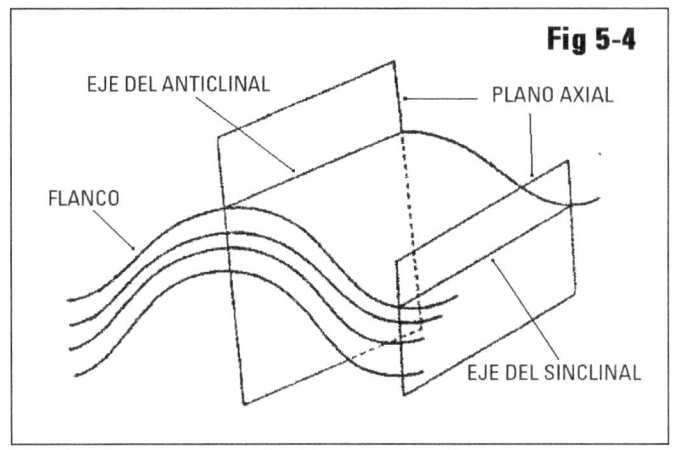

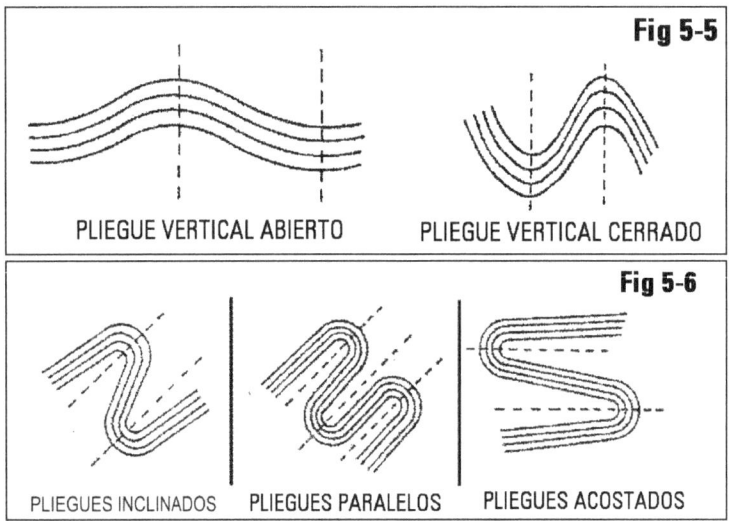

GEOMETRÍA DE LOS PLIEGUES

En las cordilleras y en regiones de rocas metamórficas las rocas suelen encontrarse plegadas en diversas formas. Los pliegues son largos y estrechos y están producidos por esfuerzos de compresión; se los describe y clasifica por su posición y por sus características geométricas   (Fig. 5 - 4). Un pliegue doblado hacia arriba se denomina **anticlinal**. En caso contrario, doblado hacia abajo, se llama **sinclinal**. La línea que divide al pliegue en dos partes aproximadamente iguales es el **eje** del pliegue y las partes laterales constituyen los **flancos** del mismo. El plano que comprende a todos los ejes de un pliegue es el **plano axial**.

Los pliegues cuyo plano axial es vertical se denominan **pliegues verticales**, pueden ser **abiertos** o **cerrados** (Fig. 5 - 5). Los pliegues cuyos flancos se inclinan en ángulos diferentes son **pliegues inclinados**; si los flancos se inclinan en el mismo ángulo y en la misma dirección, se trata de **pliegues paralelos**. Los **pliegues volcados** tienen los flancos inclinados en la misma dirección pero en distintos ángulos. El **pliegue acostado** es el que tiene el plano axial prácticamente horizontal, (Fig. 5 - 6).

Existe una clase particular de pliegues, los **domos**, que son anticlinales aproximadamente circulares (Fig. 5 - 7). Se originan por esfuerzo de tensión provocados por masas de sal sedimentaria que migra hacia arriba mediante flujo viscoso.

Las **flexuras** son fajas arqueadas que unen dos bloques no plegados, (Fig. 5 - 8), que se encuentran a punto de ser fracturados, casi en el límite de resistencia de la roca. Pueden ser originados por cualquier tipo de esfuerzo, de compresión, de tracción o de torsión.

GEOMETRÍA DE LAS DIACLASAS

Prácticamente todas las rocas que forman los kilómetros superiores de la corteza terrestre están atravesadas por fisuras y grietas de corta extensión. Estas pequeñas fracturas se denominan **diaclasas**, y están caracterizadas por un desplazamiento nulo o imperceptible entre los bloques que las limitan.

Las diaclasas constituyen superficies planas, con una extensión que varía generalmente de algunos decímetros a varios metros. En rocas homogéneas se repiten a intervalos más o menos regulares, todas con la misma dirección y la misma inclinación; se trata entonces de un **juego de diaclasas** (Fig. 5 - 9). Dos ó más juegos de diaclasas constituyen un **sistema** de diaclasas. La separación entre diaclasas varía entre algunos centímetros y unos pocos metros.

Las diaclasas se forman simultáneamente con los pliegues en las cordilleras, por lo que se puede deducir que aparecen durante la deformación viscoelástica. Las diaclasas que se producen por esfuerzos de tracción son perpendiculares a la dirección de los mismos. Las que originan por fuerzas de compresión tienen a aproximarse a un ángulo de 45 grados con respecto a los esfuerzos (Fig. 5 - 10).

Fig 5-7
DOMO VISTO EN PLANTA
PERFIL DE UN DOMO

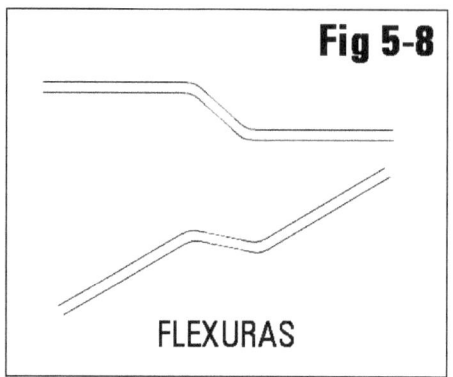

Fig 5-8
FLEXURAS

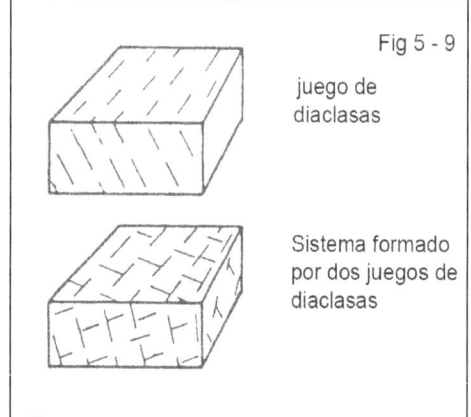

Fig 5 - 9
juego de diaclasas

Sistema formado por dos juegos de diaclasas

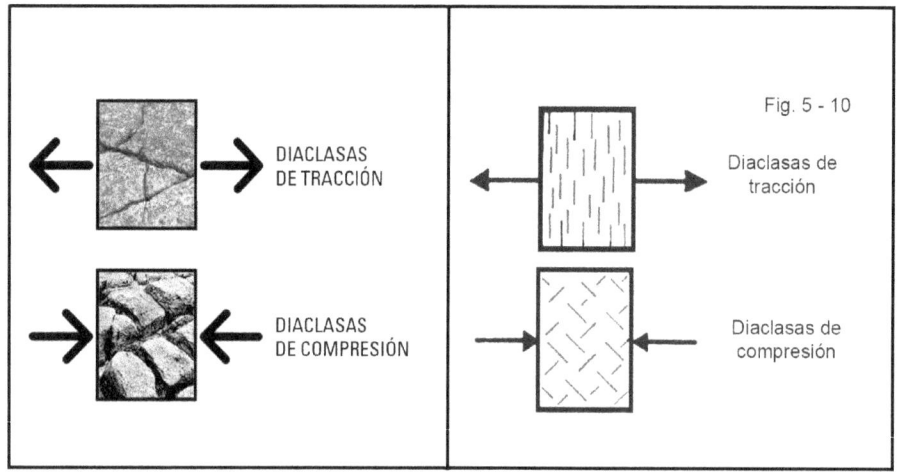

DIACLASAS DE TRACCIÓN

DIACLASAS DE COMPRESIÓN

Fig. 5 - 10
Diaclasas de tracción

Diaclasas de compresión

GEOMETRÍA DE LAS FALLAS

Si a una masa de roca se le somete a esfuerzos excesivos, se produce una fractura de colapso, con corrimiento de bloques, trituración de material y otros efectos menores. La fractura producida se denomina **falla** y está caracterizada por varios elementos geométricos (Fig. 5 - 11). Se denomina **plano de falla** a la superficie de ruptura, que frecuentemente es una faja de cierto ancho más que una superficie. Al plano de falla se lo define por su extensión, su dirección y su inclinación (llamadas respectivamente **rumbo** y **buzamiento**). Los **bloques** son las masas de roca adyacentes al plano de falla; se deslizan a lo largo del mismo, aliviando las tensiones a que está sometida la roca. La distancia que recorren los bloques a lo largo del plano de falla se denomina **rechazo**. La superficie de un bloque que está en contacto con el plano de falla se denomina **labio** del bloque. Cuando el plano de la falla es inclinado, se discriminan a veces las componentes horizontal y vertical, llamándoseles **desplazamiento horizontal aparente** y **desplazamiento vertical aparente**. Si hay movimiento vertical, se distingue el **bloque elevado** del **bloque hundido**.

Las fallas más importantes de la corteza terrestre son las **fallas transcurrentes**, de desplazamiento horizontal; están producidas por esfuerzos de torsión, que aparecen en las suturas entre las placas de la litosfera. Pueden producir rechazos de cientos de kilómetros. Existen dos tipos, las de **movimiento lateral derecho**, en las cuales un observador situado en uno de los bloques ve moverse al otro bloque hacia la derecha. Y las de **movimiento lateral izquierdo**, en las cuales el observador ve moverse al bloque opuesto hacia la izquierda (Fig. 5 - 12).

Las fallas provocadas por esfuerzos de tensión son denominadas **fallas directas**. En ellas el plano de falla se inclina hacia el bloque hundido produciéndose un estiramiento de todo el conjunto (Fig. 5 - 13). Los esfuerzos de compresión dan lugar a las **fallas inversas**, en las que el plano de falla buza hacia el bloque elevado, produciéndose un acortamiento de conjunto.

El fallamiento de rocas en una región suele producir una sucesión de bloques elevados y bloques hundidos. Los primeros se denominan **pilares tectónicos** y los segundos **fosas tectónicas** (Fig. 5 - 14). Sistemas de este tipo se originan por esfuerzos generalizados de tracción. Los esfuerzos de compresión producen el **basculamiento** de los bloques, en el que los distintos bloques hunden uno de sus bordes y elevan el borde opuesto (Fig. 5 - 15).

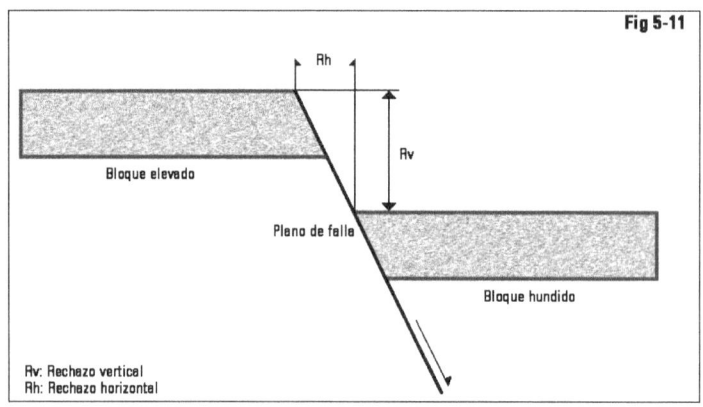

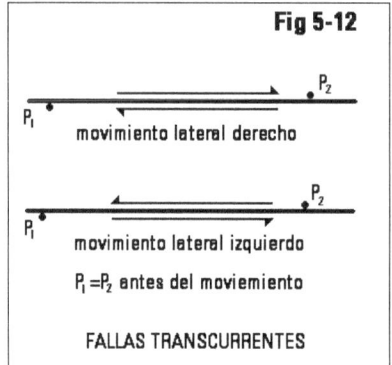

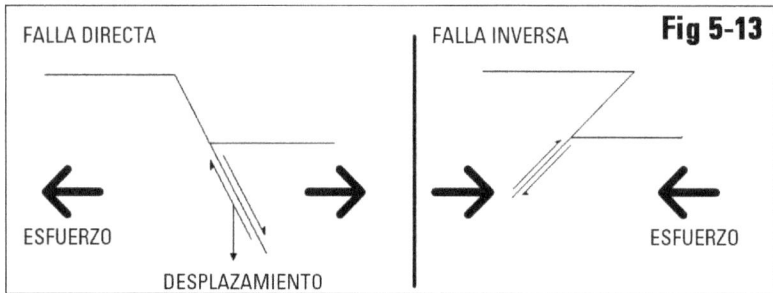

GEOLOGÍA DE LOS PLIEGUES

Los pliegues se producen fundamentalmente en el interior de la corteza, en zonas sometidas a grandes presiones y temperaturas, que favorecen la deformación. El ambiente físico más favorable para el plegamiento se encuentra en las suturas de subducción, debido al hundimiento de grandes masas rocosas y a los esfuerzos de compresión que predominan. Cada pliegue en sí suele estar formado por una sucesión de estratos de rocas diferentes, con propiedades físicas distintas. Al producirse la flexión las rocas blandas tienden a deformarse mediante corrimientos microscópicos que se producen en las redes cristalinas de los minerales, llamados movimientos **intragranulares**. Rocas algo más resistentes producen acomodamientos entre los granos de cristales que la constituyen, son los movimientos **intergranulares**. Los estratos más rígidos se deforman mediante la aparición de juegos de diaclasas; se trata de la deformación por **cizalla** (Fig. 5 - 16).

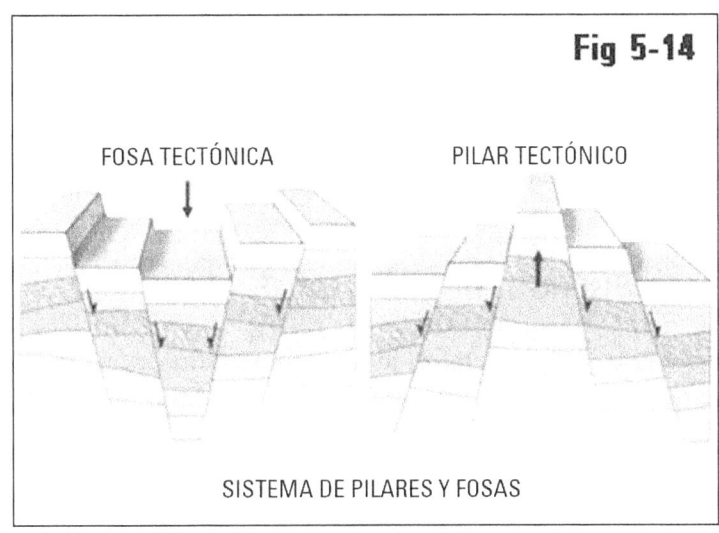

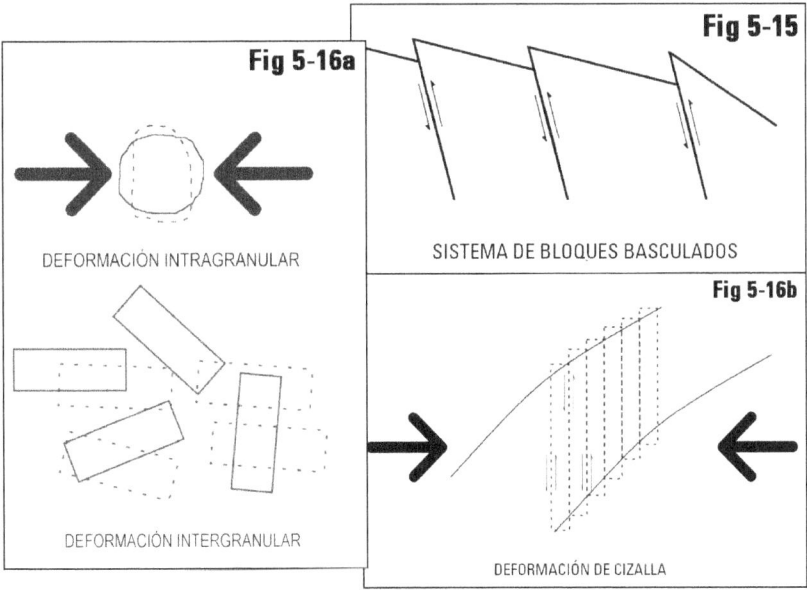

ENTORNO GEOLÓGICO DE LAS DIACLASAS

Las diaclasas pueden formarse en una variedad de condiciones geológicas y suelen indicar con bastante fidelidad las variaciones locales de los esfuerzos. De tal manera, los pliegues suelen presentar diaclasas de tensión en su borde externo y diaclasas de compresión en la zona interna. Las diaclasas suelen reflejar también las diferencias físicas de rocas superpuestas; combinando la inclinación y el número de ellas al pasar de una roca a otra (Fig. 5 - 17). Asimismo se las encuentra asociadas a fallas, reflejando las tensiones y relajamientos que se producen antes y después de los movimientos. Cuando una región se ve sometida alternativamente a esfuerzos diferentes, cada uno de ellos y su orden de aparición suelen quedar registrados en el sistema de diaclasas.

GEOLOGÍA DE LAS FALLAS

Las fallas son el mecanismo generalizado de deformación de la corteza, si se las compara con los plegamientos que solo afectan fajas limitadas. Muchas cadenas montañosas aparecen por la acción exclusiva del fallamiento, las sierras Pampeanas son un ejemplo de este fenómeno. Además, extensas regiones continentales de llanuras y mesetas están afectadas por fallamiento en mayor o menor medida.

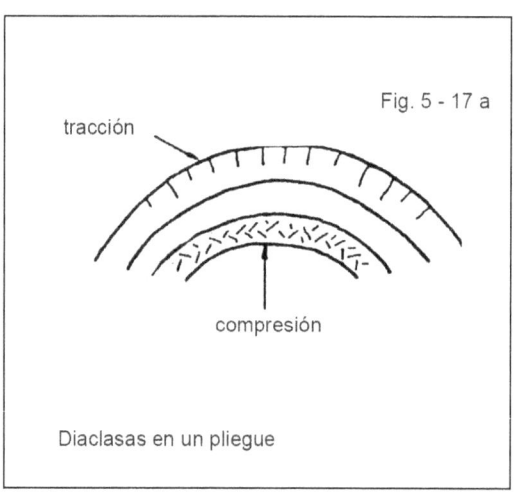

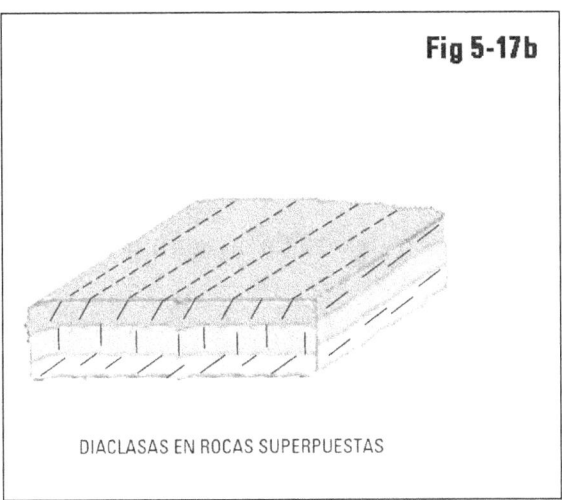

Fig 5-17b

DIACLASAS EN ROCAS SUPERPUESTAS

El movimiento de una falla se produce después de haberse acumulado tensiones a lo largo de la misma. Dichas tensiones pueden llegar a ser considerables, y van creciendo hasta que superan la resistencia ofrecida por el rozamiento interno del plano de falla. Al producirse el movimiento se libera una gran cantidad de energía, provocándose un **sismo**, caracterizado por vibraciones que se prolongan en forma de ondas en todas direcciones. La mayor parte de los movimientos de las fallas, sin embargo, es asísmica, es decir que los bloques se deslizan suavemente a lo largo del plano sin provocar vibraciones apreciables.

La faja que constituye el llamado "plano de falla" se encuentra generalmente triturada, constituyendo una **brecha tectónica**. En ciertas ocasiones, la fricción producida por el movimiento de la falla produce tanto calor que la brecha se funde parcialmente y luego recristaliza, originándose la roca denominada **milonita**. Los labios de los bloques suelen desarrollar **espejos de fricción**, que son superficies pulimentadas más o menos estriadas en la dirección del movimiento. En las cercanías de la falla suelen desarrollarse **flexuras de arrastre** y **grietas de desgarramiento**. (Fig. 5 -18).

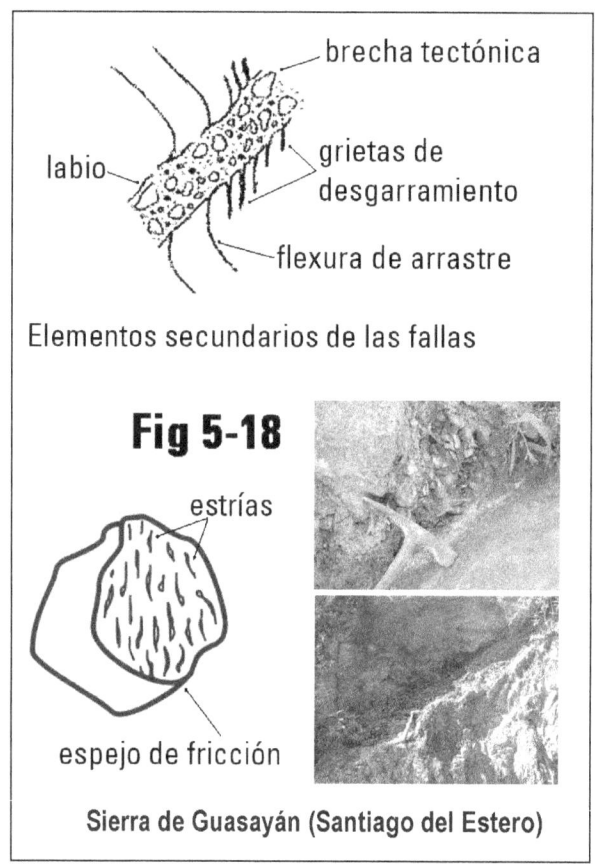

MANTOS Y ESCAMAS

En cordilleras intensamente deformadas suelen producirse corrimientos tectónicos sobre planos horizontales, generalmente favorecidos por la presencia de una roca blanda debajo, que se comporta como un verdadero lubricante. Se forman de esta manera los llamados **mantos** y **escamas tectónicas**, de cientos de metros de espesor y kilómetros de desplazamiento. Existen estructuras de este tipo en el Himalaya y en los Alpes.

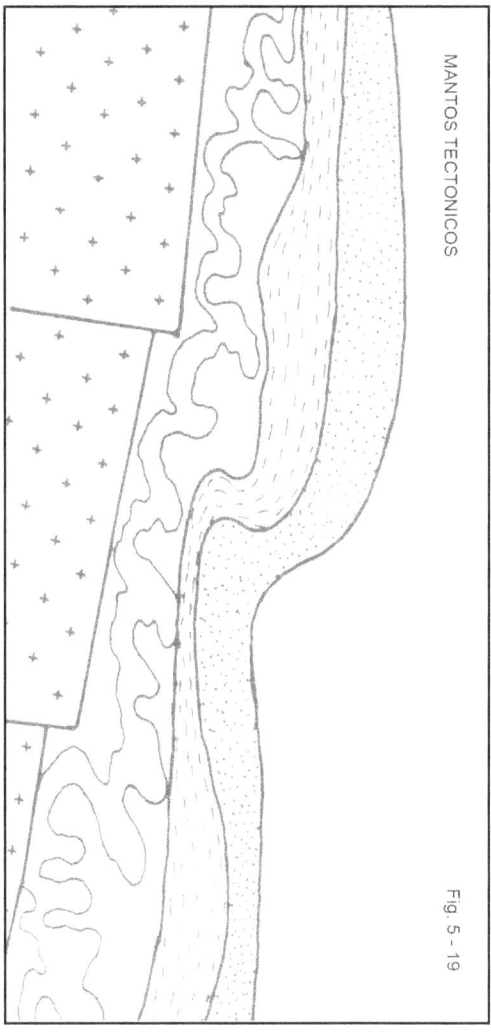

Fig. 5-19

OROGENIAS

Si bien las deformaciones de la litosfera ocurren continuamente, existen grandes diferencias de intensidad según las épocas. Hay períodos cortos, de movilización general de las placas de la litosfera, acompañados de intensos plegamientos, levantamiento de montañas y fenómenos magmáticos. Se los denomina **orogenias** o "ciclos diastróficos". La última orogenia plegó y elevó la cordillera de los Andes, el Himalaya y los Alpes; se trata de la **orogenia Andina**. Entre dos orogenias sucesivas se extienden períodos tranquilos, mucho más extensos, durante los cuales dominan los procesos de alteraciones de rocas y rebajamiento del relieve, por la acción del agua y el viento.

Se estima que las orogenias se producen debido a procesos que ocurren en el contacto entre el núcleo de la Tierra y el manto inferior o mesosfera. El núcleo libera gran cantidad de calor, llegando casi a fundir una enorme zona de la sólida mesosfera. Comienza entonces un mecanismo de transferencia de calor y materia hacia arriba. Grandes masas de roca semifundida se abren paso hacia el manto superior, provocando el calentamiento de la astenosfera, que se vuelve algo más fluida. Las placas migran entonces más rápidamente, se intensifica el vulcanismo y el magmatismo en general. Los efectos son globales.

Un ejemplo de ese fenómeno ocurrió en el Período Cretácico medio. Se produjo en el Pacífico central una surgencia de una enorme masa semifundida desde la base del manto hasta cerca de la superficie, movilizada por una transferencia de calor del núcleo. A lo largo de algunos millones de años se dilataron las rocas del fondo oceánico por el calor que recibían. Dicha dilatación hizo levantar el fondo más de 1 kilómetro, lo que hizo subir unos 200 metros el nivel del mar, que invadió los continentes en forma generalizada. Como consecuencia del movimiento de placas, nació el océano Atlántico y se derramó basalto en una superficie de un millón de kilómetros cuadrados en la cuenca del Paraná. El clima sufrió un calentamiento importante.

Lecturas complementarias
Geología estructural – de Sitter, L. 1962 – Ed. Omega SA, 521 pp., Barcelona.
Fundamentos de mecánica de rocas – Coates, F. 1970 – Monografía 874 – Dir. De <minas, 577 pp., Madrid.

6
Meteorización

La meteorización es un conjunto de procesos de disgregación y alteración que sufren las rocas y minerales cuando quedan expuestos a la acción de la atmósfera. Se trata de efectos complejos, que normalmente son difíciles de estimar por separado, pero que se los divide en dos conjuntos: la **meteorización física** consiste en la disgregación de rocas y minerales por efecto de las dilatación y contracción producidas por los cambios de temperatura, sin modificación de su composición química. **La meteorización química** es la alteración de los minerales, que pierden algunos elementos y se enriquecen en otros, debido a la acción del agua meteórica cargada con sales disueltas.

Los procesos de meteorización se desarrollan "in situ", es decir, sin que la roca sea transportada del lugar en que se encuentra. Los **productos** de la meteorización pueden dividirse en tres grupos: 1) Las **sales disueltas** en los ríos, lagos y aguas subterráneas. 2) Los **minerales arcillosos**, que son silicatos laminares parecidos a las micas. 3) Los residuos inalterados, compuestos fundamentalmente por granos de cuarzo.

La meteorización, junto con agentes biológicos diversos, conduce a la formación del **suelo**, mediante la aparición del **humus** y otros procesos asociados.

EFECTOS DE LA ATMÓSFERA SOBRE LAS ROCAS

Para las rocas formadas en el interior de la litosfera, la atmósfera constituye un ambiente altamente agresivo, tanto desde el punto de vista físico como químico. Las oscilaciones de temperatura, que en el interior de la Tierra no se producen, ocurren en superficie una vez por día. La variación de temperatura entre el día y la noche, para una roca expuesta al sol en un desierto o en la alta montaña, es frecuentemente de más de 50 grados. En otras condiciones climáticas el rango de variación es menor, pero siempre significativo. A esto debe agregarse la variación anual entre verano e invierno.

La composición química de la atmósfera es netamente diferente de la del interior de la litosfera. Se trata de una mezcla de nitrógeno y oxígeno, con porcentajes reducidos de vapor de agua, anhídrido carbónico y otros componentes. El nitrógeno es inerte y no ejerce ningún efecto sobre las rocas, pero el oxígeno ataca al hierro de los minerales en forma generalizada. El agua es una sustancia muy activa, que interviene en la mayor parte de las reacciones de alteración de los minerales, ya sea en forma directa o actuando como vehículos de iones disueltos en ella. El anhídrido carbónico se disuelve fácilmente en el agua, formando ácido carbónico, que reacciona con varios elementos de los minerales, especialmente con el calcio y el magnesio.

Otro factor que influye en la meteorización es el cambio de presión que sufren las rocas al quedar en superficie. Rocas ígneas y metamórficas comunes, que se forman en el interior de la Tierra a presiones confinantes de 1 ó 2 kilobares, quedan expuestas a la milésima parte de ese valor, con evidente deterioro de su resistencia.

METEORIZACIÓN FÍSICA

Se define como meteorización física a la desintegración de rocas y minerales provocada por la aparición de tensiones cuando las rocas se calientan, se enfrían, o se ven sometidas a otros esfuerzos originados por agentes atmosféricos. Las rocas suelen resquebrajarse y partirse hasta quedar sus partes reducidas a fragmentos muy pequeños, pero estos procesos no producen alteración en las moléculas minerales. La meteorización física es importante en los climas áridos y en los periglaciales (fríos), con amplias variaciones de temperatura y crecimiento de cristales de sal y de hielo en los intersticios de rocas y suelos.

Dentro de la meteorización física actúan varios mecanismos. El más importante de ellos es la **insolación**. El calor del sol eleva la temperatura de las rocas durante el día, a veces hasta más de 60 grados. El calentamiento produce la dilatación de los minerales, los cuales aumentan de volumen unos más que otros según su composición química. Durante la noche los minerales se contraen al enfriarse y vuelven a dilatarse al día siguiente. La dilatación diferencial produce tensiones irregulares en la roca, que termina disgregándose. La insolación afecta a todas las rocas, aún aquellas compuesta por un solo mineral, como la caliza, pues los minerales anisótropos poseen un coeficiente de dilatación distinto para cada eje cristalográfico.

Otro mecanismo de la meteorización física es el **crecimiento de cristales** de hielo y de sal en los intersticios de rocas y suelos. Los cristales, al crecer, desarrollan presiones de cristalización bastante grandes, que consiguen en muchos casos ensanchar las fisuras y disgregar las rocas. El ejemplo clásico de este fenómeno está representado por el congelamiento del agua durante las noches frías en las fisuras y poros de las rocas. Como el hielo tiene más volumen que el agua, los cristales al crecer presionan contra las paredes de las cavidades, las van agrandando paulatinamente y fracturando la roca. En las regiones secas, las esporádicas lluvias acumulan agua en las depresiones. Al poco teimpo el agua se evapora, dejando en el lugar las sales que transportó y que provienen del lavado de los suelos de la zona. Las sales, especialmente el cloruro de sodio, cristalizan en los poros de los sedimentos que forman el lecho seco de la depresión, destruyendo la estructura de los mismos. Lo mismo que el hielo, el cloruro de sodio desarrolla una gran presión de cristalización. Como consecuencia, las capas superiores de los sedimentos, de algunos milímetros de espesor, quedan desmenuzadas y expuestas al ataque del viento. Este fenómeno es conocido con el nombre de "efecto de salina".

Otro agente capaz de producir meteorización física es el **fuego**. En una variedad de ambientes naturales el fuego es un fenómeno común, produciéndose en forma espontánea después de haberse acumulado vegetación seca. Cuando las rocas son alcanzadas por los incendios elevan su temperatura cientos de grados en pocos segundos, apareciendo tensiones destructivas en los minerales. Como resultado, se produce una exfoliación característica en los centímetros superficiales de las rocas.

Un mecanismo común, el **humedecimiento y desecación** repetidos, es capaz de disgregar algunos tipos de rocas con gran efectividad. Las rocas sedimentarias de grano fino, como lutitas y margas, son especialmente sensibles a este fenómeno. Hay que hacer notar que el rocío, que produce el humedecimiento de las superficies durante la noche y desaparece durante el día, es frecuente en casi todos los climas.

El efecto dominante de la meteorización física se puede ver en amplias regiones de Sudamérica. Se trata de pasajes antiguos, o sea superficies que ya están en contacto con la atmósfera desde más de dos millones de años, pues los procesos de este tipo son sumamente lentos.

El paisaje antiguo del sur de Bahía

La mayor parte del Nordeste brasileño está ocupado por paisajes antiguos, típicos de los escudos precámbricos de Sudamérica, dominados por pediplanos, planaltos, geoformas residuales, sierras y valles rejuvenecidos durante el Cenozoico. Dos tipos de formas residuales son de interés aquí debido a que sobresalen en los sistemas superficiales e influyen en la dinámica general largo tiempo después que el ambiente que los generó ha sido reemplazado por climas completamente diferentes: los inselbergs y las depresiones cerrradas. Existe el consenso general que las condiciones climáticas actuales del Nordeste son semejantes a las que originalmente las produjeron: los inselbergs y las depresiones cerradas.

Los inselbergs - Son relieves residuales que sobresalen vigorosamente sobre el relieve modesto del paisaje general. Aparecen aislados o en macizos, compuestos por elementos geomorfológicos descritos por Briceño y Schubert (1985) en el Escudo de Guayanas. Naturalmente, los especialistas que trabajan aquí suelen emplear palabbras diferentes para definir las mismas cosas (los conocidos *sinónimos*). Generalmente, los inselbergs corresponden a núcleos de roca menos diaclasados que el resto, y por lo tanto más resistentes a la meteorización que la áreas circundantes (Soldatelli, 1980).

Existen dos teorías que xplican el origen de los inselbergs. Una de ellas es el "retroceso paralelo de las pendientes", que comienza con la incisión inicial de un río, que forma barrancas que van retrocediendo hacia los costados en forma paralela, generando pedimentos y dejando colinas resistentes en los interfluvios. Requiere un largo período de tiempo, sin cambios en las propidades físicas de la roca, necesariamente bajo clima seco.

La segunda teoría es la de "la doble superficie". Implica la existencia de un frente de alteración, es decir de meteorización química, extendido en todo el paisaje, que va profundizándose a partir de la superficie y generando un *cripto relieve* en el subsuelo en la línea donde comienza la roca sana. Eventualmente, la roca alterada de arriba es erosionada y el cripto relieve emerge con sus irregularidades (que incluyen a los inselbergs). Requiere clima húmedo con vegetación bien desrrollada durante la mayor parte del proceso.

Existen varios tipo de inselbergs: a) *Domos*; son colinas rocosas con pendientes fuertes, normalmente convexas, con diaclasas curvilíneas de exfoliación. El ejemplo clásico es el Pan de Azúcar de Río de Janeiro. b) *En Castillo o Tepuy*; son de forma cuadrangular y rectangular, con topos horizontales y diaclasas ortogonales. c) *Tors*; se trata de colinas formadas por amontonamiento de bloques redondeados, esferoidales y meteorizados, que aparecen sobre un basamento rocoso o masa meteorizada. d) *Monadnocks*; colinas aisladas que aparecen en regiones templadas o frías, tienen pendientes cóncavas que pasan gradualmente a la llanura circundante.

Las depresiones cerradas - Debido al clima seco y caluroso del Nordeste, la superficie del terreno está cubierto por vegetación escasa en formma irregular, que falta completamente en muchas áreas. Parrticularmente, faltan las hierbas que protegen el suelo de las oscilaciones diarias de temperatura y humedad. Algunas rocas superficiales se desagregan en bloques, que posteriorrmente resuultan envueltos en una matriz más fina de tipo arenoso. Es común encontrar todos los estados de desagregación en un mismo lugar, algunos son tan frággile que se pueden deshaceer con las manos.

Otras rocas se rompen en lajas delgadas parralelas a la superrficie. Se desarrollan grietas en dirección a la pendiente topográfica local que recortan las placas mayores, que conducen posteriormente la desagregación en bloques menores de aristas agudas, posteriormente reducidos a cascajo o arena. Estos procesos forman depresiones de dimensiones métricas o decimétricas, tanto en la parte más inclinada de la pendiente como sobre las plataformas horizontales, las cuales aparecen aisladas o formando un rosario. El fondo de esas depresiones es la roca desnuda (debido a deflación), o bien está ocupado por una capa de materiales finos desagregados de la roca, que puede mantener por un tiempo la humedad y favorecer procesos de meteorización que contribuyen al desarrollo de la depresión (Soldatelli, op. cit.).

La meteorización sobre los topes de los inselbergs y otras superficies expuestas provoca una desagregación en placas, a partir de diaclasas superficiales de descompresión. En los bordes de las depresiones ya definidas comienza la desagregación que progresa mediante la formación de pequeños nichos de meteorización, originados por las diaclasas que afectan la roca. La depresión iniciada mediante esos procesos se va ampliando mediante el retroceso paralelo de sus bordes; mientras tanto, en el centro donde se acumula agua de lluvia, un nuevo nivel comiennza a ser excavado.La ampliación de este nuevo nivel suele ser facilitada por la presencia de fisuras subhorizontales. En los casos en que el proceso se extiende en el tiempo, ocurre la coalescencia de depresiones vecinas, formando depresiones de cientos de metros de diámetro y algunos metros de profundidad.

METEORIZACIÓN QUÍMICA

Se conoce como meteorización química a la alteración de los minerales que componen las rocas. Bajo el ataque de los agentes atmosféricos los minerales pierden algunos de sus componentes, incorporan otros y se produce una transformación general en las estructuras.

La estructura cristalina de un mineral puede compararse a la estructura de un edificio, compuesta por columnas, vigas y ladrillos, cada uno de estos elementos sosteniendo a los demás y a la estructura en general. Cuando el cristal de un mineral pierde un elemento, por ejemplo el sodio o el potasio, al ponerse en contacto con la atmósfera, es como si al edificio de la comparación se le sacaran los ladrillos o las vigas. La estructura entera se debilita, aflojándose las uniones entre los componentes que aún quedan en el sistema. Vista desde esta perspectiva, la meteorización química puede compararse a la demolición sistemática de los edificios cristalinos. A ellos contribuyen varias reacciones químicas, en casi todas las cuales tiene participación el agua.

La **solución** es normalmente el primer paso en la meteorización química. Los cationes más débilmente fijados en la estructura y con gran afinidad con el agua, tales como el sodio y el calcio, escapan de la red cristalina disolviéndose en el agua. La **carbonatación**, otro de los procesos importantes, es la combinación del calcio con los minerales con el anhídrido carbónico de la atmósfera. Dicha reacción normalmente tiene lugar previa disolución del anhídrido carbónico en el agua, donde se transforma en ácido carbónico, que es la sustancia que ataca al calcio de las redes cristalinas.

La **hidratación** es la adición de agua a un mineral. Las moléculas de agua se introducen en las redes cristalinas, presionando y combinándose con algunos de los componentes del mineral y debilitando la estabilidad del conjunto.

La **oxidación** es uno de los mecanismos más comunes de la meteorización química. Este fenómeno afecta principalmente al hierro, que es un componente esencial de anfíboles, piroxenos y otros minerales comunes. Cada átomo de hierro en estos minerales se encuentra en estado ferroso, o sea combinado con dos átomos de oxígeno. Al oxidarse incorpora otro átomo de oxigeno, pasando al estado férrico. Es evidente que de esta manera la estructura cristalina sufre una deformación y debilitamiento muy importantes, pues el hierro constituye uno de sus componentes principales.

Normalmente, los procesos químicos citados anteriormente actúan asociados, siendo difícil discriminar entre uno y otro de ellos en la alteración de un mineral.

METEORIZACIÓN BIOLÓGICA

La acción de los organismos vivos, tanto vegetales como animales, suele provocar meteorización en las rocas comunes. Los efectos producidos son tanto de tipo físico como químico. Entre los primeros pueden citarse el crecimiento de raíces de árboles y arbustos en grietas y fisuras, lo que produce expansión de las mismas y **resquebrajamiento** de las rocas.

Entre los efectos químicos figura en primer lugar la actividad metabólica de las bacterias, algunas de las cuales son fuertemente **oxidantes** y otras **reductoras**. Las raíces de las plantas liberan anhídrido carbónico en el suelo, favoreciendo la **carbonatación**. Los organismos cavadores, tales como las lombrices, airean el suelo y los sedimentos, favoreciendo la **oxidación**. Inversamente, las raíces muertas se descomponen, consumiendo todo el oxígeno de los poros del suelo y provocando la **reducción** de los minerales que las rodean.

METEORIZACIÓN ANTRÓPICA

La meteorización antrópica es producida por la actividad vital y económica del hombre civilizado. Las actividades agrícolas sustraen a los suelos varias toneladas por hectáreas de fósforo, potasio y nitrógeno en cada cosecha. Dichos elementos quedan en los granos y otras materias vegetales, que son extraídas y muchas veces exportados a otros países.

En las zonas urbanas e industriales la concentración de anhídrido carbónico es muy alta, debido a la combustión de petróleo y carbón de piedra, favoreciéndose la carbonatación. En estos ambientes, sin embargo, la sustancia más agresiva es el dióxido de azufre, proveniente también de la combustión de combustibles fósiles. En contacto con el agua forma ácido sulfúrico, que ataca a la calcita de los mármoles transformándolas en yeso, mucho más soluble. El yeso termina siendo lavado por la lluvia, quedando nuevas capas de la roca expuesta a la meteorización. Este proceso de alteración química es especialmente sensible en edificios y monumentos antiguos, tales como la Acrópolis de Atenas y el Coliseo de Roma, todos los cuales están meteorizados en diversos grados.

SERIES DE METEORIZACIÓN

La observación de las rocas en la naturaleza demuestra que algunos minerales son más resistentes que otros. La ortoclasa, por ejemplo, se presenta frecuentemente inalterada, mientras que el olivino rara vez conserva su composición original una vez que se pone en contacto con la atmósfera. La inestabilidad mineral alcanza valores extremos en ciertos nitratos y cloruros, que solamente persisten en los climas más secos de la Tierra. Por el contrario, el cuarzo permanece estable en las más variadas condiciones. Teniendo en cuenta esta variedad de comportamientos ante el ataque de los agentes atmosféricos, se han determinado "series de meteorización" con distintos minerales, cada uno de los cuales es más estable que el que lo precede y más inestable que el que lo sigue. Para los silicatos comunes de las rocas ígneas y metamórficas, la serie de meteorización es la siguiente:

Olivinos → piroxenos → anfíboles → feldespatos → cuarzo.

Este comportamiento diferencial se debe a que las redes cristalinas compuestas por tetraedros de sílice (olivinos) son mas fácilmente atacables por el agua que las cadenas (piroxenos y anfíboles) y éstas más débiles que las redes tridimensionales de feldespatos y cuarzo.

PRODUCTOS DE LA METEORIZACIÓN

Como resultado final de las alteraciones sufridas por las rocas, queda un conjunto de minerales adaptados al nuevo ambiente de superficie. Algunos de ellos son nuevos, otros han sido profundamente modificados, y unos pocos son tan ubicuos y resistentes que se conservan inalterados después de cientos de miles de años de soportar la agresividad química y física de la atmósfera. Estos productos de la meteorización pueden dividirse en tres grupos: 1) las sales disueltas, 2) Los minerales arcillosos, 3) Los residuos inalterados.

LAS SALES DISUELTAS

Todos los elementos químicos existentes se disuelven en el agua en mayor o menor medida. Existen algunos sumamente solubles, como los cloruros y sulfatos, que pueden permanecer disueltos en concentraciones muy altas, mientras que otros solo entran en solución en concentraciones menores a una parte por millón.

Las aguas de lluvia que lavan las rocas de superficie disuelven los elementos minerales y los transportan a las aguas subterráneas o los ríos. Estos elementos, aislados o combinados de acuerdo a su naturaleza química, constituyen **aniones** y **cationes** simples que forman las sales disueltas. Las moléculas de dichas sales se encuentran disociadas en las soluciones, con los aniones separados de los cationes.

El agua de mar, si bien posee en solución a todos los elementos existentes, presenta como catión dominante al sodio y como anión dominante al cloruro, ya que se encuentran en concentraciones mayores que de cualquier otro elemento. Las aguas continentales, superficiales y subterráneas, están caracterizadas en su conjunto por unos pocos cationes y aniones dominantes.

Los aniones dominantes en distintas regiones son los cloruros, sulfatos, y bicarbonatos. Los cationes dominantes son el sodio y el calcio. Cada región, debido a su historia geológica particular, tiene en sus aguas superficiales y subterráneas un catión y un anión dominante. Así existen zonas con aguas **sulfatadas cálcicas**, regiones con aguas **carbonatada sódicas**, etc.

La cantidad de sales disueltas que los ríos transportan es muy grande. Los sistemas hidrográficos de las regiones secas suelen tener concentraciones de miles de partes por millón. En las regiones húmedas la concentración normal es mucho menor, entre algunas decenas y menos de doscientas partes por millón.

LOS MINERALES ARCILLOSOS

Los minerales arcillosos provienen de la alteración y degradación de silicatos ígneos y metamórficos, especialmente micas, anfíboles y piroxenos. Están constituidos por una sucesión de láminas superpuestas de óxidos de silicio y de aluminio. Las unidades fundamentales de estas estructuras cristalinas son el tetraedro de sílice y el octaedro de alúmina.

El tetraedro de sílice está formado por un átomo de silicio rodeado por cuatro átomos de oxígeno en posiciones equidistantes (Fig. 6 - 1). El octaedro de alúmina está constituído por un átomo de aluminio rodeado por seis átomos de oxígeno, los cuales forman los vértices del octaedro (Fig. 6 - 2). En forma similar a los tetraedros de sílice, los octaedros de alúmina se ligan mediante átomos de oxígenos comunes, formando láminas continuas de simetría exagonal (Fig. 6 - 3), que reciben el nombre de "láminas octaédricas".

La superposición de una lámina octaédrica con una lámina tetraédrica de sílice forma una capa 1:1. Las dimensiones de las láminas tetraédricas y octaédricas son tales que se pueden encajar entre sí para formar capas (compuestas por dos o más láminas) en una variedad de maneras, las cuales dan origen a la mayoría de los minerales arcillosos conocidos. Verdaderos sándwiches. Dentro de cada lámina los iones están ligados fuertemente. Por el contrario, las láminas están unidas entre sí por fuerzas más débiles, de lo que resulta el hábito marcadamente laminar de los agregados arcillosos. Entre las capas normalmente se intercalan cationes, débilmente ligados.

Existe una cantidad de minerales arcillosos, que por la naturaleza de sus capas y el tipo de cationes intercalados se clasifican en tres grupos: caolinita, montmorillonita e illita.

Caolinita – Está compuesta por la superposición regular de capas 1:1 (Fig. 6 - 4), donde cada capa consiste en una lámina de tetraedros de sílice y una lámina de octaedros de alúmina. Los minerales de este grupo son comparativamente inertes, con escasa capacidad de intercambio de cationes y pequeña capacidad de hinchamiento.

Montmorillonita – Los minerales arcillosos del grupo de la montmorillonita están constituídos por dos láminas tetraédricas de sílice con una lámina central de alúmina, unidas entre sí por oxígenos comunes (Fig. 6 - 5). Son frecuentes las sustituciones de átomos de la red por cationes extraños. Estas arcillas poseen alta plasticidad y presentan grandes variaciones en sus propiedades físicas.

Illita – La illita tiene una estructura cristalina semejante a la montmorillonita, pero no se expande tanto como aquella al hidratarse. A este grupo pertenece la glauconita, de origen marino, que contiene hierro en lugar de aluminio.

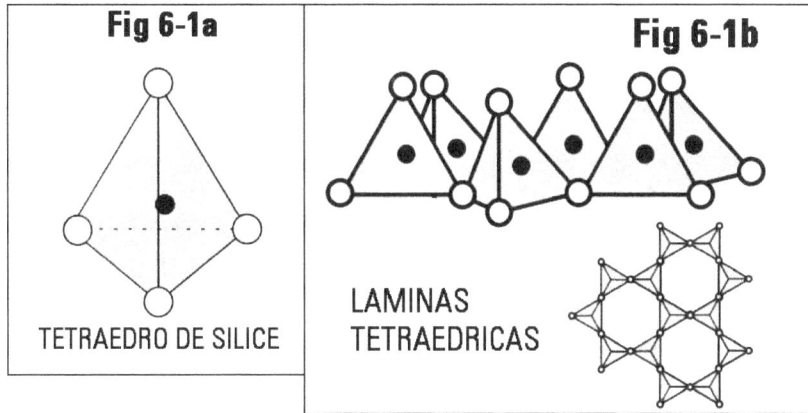

Fig 6-1a — TETRAEDRO DE SILICE

Fig 6-1b — LAMINAS TETRAEDRICAS

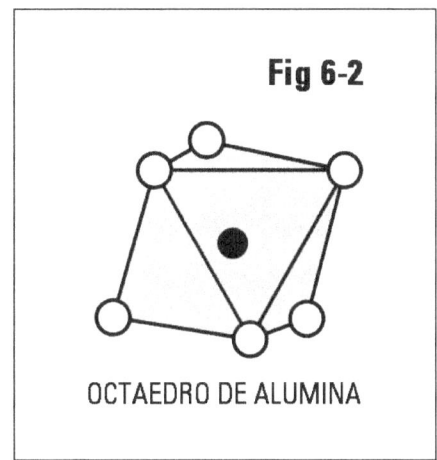

Fig 6-2 — OCTAEDRO DE ALUMINA

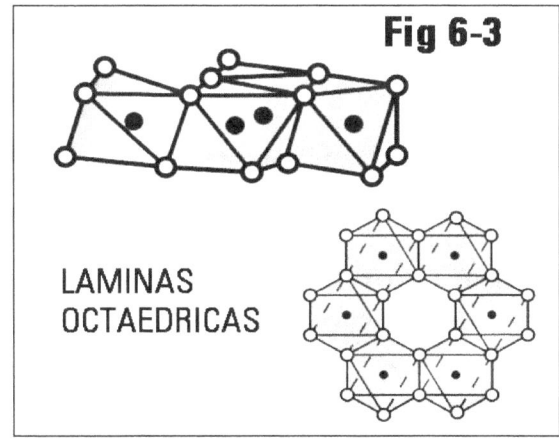

Fig 6-3 — LAMINAS OCTAEDRICAS

Intercambio de cationes – Los minerales arcillosos tienen capacidad para intercambiar cationes, sin que dicha reacción modifique su estructura cristalina. Esta propiedad influye en forma importante en los procesos biológicos que ocurren lugar en los suelos.

El sistema arcilla-agua – El agua adsorbida (o sea pegada) en las superficies de los minerales arcillosos posee propiedades diferentes a las del agua líquida; dicha agua tiene moléculas organizadas en una especie de estructura rígida, a partir de la superficie de los minerales arcillosos. Se trata de una estructura semejante al hielo; su espesor puede ser de tres o más moléculas y su transición con el agua líquida puede ser brusca o gradual. Solo puede ser eliminada por calentamiento a más de 100°C y su presencia es fundamental en propiedades tales como la viscosidad, la plasticidad y otras.

Significado climático de las arcillas – El hecho que se forme uno u otro mineral arcilloso cuando las rocas son transformadas por la meteorización, depende principalmente del tipo de clima reinante en la región. En los climas húmedos y templados, la alta temperatura y la lixiviación generalizada de los minerales conducen a la formación de caolinita. En los climas semiáridos, con estaciones contrastadas, preferentemente si existen rocas basálticas, se forman minerales del grupo de la montmorillonita. La illita aparece en climas fríos o muy secos.

LOS RESIDUOS INALTERADOS

Los residuos inalterados están constituídos por minerales que, debido a su composición química y estructura cristalina, toleran la influencia atmosférica sin alterarse. Esto se refiere solamente a la meteorización química, pues la disgregación y el desgaste físico alcanza a todos los minerales sin excepción. En este grupo, el mineral que predomina en forma absoluta es el cuarzo. Resiste casi todos los climas sin alterarse, sufriendo solamente un grado pequeño de disolución. Es afectado solo en condiciones extremas, cuando está expuesto durante períodos largos a climas ecuatoriales. Junto con el cuarzo pueden citarse algunos minerales poco comunes, como el circón y la estaurolita, que constituyen normalmente menos del 1% de los residuos inalterados.

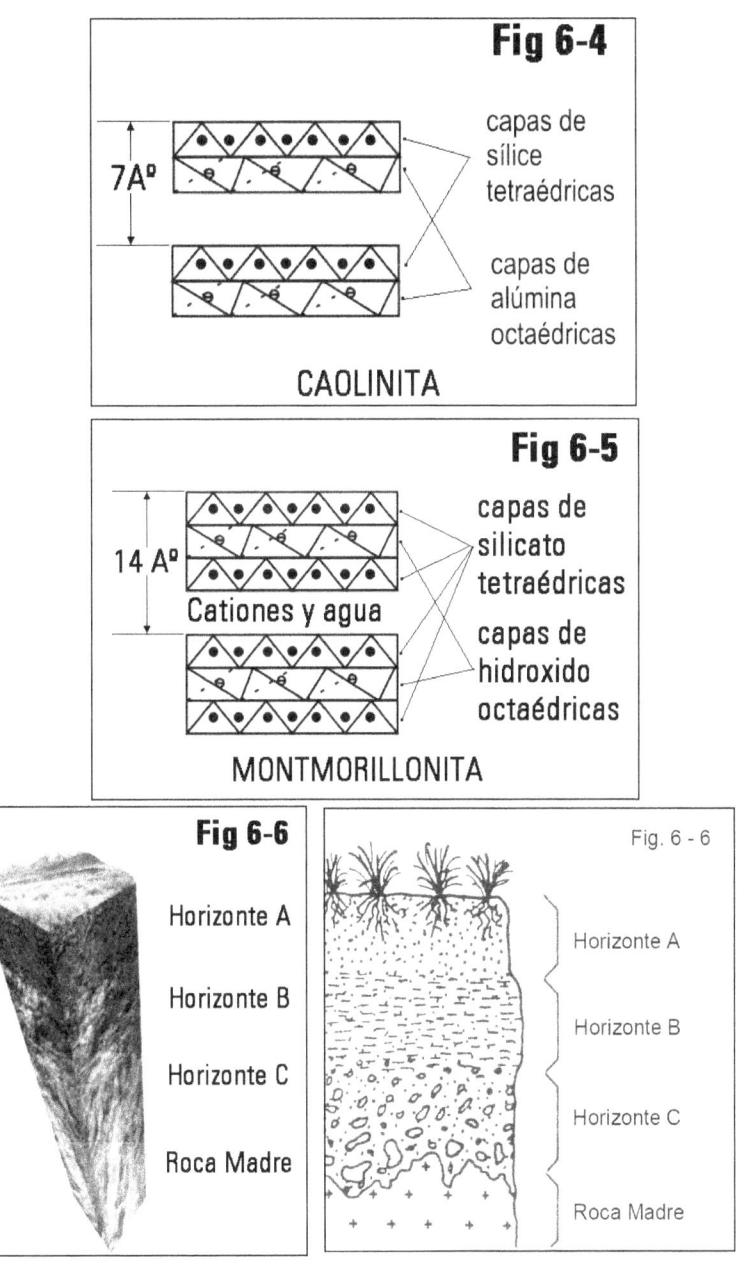

La ortoclasa y la plagioclasa sódica, si bien no forman parte de este grupo, son considerablemente resistentes a la meteorización química, y subsisten parcialmente alteradas hasta estados de meteorización avanzada.

EL SUELO

Cuando no existe erosión fuerte, la combinación de meteorización física, química y biológica produce en la superficie de la Tierra una capa de características especiales, denominada **suelo**. Es el sustrato de la vegetación y el ambiente donde ocurren numerosos procesos fisicoquímicos. En su interior habitan cientos de especies de animales inferiores, bacterias y hongos. Se trata de un complejo de cincuenta centímetros a un metro de espesor, que forma el nexo más efectivo entre la Geología y la Biología.

Si se realiza un esquema simplificado, pueden observarse las tendencias generales en la formación y evolución de un suelo. La materia orgánica que cae al suelo o muere dentro de él es transformada y degradada por una serie de organismos. Gran parte de ella desaparece, pero un pequeño porcentaje se transforma en **humus**, de naturaleza coloidal. Suele combinarse de distintas maneras con la arcilla.

Los procesos inorgánicos tienen una tendencia general a la **lixiviación** o lavado de la capa superior y a la **acumulación** de sustancias más abajo.

Un suelo evolucionado, después de que los agentes atmosféricos y biológicos actuaron en él un tiempo suficientemente largo, está compuesto por tres capas denominadas **horizontes**. En superficie se encuentra el horizonte A o **eluvial**, donde predomina el lavado; es rico en materia orgánica semi-descompuesta y poroso. Debajo del mismo aparece el horizonte B o **iluvial**, caracterizado por la acumulación de las sales, arcillas y humus que fueron arrastrados hacia abajo desde el horizonte A. Es más denso y menos poroso que el anterior. Debajo se encuentra el horizonte C o **regolito**, formado por el material original parcialmente alterado. Cuando el material original es una roca, se la denomina **roca madre**. En la mayor parte de la República Argentina, sin embargo, el material original está compuesto por sedimentos sueltos cuaternarios, no existiendo regolito (Fig. 6 – 6).

LOS SEDIMENTOS CLÁSTICOS

Sedimentos Clásticos

La meteorización física y química destruye las rocas en fragmentos de todo tamaño, que posteriormente son arrastrados por el agua, el viento y el hielo, y acumulados en otros lugares. Esos materiales reciben el nombre de *sedimentos clásticos* (en griego "clasto" significa fragmento) y se los clasifica según su tamaño. Los más gruesos son los bloques, los más finos arcillas y coloides:

Bloques - Miden más de 256 milímetros de diámetro. Se trata de trozos de roca movidos generalmente a distancias pequeñas por derrumbe de laderas o movimientos en masa de deslizamiento, o mediante transporte por el hielo.

Cantos rodados - Diámetros entre 256 y 4 milímetros. Son frecuentes en ríos de corrientes rápidas; generalmente tienen formas ovaladas (elipsoidales) debido al desgaste que sufren al chocar y raspar entre sí al ser arrastrados por corrientes turbulentas. Se los distingue por su composición petrográfica.

Grava (gránulos) - Entre 4 y 2 mm de diámetro. Son clastos de rocas y minerales transportados por agua en corrientes relativamente rápidas y oleajes fuertes. Forman bancos y capas generalmente intercalados o mezclados con arena.

Arena (granos) - Entre 2 mm y 0,062 mm. Se dividen en *gruesa* (2-0,5 mm), *mediana* (0,5-0,25 mm) y *fina* (0,25-0,062 mm). Se la caracteriza por su composición mineralógica (por ejemplo "arena cuarzosa"). La arena es erosionada y transportada de diversas maneras por el agua y el viento. Constituye una proporción importante de los sedimentos clásticos de la corteza terrestre, mucho mayor que los bloques y los cantos rodados.

Limo (partículas) - Entre 0,062 y 0,004 milímetros de diámetro; es decir, son clastos que miden entre 62 y 4 micrones. Lo mismo que la arena, está compuesto por grano mono-minerales. El limo está sujeto a la erosión del agua y del vieno, que lo transportan en suspensión por largas distancias. Forma el "polvo atmosférico" y gran parte de los sedimentos transportados por los ríos.

Arcilla (partículas) - Entre 4 y 0,5 micrones. Está compuesta en parte por clastos heredados de la destrucción de las rocas originales y en parte por minerales neo-formados, llamados *minerales arcillosos*, tales como la caolinita y la illita. Las partículas de arcilla acompañan al limo durante los procesos de erosión, transporte y sedimentación.

Coloides (partículas) - Entre 0,5 micrones y 1 nanómetro (1 nanómetro = 1 milésimo de micrón). Poseen varias propiedades particulares, entre ellas la *floculación*. Existen cuatro componentes principales en los coloides inorgánicos: los *hidróxidos de hierro*, la *sílice*, los *carbonatos* y las *proto-arcillas*.

LOS BLOQUES

Los bloques son los clastos con diámetros superiores a 256 milímetros. El tamaño máximo no ha sido definido, aunque la gran mayoría de los bloques son menores a 1 metro y muy raramente superan los 2 metros de diámetro. Se forman por descomposición y fragmetación de rocas en ambientes fríos y secos mediante mecanismos de insolación y congelación nocturna. También hay casos de superficies o "escombreras" de éstos formadas por enfriamiento de lavas basálticas.

Campos de bloques - En algunas regiones se han generado campos de bloques de decenas de kilómetros cuadrados; se pueden citar los ejemplos de Chaqui, uno de los valles de la Cordillera Oriental cerca de Potosí, y la meseta de Somuncurá en la Patagonia. También aparecen en la meseta de Masoller, en el noroeste de Uruguay.

Glaciares de rocas - Evantualmente, en climas muy fríos los bloques son movidos lentamente por ***reptación y solifluxión*** hacia algunos valles, donde forman "glaciares de rocas". Ejemplos de estos sistemas se han descrito en Mendoza y en las islas Malvinas.

El campo de bloques de Chaqui - Las nacientes del río Pilcomayo en la región de los Valles de la Cordillera Oriental de Bolivia, ubicada entre 3000 y 4000 metros de altitud, están caracterizadas en varias áreas por campos de bloques de varios kilómetros cuadrados de extensión. El campo de bloques de Chaqui (19° 37′ 17"S – 65° 04′ 02"W) es un caso típico.

El área de Chaqui forma un paisaje de peniplanicie ubicada al este de la Cordillera, a más de 3000 metros de altura. La formaciones superficiales son rocas granitoides profundamente alteradas a lo largo de diaclasas, con núcleos inalterados que después de la erosión quedan como bloques (bornhardts) de alta redondez y esfericidad, no meteorizados. El resultado es la generación de campos de bloques de aproximadamente 1 metro de diámetro, con alta selección, sin matriz ni cemento, con alto grado de empaquetamiento. Esto sugiere necesariamente que esos clastos han sido movilizados por algún proceso de considerable eficiencia. Suponemos que se trata de reptación producida por congelamiento/descongelamiento ocurrido en ambientes nivales y periglaciales, en condiciones semejantes al desarrollo de glaciares de rocas. Ejemplos de glaciares de rocas se han descrito en Mendoza y en las islas Malvinas.

También hay casos de campos de bloques formados por erosión de lava basáltica, por ejemplo en la meseta de Masoller, en el extremo noroeste de Uruguay. Un tercer tipo de acumulación de bloques son los depósitos de ladera, que se forman al pie de las montañas escarpadas, donde aparecen mezclados con cantos rodados y sedimentos más finos.

LOS CANTOS RODADOS

Los cantos rodados miden entre 256 milímetros y 2 milímetros de diámetro. Son los sedimentos típicos de los torrentes y arroyos de alta pendiente, con aguas rápidas y turbulentas. Como su nombre lo sugiere, tienen en su mayoría formas redondeadas producidas por intensa atrición. Se los clasifica por el tamaño y por su composición petrológica: ***rodados graníticos, rodados basálticos***, etc.

Para describir la forma de un canto rodado, se lo compara con un esferoide. Se reúnen en dos clases: ***prolado***, con un eje largo y dos ejes cortos; y ***oblado***, con dos ejes largos y un eje corto.

Porosidad y permeabilidad

Se trata de dos propiedades muy vinculadas entre sí. La ***porosidad*** es el porcentaje de poros y huecos que existe en una acumulación de arena; se mide en términos del porcentaje del volumen total del depósito (una porosidad del 25 al 30 % suele ser frecuente en arenas sueltas). La ***permeabilidad*** es la capacidad de transmitir líqudos (agua o petróleo) por su sistema interconectado de poros; se la mide en términos hidráulicos.

Composición mineralógica

Gran parte de los granos de arena están compuestos por minerales individuales, debido al tamaño de estos componentes en las rocas de origen. Esa característica es de importancia para el conocimiento de su origen y su historia geológica. Los tipos de arena más frecuentes en Sudamérica son los siguientes:

Arena cuarzosa

Arena feldespática o arcosa

Arena de grauvaca

Arena volcánica

Arena carbonática

Arena cuarzosa - Está compuesta por más de 70 % de granos de cuarzo. Son muy abundantes, y gran parte de ellas están compuestas por más del 95 % de cuarzo, como la arena del río Paraná y sus depósitos asociados en el sur de Brasil, Parraguay, Uruguay y noreste de Argentina, además de la plataforma continental adyacente del Atlántico sur. Se trata de arenas "maduras", es decir, sedimentos continentales qu han sufrido meteorización durante prolongado tiempo geológico.

Arena feldespática o arcosa - Contiene por lo menos 30 % de granos de feldespatos. Deriva principalmente de la destrucciónde rocas graníticas. Se trata de arena inmadura, que no ha sufrido meteorización química prolongada. Suele dominar el feldespato potásico.

Grauvaca - Recibe este nombre un grupo complejo de arenas marinas de color gris y otros tonos oscuros. Los granos tienen redondez y esfericidad bajas; generalmente la selección es tambien baja. La fracción arena se encuentra mezclada con porcentajes considerables de limo y arcilla. Las acumulaciones de estos sedimentos se forman por la acción de deslizamientos submarinos.

Arena volcánica - Es originada por erupciones pirooclásticas de tipo explosivo, que liberan a la atmósfera grandes volúmenes de materiales en episodios aislados muy breves. Está compuesta generalmente por cuarzo, vidrio volcánico y feldespatos ácidos. Suele incluir granos de cuarzo y feldespato con formas cristalinas. Estas arenas son frecuente en los valles andinos de toda Sudamérica, particularmente en las cabeceras de los ríos Napo y Pastaza del Ecuador, desde donde son transportadas hasta el Atlántico por el río Amazonas.

Arena carbonática - Se forma por la destrucción de depósitos organógenos, generados en su mayoría por el desarrollo de algas e invertebrados marinos en regiones cálidas, como el mar Caribe. El principal mecanismo de la fragmentación es el oleaje; posteriormente, el viento costero suele arrastrarla hacia tierra adentro, aumentando rápidamente en selección y redondez.

EL LIMO

El limo es el sedimento compuesto por partículas cuyos diámetros varían entre 62 micrones (0,062 milímetros) y 4 micrones (0,004 milímetros). Constituye entre el 900 y el 95 % del total de los sedimentos transportados por los ríos del mundo y también, en forma de fango, cubre el fondo de los océanos. Al litificarse, forma un tipo de roca llamada *lutita*, que representa entre el 70 y el 85 % de todas las rocas sedimentarias generadas en los últimos 500 millones de años. Conceptualmente, y visualmente, es el *polvo* doméstico habitual.

Origen del limo

Las parttículas de limo se originan mediante varios mecanismos geológicos, los principales de ellos son los siguientes:

Atrición - Eeste fenómeno consiste en el raspado y choque de los bloques y cantos rodados entre sí y con el fondo y paredes de los valles cuando son transportados por el hielo. El agua de los torrentes y el viento de los desiertos también producen atrición, aunque en menor medida. Una atrición intensa ocurrió en amplias regiones de los Andes y otras montañas durante las glaciacioines del Cuaternario.

Volcanismo explosivo - Este mecanismo puede eyectar millones de toneladas de partículas tamaño limo hasta varios kilómetros de altura en la atmósfera, que son transportadas a largas distancias en forma de "nubes de ceniza". Este fenómeno es el mayor generador de limo en Sudamérica, donde los volcanes de los Andes suelen producir nubes de cenizas que llegan hasta el océano Atlantico.

Insolación - Afecta particularmente a rocas compuestas por dos o más minerales. El cambio de temperatura entre el día y la noche produuce la dilatación y contracción repetidas de los minerales (cada uno de los cuales posee un grado de dilatación diferente), lo que provoca la ruptura de la roca en pequeños fragmentos.

Crecimiento de cristales - Cuando la temperratura baja de cero grados, el agua contenida en los poros y fisuras de las rocas forma cristales de hielo, que tienen 9 % más de volumen que el agua. La presión sufrida por el material produce con el tiempo el ensanchamiento de los huecos en las montañas sometidas a heladas nocturnas.

Un caso similar ocurre cuando las lagunas temporarias se desecan estacionalmente en los climas secos. El agua salina contenida en los poros del barro se evapora, formándose cristales de sal con alta energía de cristalización, pulverizando el sedimento.

Lixiviación - Se produce durante la génesis de suelos en los climas húmedos. El proceso incluye la formación de nuevos minerales y el desprendimmiento de pequeñas escamas y otros fragmentos de los granos mayores.

Aglomeración - La observación microscópica de las partículas de limo, particularmente en los loess de la región pampeana, muestra que algunas de ellas están formadas por elementos menores, minerales y orgánicos, pegados entre sí. Es probable que esa cohesión se deba a la digestión en el tracto digestivo de lombrices y otros organismo de la microfauna del suelo.

Las acumulaciones de limo en el fondo marino cumplen una función muy importante, especialmente en las grandes depresiones denominadas ***cuencas geológicas***. En esos ambientes se depositan a veces cientos de metros de espesor de sedimentos en condiciones anaeróbicas (es decir, sin oxígeno) de limo mezclado con restos de plancton y otros mcroorganismos. Con el tiempo, la materia orgánica se descompone y genera metano, y posteriormente otros hidrocarburos. Al consolidarse y litificarse constituye la llamada **roca madre** del petróleo. Un ejemplo de estos casos es la Formación Vaca Muerta de la cuenca jurásica de Neuquén, con 5.000 metros de espesor. 85 % de la misma está compuesta por lutitas, lodolitas y siltitas derivadas del limo y portadoras de grandes reeserva de gas y de petróleo.

LOS COLOIDES

Los coloides son una clase de materiales cuyos tamaños están comprendidos entre 0,5 micrón y 1 nanómetro, es decir una milésima de micrón. Las partículas coloidales son unidades mucho más grandes que las moléculas del fluido solvente, el agua en nuestro caso. Estos sistemas se llaman "dispersiones coloidales". Por el contrario, en las soluciones verdaderas las parrtículas finales del soluto tienen dimensiones moleculares similares a las del solvente.

Las formas básicas de las partículas coloidales pueden ser, según los casos, la esfera o el elipsoide (como los granos de arena), pero también el tubo, la placa, el disco o formas más complejas. Debido a su pequeño tamaño, las partículas coloidales son sacudidas permanentemente por la vibración de las moléculas del agua (movimientos brownianos), lo que impide que sedimenten individualmente. Si no se produce coagulación o aglomeración, los coloides permanecen indefinidamente en suspensión.

En término de comparación con las demás clases granulométricas, se pueden observar los rangos de tamaño de cada una de ella, medidos como la razón entre los límites máximo y mínimo. Mientras que el rango de la arena es 31 y el del limo de 16, el de los coloides es de 500. En realidad, el rango de los coloides es 2,6 veces la suma de todos los rangos restantes.

Para cierrtos procesos geológicos, tales como la transformación de sedimentos sueltos en rocas duras (llamados *procesos epigenéticos y diagenéticos*) es importante la denominada "superficie específica", que describe la relación de un volumen determinado de sedimento (por ejemplo, 1 metro cúbico) con la superficie de todos los clastos contenidos en él. A menor tamaño de clasto hay mayor superficie específica, pues la superficie de un cuerpo es función del cuadrado del diámetro. La superficie específica de un coloide de tamaño intermedio es mil veces mayor que la del limo y cien millones de veces más grande que la de la arena gruesa. De manera que en un proceso de cementación de un sedimento o de saliniización de un acuífero, por ejemplo, es más importante un 1 % de coloides que un 99 % de limo arenoso.

COMPOSICIÓN

Existen en la corteza terrestre cuatro componentes principales entre los coloides inorgánicos: Los hidróxidos de hierro, la sílice, los carbonatos y las proto-arcillas.

Los hidróxidos de hierro - Tienen la propiedad de precipitar y entrar en dispersión coloidal en forma indefinida. Cuando son muy abundantes en la mezcla sedimentaria forman las *lateritas*. Están presentes y les dan el color a los sedimentos y suelos rojos de las regiones tropicales de Sudamérica y del resto del mundo.

La sílice - Se produce por alteración de cenizas y rocas volcánicas en los sedimentos de las regiones húmedas, tales como en la región pampeana y mesopotámica de Argentina y zonas vecinas de Uruguay y Brasil. Sus partículas elementales tienen forma de tubos. Al contrario que los coloides de hierro, la síice es *liofobica*, o sea que precipita en forma irreversible.

Los carbonatos - Aparece frecuentemente en los sedimentos sueltos en forma dipersa (no visible) y en concreciones. Las partículas tienen formas cristalinas.

Las proto-arcillas - Se trata de materriales provenientes de algunos silicatos en estados de desagregación, hidratación y, en algunos casos, oxidación. En dichos casos, el silicato original pierde su estructura cristalina y se divide en partículas amorfas de dimensiones ultrafinas. Si el proceso continúa esas partículas coloidales se reagrupan, formando minerales arcillosos planos.

PROPIEDADES DE LOS COLOIDES

La Ciencia de los coloidees ha determinado desde tiempo atrás un gran número de carracterísticas y mecanismos actuantes en este tipo de materiales. Algunos de éstos resultan de intrés parra la Geología.

Tipos de moléculas - Desde el punto de vista molecular, se distinguen tres tipos de partículas: a) Las macromoléculas, que son individualmente más grandes que 1 nanómetro y pueden ser dispersadas uniformemente en un fluido. b) Los polímeros, formados por la repetición de celdas de igual composición; las proto-arcillas son ejemplos de esas parrtículas. c) Los coloides de asociación, en los que un número de moléculas de diferentes tipos, de tamaño normal, se asocian químicamente para formar un agregado coloidal. Los complejos hierro-manganeso en sedimentos palustres y arcilla-humus en suelos son ejemplos de este tipo. En estos casos, poseen dos o más regiones bien definidas, con propiedades diferentes, que hasta pueden ser opuestas.

Reversibilidad - Las dipersiones coloidales se dividen en do grupos con propiedades opuestas: las *liofílicas* o reversibles, que vuelven a dipersarse fácilmente si el sistema ha sido secado; y las *liofóbicas* o irreversibles, que muy dificilmente se redispersan. Existe una gran variedad de estados intermedios y cambios de comportamiento cuando cambian las propiedades del solvente,- debido a las diferentes propiedades y concentraciones de los cationes disueltos en el agua; el agua sulfatada no tiene las mismas propiedades que la clorurada. Con referencia a minerales comunes de interés regional, puede señalarse que en el ambiente subtropical húmedo del Noreste argentino y Paraguay Oriental los hidróxidos de hierro son liofílicos y la sílice hidratada liofóbica.

Un factor que contribuye a la differencia entre sistemas reversibles e irreversibles es la extensión en que el medio de dispersión puede interactuar con los átomos de la partícula suspendida. Si el solvente puede contactar con todos o casi todos los átomos, la energía de solvación será importante y el coloide será reversible en ese solvente. Si el contacto está impedido por la estructura compacta de las partículas suspendidas y llega solamente una pequeña fracción de átomos, el sistema será liofóbico aunque los átomos de la superficie inteeractúen fuertemente con el solvente. La dispersión coloidal liofílica es termodinámicamente estable; la fuerte interacción entre souto y solvente rompe la fase dispersa y se mantiene la suspensión. Por el contrario, en los casos liofóbicos las partículas tienden a flocular y sedimentarse.

Doble capa eléctrica - Cuando está inmersa en una solución electrolítica, una partícul coloidal cargada eléctricamente está siempre rodeada por oines del signo opuesto, de tal manera que el conjunto aparece como eléctricament neutro desde cierta distancia. Los iones de la periferia, sin embargo, son capaces de moverse bajo la influencia de la difusión térmica, de tal manera que la región de carga se desbalancea. La región de imbalance puede ser bastante significativa en comparación con el tamaño de la partícula misma. En efecto, para partículas menores a 50 nm la disturbancia así creada puede alcanzar varios diámetros de partícula. La distribución de la carga eléctrica en la superficie de la partícula, junto con las cargas asociadas en la solucción se denomina "doble capa eléctrica".

Contaminación de superficie - Una de las carcterísticas más llamativas de los sistemas coloidales, especialmente en las soluciones liofóbicas, es que sus propiedades pueden ser radicalmente alteradas por la presencia de cantidades pequeñas de ciertas sustancias, particularmente agentes de superficie activos, iones multivalentes o algunos materiales polímeros. Hay tres temas separados en el caso de las impurezas: 1) La composición de las partículas en sí. 2) La posibilidad de reacciones químicas lentas ocurriendo en la superficie. 3) La posibilidad de adsorción de algunos materiales adventicios como iones, agentes de superficie activa y otros que pueden encotrarse en la solución. El caso más común de reacción química de superficie es la *oxidación* de la misma.

Coagulación o floculación - La característica más llamativa, y tal vez la más importante para la Sedimentología, es la "coagulación" o *floculación*. En efecto, los grandes ríos de Sudaméria como el Paraná o el Paraguay, transportan gran parte de su carga de coloides y arcillas en estado de floculación. La floculación consiste en la agregación espontánea de partícula formando una red tridimensional. Ocurre cuando las fuerzas de atracción entre partículas dominan a las fuerzas repulsivas. La agregación produce grande cambios en las propiedades del sistema. En sistemas naturales es muy común encontrar mezclas de partículas con diferentes características superficiales; por ello, es bastante probable que un grupo de partículas sea de un signo y opuesto al de otro grupo, cuando están inmersas en una solución homogenea. La integración, en este caso, se denomina *heterocoagulación*.

Los coágulos son a menudo difíciles de dispersar, pero las partículas retienen su individualidad durante un tiempo considerable. La estructura de los agregados depende fuertemente de la forma en que se han formado; si la atracción entre partículas fue débil coagulan enteramente en estructuras compactas; si la atracción es fuerte los agregados formados son usualmente voluminosos y mucho del medio de dispersión queda atrapado dentro de una estructura floja y abierta.

Solvatación - Es un fenómeno de primer orden en las parrtículas de pequeño tamaño (menores de 50 nm). La partícula suele tener unas pocas capas moleculares de líquido firmemente asociadas a su superficie, de tal manera que se mueven todas juntas formando una unidad cinética simple. Esa "partícula solvatada" tiene entonces una densidad intermedia entre la de la partícula y la del líquido. Mas aun: la densidad de las capas adheridas puede diferir un poco de la densidad de la masa del solvente. El caso extremo de solvación ocurre con coloides liofílicos, en los que no hay sedimentación gravitacional. Un caso común es que las unidades cinéticas sean perrmeables al fluido o que estén agregadas en flóculos, con fluido atrapados en en interior.

La presión de vapor - La presión de vapor de cristales de tamaño coloidal es mayor que la de cristales grandes. Esto hace que, por un proceso termodinámico, en presencia de vapor los cristales grandes crecen a expensas de los pequeños. El punto de fusión de una sustancia solidificada de un material inerte dependerá del tamaño de los poros. Se trata de una característica importante en los procesos de cementación y formación de concreciones.

Lecturas complementarias
Weathering – Ollier, C. 1969 – Geomorphology 2 – American Elsevier Publ. Co. 304 pp., New York.
Tecnología de argilas – Souza Santos, P. 1975 – Ed. Universitária de Sao Paulo, 2 vol., 802 pp., San Pablo.

7
Movimientos en masa

Se define como movimientos en masa al transporte pendiente abajo de masas de suelo o roca por la acción directa de la gravedad. Dentro de esta definición se engloban términos tales como deslizamiento, derrumbe, avalancha, flujo de barro, hundimiento, etc. Se presentan en una gran variedad de condiciones, afectando suelos y rocas de distinto tipo, en taludes naturales y artificiales, con rangos de velocidad que oscilan entre centímetros por año y cientos de kilómetros por hora. También se los llama **procesos coluvial**es.

El factor desencadenante de los movimientos en masa es el colapso de volúmenes de suelo o roca cuando las tensiones que soportan sobrepasan la resistencia de los materiales. En los suelos la resistencia depende de la cohesión y de la fricción interna. La cohesión actúa en las arcillas; es la atracción molecular que mantiene unidas a las partículas. La fricción interna actúa en las arenas y proviene de la rugosidad de la superficie de los granos.

En las rocas la resistencia a la ruptura es similar a la de los suelos; depende también de la cohesión existente entre los cristales minerales y la fricción interna que aparece en las superficies de rotura incipientes. El factor más importante en la estabilidad de los macizos rocosos naturales, sin embargo, es la fricción interna de diaclasas y fallas. La mayor parte de los derrumbes se produce cuando esta resistencia queda superada por el peso de la masa de roca.

El **agente de transporte** en este tipo de movimientos es la **gravedad**, sin intervención importante del agua, viento o hielo. De ello se deduce que los movimientos en masa se producen fundamentalmente en taludes y superficies con pendientes pronunciadas.

TIPOS DE MOVIMIENTOS EN MASA

A simple vista, los movimientos en masa suelen presentar gran heterogeneidad y considerables diferencias en tamaño, velocidad y materiales afectados. De acuerdo a la mecánica del movimiento, existen cuatro tipos, que aparecen a veces asociados:

Deslizamientos - Son movimientos de masas de terreno, generalmente bien definidas en cuanto a volumen, cuyo centro de gravedad se disloca hacia abajo y para afuera del talud. La masa se desliza entera a lo largo de una superficie de fractura que puede ser cóncava o plana. En el primer caso se los suele definir como **deslizamiento rotacional** (Fig. 7 - 1); son deslizamiento de **base** cuando la superficie de fractura se extiende hasta la base del talud o por debajo de ella. Cuando la superficie de fractura corta al talud por encima de su base, se trata de un deslizamiento de **talud**. Los deslizamientos con superficie de fractura plana son siempre deslizamientos de talud (Fig. 7 - 2).

La velocidad y duración de estos movimientos son sumamente variables. Remitiéndonos a la experiencia obtenida en la barranca del Paraná en la provincia de Entre Ríos, los extremos varían entre colapsos instantáneos con velocidades de más de un metro por segundo, hasta movimientos seculares de algunos centímetros por año, como el que ocurre en el paraje de La Jaula, al sur de la ciudad de Paraná. Los movimientos más frecuentes tienen una velocidad que varían entre pocos centímetros y varios decímetros por día y duran entre una semana y un mes.

Derrumbe - Son caídas bruscas de fragmentos de roca o suelo, que permanecían en estabilidad precaria en el talud y se desprenden del mismo por la acción de la gravedad (Fig. 7 -3). Cada fragmento se mueve hacia abajo en forma independiente, salvo cuando se producen condiciones extremas en avalanchas o aludes. Los derrumbes ocurren con mucha mayor frecuencia en taludes de roca que en suelos, por lo común en pendientes cercana a la vertical. Sin embargo, se conocen casos de derrumbes de grandes dimensiones en taludes de regolito (roca muy alterada) con solamente 40º de inclinación. Derrumbes pequeños de rocas o tierra se encuentran asociados frecuentemente a los deslizamientos importantes. Ocasionalmente ocurren desprendimientos y caídas de bloques aislados.

Flujos - Cuando se supera el límite líquido de los suelos cohesivos y cuando la presión de poros del agua intersticial supera a la fricción interna del material, el suelo adquiere todas las características de un líquido. En este estado los movimientos en masa ocurren como flujos viscosos pendiente abajo (Fig. 7 - 4). En los suelos cohesivos los flujos son generalmente lentos, entre pocos milímetros y varios centímetros por segundo. En arenas, en cambio, los colapsos suelen ser desencadenados por vibraciones naturales o artificiales que licúan el terreno en forma instantánea y producen altas velocidades y efectos catastróficos. En todos los casos el movimiento continúa hasta que la masa pierde suficiente agua como para volver al estado sólido.

En la zona de El Volcán, en la quebrada de Humahuaca, los flujos de barro recorren varios kilómetros durante horas, transportando decenas de miles de toneladas de suelo y rocas en cada evento. Por otro lado, las arenas se solidifican en forma muy rápida, debido a que su alta permeabilidad no les permite retener el agua. En la barranca del Paraná los flujos de barro son frecuentes en una larga extensión, que llega desde la ciudad de La Paz hasta el pueblo de Villa Urquiza.

Se denomina **reptación** al movimiento muy lento, casi imperceptible, de masas de suelo y rocas sueltas pendiente abajo. En la mayoría de los casos se trata de un tipo especial de flujo.

Hundimientos - Son colapsos producidos por el aplastamiento o remoción del material subyacente. En condiciones naturales las rocas calcáreas y el yeso se van disolviendo lentamente, formando cavernas que al agrandarse demasiado pierden estabilidad y se produce el colapso del techo, hundiendo el terreno situado encima (Fig. 7 - 5). En superficie se forman depresiones cerradas de forma irregular o circular. Son fenómenos que afectan a veces áreas de miles de metros cuadrados o mayores. La mayor parte de los hundimientos de rocas de origen artificial son provocados por la actividad minera, como resultado de la excavación de galerías y cámaras de explotación. Con frecuencia estos colapsos tienen efectos catastróficos en áreas pobladas.

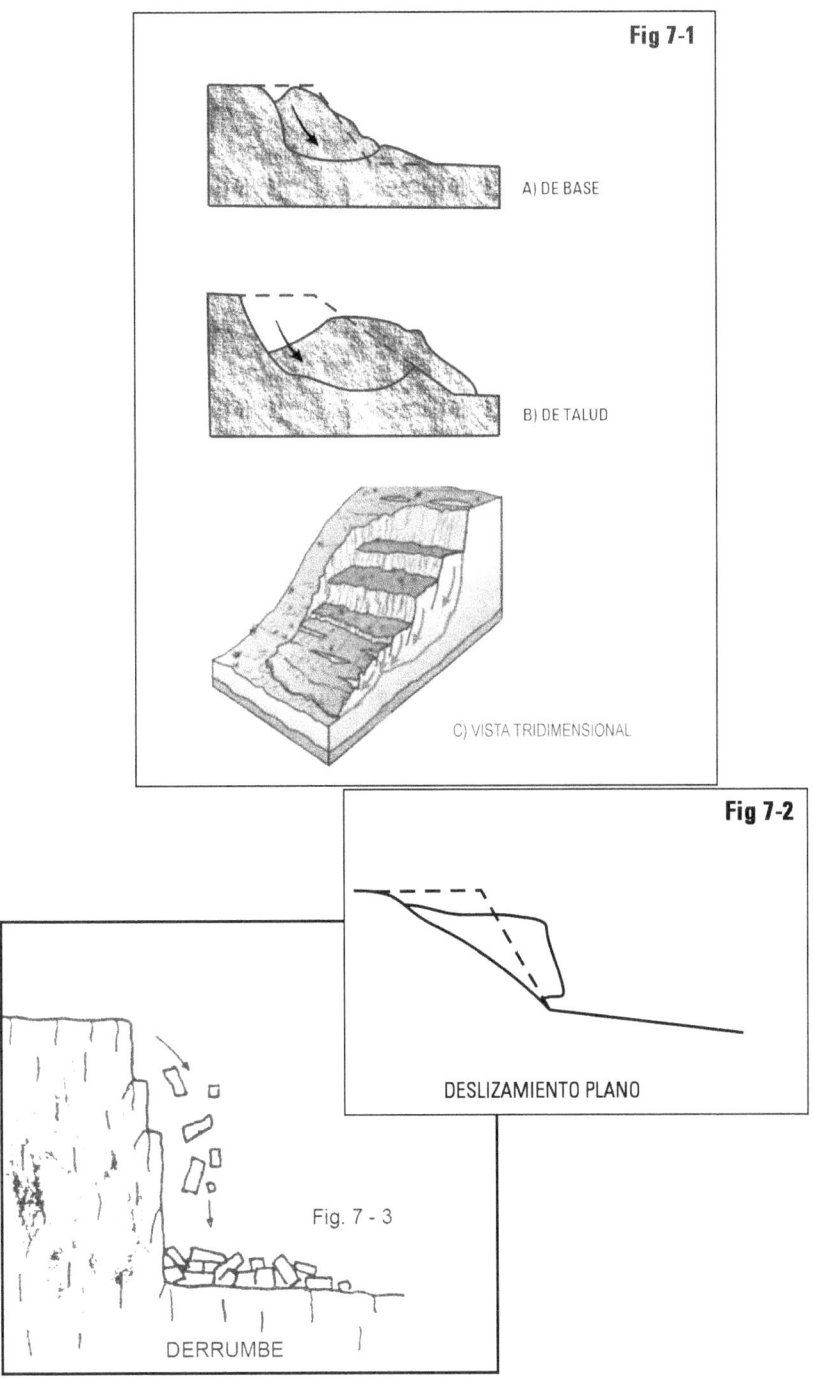

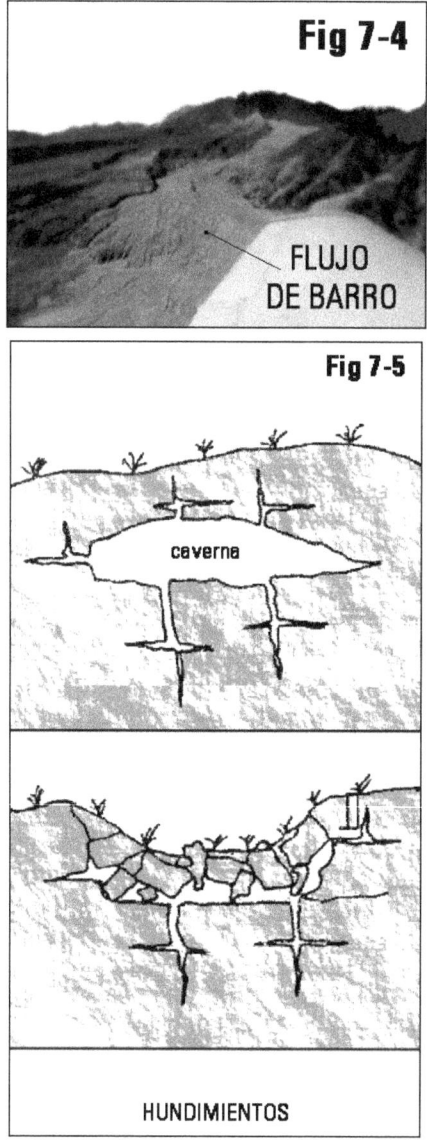

Los hundimientos en suelos se producen en los llamados "suelos colapsables", que tienen una estructura semejante a castillos de naipes, con gran cantidad de poros y empaquetamiento mínimo de los granos. Se trata generalmente de loess típicos, como en el caso del área de la ciudad de Córdoba, donde estos hundimientos reciben el nombre de "mallines".

La barranca del Paraná

La barranca de la margen izquierda de la llanura aluvial del río Paraná es el elemento geomorfológico más importante del noreste argentino; mide en total 1200 kilómetros de longitud. Está sometida a la erosión directa del cauce principal del río en casi toda su extensión, por socavamiento de la base. En consecuencia, esa barranca no logra alcanzar su perfil de equilibrio. Tiene una altura que oscila entre los 30 y los 50 metros. Durante largos trechos presenta un talud inestable, sujetos a movimientos de masa de diverso tipo, principalmente flujos de barro y deslizamientos rotacionales.

Durante los últimos miles de años este larguísimo talud ha evolucionado mediante mecanismos de movimientos de masa. Cada una de las formaciones geológicas que lo forman (Fig. 7-6) tiene su propio "perfil de equilibrio", que es el ángulo máximo en que dicho cuerpo sólido puede mantener indefinidamente su peso y el de las formaciones que tiene encima. Debe recordarse que el perfil de equilibrio depende básicamente de la fricción interna (propiedad de las arenas), de la plasticidad de los minerales arcillosos, de la presión de poros del agua intersticial y de la cementación o compactación que posea la formación geológica.

Cuando el talud de una formación determinada tiene en la barranca una pendiente más pronunciada que su perfil de equilibrio se produce un movimiento de masa, rápido o lento, que deja a la barranca en una posición más estable.

El factor desencadenante de los movimientos de masa en esta barranca son las largas temporadas lluviosas, que ocurren cada varios años en esa región. El efecto acumulativo de las lluvias recarga las aguas subterráneas y produce la surgencia de agua en uno o varios niveles de la barranca. Este movimiento horizontal del agua produce una alta presión de poros, que actúa en sentido inverso al peso del sedimento, y provoca el colapso. Una lluvia aislada, aunque sea importante, no suele producir efectos importantes; una larga temporada lluviosa tiene dos o más meses de duración: a los dos meses comienzan los deslizamientos generalizados a todo lo largo de la barranca, lo que produce efectos catastróficos en los lugares urbanizados y modificaciones importantes en otros tramos.

La barranca está compuesta por varias formaciones geológicas superpuestas en formas de capas (Fig. 7-6). De abajo hacia arriba: Formación Paraná, arenas finas y arcillas montmorilloníticas de alta plasticidad – Formación Ituzaingó, arenas finas muy limpias – Formación Puerto Alvear, calizas irregulares (la única roca, aunque compuesta irregularmente) – Formación Hernandarias, limos y arcillas montmorilloníticas plásticas – Formación Tezanos Pinto, limo de origen eólico muy poroso. Estudios realizados por especialistas revelaron que existen tramos de la barranca con alta inestabilidad intercalados con tramos estabilizados o con baja inestabilidad. El motivo de la diferencia parece ser el diferente comportamiento de la Formación Alvear, que en los tramos estabilizados actúa como soporte de la columna geológica; se producen en esos casos flujos de barro superficiales, debido a la expansión de la montmorillonita de la Formación Hernandarias (Fig. 7-7).

En los tramos de alta inestabilidad, la Formación Alvear no alcanza a sostener el conjunto de la barranca, ya sea porque se encuentra escasamente litificada o por exceso de sobrecarga. Son frecuentes los deslizamientos de plano profundo, por debajo del nivel del río, al ser superada la fricción interna de la Formación Ituzaingó. Frecuentemente, los tramos de alta inestabilidad se encuentran frente a trechos particularmente profundos del cauce del río. También se producen deslizamientos rotacionales de grandes dimensiones (cientos de metros de largo), como el mostrado en la figura 7-6.

Lecturas complementarias
Mecánica de suelos – Terzaghi, K. y Peck, r. 1963 – Ed. El Ateneo, 681 pp., Buenos Aires.

8
Procesos aluviales

Se denomina procesos aluviales a los que se producen debido a la acción del agua sobre la superficie de la Tierra. El agua es el principal agente exógeno del modelado de la superficie terrestre. Actúa prácticamente en todas las regiones del planeta; aún en los desiertos más secos llueve de vez en cuando, produciéndose aluviones que erodan las laderas y transportan volúmenes considerables de sedimentos.

Debido a sus características físicas, el agua transporta sedimentos **por arrastre**, **en suspensión** y **en solución**. En los tramos de montaña, de altas pendientes, produce erosión generalizada, acarreando sedimentos de todo tamaño hasta el pie de sierra, donde forma **conos aluviales** que se extienden hacia la planicie. En las zonas llanas, los ríos divagan lateralmente, formando **llanuras aluviales**, dentro de las cuales corre el propio cauce. El sistema donde se desarrolla la red de afluentes y cauces principales constituye una **cuenca fluvial**.

PROPIEDADES FÍSICAS DEL AGUA

Dos propiedades fundamentales del agua, que influyen en los procesos aluviales, son la densidad y la viscosidad. La **viscosidad** produce adherencia entre las moléculas de agua y entre éstas y los sólidos. Expresado de otra manera, la viscosidad hace que el agua se "pegue" a las superficies, moje y transporte arena en los ríos. La **densidad** hace que la masa de agua posea una inercia considerable, capaz de arrastrar sedimentos y mover turbinas.

Cuando el agua se mueve, se dice que **fluye**, deformándose de tal manera que unas partes se mueven más rápido que otras. Existen dos tipos de flujo, laminar y turbulento. El flujo **laminar** puede ser visualizado como un conjunto de láminas o líneas de agua, resbalando suavemente unas sobre otras. En este tipo prevalece la viscosidad sobre la inercia, la velocidad es siempre baja y la capacidad de erosión y transporte de sólidos casi nula. El flujo **turbulento** está caracterizado por un conjunto de remolinos irregulares, hay un intercambio constante de masas de agua en el interior del flujo y la velocidad del mismo oscila continuamente alrededor de un valor medio.

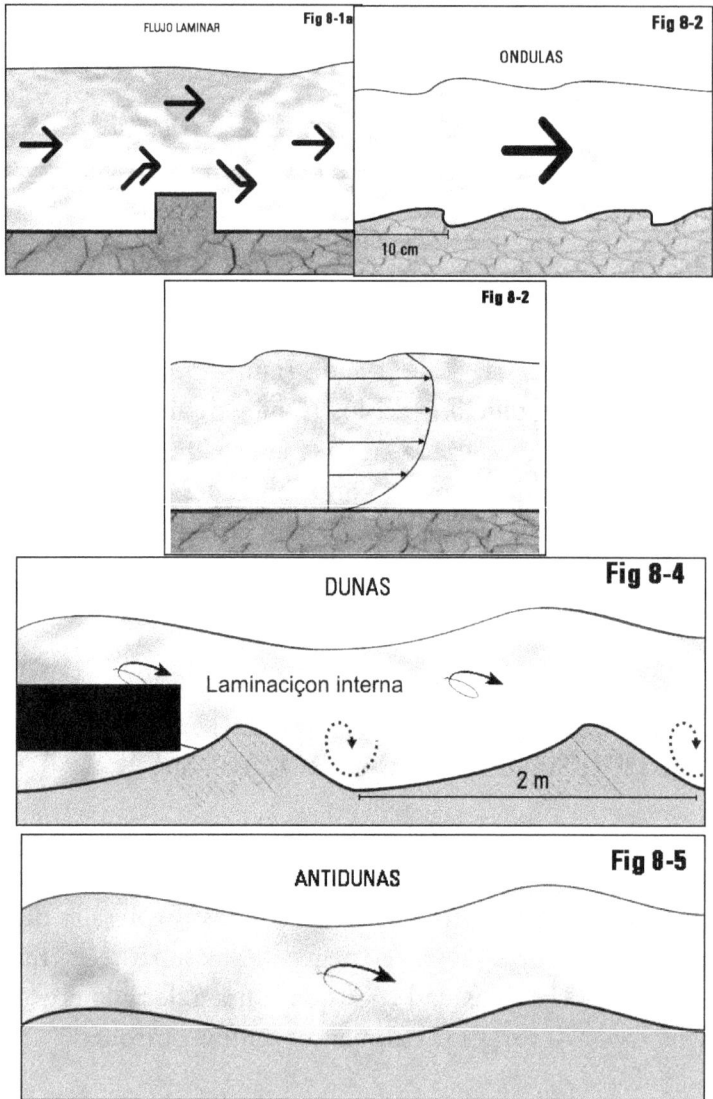

Su capacidad de erosión y transporte de sedimentos es mucho mayor, dependiendo de la velocidad y profundidad del flujo. En los procesos aluviales predomina en forma casi exclusiva (Fig. 8 - 1). En este tipo de flujo prevalece la inercia sobre la viscosidad.

Cuando el agua fluye en un cauce, corre a una velocidad que depende de la pendiente y de la rugosidad del fondo. Las capas inferiores son frenadas por dicha rugosidad en mayor medida que las capas superiores. Se observa, de esta manera, velocidad creciente desde el fondo hacia arriba, hasta llegar a un máximo cerca de la superficie y luego disminuye nuevamente, debido a que en la superficie la fricción con el aire provoca un pequeño retardo (Fig. 8 - 2). En todos los casos, no importa cuan fuerte sea la turbulencia, existe una película de flujo laminar a lo largo del fondo y las paredes del cauce. Dicha película tiene un espesor de un milímetro o menos, pero influye en la relación entre el agua y los sedimentos.

El agua, como fluido, tiene una tendencia natural a desplazarse formando ondas y movimientos helicoidales, lo que se pone de manifiesto en las formas que adoptan los cauces fluviales y los depósitos sedimentarios.

EROSIÓN

El primer efecto que produce el agua sobre el terreno es el de **erosión**. Se denomina erosión al acto de arrancar o separar componentes de una roca o mineral y alejarlos del lugar. El agua eroda en forma directa, o bien en forma indirecta, mediante la acción de los clastos que transporta. Cuando las gotas de lluvia golpean el suelo desnudo, se produce un **impacto hidráulico**; cada gota produce un pequeño cráter, expulsando material hacia los bordes. Este fenómeno afecta en forma predominante a los suelos sueltos y a las dunas. El agua corriente, debido al efecto de viscosidad, ejerce una **tensión de corte** sobre el cauce, que tiende a arrancar los granos sueltos y a disgregar rocas poco consolidadas, arrastrando posteriormente los fragmentos corriente abajo. La **corrosión** es la disolución de sustancias minerales cuando el agua pasa sobre ellas. Este efecto es de gran importancia en regiones dominadas por calizas, en las cuales bajo climas húmedos se produce la corrosión generalizada de todos los componentes del paisaje, dando lugar a un conjunto de formas específicas, tales como cavernas, sumideros, etc. Se denomina a esto "paisaje de karst".

Cuando los cantos rodados y bloques son arrastrados por las corrientes de agua, el rozamiento en las superficies de contacto produce la **abrasión** de las mismas, lo que resulta en el desgaste simultáneo de los clastos y del fondo rocoso. Este mecanismo de erosión es típico de torrentes y ríos de montaña. La abrasión producida por la arena es de importancia mucho menor. También, en áreas de montaña, el **impacto** de bloques y rodados entre sí y con las paredes del cauce produce esquirlas de roca que son incorporadas a la corriente.

Los mecanismos de la erosión, actuando generalmente en forma combinada, producen la **carga sólida**, que el agua transporta en forma de sedimentos.

TRANSPORTE DE SEDIMENTOS

Transporte por arrastre – Las corrientes de agua poseen capacidad para transportar sedimentos. Dicha capacidad depende en primer lugar de la velocidad y en menor medida de la profundidad de la corriente, cuando se trata de arenas y rodados acarreados **por arrastre**. El fenómeno ocurre de la siguiente manera: Por ejemplo, en un río con lecho de arena, si la corriente fluye muy lentamente, no existe transporte alguno. Cuando el flujo supera una cierta **velocidad crítica**, comienza a arrastrar sedimento. El valor de la misma depende del tamaño de grano del sedimento, la arena fina y mediana comienza a moverse cuando la corriente alcanza 15 centímetros por segundo, mientras que un rodado de 70 milímetros de diámetro recién entra en movimiento a los 270 centímetros por segundo de velocidad. Los limos y arcillas, debido a su cohesión, tienen velocidades críticas mayores que las de la arena.

En el transporte por arrastre los granos se mueven individualmente, saltando, rodando y resbalando unos sobre otros. Sin embargo, el movimiento de la masa de arena no es caótico, sino que se ordena en un conjunto de **estructura sedimentarias** de transporte. Si la velocidad del agua es apenas superior a la velocidad crítica y con escasa turbulencia la arena del fondo se distribuye en **óndulas**, pequeñas estructuras de perfil triangular, de 1 á 5 cm de altura (Fig. 8 - 3). Los granos de arena suben la pendiente de la óndula saltando y rodando, y al llegar al tope caen hacia el otro lado en forma de pequeñas avalanchas, avanzando así todo el conjunto. El tamaño de las óndulas depende del tamaño de los granos de arena; el volumen de material transportado es pequeño.

Cuando, por alguna causa, la velocidad del agua aumenta, las óndulas son remplazadas por **dunas**, estructuradas de forma similar pero más irregulares y de mucho mayor tamaño. Los granos de arena recorren la duna saltando por la pendiente de aguas arriba y cayendo en avalancha por la pendiente opuesta, como en el caso de las óndulas, pero aquí las avalanchas son lo suficientemente grandes como para producir **laminación interna** en el cuerpo de la duna (Fig. 8 - 4)

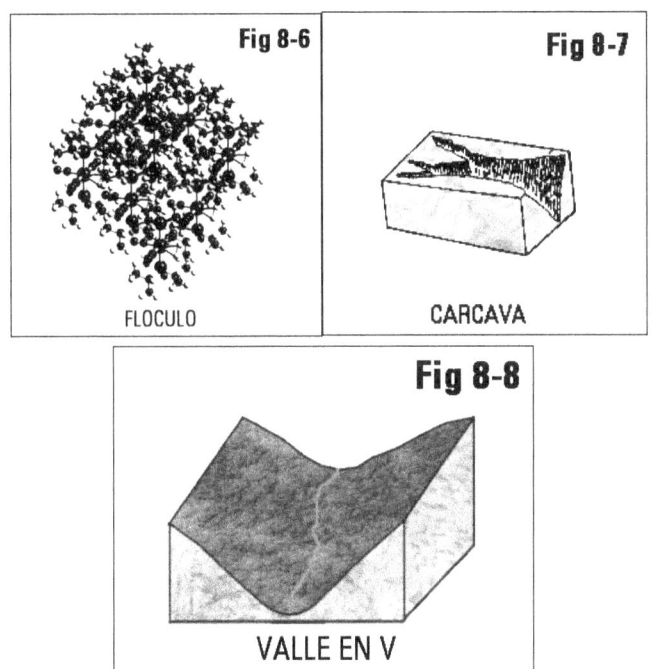

Dicha laminación interna es llamada **estratificación diagonal o entrecruzada** en las rocas sedimentarias derivadas de dunas, y sirve para deducir la dirección de las corrientes de agua que las depositaron. El transporte de sedimentos en el régimen de dunas es alto y la turbulencia elevada, con un remolino aguas abajo de cada duna. El tamaño de las dunas depende de la profundidad y velocidad del agua y puede alcanzar varios metros en las corrientes muy profundas. En el lecho del río Paraná las dunas tienen entre 2 y 3 metros de altura.

Si la velocidad del agua sigue aumentando, las dunas se borran y se forma un **fondo plano**, con una nube de granos de arena moviéndose sobre el mismo. A velocidades superiores, muy raras en los ríos con lechos de arena, se forman en el fondo **ondas estacionarias** y después **antidunas** (Fig. 8 - 5). En los cauces que transportan abundante arena, las dunas se agrupan en estructuras mayores llamadas bancos, que pueden tener cientos y hasta miles de metros cuadrados de superficie.

Una característica particular del transporte de sedimentos por arrastre, es que las corrientes de agua tienen una capacidad limitada para realizar el transporte. Y cuando sucede que encuentran en su lecho menos sedimentos disponible que el que son capaces de arrastrar, disipan su energía sobrante erodando las márgenes y el fondo de los cauces.

Transporte en suspensión – Las partículas de limo y arcilla son fácilmente mantenidas en suspensión por la turbulencia del agua, que con sus remolinos contrarresta la velocidad de caída de las mismas. Al contrario de lo que sucede con el transporte por arrastre, los ríos poseen una capacidad ilimitada para transportar sedimentos en suspensión y admiten todo lo que los suelos de la cuenca les aporten a través de la erosión. El río Paraná, por ejemplo, con una cuenca de 2.600.000 km^2, transporta anualmente al mar 200 millones toneladas de material en suspensión, mientras que el alto Pilcomayo, con un caudal y una cuenca mucho más modestos, derrama 70 millones de toneladas de limo por año en Formosa y el Chaco paraguayo. La razón de esta desproporción estriba en que la cuenca del Pilcomayo está sufriendo una violenta erosión en las montañas bolivianas.

La concentración de sedimento en suspensión se mide en partes por millón (p.p.m), oscilando los valores normales entre 50 y 100 p.p.m., de acuerdo a la cuenca y a la época del año. Volviendo al ejemplo anterior, en el Paraná las concentraciones varían entre 80 y 150 p.p.m., mientras que en el alto Pilcomayo se han registrado valores de hasta 46.000 p.p.m. De hecho, no existe un límite físico entre una corriente de agua muy cargada de sedimentos finos en suspensión y un flujo de barro.

Al llegar al mar, la alta concentración de sales disueltas provoca la **floculación** de las partículas suspendidas. Este fenómeno consiste en la agrupación de las partículas de arcilla en grandes racimos llamados "flóculos", donde cada lámina se adhiere a las otras por sus bordes, debido a débiles fuerzas eléctricas. La porosidad de los flóculos es muy alta, más del 95%, y son fácilmente destruidos por la turbulencia (Fig. 8 - 6). Sin embargo, consiguen sedimentar masivamente, debido a que su tamaño alcanza a varios milímetros de largo y por consiguiente su velocidad de caída es alta.

Transporte en solución – Las sales disueltas son transportadas hacia el océano por las redes fluviales. Sus concentraciones son tan elevadas como las de los sedimentos en suspensión, y aún mayores en los ríos de climas muy secos y muy húmedos. En muchas cuencas cerradas o endorreicas, desconectadas del océano, las aguas se acumulan en depresiones interiores y se evaporan lentamente. Las sales transportadas en solución hacia esos lugares se van concentrando año tras año, hasta que eventualmente alcanzan el punto de saturación y precipitan formando **depósitos sedimentarios químicos**. Las rocas más comunes de este tipo son el yeso, la caliza y la sal común.

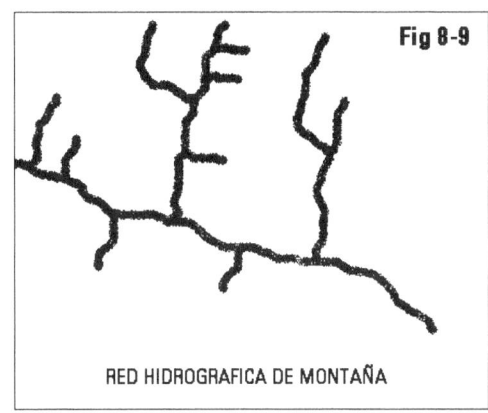

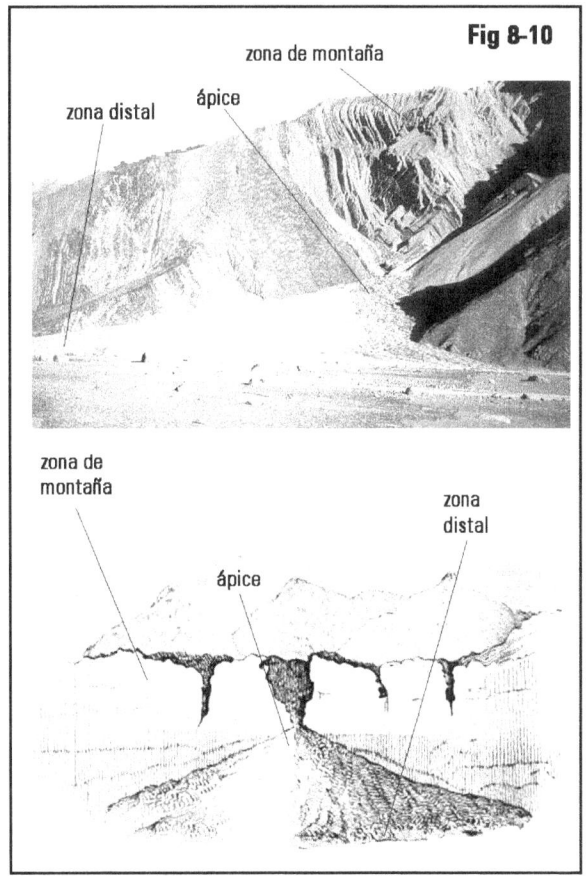

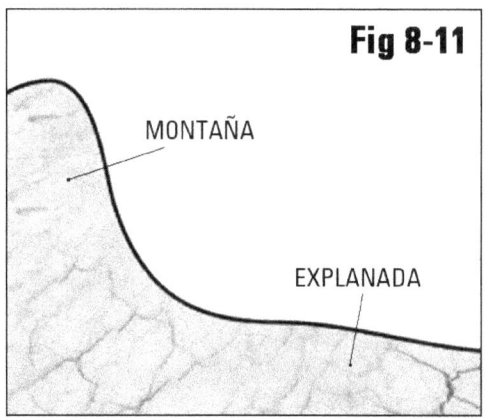

DINÁMICA DEL AGUA SOBRE LA SUPERFICIE DE LA TIERRA

El agua llega a la superficie en forma de lluvia, por condensación de la humedad atmosférica. Aunque en las regiones frías la precipitación ocurre en forma de nieve, debe considerarse a la lluvia como el fenómeno general.

La primera lluvia que cae se evapora o queda detenida por la vegetación. La que llega a continuación alcanza al suelo y se infiltra en su totalidad. Si sigue lloviendo, la cantidad de agua que cae supera la capacidad de infiltración y una parte de ella escurre sobre el terreno. Esto suele representarse mediante la siguiente ecuación: **P = I + Ev + Es**

donde P: precipitación; I: infiltración; Ev: evaporación; Es: escorrentía.

El agua de escorrentía es una fracción pequeña de la precipitación; sin embargo, es el factor esencial del modelo aluvial, que es el más importante de nuestro planeta.

En un momento dado de la lluvia, los poros del suelo se saturan y aparece una película de agua sobre el terreno. Esta película tiene un espesor del orden de un milímetro y comienza a fluir pendiente abajo por todos los puntos del terreno, en forma de **flujo no encauzado**. Si se lo observa en detalle, se puede ver que tiende a formar hilillos efímeros de pocos centímetros de largo y turbulencia muy baja, que se forman y desaparecen continuamente un flujo laminar generalizado. Los obstáculos más efectivos para el desarrollo de los hilillos turbulentos son los tallos y hojas de las hierbas. Cuando aquellos alcanzan un cierto tamaño, ya sea por intensidad de la lluvia o porque el suelo se encuentra sin vegetación, producen la erosión areal de las capas superficiales del suelo, es decir, del horizonte A.

A medida que el agua va confluyendo a los sectores algo más bajos, se forma pequeñas corrientes de algunos centímetros de profundidad y hasta dos metros de ancho. Se trata del **flujo en surcos**, con la velocidad de unos pocos centímetros por segundo y turbulencia baja, pero ya con suficiente capacidad erosiva como para arrancar parcialmente la vegetación, transportar sedimentos en suspensión y labrar en el terreno un surco de varios centímetros de profundidad.

La confluencia de dos surcos o el aumento del caudal de un surco aislado pueden provocar un incremento en la capacidad erosiva del agua, de tal manera que la resistencia general del suelo se ve superada. Comienza entonces la erosión vertical del terreno y se forma una **cárcava**. Las cárcavas son verdaderas zanjas, tienen por lo general entre uno y cuatro metros de profundidad, paredes casi verticales y ancho reducido. Van creciendo pendiente arriba, durante las sucesivas lluvias, mediante **erosión retrocedente**. El **flujo en cárcavas** está caracterizado por alta turbulencia y gran capacidad de transporte de sedimentos en suspensión (Fig. 8 - 7). La unión de las cárcavas forma los cauces fluviales menores de las redes hidrográficas.

PROCESOS ALUVIALES EN ZONAS DE MONTAÑA

Las regiones montañosas están caracterizadas por sus pendientes elevadas y cuerpos rocosos, de permeabilidad escasa o nula. El agua de lluvia escurre en su mayor parte por la superficie del terreno, con gran velocidad y turbulencia, formando **torrentes** de gran capacidad de erosión. La dinámica general es de erosión; los torrentes excavan sus lechos profundamente, formando **quebradas** y **valles** con perfiles transversales en forma de V (Fig. 8 - 8). En las paredes de las quebradas existen elementos morfológicos menores, denominados "canaletas", angostos y con pendientes muy elevadas. Los bloques y otros detritos que se separan de las rocas de las laderas se van acumulando lentamente en las canaletas mediante un proceso de reptación. Cuando ocurren lluvias fuertes, las masas de rocas se deslizan pendiente abajo por las canaletas en forma de avalancha y llegan al fondo de la quebrada.

Los torrentes de montaña pueden alcanzar varios metros de profundidad después de las tormentas; la velocidad del agua alcanza en esos casos a algunos metros por segundo. La capacidad de erosión y transporte es muy elevada. Las rocas arrastradas por el agua chocan entre sí y con las paredes del torrente, desgastándose y rompiéndose, destruyendo a su vez a las rocas que forman el cauce.

Las quebradas y valles forman redes hidrográficas controladas por las fracturas, con tramos rectos y curvas en ángulo. Los sedimentos son acumulaciones de bloques discontinuos y de escasa permanencia, por lo general el fondo de las quebradas está constituido por roca viva (Fig. 8 - 9).

PROCESOS ALUVIALES EN ZONAS DE PIE DE MONTE

La zona de pie de monte constituye la transición entre la montaña y la llanura. Es una faja con características especiales, donde se desarrollan procesos aluviales particulares.

Recibe la influencia del ambiente de montaña, y a su vez influye en la región llana de aguas abajo. Los principales elementos aluviales desarrollados en estas fajas son los abanicos aluviales y las explanadas.

Abanicos aluviales - Cuando una corriente de agua abandona la zona montañosa se encuentra con una brusca disminución de la pendiente, lo que le hace perder velocidad y por consiguiente capacidad de transporte. El torrente desemboca generalmente desde una quebrada que sirve de colector de una cuenca con altas pendientes y llega cargado de detritos de todo tamaño. Al perder velocidad deposita su carga, que queda en su mayor parte cerca de la falda de la montaña. El aluvión se desplaza pendiente abajo por la llanura intermontana, perdiendo paulatinamente el resto de la carga. A la siguiente tormenta, el agua del torrente encuentra generalmente el cauce obstruido por los sedimentos abandonados anteriormente, y se derrama en otra dirección. Así sucesivamente. Después de un cierto tiempo, se forma mediante este mecanismo un **abanico aluvial**, caracterizado por numerosos cauces abandonados que comienza en el **ápice** y se desarrollan en abanico hacia la **zona distal** (Fig. 8 - 10). El perfil topográfico de los abanicos aluviales es ligeramente cóncavo. Su composición interna está caracterizada por sedimentos gruesos y muy gruesos en el ápice, que van disminuyendo de diámetro aguas abajo. Un perfil tipo para zonas áridas es el siguiente: bloques y rodados en el ápice -arenas y gravas mal seleccionadas en la zona intermedia- limos y arcillas en la zona distal. Aguas abajo, suele haber depresiones cerradas en las que deposita yeso y sal, denominadas **salinas**. Los abanicos aluviales son buenos reservorios de agua subterránea.

Las explanadas - También se las denomina "pedimentos" o "glacis". Son superficies inclinadas de origen erosivo que bordean en forma de orla a las montañas en algunas regiones (Fig. 8 - 11). Están cubiertas por un manto discontinuo de rodados mal seleccionados, transportados por corrientes efímeras de tipo anastomosado. Sus perfiles son cóncavos, variando desde aproximadamente 8 grados junto a la montaña hasta 2 grados en la zona distal. Se originan en climas secos, mediante una combinación de meteorización física y flujo no encauzado. Este corre por las laderas en forma de **arroyada mantiforme**, de varios decímetros de espesor y considerable turbulencia, después de lluvias esporádicas y muy violentas. En los Andes mendocinos las explanadas constituyen más de un tercio de la región cordillerana.

PROCESOS ALUVIALES EN ZONAS DE LLANURA

En las regiones llanas las corrientes fluviales se encuentran con terrenos poco consolidados o incoherentes y pendientes muy bajas. Los ríos consiguen un equilibrio bastante más delicado que en montaña y en pie de monte y modelan sus cauces de acuerdo a las relaciones existentes entre la pendiente, el tamaño de grano de los sedimentos presentes y la hidrología de su cuenca. Como consecuencia, tienden a divagar, erodando lateralmente y depositando sedimentos en todo su recorrido. Finalmente, por efecto de esta dinámica, un típico río de llanura corre sobre sus propios sedimentos, a lo largo de una faja deprimida que él mismo excavó en sus migraciones hacia derecha e izquierda. Dicha faja se denomina **llanura aluvial** (Fig. 8 - 12).

Los cauces de los ríos de llanura son de dos tipos: meándricos y anastomosados. Los cauces **meándricos** están caracterizados por una sucesión de ondas regulares llamadas "meandros" (Fig. 8 - 13). Se producen porque el agua fluye en el cauce siguiendo un movimiento helicoidal, es decir, en forma de tirabuzón. Esto produce erosión en una de las márgenes y sedimentación en la margen opuesta, donde se depositan bancos de arena finos y arqueados, denominados **espiras de meandro.** Eventualmente, la migración lateral avanza tanto que la onda llega a "estrangularse", pues el río atraviesa directamente entre dos puntos contiguos, durante una inundación, quedando el **meandro abandonado**, en forma de laguna. La divagación de un río meándrico puede afectar áreas amplias de la llanura aluvial, donde se pueden observar series de espiras de meandro de distinta edad, las más jóvenes cortando a las más antiguas. Ello constituye una **llanura de meandros.**

Los cauces **anastomosados** están caracterizados por bifurcaciones, brazos menores que se separan del cauce principal y grupos de islas (Fig. 8 - 14). Sus depósitos característicos son los **bancos**, de forma elíptica, constituidos por arena o rodados. Se forman durante la fase final de las crecientes, cuando el río ya no puede seguir transportando toda su carga, al perder caudal. Los bancos pueden formar islas permanentes, una vez que la vegetación los ocupa y fija sedimento en suspensión de las crecientes posteriores. Los bancos se adosan unos a otros en forma irregular, ya sea formando islas o en las márgenes del cauce. Un área integrada por estos elementos es una **llanura de bancos.** El cauce principal del río Paraná es un ejemplo típico de río anastomosado; ha desarrollado una amplia llanura de bancos.

Existen cauces de llanura que no migran, sino que se mantienen estables por períodos largos. En estos casos se desarrolla un **albardón** a cada lado del mismo (Fig. 8 - 15). Un albardón es un terraplén formado por el río, que en el momento de desbordar, en el comienzo de las crecientes, deposita sedimentos en la faja que lo bordea, al perder velocidad bruscamente. El albardón tiene pendiente mayor hacia el cauce que hacia atrás, donde generalmente se forman pantanos, alimentados por las aguas de inundación. Dichas aguas no pueden volver al cauce durante la bajante a causa de la existencia del albardón. El río Salado en la provincia de Santa Fe es un ejemplo de este fenómeno.

Las llanuras aluviales sufren periódicas inundaciones, provocadas por crecientes del río. La dinámica de la inundación se diferencia claramente de la dinámica de cauce. En el cauce el flujo es turbulento, con considerable capacidad de transporte, erosión y remodelación, transportando siempre material en suspensión y en arrastre, especialmente durante las crecientes; la inundación, en cambio, es de duración comparativamente corta, su flujo sobre la llanura es mucho menos turbulento y mucho más lento, debido a la mayor sección de descarga y al efecto de la vegetación. Los depósitos típicos de inundación derivan de la sedimentación del material suspendido, arcilla y limo, que se deposita por disminución de la velocidad y a un estancamiento del agua, sumando al efecto de "fijamiento" que ejerce la vegetación. Los sedimentos de la inundación tienden a hacer disminuir el relieve local, rellenando lagunas y pantanos, pero se depositan también sobre albardones y otras partes elevadas del sistema. La evolución es sumamente lenta. Cuando la llanura aluvial es muy grande las áreas sujetas a la influencia predominante de las inundaciones presentan características de llanuras con avenamiento impedido.

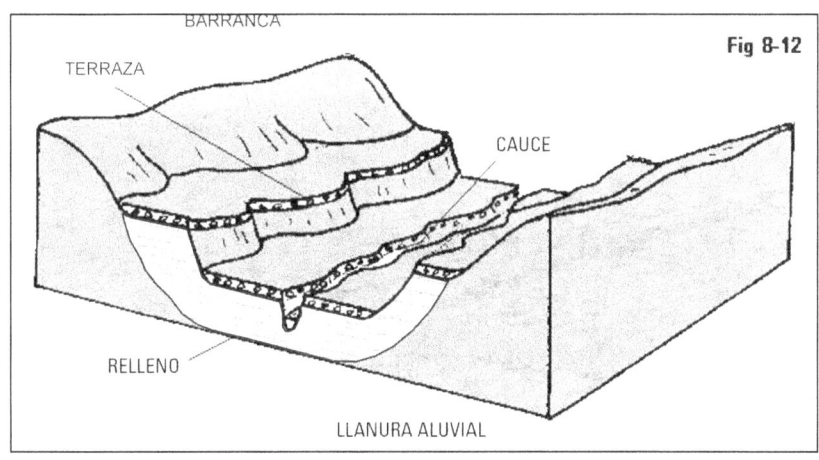

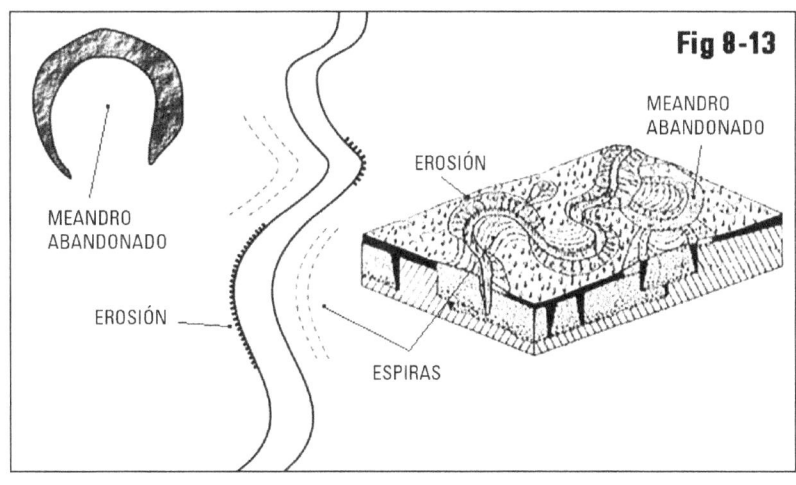

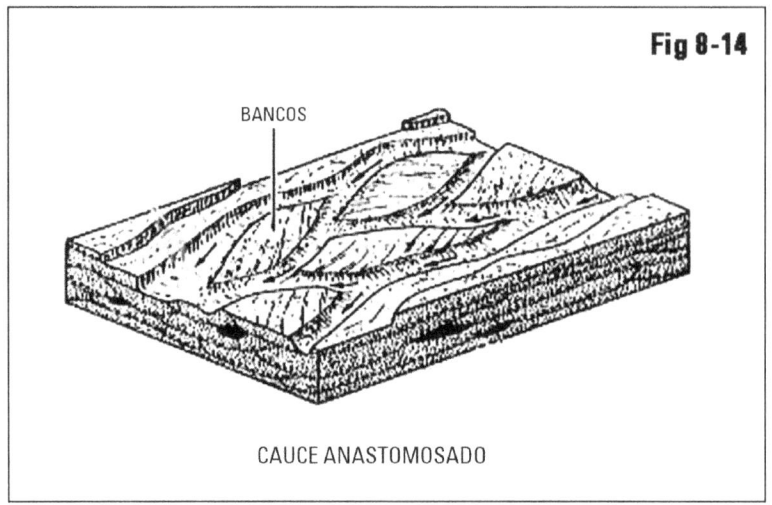

CAUCES TIPO RÍO DE LA PLATA

El río de la Plata tiene características que no se ajustan a la dinámica fluvial. Su ancho es excesivo y ni la margen izquierda ni la derecha presentan características fluviales. En ambas es observada una morfología heredada de la última ingresión marina, ocurrida entre 7.000 y 3.000 años antes del presente. Se trata de un largo golfo invadido actualmente por agua dulce.

Este caso no es único. En el interior de América del Sur se pueden observar numerosos casos análogos en ríos de la cuenca amazónica y en otros lugares. En la Argentina el curso inferior del río Uruguay es un ejemplo típico. Son corrientes fluviales que han invadido en forma permanente a fajas extremadamente anchas, dentro de las cuales no ejercen ningún efecto de modelación (Fig. 8 - 16).

TERRAZAS FLUVIALES

Un río que corre por su llanura aluvial puede comenzar una fase de erosión vertical, profundizando su cauce. Esto suele deberse a varios factores: un cambio climático en su cuenca, el descenso del nivel del mar o la elevación del territorio provocada por la tectónica. En cualquiera de esos casos, el río sufre una alteración y comienza a erodar para restablecer el equilibrio. Una vez alcanzado su nuevo nivel de equilibrio, recomienza la divagación y la erosión lateral, formándose otra llanura aluvial más abajo que la anterior, la cual queda ahora sobreelevada y recibe el nombre de **terraza** (Fig. 8 - 17). Una terraza fluvial está limitada por su **frente**, que da a la nueva llanura aluvial, y en la otra dirección por la antigua barranca, transformada ahora en una pendiente más suave por procesos coluviales.

CUENCAS FLUVIALES

Cada río se alimenta de las precipitaciones que cae en un área que lo rodea, llamada **cuenca**. Una cuenca típica está formada por una **red hidrográfica** e interfluvios. La red hidrográfica se compone de un número elevado de **afluentes** menores, que confluyen sucesivamente, formando cauces mayores, los que a su vez se unen, dando origen al colector (Fig. 8 - 18). Los **interfluvios** son las superficies ubicadas entre los cauces; forman pendientes dirigidas hacia depresiones menores, que finalmente se dirigen hacia los cauces. La cuenca está separada de las cuencas vecinas por una línea topográficamente elevada, denominada **divisoria**. Las zonas más altas de la cuenca, alejadas del colector, se denominan **cabeceras**. En los interfluvios tiene lugar el flujo no encauzado, durante y después de las lluvias. Una cuenca puede dividirse en **subcuencas**, separadas por divisorias internas. Las características de una cuenca y sus procesos aluviales dependen del clima y del relieve de la misma. Así, las cuencas de montaña se diferencian netamente de las de llanura.

Cuencas de montaña – Las cuencas de montaña tienen divisorias bien definidas, pendientes elevadas y materiales rocosos en superficie. En consecuencia, el porcentaje de la precipitación que escurre por los cauces es elevado y el **tiempo de concentración** de la creciente muy breve. Son típicos los aluviones casi instantáneos, en los que el nivel del agua de un arroyo casi seco sube varios metros en menos de una hora.

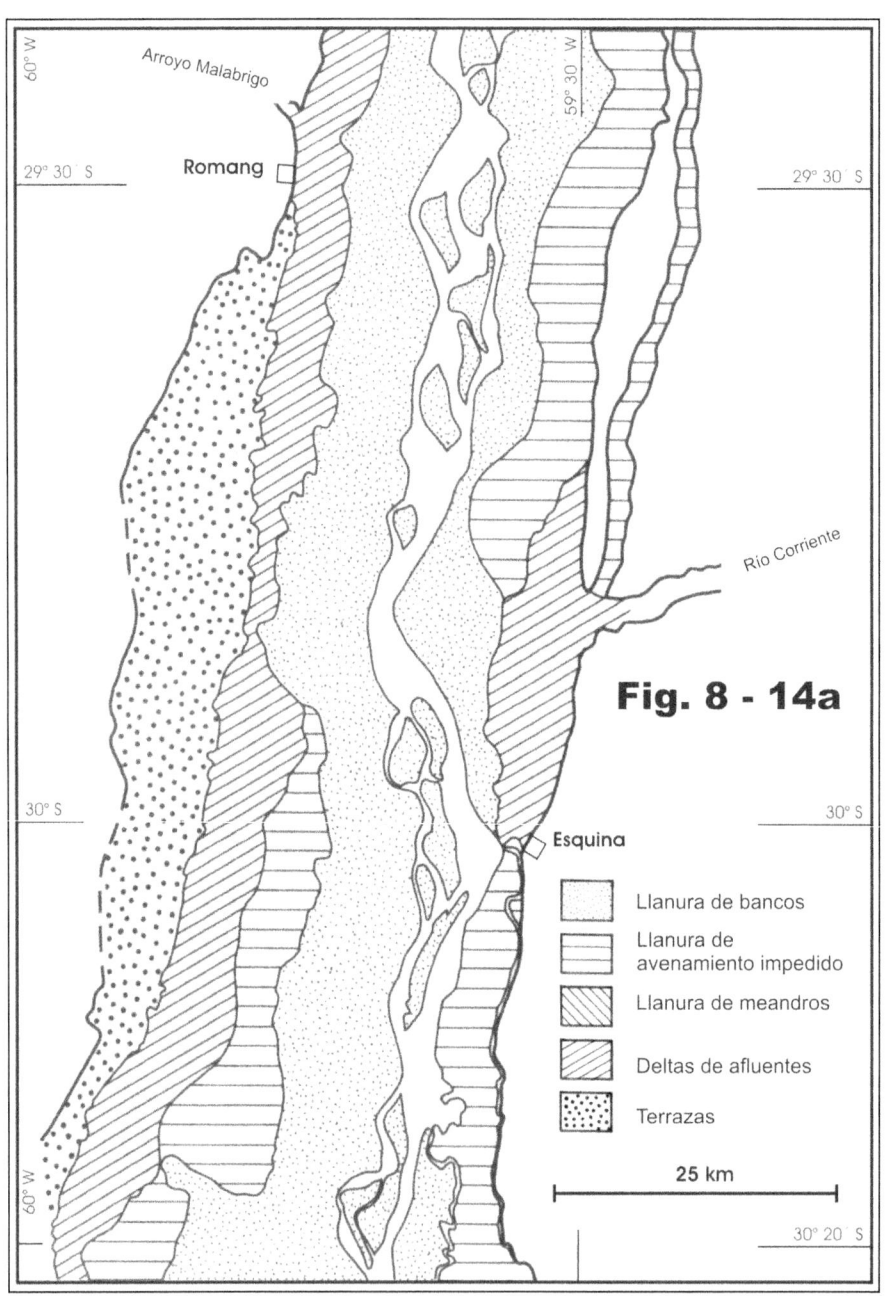

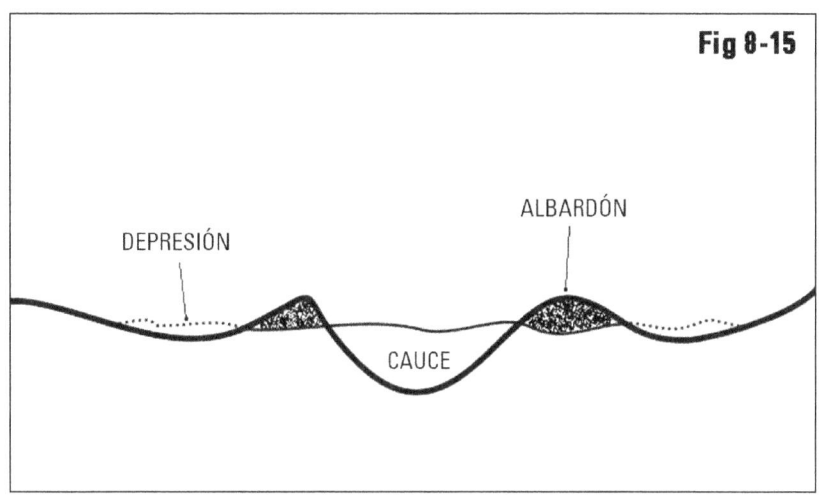

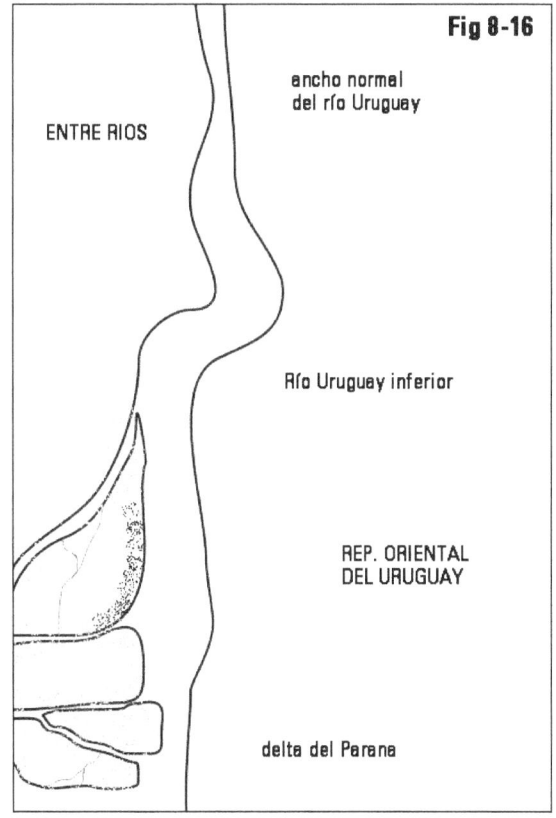

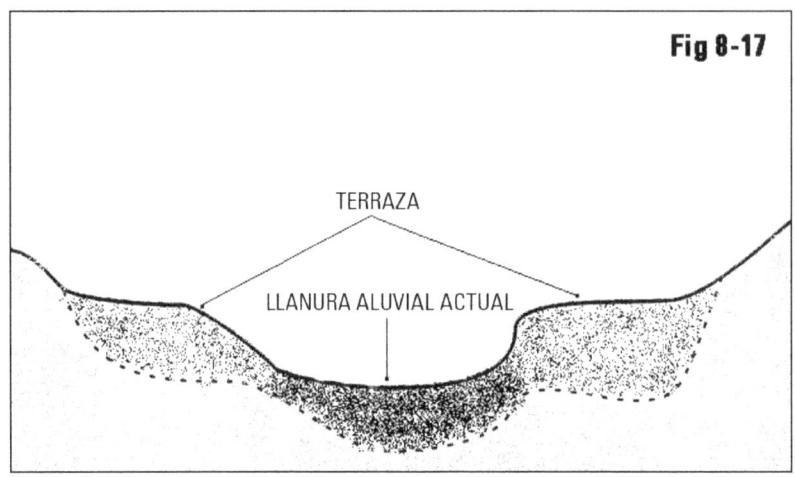

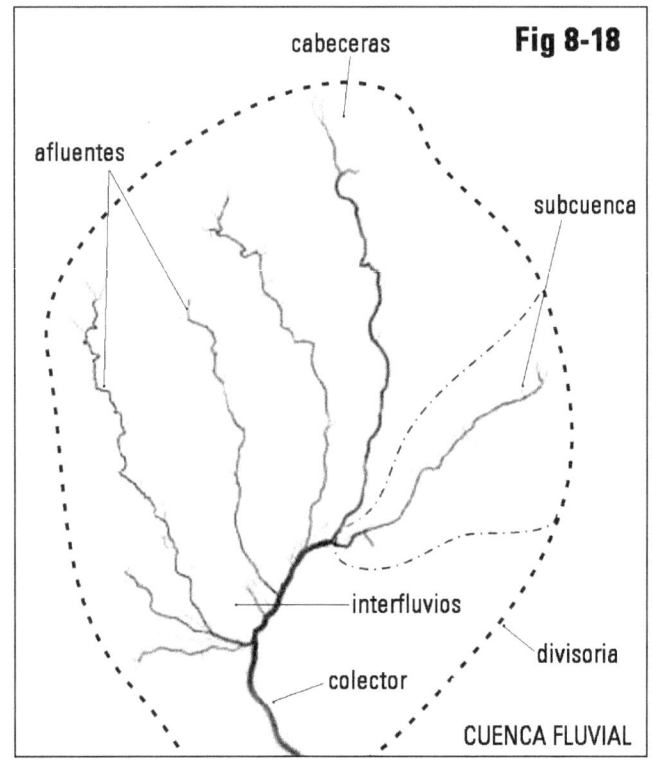

La velocidad de la corriente alcanza a metros por segundo y la turbulencia es muy elevada. Su capacidad de transporte le permite arrastrar rodados y bloques, que se desgastan y se rompen en los violentos choques que se suceden continuamente. Tan rápido como creció, el torrente comienza a bajar su nivel y a las pocas horas, o a lo sumo un par de días, vuelve a su ínfimo caudal anterior. Existe una tendencia general a erodar hacia abajo el lecho de los cauces, en la roca, y a depositar sedimentos gruesos y mal seleccionados en forma transitoria. Los arroyos de las sierras cordobesas son ejemplos de este tipo de cuenca.

Cascadas y cataratas – Se denomina ***cascada o salto*** al tramo de un cauce fluvial en el que el agua cae verticalmente debido a un fuerte desnivel local de la pendiente. Si el caudal, o altura o ancho son muy grandes, se los llama ***cataratas***. Se trata de anomalías muy poco frecuentes que aparecen principalmente en paisajes de basalto y de caliza: la gran mayoría de las cuencas fluviales carece de ellas. También se forman en líneas de falla, aunque en estos casos tienen vida más corta.

Un caso típico de desarrollo de una cascada es el siguiente:

a) Se forma un ***torrente*** en un segmento del río al atravesar una roca particularmente resistente a la erosión. Aumentan allí la turbulencia y la velocidad del agua, lo que incrementa la erosión en alguno puntos. Con el tiempo, la diferencia en la pendiente aumenta.

b) Se forma un escalón en el lugar. Aparece un ***rápido o corredera***, que emerge en épocas de bajante. En el contacto aguas abajo se profundiza el cauce por la acción de un flujo circular o en espiral, llamado ***remanso***, que posee una notable capacidad de erosión y aumenta la profundidad del agua al doble o al triple de la normal.
Avanzado el proceso, aparece una ***cascada*** con pendiente vertical, en la que el volumen de agua se despega del río en forma completa o parcial, precipitándose en caída libre hacia abajo. La erosión produce el retroceso de este sistema mediante el derrumbe de bloques de roca, lo que mantiene vertical a la pendiente.

d) En los sistemas de grandes dimensiones (por ejemplo, más de 10 metros de altura, 30 metos cúbicos por segundo de caudal) se utiliza para este sistema el término de ***catarata***. Generalmente están compuetas por varios saltos que confluyen en forma centrípeta a una depresión central (***olla***) considerblemente más profunda que el resto del río en la zona. Las paredes de dicha depresión están frecuentemente excavadas por grutas y depresiones menores.

Cuencas de llanura – Las cuencas de llanura se desarrollan en materiales sueltos y permeables, con pendientes muy pequeñas. Las divisorias entre dos cuencas vecinas son a veces líneas bien definidas, pero en otros casos están formadas por áreas planas, que derivan sus aguas hacia uno u otro lado, según la dirección del viento o el estado de la vegetación. Son frecuentes las **transfluencias** entre cuencas vecinas: superado un cierto nivel, el agua de una cuenca atraviesa la divisoria y se vuelca en la cuenca adyacente. La red de afluentes es menos densa que en la montaña, porque gran parte de las precipitaciones se infiltra.

Las crecientes son mucho más tranquilas; el nivel del agua se eleva lentamente y crece menos que en la montaña. Inunda la llanura aluvial de los ríos y otras áreas deprimidas, anegadas durante semanas. La velocidad y turbulencia del agua son moderadas, así como también la capacidad de erosión y transporte. Cuando termina la creciente, provocada por las lluvias, los cauces retornan a su caudal de bajante, denominado **flujo de base**, que proviene de la surgencia de agua subterránea. Todos los arroyos de la provincia de Santa Fe tienen típicas cuencas de llanura.

Cuencas mixtas – La mayor parte de las cuencas grandes y medianas abarcan áreas montañosas y de llanura. Normalmente, las montañas se encuentran en las cabeceras y de allí proviene gran parte del caudal y de los sedimentos, por esa razón se la denomina **zona de alimentación** de las cuencas. Aguas abajo, después de atravesar el pie de monte, sigue el área llana, muchas veces formada por el mismo río mediante sedimentación a lo largo del Cuaternario. Los ríos forman aquí llanuras aluviales o grandes **abanicos**. Casi toda la provincia del Chaco está formada por el gran abanico del Bermejo.

EVOLUCION DE LAS CUENCAS FLUVIALES

Cuando una región queda librada a los fenómenos aluviales, se inicia un proceso de desarrollo de la red hidrográfica.

Dicho proceso se lleva a cabo fundamentalmente por la **erosión retrocedente o retrogradante** de los cauces. Todo el sistema trata de ajustarse, por erosión a un **nivel de base** en el cual desemboca. El nivel de base general para los ríos es el nivel del mar, pero también existen niveles de base locales, representados por lagos y otras depresiones. A partir del nivel de base, el colector comienza a erodar su cauce, progresando desde la desembocadura hacia atrás. A medida que transcurre el tiempo el cauce se va alargando paulatinamente hacia el interior de la cuenca, posteriormente se desarrollan los afluentes (Fig. 8 - 19), y así sucesivamente, modificando también las pendientes de los interfluvios, hasta alcanzar el **perfil de equilibrio**. Se entiende por perfil de equilibrio a aquel que se ajusta de tal modo a la hidrología de la cuenca, que la erosión y la sedimentación están reducidas al mínimo. Se trata de un equilibrio dinámico. Los cauces tienden a labrar un perfil longitudinal parabólico (Fig. 8 - 20) mediante erosión y sedimentación.

Los sistemas fluviales del oeste de la provincia de Corrientes son cuencas que todavía se encuentran en su estado incipiente de desarrollo. Los tramos finales de los colectores ya se han formado, pero gran parte de la superficie de las cuencas carece de vías de escurrimiento. Aparecen en esas áreas numerosos bañados y lagunas, en las depresiones heredadas del paisaje eólico anterior.

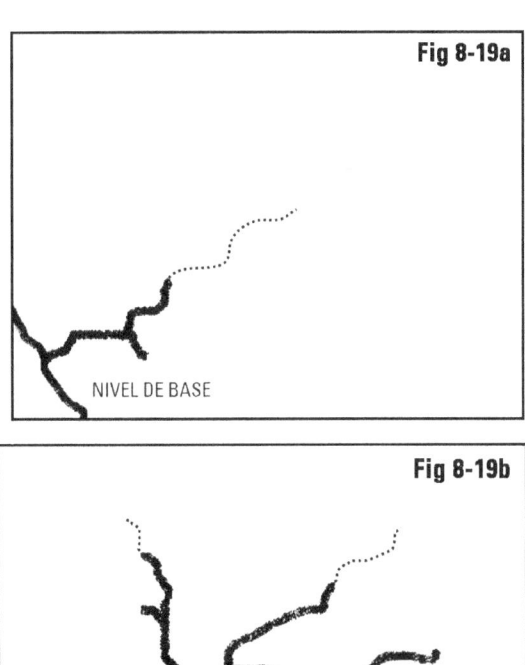

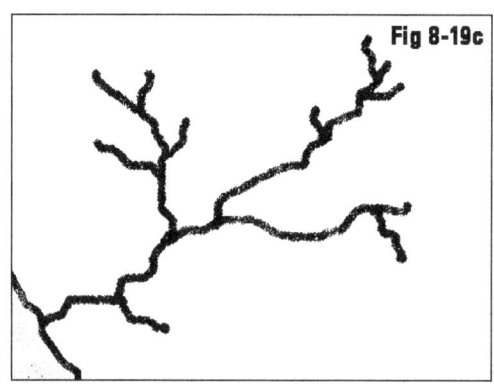

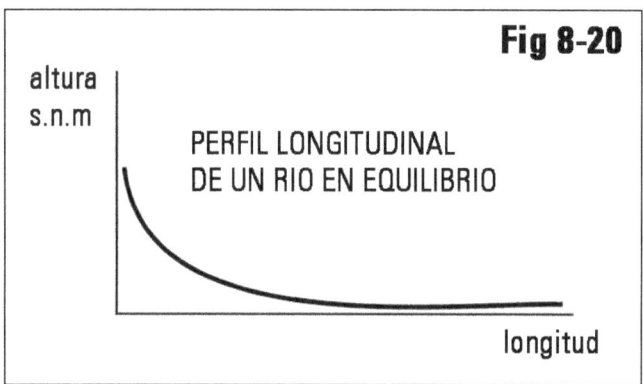

EL VALLE DE YPACARAÍ

El valle de Ypacaraí es uno de los más importantes de esta región y puede ser considerado representativo de la geomorfología e historia cuaternaria de la misma. Mide aproximadamente 75 kilómetros de longitud y ancho variable, entre 20 y 35 Km. Está excavado en la Superficie Velhas/Aristóbulo de Valle y su nivel está unos 160 metros por debajo del nivel general del paisaje. La Superficie Velhas está ubicada en 180-230 metros sobre el nivel del mar en esa zona; presenta un relieve fluvial, con valles en V y colinas bajas asociadas, con desniveles internos generalmente menores a los 50 metros, que consideramos originales de su época de generación, desarrollada en el Terciario medio.

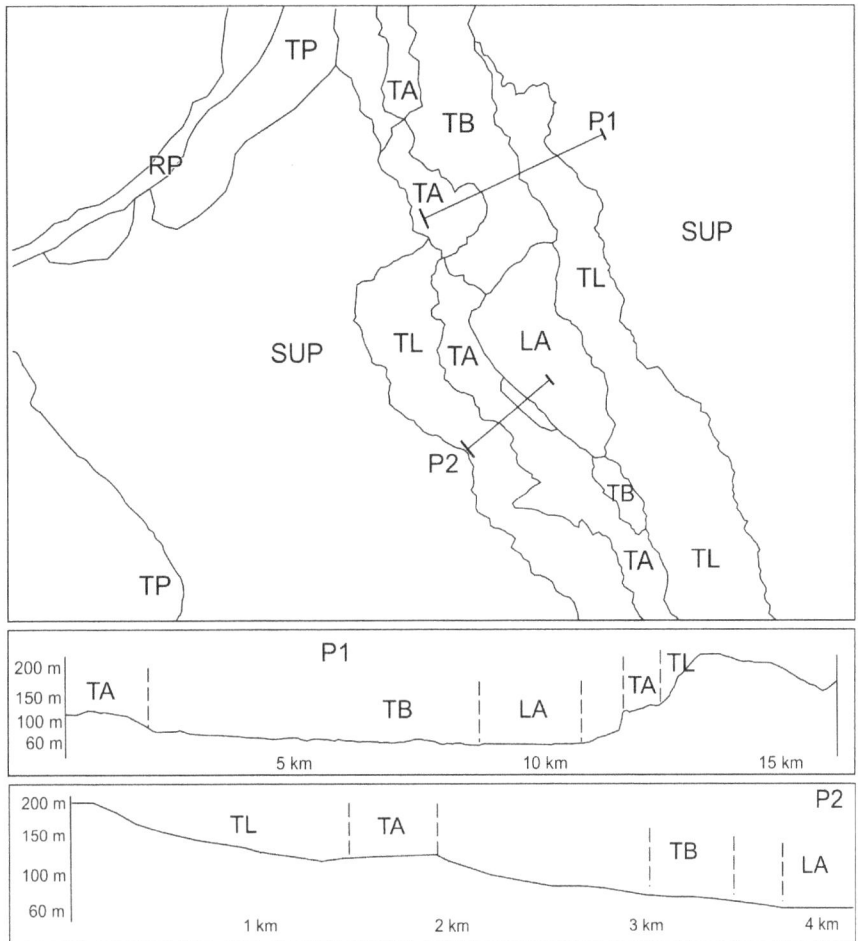

Fig. 3.20 A- Mapa geomorfológico del valle de Ypacaraí; SUP: superficie regional; TL: talud; TA: terraza alta; TB: terraza baja; LA: nivel del lago. B- Perfil transversal P1. C- Perfil transversal P2.

La morfología actual del valle ha sido generada por retroceso areal generalizado de las paredes laterales bajo clima seco, afectando rocas antiguas (ver estudios de Briceño y Schubert en el Escudo de Guayanas y tesis de Soldatelli en el Nordeste de Brasil, ambos en el sector "Brasil" de este volumen). Dichos procesos resultaron en una traza irregular formada por indentaciones generadas por diaclasas y diferencias menores en la petrología de las rocas afectadas (Iriondo, 2014). En su parte más desarrollada, este valle está compuesto por un talud, dos terrazas y un lago. Es fuertemente asimétrico debido a u origen tectónico.

Las morfologías y los procesos de detalle del talud revelan un esquema de escarpa subvertical labrada en roca antigua ("zona 3 " de B. yS.) y un ***talus*** de escombros en su base ("zona 2" de B. y S.). El talus tiene una extensión variable, entre 400 metros y más de 2 kilómetros. Limita en su parte superior con la escarpa y en la parte inferior con alguna de las dos terrazas e incluso con el talweg del sistema. Es levemente cóncavo, lo que probablemente se debe a la existencia de corrientes de barro en su sector inferior.

La terraza alta es discontinua, profundamente erosionada en superficie y ha desaparecido en varios sectores; la localidad de Ypacaraí está construida sobre el área más extensa de la misma. Su altura típica se ubica alrededor de 125 metros sobre el nivel del mar. Por el contrario, la terraza baja conserva un nivel horizontal plano, atravesado por un paleocauce meándrico relativamente grande, con curvas cerradas y albardones; alcanza unos 75 m.s.n.m., es decir 50 metros por debajo. El contacto entre la Terraza Alta y la Terraza Baja es complejo y se extiende a lo largo de cientos de metros; los perfiles transversales del valle revelan que dicha superficie está compuesta en general por dos segmentos bien definidos, el superior con pendiente más pronunciada, lo que también sugiere una dinámica de corrientes de barro.

El lago tiene forma triangular y una relación de discordancia con los elementos morfológicos anteriores: limita tanto con el talus como con las dos terrazas y su dinámica actual es de erosión en todo su perímetro. Su nivel oscila entre 60 y 63 metros s.n.m., o sea de 12 a 15 metros por debajo de la terraza inferior.

La secuencia evolutiva del paisaje, que puede ser considerada representativa de esta unidad de primer orden del Paraguay Oriental, es la siguiente:
  a) Desarrollo de la Superficie Velhas durante el Terciario Medio. Esta superficie es la más desarrollada del Paraguay Oriental.
  b) Ensanchamiento del valle preexistente durante el episodio erosivo generalizado que formó la Superficie Paraguazú/Apóstoles en Brasil y Argentina. Se estima una edad neozoica para este evento.
  c) Sedimentación de la Terraza Alta durante el Pleistoceno. Se hace difícil estimar una edad más precisa a este proceso, porque las correlaciones continentales y regionales que intentamos en este trabajo se basan en cambios climáticos y este fenómeno sedimentario puede deberse a factores tectónicos locales.
  d) Sedimentación de la Terraza Baja. Debido a que no ha sufrido erosión y se conserva en todas las áreas en que se formó originalmente, le atribuimos edad holocena.

e) Hundimiento tectónico del bloque central del valle y aparición del lago. Edad subactual.

CUENCAS CERRADAS

Se denominan cuencas cerradas a aquellas que no tienen conexión con el mar. Sus redes hidrográficas desembocan en depresiones interiores generalmente de origen tectónico, ocupadas por lagos o salinas. En su gran mayoría se encuentran en regiones de clima seco. Sus cauces suelen ser **intermitentes**, es decir, transportan agua solo unas pocas semanas por año, o **efímeros**, que acarrean agua pocos días por año.

CUENCAS DE LLANURA DE SUDAMÉRICA

Gran parte de las aguas superficiales de las llanuras centrales del continente sudamericano (Llanos del Orinoco, varias regiones de la Amazonia, casi todo el Gran Chaco y la Pampa argentina) pertenecen a un sistema de Hidrología de Llanuras en casi toda su extensión, que compone un patrón claramente diferente al de la Hidrología clásica (Iriondo y Drago, 2004). El patrón resultante puede explicarse de manera secuencial, formando una serie de elementos hidrográficos:

1º Elemento – *Divisorias* – La naturaleza de las divisorias es probablemente el problema más complicado vinculado con los cuerpos de agua en llanuras. La escasa pendiente del terreno resulta a veces menor a la pendiente hidráulica, y el agua fluye en una u otra dirección de acuerdo a la dirección del viento o a la presencia de rugosidad tal como pajonales, terraplenes mínimos y obstáculos similares. En algunos casos es posible definir las divisorias hidrográficas de acuerdo con los métodos clásicos de la topografía y la geomorfología. En otros, las divisorias no están bien definidas en el terreno, porque no se trata de líneas sino de superficies horizontales, a veces de extensión considerable. Allí el agua fluye en una u otra dirección de acuerdo a la dirección del viento, tipo de vegetación o gradiente hidráulico producido por las diferencias en precipitación. Desde el punto de vista hidráulico, dichas áreas tienen una estructura probabilística, es decir, el agua superficial en diferentes puntos va a fluir con mayor o menor frecuencia hacia una u otra cuenca de acuerdo a la distancia que hay a la superficie bien definida de cada cuenca. Se trata de condiciones de borde "borrosas" ("fuzzi class"). Otro tipo de divisoria hídrica indefinida está compuesta por pendientes suaves que son independientes de los sistemas hídricos particulares; se trata de planos casi horizontales compartidos por dos cuencas adyacentes, que están inclinados en forma paralela a los colectores. Un ejemplo de esto es un sector de la divisoria del arroyo Cululú, ubicado en el centro de la provincia.

Dentro de este patrón hidrológico básico, un caso típico en las áreas arenosas del sur de la provincia es la rápida infiltración del agua de lluvia en las superficies relativamente elevadas, seguida por el flujo subsuperficial hacia las depresiones vecinas, donde se produce lentamente la surgencia. En estos casos, la superficie real de la cuenca hídrica no es completamente equivalente a la topografía del terreno. En ocasión de las grandes inundaciones del año 1982, cuando se anegaron miles de kilómetros cuadrados en toda la región pampeana, se identificaron tres tipos de divisoria (Iriondo, 1983):

Segmentos lineales, claramente definidos.
a) Áreas indefinidas, homogéneas, horizontales, sin ningún tipo de cañada u otras irregularidades. Están formadas básicamente por sedimentos loéssicos, que son materiales permeables; debido a ello se produce una infiltración relativamente rápida.
b) Áreas pequeñas y aisladas de origen tectónico reciente (neotectónico).

2º Elemento – *Bañados* – El drenaje en la llanura pampeana comienza con unos elementos conocidos desde hace siglos: los bañados. Son superficies horizontales, relativamente deprimidas, que se cubren temporariamente de agua de lluvia de tanto en tanto; pueden alcanzar superficies de miles de kilómetros cuadrados y durar semanas enteras hasta meses. Sin embargo, no son áreas de naturaleza hídrica: No transporta sedimentos y su profundidad es menor a un metro. Una vez que desaparece el agua de un lugar, no quedan rastros en el paisaje; son ambientes naturalmente subaéreos.

La masa de agua de bañado es móvil; se desplaza lentamente pendiente abajo a lo largo del suave relieve en términos de días o semanas, cambiando la forma y ubicación del área inundada. Se trata de un caso de "flujo no encauzado". Este flujo tiene las siguientes fases sucesivas:
a) Una fase de acumulación de agua, con un flujo extremadamente lento (generalmente centrípeto). El estancamiento predomina sobre el drenaje.
b) Una primera fase de drenaje, que rebaja el nivel y reduce el área de acumulación.

c) Una segunda fase de drenaje, que inunda áreas aguas abajo y desocupa el área original del bañado. Ocurre días después de la lluvia.
d) Una fase de canalización, al llegar el agua a cañadas o cauces. Desaparece el bañado.

3º Elemento – *Cañadas* – Las cañadas son depresiones lineales, anchas y de escasa profundidad, en muchos casos rectas, que contienen agua en forma temporaria o permanente. Algunas cañadas tienen un pequeño cauce en el centro, pero siempre se trata de un elemento menor, fuertemente subordinado al resto de la depresión en la hidrodinámica general.

En muchos casos de la provincia de Santa Fe, las cañadas son lineamientos tectónicos, localizados en forma paralela a intervalos regulares. En su mayoría son asimétricas; dichas formas, aunque resultan imperceptibles en la observación de campo, se refleja en los anchos diferentes que tienen las fajas de vegetación a ambos lados de la depresión central. Las cañadas más profundas o con menor pendiente suelen contener agua permanente y vegetación palustre. A ambos lados crece pajonal, una vegetación de humedal semipermanente. Frecuentemente la faja de pajonal de una margen es dos o tres veces más ancha que la de la margen opuesta. Este patrón es producido por basculamiento de pequeños bloques tectónicos.

El tamaño de las cañadas es variable, la mayoría tiene entre 200 y 400 metros de ancho y 2 a 4 metros de profundidad. La longitud es de más de 5 Km, con máximos de hasta 35 Km. En la unidad geomorfológica Cañadas Paralelas de la Pampa Norte se suceden en intervalos de 1,5 a 2,5 Km. En otras áreas son escasas o inexistentes. En la cuenca del Salado las cañadas han sufrido la influencia de procesos hídricos y eólicos de importancia variable. Se pueden definir tres tipos:

a) *Cañadas simples* – Generadas por procesos neotectónicos muy recientes, sin influencia exógena.

b) b) *Cañadas con hoyas de deflación* – Las cañadas fueron lugares favorables para la excavación de hoyas de deflación durante los climas áridos del Holoceno. Se trata de depresiones circulares de unos 200 metros de diámetro y pocos decímetros de profundidad, transformadas ahora en lagunas. Estas lagunas forman largas cadenas en la línea central de las cañadas.

c) *Cañadas con cauces centrales* – Este tipo ha sufrido un incipiente modelado hídrico. El canal es normalmente mucho más estrecho que la depresión general y tiene escasa influencia en la dinámica hídrica.

Las cañadas colectan el agua superficial y el escurrimiento subsuperficial. La mayoría de ellas tiene régimen temporario o intermitente, conteniendo agua solamente durante las épocas húmedas o después de tormentas importantes. Desde el punto de vista hidráulico, las cañadas están caracterizadas por alta rugosidad, causada por las densas matas de pajonal (Panicum prionitis) y de espartillar (Spartina densiflora) entre otras plantas. La alta rugosidad y la escasa pendiente longitudinal frenan el escurrimiento del agua. Dentro de estas características generales, existen visibles diferencias secundarias entre los diversos tipos de cañada; las del tipo c) permiten un drenaje comparativamente rápido, mientras que las de tipo a) tienen la capacidad mínima de escurrimiento, con mayores tiempos de retención y consecuentes altas tasas de infiltración y evapotranspiración. El tipo b) tiene el mayor potencial de evaporación directa.

En el clima húmedo actual las cañadas tienden a evolucionar hacia un paisaje fluvial, integrándose paulatinamente a las redes fluviales normales. Este proceso está considerablemente avanzado en la subcuenca del arroyo Cululú, donde varias cañadas se han transformado en verdaderos cauces fluviales completamente integrados a la red hidrográfica del Salado. Por el contrario, en el norte de la provincia dicho proceso es menos importante o ausente: La subcuenca del arroyo San Antonio incluye varias cañadas directamente conectadas con la red fluvial y otras aisladas, mientras que el área Ceres-Tostado está caracterizada por numerosas cañadas completamente aisladas, sin evolución hídrica.

Frecuentemente las cañadas funcionan como cabeceras de los arroyos y ríos autóctonos de la llanura, lo que significa que son los cauces de primer orden de esas cuencas. El patrón de avenamiento es paralelo, debido al origen tectónico de las depresiones. En general, la longitud total del conjunto de las cañadas menores es mucho mayor que la suma de las más importantes.

4º Elemento – *Cauces fluviales* – Un cauce fluvial propiamente dicho se distingue fácilmente de un cañada: es un canal o "zanja" excavado por el flujo del agua pendiente abajo. En un cauce activo la velocidad del agua varía desde pocos decímetros por segundo hasta más de dos metros por segundo. Los cauces fluviales en llanuras de agradación como la santafesina son dimensionados por el agua que fluye por ellos. La geometría hidráulica de los cauces fluviales (perfil tranversal, profundidad, bancos de arena o barro, etc.) es claramente diferente a la de las cañadas, así también como su evolución. La naturaleza de un cauce de llanura es el producto del volumen de agua y sedimentos transportados por procesos de erosión y sedimentación en bajos gradientes.

Los mega-abanicos – El caso del Pilcomayo

Los mega-abanicos son sistemas complejos de dimensiones mucho mayores a las de los elementos "normales" en Geomorfología Fluvial e incluyen siempre a varios de ellos. Se trata de sistemas de acumulación con forma de abanico, de decenas de miles hasta cientos de miles de kilómetros cuadrados de extensión y larga vida geológica (hasta tres millones de años en Sudamérica). En un caso típico el ápice se encuentra en ambiente de pie de monte y el resto en llanura. La dinámica general es distributaria, con un cauce que migra en forma más lenta que en los abanicos menores (una vez cada varias décadas o varios siglos). Debido a sus grandes dimensiones suelen tener diferentes climas en el ápice que en su parte distal. En general, bloques tectónicos menores sufren movimientos diferenciales dentro del abanico, produciendo deformaciones en su patrón básico.

El mega-abanico fluvial del río Pilcomayo - El Chaco Sudamericano está compuesto por unos pocos mega-abanicos, el más importante de los cuales es el del río Pilcomayo. Su superficie total es de 210.000 Km2 y se extiende desde Bolivia a Paraguay y Argentina. Tiene una amplia cuenca montañosa en la Cordillera Oriental y en las Sierras Subandinas bolivianas y sale al pie de monte en Villa Montes, donde está ubicado el ápice (Fig. 8-21). Los depósitos fluviales forman allí dos terrazas, la más alta de altura variable descendente (de 40 m a 20 m) está coronada por un depósito eólico rojizo en cuya parte superior hay un suelo bien desarrollado. La terraza inferior cubre la mayor parte de la región llana vecina; en el ápice tiene 6 metros de espesor y está formada por dos estratos. El inferior está compuesto por rodados y bloques de color gris; el superior está formado por rodados más pequeños y bloques en matriz arenosa rojiza.

La terraza inferior se extiende hacia el este, formando una extensa planicie en el Chaco Occidental de Argentina y Paraguay. El sedimento está formado por arena fina y limo cuarzosos con illita en menores proporciones. Los granos están cubiertos por una película de hematita. Esta unidad está caracterizada geomorfológicamente por numerosos cauces efímeros y alcanza aproximadamente hasta la mitad de la provincia de Formosa. Es de edad holocena (menos de diez mil años).

Hacia el este se extiende en superficie una unidad más antigua, que se correlaciona con la terraza alta de Villa Montes, compuesta por 15 a 25 metros de espesor de depósitos palustres de grandes humedales (arcillas limosas) cubiertos ahora por pantanos permanentes y temporarios. En el estrato central de estos depósitos se realizó un análisis de edad absoluta, resultando una antigüedad de 58.160 años antes del presente, lo que indica una edad pleistocena superior. Esto coincide con el hallazgo de una interesante fauna fósil en Formosa. La superficie está cruzada por amplios paleocauces ; en una dinámica típica de los mega-abanicos, esos paleocauces se han transformado en colectores de cuencas fluviales locales de llanura (Monte Lindo, Los Amores y otros) .

En otro aspecto propio de los mega-abanicos, un bloque menor dentro del sistema ubicado en la frontera argentino-paraguaya (de 15.000 Km2 de extensión, un 7 % de todo el sistema) capturó al río Pilcomayo durante los últimos siglos, formando el llamado "Estero Patiño", donde un complejo paisaje en el que cauces abandonados, pantanos y lagunas son modificados frecuentemente por los diques que forman troncos y ramas durante las crecientes.

Lecturas complementarias
Fluvial processes in Sedimentology – Leopold, L., Wolman, M. y Miller, J. 1964 – H. Freeman & Co., 522 pp., San Francisco.

9
Procesos eólicos

Se denominan procesos eólicos aquellos producidos por el viento. El viento es aire en movimiento, y como tal posee una serie de características similares a las del agua, aunque su baja densidad provoca efectos en una escala diferente.

Aunque actúa en todos los climas, el viento realiza procesos geológicos de importancia en los **desiertos** y en regiones estacionalmente secas. Provoca la erosión de materiales sueltos y poco consolidados de tamaños arena fina, limo y arcilla, pues es incapaz de mover fragmentos mayores salvo en condiciones especiales.

El viento transporta sedimentos por arrastre y en suspensión. Los granos de arena transportados por arrastre forman **óndulas**, **dunas** y **megadunas**, de acuerdo a la velocidad y permanencia del viento, mientras que las partículas de limo y arcilla son transportadas en suspensión en forma de nubes de polvo que al depositarse originan el **loess**.

PROPIEDADES FÍSICAS DEL AIRE

El aire es una mezcla gaseosa, cuyas propiedades físicas fundamentales, como las de todo fluido, son la densidad y la viscosidad. Su capacidad de producir erosión y de transportar sedimentos derivan de ellas. Es 714 veces menos denso que el agua y su viscosidad tiene un valor 55 veces menor que la de ésta. Por lo tanto, las dimensiones e intensidad de sus procesos dinámicos son claramente diferentes. El aire, como todo gas, se dilata y disminuye su densidad al calentarse; ello provoca el ascenso de las masas atmosféricas calentadas por el sol, que son reemplazadas en superficie por otras masas más frías y densas. Dichos desplazamientos producen el **viento**, agente de los procesos eólicos. El viento normalmente corre a través de una sección de decenas de kilómetros de ancho por 1.000 a 3.000 metros de altura. De manera análoga a la del agua, el aire puede fluir en forma **laminar** o **turbulenta**, y en todo flujo turbulento se encuentra una película de flujo laminar en el contacto con los sólidos de la superficie de la Tierra y con la superficie del agua. El tamaño de los remolinos, por otro lado, es mucho mayor que en el agua, lo mismo que la velocidad, que alcanza con frecuencia más de 20 metros por segundo. Lo mismo que el agua, el aire tiende a realizar movimientos helicoidales y aún circulares, ejemplos de los cuales son los ciclones tropicales, constituidos por vientos concéntricos en superficies de cientos de kilómetros de diámetro.

La velocidad del viento se ve considerablemente retardada por el rozamiento y la turbulencia que producen los obstáculos que encuentra en la superficie de la Tierra, especialmente los árboles y otros tipos de vegetación. Esto resulta en un perfil **parabólico** de velocidades en el viento (Fig. 9 - 1).

Otra propiedad del aire es que permite la **difusión** rápida y extensa de las partículas de polvo o cenizas volcánicas que entran en suspensión. De esta manera dichas partículas se elevan a gran altura en la atmósfera y son transportadas a grandes distancias.

EROSION

La viscosidad del aire produce un efecto de arrastre al desplazarse el viento por la superficie. Dicho fenómeno, llamado "tensión de corte" tiende a arrancar los granos sueltos y partículas poco cohesionadas de la superficie y transportarlos fuera del lugar. Este tipo de erosión, provocado directamente por el viento, se denomina **deflación**. Los granos de arena transportados por el viento en saltación sobre la superficie chocan continuamente entre sí y con otros obstáculos, provocando erosión por **impacto** y **abrasión**. La erosión, tanto en uno como en otro caso, requiere que el movimiento del viento sea superior a una **velocidad crítica**, que varía con el tamaño del grano a erodar. Así, para granos de 0,1 milímetros de diámetro la velocidad crítica del viento es de 33 cm/seg. en la deflación y 15 cm/seg. en la erosión por impacto, lo que indica que el viento eroda con más efectividad cuando cuenta con la arena como "herramienta".

Las **hoyas de deflación** son formas típicas de erosión eólica. Se trata de depresiones someras, de bordes suaves y forma cóncava, que aparecen en sedimentos finos a medianos, poco coherentes, sometidos a la acción del viento. Las hoyas de deflación **elípticas** son producidas por el viento dominante, que arranca y lleva en suspensión a los limos y arcillas lejos del lugar. Cuando el terreno está constituido por arena, ésta se acumula en el borde de sotavento de la hoya (Fig. 9 - 2). Este fenómeno puede observarse en una amplia región del sur de Córdoba, donde la iniciación del proceso erosivo se produce al arar la tierra en épocas de sequía, en las que el viento dominante del noreste supera la velocidad crítica de deflación para esos terrenos.

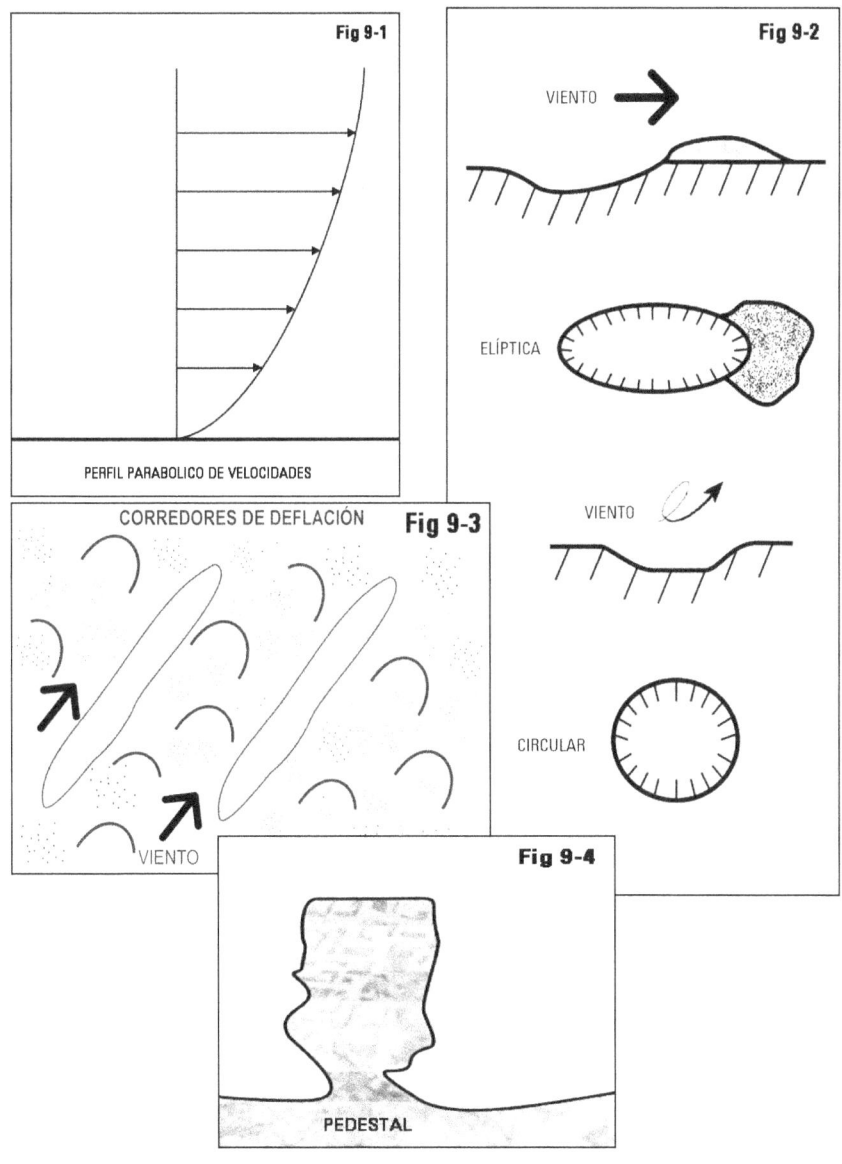

Las hoyas de deflación **circulares**, muy numerosas en la llanura chaco-pampeana, se producen por efecto de remolinos verticales que se forman en ausencia del viento. Dichos remolinos aparecen en las horas más cálidas de los días de verano en los ambientes semiáridos y tienden a estacionarse sobre los lugares libres de vegetación, debido a que allí se producen corrientes ascendentes de aire. Estas zonas libres de vegetación suelen ser depresiones muy someras, en las que esporádicamente se acumula el agua después de las lluvias. La sal transportada por el agua impide el crecimiento de la vegetación y a la vez disgrega las capas superiores del suelo, favoreciendo la deflación. Las hoyas de deflación de la región pampeana fueron formadas bajo un clima más seco que el actual y miden en su mayoría de 200 á 300 metros de diámetro; actualmente muchas de ellas se han transformado en lagunas temporarias. La presencia de hoyas circulares indica que cuando se formaron existía un régimen de vientos más suave que el que forma las hoyas elípticas.

En el otro extremo se encuentran los **corredores de deflación**, depresiones largas, angostas y relativamente profundas, que se forman por la acción de vientos fuertes en los campos de dunas (Fig. 9 - 3). En regiones desérticas de vientos fuertes, donde existen sedimentos limo-arcillosos poco consolidados, la acción erosiva del viento puede excavar profundamente en amplias superficies. La deflación continua hasta alcanzar un estrato duro o bien hasta que la erosión llega a un nivel de agua subterránea. La depresión formada de esta manera puede llegar a cotas inferiores al nivel del mar, como ocurre con algunos de los grandes **bajos patagónicos**. La acción eólica está actualmente complementada en los bajos patagónicos por la acumulación temporaria de agua, que mediante oleaje provoca erosión localizada en los bordes.

El impacto y la abrasión producen efectos más localizados que la deflación. En primer lugar, estos procesos son responsable de la **reducción** del diámetro de los granos de arena. También excavan la parte inferior de taludes verticales, formando pedestales (Fig. 9 - 4). Otro efecto de este tipo lo constituye el desgaste de la superficie de una roca en la dirección expuesta al viento, elemento que recibe el nombre de **ventifacto**. La abrasión también produce surcos elongados y poco profundos en sedimentos finos poco coherentes, dichas formas se denominan **yardangs**.

TRANSPORTE DE SEDIMENTOS POR ARRASTRE

El viento transporta por arrastre solamente a los granos de arena, ya que las partículas finas entran en suspensión y son elevadas lejos del suelo, y las gravas y rodados son demasiado pesados para ser removidos por vientos normales, debido a la baja densidad del aire. Gravas y rodados pequeños son arrastrados solamente en condiciones particulares, por vientos intensos.

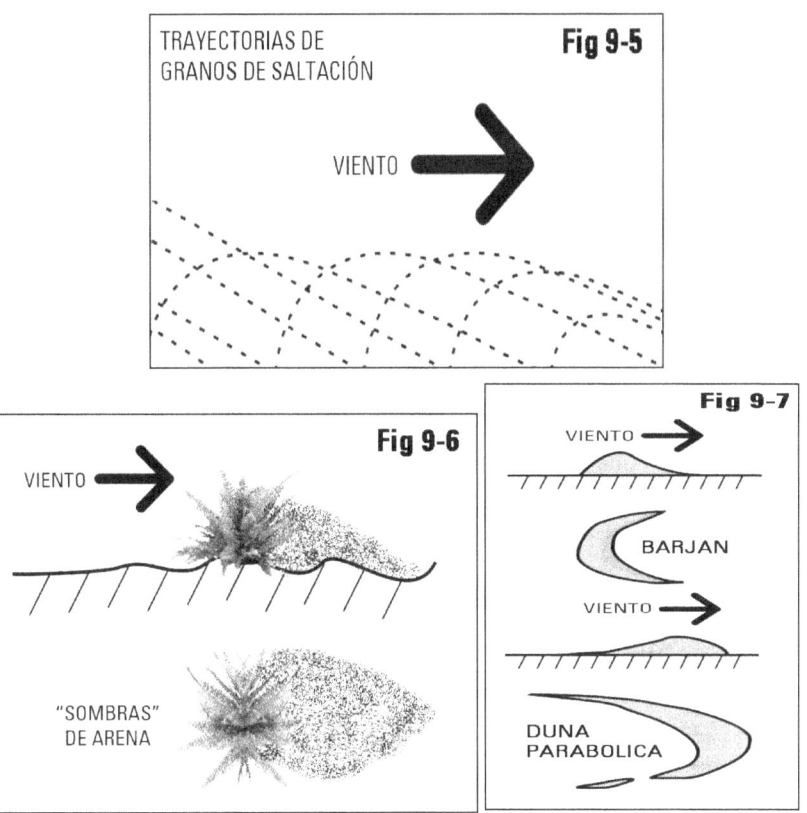

Debido a estas limitaciones, el rango de tamaño de grano transportados de este modo es estrecho, y el viento posee una gran capacidad de **selección** granulométrica. Se dice que un sedimento está "bien seleccionado" cuando todos los granos tienen aproximadamente el mismo tamaño; por el contrario, un sedimento "mal seleccionado" está compuesto por una mezcla de granos de tamaños diferentes.

El transporte eólico por arrastre está compuesto por dos mecanismos. El mecanismo fundamental es la **saltación** de los granos, desencadenada por la tracción del viento. La saltación es un fenómeno estadístico que afecta al azar a un cierto número de granos de la superficie cuando el viento es más rápido que la velocidad crítica. Dichos granos saltan en cualquier ángulo bastante constante, que oscila entre los 10º y los 16º (Fig. 9 - 5). Al caer, los granos golpean a otros que saltan a su vez, o bien se desplazan por el impacto, rodando o resbalando sobre la superficie. Este movimiento pasivo se denomina **reptación**, y es responsable de aproximadamente el 25% de transporte por arrastre.

La altura de saltación de la arena no sobrepasa un metro sobre el nivel del suelo, y aún esta altura es alcanzada por relativamente pocos granos, pues la mayoría no llega a más de 20 ó 30 centímetros. Tanto los filetes y remolinos del viento como el transporte de arena se ven considerablemente afectados por la presencia de obstáculos en el suelo, tales como afloramientos rocosos o grupos de arbustos, y también por cambios en la pendiente. Cuando la cantidad de arena es reducida, se forman **sombras de arena** a sotavento de los obstáculos (Fig. 9 - 6), donde la velocidad del viento es menor. Si existe suficiente arena y una superficie horizontal libre de obstáculos se forman estructuras sedimentarias de transporte, similares a las producidas por corrientes de agua: ondulas y dunas, además de otras geoformas particulares llamadas **megadunas**.

Ondulas - Son idénticas a las originadas por el agua. Aparecen con vientos suaves, algo más rápidos que la velocidad crítica, en superficies desprovistas de vegetación. Avanzan bastante rápidamente, aunque el volumen de arena transportado es reducido. Su velocidad alcanza a algunos kilómetros por año en las regiones desérticas.

Dunas transversales - Con vientos algo más fuertes y constantes, se forman las dunas transversales a la dirección del viento dominante. Existen dos tipos de duna en estas condiciones. Una de ellas es el **barján** que aparece en climas muy áridos; tiene forma de media luna con los extremos dirigidos hacia sotavento (Fig. 9 - 7). El barján se va trasladando mediante la saltación y reptación individual de los granos de arena que lo forman; dichos granos van trepando por la ladera de barlovento, que tiene una pendiente suave de 10º a 15º; al llegar al tope se acumulan y caen en pequeñas avalanchas a la cara de sotavento, que tiene una pendiente de 35º, que corresponde al ángulo de reposo de la arena. Los barjanes suelen formar conjuntos que cubren grandes áreas.

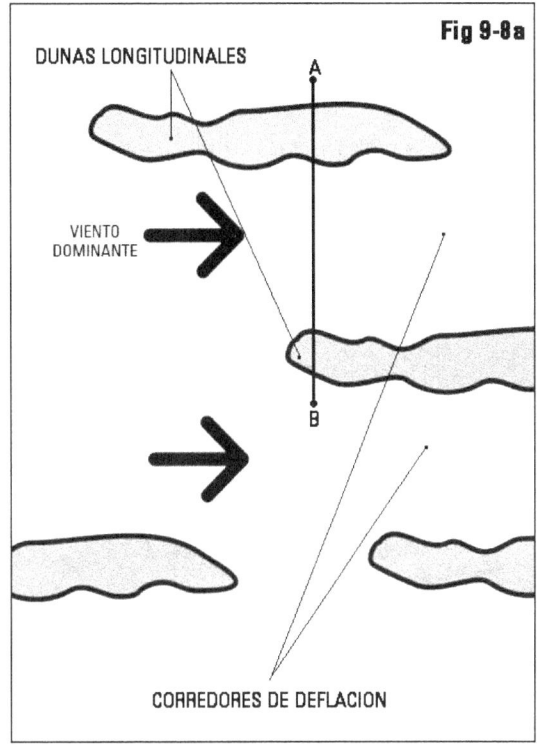

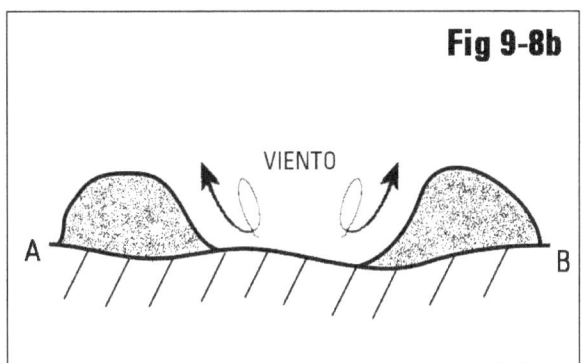

En climas semiáridos se forman las **dunas parabólicas**, formas transversales arqueadas con los extremos dirigidos en sentido inverso al de los barjanes (Fig. 9 - 7). Son irregulares, frecuentemente uno de los extremos es más largo que el otro. El hecho de tener los extremos en dirección invertida se debe a que la escasa vegetación herbácea que existe en los climas semiáridos produce gran rugosidad aerodinámica a nivel del suelo, retardando el avance de las puntas de la duna con respecto al cuerpo principal.

La velocidad de avance de las dunas transversales varía entre varios metros y pocos cientos de metros por año.

Dunas longitudinales - En condiciones de vientos fuertes y constantes desde una sola dirección, las dunas transversales de los desiertos pasan a **dunas longitudinales**, con dirección paralela a la del viento (Fig. 9 - 8a). Cuando están bien desarrolladas, las dunas longitudinales forman sistemas regulares, en los que cada duna puede tener muchos kilómetros de largo y está separada de las dunas adyacentes por corredores de deflación. El piso de dichos corredores está formado por gravas y rodados concentrados en superficie por acumulación residual, al ser erodada la arena que los incluía.

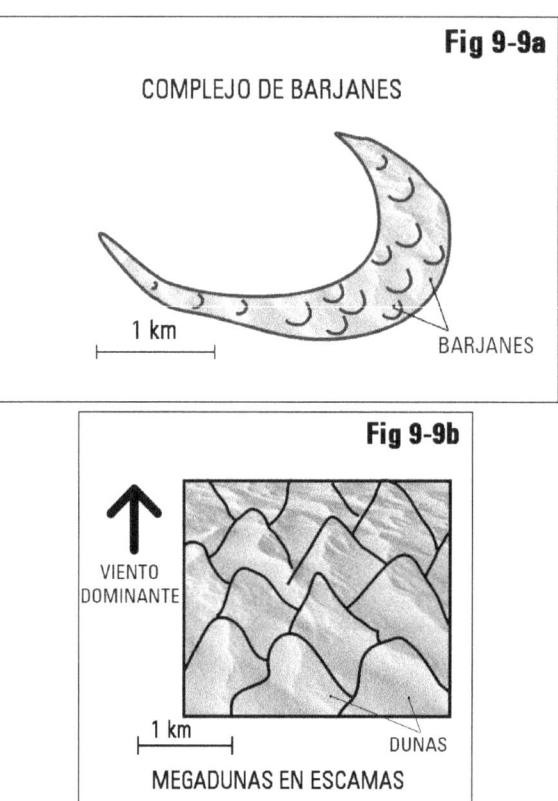

Todo el conjunto constituye un sistema aerodinámico bastante estable, en el cual cada corredor de deflación es recorrido por dos "cilindros" o "células" de viento que van girando en forma helicoidal (Fig. 9 - 8b), barriendo la arena hacia los costados, donde se encuentran las dunas, a medida que avanzan. La arena es arrastrada a lo largo de las laderas y las crestas de las dunas, donde aparecen cuerpos menores de forma sinusoidal.

Este tipo de duna es característico de los grandes desiertos, por ejemplo Sahara o Arabia, pueden alcanzar alturas de hasta 100 metros con corredores de deflación de hasta 300 metros de ancho. En la Argentina existen campos de dunas longitudinales recientes en el norte de la Pampa y sur de Córdoba.

Megadunas - En condiciones extremas, con una cobertura continua de arena, en regiones planas con clima desértico y régimen de vientos estables durante largos períodos, las dunas pasan a constituir geoformas estables, de cientos de metros de altura, regularmente espaciadas, denominadas **megadunas**. Existen tres tipos: los **complejos de barjanes**, con forma de medialuna, que pueden tener hasta 150 metros de altura; las megadunas **en escamas**, formas planas con pendientes asimétricas y crestas angulares, son las más comunes. Y las megadunas **tipo estrella**, con varias crestas sinuosas que convergen en un vértice central (Fig. 9 - 9); son las de mayor tamaño, alcanzan hasta 500 metros de altura y se presentan en espaciamientos regulares, con separaciones de hasta 5 kilómetros entre un vértice y el contiguo.

Las megadunas aparecen en los grandes "mares de arena" del Sahara y Arabia. No sufren movimientos y parecen ser el equivalente al "perfil de equilibrio" de los sistemas fluviales. En la Argentina existen megadunas en escamas en la región de Guanacache, en el límite entre San Juan y San Luis.

Dunas de arcilla - Se conocen con este nombre las acumulaciones de sedimentos finos formadas por el viento en el borde de lagunas temporarias, en climas áridos. Durante las épocas de sequía el lecho arcilloso de las lagunas quedan expuesto al aire, resquebrajándose y formándose grietas de desecación. El crecimiento de cristales de sal contribuye a desmenuzarlo, reduciendo sus láminas superficiales a pequeños terrones menores de un milímetro de diámetro. El viento los arrastra hasta la orilla, donde son retenidos por la vegetación. Este proceso actúa también en lagunas con fondo de limo o arena. Las dunas de arcilla crecen a sotavento del viento dominante (Fig. 9 - 10), alcanzando varios metros de altura en algunos casos. Generalmente poseen una forma curvada, por lo que también se les llama "lunetas".

Las lagunas del norte de la provincia de Santa Fe están acompañadas por dunas de arcilla bien desarrolladas, de 2 a 4 metros de altura.

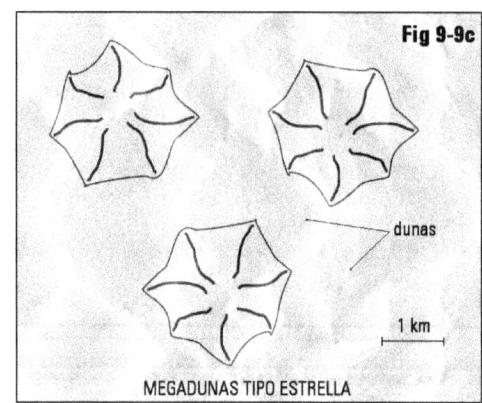

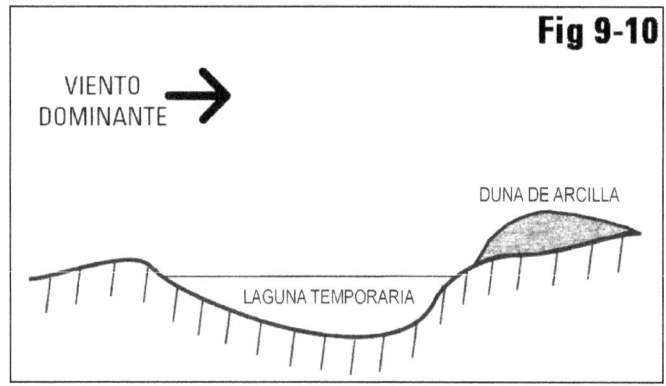

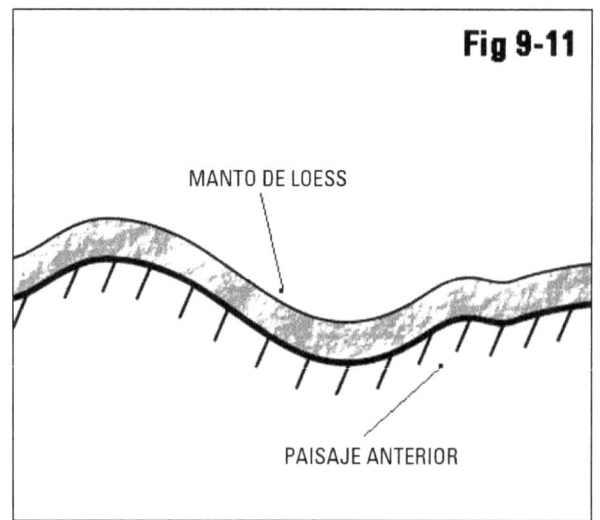

TRANSPORTE EN SUSPENSIÓN

Cuando sedimentos finos son sometidos a deflación, la turbulencia del viento es suficiente como para mantener en suspensión y elevar las partículas de limo y arcilla. Se forman nubes de polvo que alcanzan a veces a cientos y miles de metros de altura que corren largas distancias, aunque por lo general el transporte es considerablemente más modesto. Otras fuentes de partículas que entran en suspensión en la atmósfera son las erupciones volcánicas, al lanzar ceniza a gran altura, que después se dispersan por los vientos.

Mantenidas en suspensión por la turbulencia del aire, las partículas caen a tierra cuando disminuye la velocidad del viento. La vegetación hace las veces de "filtro" cuando el viento pasa cargado de polvo a través de ella, pues las ramas y hojas provocan una brusca disminución de la turbulencia. Las partículas más finas, que suelen quedar suspendidas en la atmósfera, son arrastradas a superficie por la lluvia. La acumulación es muy lenta y da origen a un tipo de sedimento denominado **loess**.

Loess - Es un sedimento poroso y friable, es decir que se lo puede desmenuzar con la presión de los dedos. Está constituido por limo, con porcentajes menores de arcilla y arena muy fina, el diámetro medio de sus partículas oscila entre 15 y 45 micrones. Es **masivo**, o sea que carece de estratificación o laminación interna. Está granulométricamente bien seleccionado. Los depósitos de loess, debido a su forma de transporte y sedimentación, cubren extensas áreas con espesores reducidos. El espesor del depósito y el diámetro de sus partículas disminuye regionalmente desde la zona de erosión hacia afuera. Frecuentemente incluye concreciones de carbonato de calcio.

El loess se deposita en forma de manto sobre todo el paisaje, cubriendo en forma homogénea el relieve preexistente (Fig. 9 - 11). En las regiones montañosas donde predominan los vientos fuertes se deposita en "bolsones" en los lugares protegidos. Este sedimento es típico de la llanura argentina; el limo proviene de regiones situadas al oeste de la misma. En la provincia de Buenos Aires los minerales más importantes son las plagioclasas, y el cuarzo en el centro de Santa Fe; el vidrio volcánico abunda en el centro y el oeste; hacia el noreste disminuye, aunque nunca falta por completo.

Cuando el polvo atmosférico se deposita directamente en un pantano, los **limos palustres** resultantes tienen un aspecto más heterogéneo que el loess, con estratificación irregular y terrones interpenetrados, producidos por el crecimiento y muerte de las raíces de las plantas acuáticas.

Grandes cantidades de polvo atmosférico son transportadas por los fuertes vientos del oeste hacia el océano, aguas afuera de las costas patagónicas; lo que contribuye a engrosar los sedimentos marinos del Atlántico sur.

LOESS CLÁSICOS Y NO CLÁSICOS

El loess es un sedimento eólico de grano fino con un grado bajo de epigénesis. Debido a razones históricas, los grades depósitos de loess han sido estudiados desde el siglo XIX en Europa y en China, donde este sedimento fue generado por procesos derivados de glaciaciones o derivados de meteorización bajo climas fríos, este escenario también ha ocurrido en Sudamérica en Argentina, Bolivia y Uruguay (Argollo e Iriondo, 2008; Iriondo, 2010); de tal manera que la existencia de ambientes fríos ha influido tan fuertemente en la teoría que la vinculación con los fenómenos glaciales se suele dar por inevitable. Sin embargo, si esa restricción fuera aplicada en la definición, violaría la norma general de definición de clases sedimentarias, que son estrictamente descriptivas (por ejemplo, una arenisca se define como arena litificada, sea de origen marino, fluvial, etc.).

El caso real e importante es que existen tipos de loess no vinculados a glaciaciones, y algunos de ellos están representados en amplias áreas de Sudamérica. Los denominamos *Loess No Clásicos*. Racionalizando el tema, la generación de loess depende de varias etapas:

- ***a) Generación de partículas de limo*** – Existen varios mecanismos naturales que pueden producir masivas cantidades de limo, los principales son meteorización física por insolación, exaración (glacial grinding), congelamiento, meteorización salina, abrasión eólica y fluvial (Iriondo, 1999).

    Uno de los mecanismos más espectaculares de producción de finos es el vulcanismo explosivo, que suele eyectar casi instantáneamente millones de metros cúbicos de partículas a la atmósfera. También el proceso de lixiviación o eluviación de suelos en climas húmedos (meteorización química) provee grandes cantidades de partículas de limo sueltas que quedan expuestas a la deflación en períodos secos subsecuentes. Otro proceso cuantitativamente notable es la aglomeración de partículas de arcilla y coloides mediante floculación y desecación de cuerpos de agua. La meteorización física representa unos procesos muy importantes en la producción de limo. El más significativo es el crecimiento de cristales (congelamiento y crecimiento de cristales de sal). La cristalización de sal produce importantes esfuerzos tensionales en rocas y sedimentos en desiertos cálidos (Goudie, 1985), lo mismo que la insolación.

Asimismo, los procesos fluviales y eólicos producen considerables cantidades de partículas de limo. Simulaciones de laboratorio desarrolladas por Wright et al. (1998) demostraron que ambos procesos son altamente efectivos para generar limo cuarzoso en cortos períodos de tiempo; los resultados indican que la fragmentación fluvial incluso parece ser más efectiva que la fragmentación glacial. Según Whalley et al. (1982), la abrasión eólica produce partículas de limo y arcilla, lo que implica que las tormentas de arena y polvo pueden tener importancia considerable en la producción de limo. Por el contrario, según los ensayos de Wright et al. la trituración por exaración (acción del hielo) produce gran cantidad de granos de tamaño arena pero escasas partículas de limo.

b) **Deflación** – El viento arranca las partículas de limo de la superficie cuando la humedad local del aire es baja y la velocidad es mayor que la velocidad crítica de 20 a 40 centímetros por segundo. Estas condiciones ambientales ocurren en muchos lugares y bajo todos los climas, no es imprescindible un clima árido para generar deflación, las estaciones secas del año en casi todos los climas, las playas y los pantanos secos son ejemplos que se pueden citar.

De acuerdo a la física del aire, los clastos que más fácilmente e ponen en movimiento son los granos de arena fina de 100 micrones de diámetro, con 20 cm/seg de velocidad; en consecuencia, a medida que las partículas se hacen más finas son necesarias mayores velocidades, y las partículas menores a 30 micrones son más difíciles de erosionar que la arena gruesa.

En la naturaleza el viento incorpora sedimentos finos actuando en las pequeñas irregularidades de la superficie, arrancando pequeños terrones tamaño arena que se rompen en seguida.

Después de cierto tiempo, la superficie resultante del lugar queda alisada y se interrumpe la erosión. En un caso teórico simple, la arena transportada en saltación sobre la superficie lisa levanta las partículas por impacto; cuando la arena no está disponible, la deflación no ocurre hasta que algún otro mecanismo destruya la superficie. Uno de esos mecanismos, que se observa en el campo en forma muy clara, es cuando una manada de grandes animales cruza el lugar levantando nubes de polvo (probablemente los animales pequeños también sean eficientes, aunque menos espectaculares). Otro mecanismo efectivo de deflación son los remolinos convectivos de decenas a cientos de metros de diámetro, que elevan columnas de polvo visibles hasta gran altura.

c) *Transporte de polvo* – *Las partículas de limo son transportadas en suspensión por largas distancias en forma de nubes de polvo. Las áreas con condiciones favorables para el transporte de sedimentos finos son las regiones áridas y semiáridas de la Tierra, que ocupan el 35 % de los continentes. Las mayores de ellas son las fajas tropicales de alta presión de ambos hemisferios; dichas fajas están compuestas por una serie de anticiclones que generan vientos secos casi permanentemente y pueden transportar polvo atmosférico a miles de kilómetros de distancia (Prospero, 1999); grandes cantidades de sedimentos finos son transportados anualmente de esta manera. Existen también otros sistemas de gran escala; en resumen son cuatro tipos diferentes de transporte:*

d) *Sedimentación subaérea del polvo-* Todas las definiciones de loess consideran que la acumulación del polvo que genera al loess se acumula sobre superficies subaéreas (no en cuerpos de agua). Tsoar y Pye (1987) indican que hay existe una tasa mínima de acumulación de 0,5 milímetros por año para que se genere loess; por debajo de ese valor el polvo es mezclado y digerido por otros procesos pedogénicos y biológicos.

Se han observado dos mecanismos básicos de sedimentación del polvo eólico: uno de ellos es provocado por la lluvia que "limpia" la atmósfera, el otro está representado por las gramíneas que actúan como trampa de sedimentos.

El mecanismo de acumulación es más efectivo cuando las partículas de polvo alcanzan áreas cubiertas de gramíneas, aunque la acción de la lluvia es observada con mayor frecuencia. La velocidad del viento y su turbulencia cesan casi completamente en el interior del follaje del pasto, o sea cerca de la superficie a varios decímetros de altura.

LOS LOESS SUDAMERICANOS

Existen cuatro tipos de loess identificados hasta ahora en Sudamérica: *El loess pampeano, el loess tropical, la cangahua y el loess de los Llanos del Orinoco*, con grados diversos de conocimiento (ver Iriondo, 1997, 2007 y 2010; Iriondo y Krohling, 1997).

El *loess pampeano* es el más conocido. Se trata de un loess clásico, es decir vinculado a glaciaciones, originado en transporte monzónico y con incipiente cementación de carbonato de calcio. Los restantes son loess no clásicos: El *loess tropical* se ha desarrollado en ambiente de sabana, con movilización generalizada y precipitación de minerales de hierro en ambientes de alta temperatura y marcada estacionalidad; se encuentra en casi todos los países del continente, su característica distintiva es el color rojo. La *cangahua* se formó por deflación y débil epigénesis de material piroclástico bajo clima cálido y húmedo en Ecuador y sur de Colombia; existen equivalentes en el sur de Chile y en México. El loess de los Llanos del Orinoco se ha formado por la acumulación de sedimentos eólicos finos transportados por los vientos alisios, que forman parte de la Circulación General de la Atmósfera; es el menos conocido de los loess sudamericanos.

TRANSPORTE EN SOLUCIÓN

En las zonas costeras las sales disueltas en el agua del océano pasan a la atmósfera cuando las olas se deshacen en las rompientes. Parte de las gotas y espuma que salpican hacia arriba se evapora y es arrastrada por el viento en forma de humedad atmosférica. Las sales que contenían esas gotas, principalmente cloruro de sodio, son transportadas por dicha humedad atmosférica en forma de **aerosoles**, que precipitan tierra adentro. Este efecto es localmente importante en la faja costera, hasta aproximadamente un kilómetro hacia el interior. Los aerosoles de Cl y Na producen una considerable **corrosión** en esa zona.

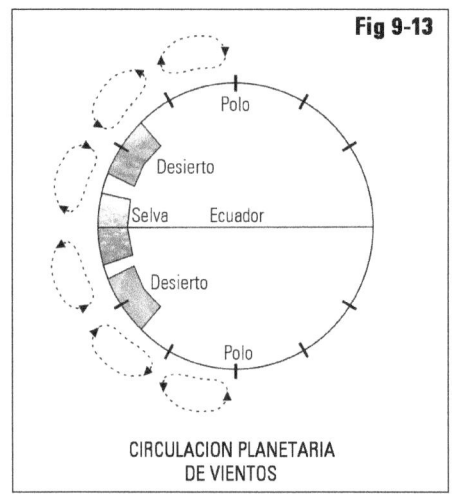

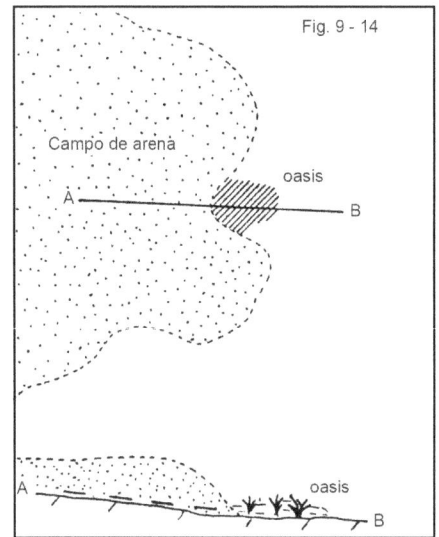

DESIERTOS

Los desiertos son regiones con precipitaciones escasas, con lluvias inferiores a 250 milímetros anuales, y cubierta vegetal escasa o inexistente. En estas regiones los procesos eólicos actúan con mayor intensidad que en otras, principalmente el transporte y sedimentación de arena. Su existencia es el resultado de varios factores meteorológicos y geológicos.

Los **desiertos tropicales** están situados en dos fajas, a ambos lados de las selvas ecuatoriales, entre los 20° y los 30° de latitud, (Fig. 9 - 12). En el hemisferio norte los principales desiertos son el Sahara, Arabia y el norte de México. En el hemisferio sur Atacama en Sudamérica, el Kalahari en Africa y el Gran Desierto Australiano. Su existencia está producida por la circulación planetaria del aire. Debido a la intensidad de la radiación solar, a la rotación de la Tierra y a la viscosidad del aire, resulta un sistema de "celdas de circulación" (Fig. 9 - 13) que da lugar a fajas de alta presión y baja humedad en ambos trópicos con una zona de baja presión y grandes lluvias en el ecuador.

Los desiertos de **origen orográfico** están situados detrás de altas montañas que detienen la humedad que los vientos transportan desde el océano. Para atravesar dichas montañas, el viento se ve obligado a elevarse; por consiguiente se enfría, condensándose el vapor de agua, que cae casi en su totalidad en forma de lluvia en la ladera de barlovento. Al seguir su recorrido, la masa de aire se ha desecado y las lluvias se hacen extremadamente escasas, originándose así condiciones desérticas. La Patagonia es un desierto de este tipo, que existe porque la humedad que transportan las masas de aire desde el Pacífico sur queda detenida en la Cordillera. El desierto de Gobi, en el Asia Central, es otro ejemplo.

Los desiertos poseen ciertas características comunes. Las lluvias que caen esporádicamente son torrenciales y su frecuencia es muy irregular. En un año determinado puede llover varias veces y después seguir varios años sin precipitaciones. La arena cubre solamente un área reducida de los grandes desiertos, no más del 10 ó el 15% de la superficie. Dicha arena es originada y transportada desde la montaña a las planicies por los cursos de agua torrenciales y efímeros; el viento solamente es capaz de remodelar los depósitos y transportar el material a distancias relativamente cortas.

Cuando la lluvia cae sobre un campo de arena se infiltra rápidamente debido a la alta permeabilidad de la misma. Desciende luego a través de los poros del cuerpo arenoso hasta el piso de éste, donde generalmente encuentra materiales menos permeables. Comienza a fluir entonces, lentamente, en dirección horizontal, a lo largo de los paleocauces del relieve preexistente, que fue cubierto por la arena eólica. Al llegar al borde del campo de arena el agua surge a superficie en forma de manantiales, dando origen a un **oasis** (Fig. 9 - 14). Numerosos oasis de los grandes desiertos tienen ese origen; en la Argentina existen algunos casos en los bordes de la "travesía" del sur de San Luis, como por ejemplo la cañada de Ranquel-có.

Otro tipo de oasis está representado por las hoyas de deflación y bajos de deflación en los cuales la erosión ha excavado hasta el nivel del agua subterránea. En el caso de las hoyas, el origen del agua es el mismo que en el descrito en el párrafo anterior. Ejemplos de este tipo se encuentran en campos de arena cercanos al río Quinto, en el sudoeste de Córdoba.

DUNAS COSTERAS

En varias regiones del mundo existen grandes campos de dunas costeras, originadas por el viento que sopla desde el mar y arrastra la arena de la playa, donde aquella se encuentra desprovista de una vegetación que la proteja. Las dunas avanzan tierra adentro, hasta que son fijadas por la vegetación. Este tipo de depósitos eólicos no requiere necesariamente de un clima seco para formarse, sino de una abundante provisión de arena aportada por los procesos litorales. Las dunas que se forman son generalmente transversales de tipo parabólico. La costa bonaerense entre Mar del Plata y la bahía de Samborombón está acompañada por una amplia faja de dunas costeras, lo mismo que largos trechos de la costa del Nordeste brasileño.

DISIPACIÓN DE DUNAS

Las dunas son especialmente sensibles a la erosión **pluvial**. Cada gota de lluvia, al golpear sobre la arena suelta, dispersa los granos, que se van corriendo pendiente abajo sobre la superficie de la duna. Como consecuencia, las lluvias sucesivas van aplanando toda la superficie del campo de dunas, hasta eventualmente reducirlo a un plano horizontal. Este fenómeno se conoce con el nombre de **disipación** de las dunas. Esto ocurre cuando tiene lugar un cambio climático y la región desértica pasa a un régimen más húmedo. En el caso de las dunas costeras de climas húmedos, el proceso de disipación tiene lugar simultáneamente con la formación de nuevas dunas.

EL SISTEMA EÓLICO PAMPEANO

La mayor parte de los ejemplos que figuran en los puntos anteriores de este capítulo se refieren a diferentes áreas de un gran sistema eólico que se formó en la región pampeana durante los climas secos que acompañaron al Ultimo Máximo Glacial, entre 120.000 y 8500 años antes del presente. El Sistema Eólico Pampeano (fig. 9-15) es una cubierta sedimentaria formada por el Mar de Arena Pampeano y una Faja Periférica de Loess.

El mar de arena es un sistema sedimentario eólico, que cubre unos 150.000 kilómetros cuadrados, formando la mitad sur de la Pampa en la Argentina central. Los sedimentos son arena fina y muy fina limosa; se originaron principalmente en la Alta Cordillera cuyana por procesos glaciales y periglaciales y fueron transportados por agua de deshielo hacia el sur por el sistema fluvial del río Desaguadero. Finalmente quedaron bajo la acción del viento, que los transportó cientos de kilómetros hacia el noreste y el norte, en un clima muy seco.

Los sedimentos son arena fina y muy fina limosa; su origen está vinculado a procesos y sistemas geomorfológicos ubicados al oeste, en la Alta Cordillera y Precordillera y el Piedemonte Cordillerano. Dichos sedimentos se originaron por criogenia, es decir meteorización física producida por oscilación de temperaturas bajo cero grados centígrados (Ver Cap. 6). Actualmente la criogenia se produce en esa región en alturas superiores a los 3300 metros, pero durante la época glacial ese límite descendió hasta los 1100 metros sobre el nivel del mar. Los glaciares allí fueron escasos debido a la gran sequedad del clima. De manera que el área de aporte fue considerable, estimada en unos 150.000 Km2.

Los sedimentos originados en esos procesos (llamados "nivales") fueron transportados hacia el Piedemonte por las aguas de deshielo y formaron los grandes abanicos aluviales de los ríos Jáchal, San Juan, Mendoza, Tunuyán y Atuel. Todos ellos desembocan en un importante colector que fluye de norte a sur y que recibe varios nombres: el Bermejo/Desaguadero/Salado. En la actualidad esta red está casi desintegrada y es casi inactiva, debido al clima desértico de esa zona; sin embargo, durante los períodos más húmedos del Cuaternario superior el cauce condujo grandes caudales. Ello puede deducirse observando las grandes dimensiones de su llanura aluvial inactiva en la provincia de La Pampa.

Ese gran sistema fluvial probablemente no alcanzaba el mar durante la última glaciación, acumulándose sedimentos finos en la actual provincia de La Pampa durante los períodos de deshielo. Esa región está sembrada de grandes hoyas de deflación elípticas, localizadas tanto en los valles como en la superficie general de la llanura y cubiertas posteriormente por el mar de arena, lo que indica que la red hidrográfica ya estaba desintegrada en esta última glaciación.

Al secarse los bañados de deshielo, los bancos de arena y limo quedaban expuestos a la acción del viento del sur y sureste. En el último período glacial, particularmente entre los 80.000 y los 65.000 años antes del presente, la Cordillera Patagónica estaba cubierta por un manto de hielo. Los vientos del Anticiclón del Pacífico que lo cruzaban alimentaban el campo de hielo con nieve y luego cobraban carácter "catabático", es decir, aumentaban fuertemente su velocidad (y capacidad de transporte de sedimentos), tal como ocurre hoy en día en los bordes de la Antártida.

El resultado de la acción del viento fue el que aparece en la figura 9-15. El área más cercana, en el centro de la provincia de La Pampa fue de deflación (erosión eólica); más lejos (a sotavento) se formó el Mar de Arena Pampeano, constituido por megadunas longitudinales de orientación SSO-NNE y S-N; esas dunas tienen longitudes individuales de 50 a 200 kilómetros y 3 a 5 kilómetros entre crestas sucesivas. En la actualidad están completamente disipadas (excepto en San Luis); se calcula que cuando se formaron tenían por lo menos cien metros de altura. La dirección marcada por estas dunas es exactamente la del actual "Viento Pampero" en la llanura.

Ya cerca del límite externo con la Faja Periférica de Loess las megadunas marcan condiciones ambientales y climáticas menos severas. En el sureste de Córdoba (área de Canals) se formaron megadunas parabólicas de 6 a 8 kilómetros de longitud y 500 metros de ancho. Se formaron en un período seco posterior, aunque se estima que reproducen las condiciones ambientales de la época de formación del Mar de Arena Pampeano.

A sotavento el clima se iba haciendo paulatinamente menos seco. La vegetación de gramíneas de estepa servía de trampa de sedimentos, reteniendo el polvo atmosférico y acumulándolo. A lo largo de unos miles de años (entre 36.000 y 8500 años antes del presente) se fue formando la Faja Periférica de Loess (el muy conocido "loess pampeano"), que forma una orla de unos 200 kilómetros de extensión alrededor el Mar de Arena Pampeano. Es un sedimento poroso y friable (se puede desmenuzar con los dedos) constituido por limo, carece de estratificación interna e incluye concreciones de carbonato de calcio.

El Sistema Eólico Pampeano estuvo sujeto a varios cambios climáticos. El clima cambió de seco a semiárido y aun a húmedo (Ver Cap. 20) en ciertos períodos.

CIRCULACIÓN GENERAL DE LA ATMÓSFERA

La atmósfera mantiene un equilibrio entre el calor que recibe del Sol y la irradiación de ese calor que emite al espacio, sobre todo durante la noche. El balance general es cero. El calor recibido es mucho mayor en las regiones ecuatoriales y tropicales que en los polos; la transferencia de esa energía se realiza mediante los vientos y la lluvia en un patrón aparentemente complicado. El esquema general del planeta, a grandes rasgos, es simple:

En el ecuador existe un cinturón de bajas presiones que rodea al planeta con un ancho de 1.000 a 1.500 kilómetros, denominado *Zona de Convergen-*

cia Intertropical (ZCIT). Dicho cinturón es producido por el ascenso de aire calentado en esas latitudes. Al elevarse, el aire se enfría y descarga la humedad en forma de lluvia casi permanente. Ese fenómeno genera las selvas del Amazonas, Congo y Nueva Guinea.

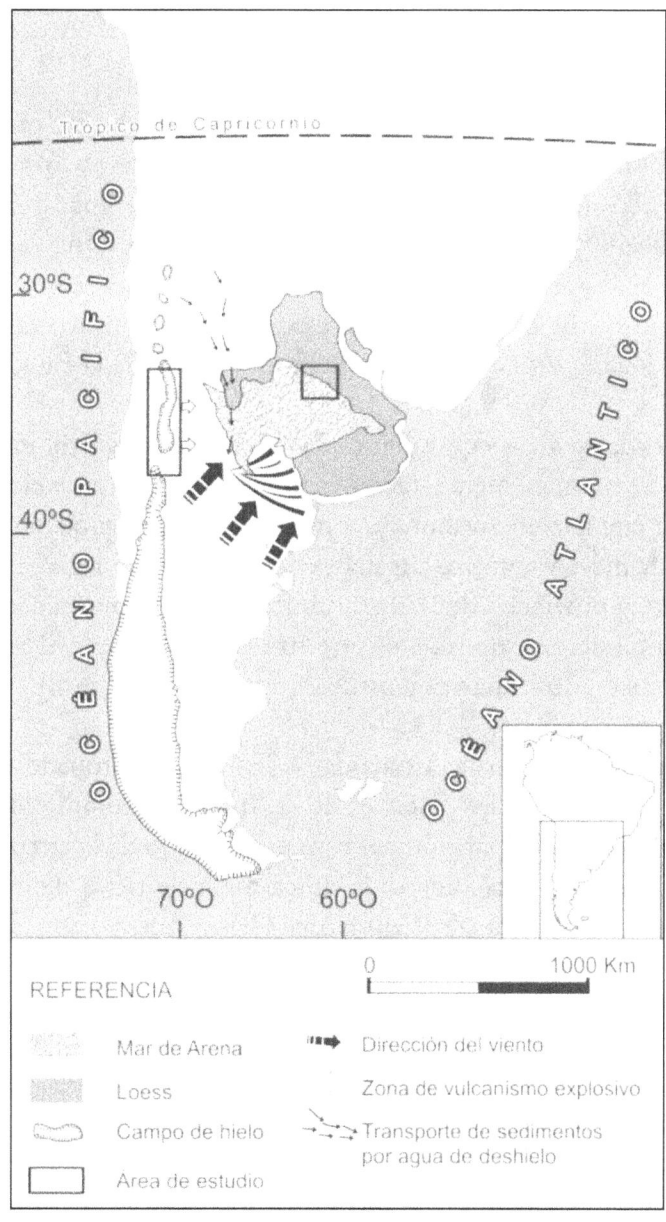

Fig 9-15 - El Sistema Eólico Pampeano

En las capas altas de la atmósfera el aire, ya seco y frío, se expande hacia ambos hemisferios. Como es más pesado al enfriarse, desciende en latitudes tropicales, generando núcleos de altas presiones llamados *anticiclones tropicales*, que originan los grandes desiertos, Sahara y Arabia en el Hemisferio Norte y Atacama, Namibia y Australia central en el Hemisferio Sur. Emiten vientos centrífugos hacia la periferia de cada núcleo. Los que influyen en Sudamérica son el anticlón del Pacífico y el Anticiclón del Atlántico Sur.

La mayor parte de los vientos vuelve hacia la faja ecuatorial, pero otra parte fluye hacia los polos. En ese trayecto, el aire vuelve a calentarse y cargarse de humedad en superficie, lo que lo eleva y origina otra faja de climas húmedos entre las latitudes de 40° y 70°. En el Hemisferio Sur se la denomina *Cinturón Subantártico de Bajas Presiones*. Debido a la rotación de la Tierra se forma una serie de sistemas ciclónicos que migran de oeste a este, por lo que también se la llama *Faja de Vientos del Oeste (Westerlies)* que abarca toda la Patagonia.

Sobre la Antártida (y áreas equivalentes del Hemisferio Norte) existe el Anticiclón Antártico, permanente y caracterizado por presiones muy elevadas, fuertes vientos con circulación antihoraria y muy escasas precipitaciones, que ocurren en forma de nieve y granizo. Sus masas de aire tienen un movimiento general descendente y provienen de la alta atmósfera que lo comunica con la Faja de Vientos del Oeste. La extensión de este anticiclón supera los 15 millones de kilómetros cuadrados (una vez y media la superficie de Brasil).

Polvo eólico patagónico en la Antártida - Se ha comprobado que el polvo atmosférico atrapado en los glaciares de la Antártida durante los últimos 150 mil años tiene origen patagónico. Esto es resultado de la circulación general de la atmósfera. La Patagonia es la única masa de tierra de grandes dimensiones ubicada en la Faja de Vientos del Oeste, que no son vientos simples sino grandes ciclones originados en el océano Pacífico, con diámetros que varían entre 400 y 800 kilómetros. Al chocar con Sudamérica dichos ciclones pierden su humedad en la Patagonia chilena y cruzan los Andes en forma de vientos secos y fuertes. Grandes cantidades de polvo suelto, originadas en sedimentos finos de edad terciaria y cenizas volcánicas cuaternarias y actuales, son típicas de la Patagonia argentina. La erosión eólica es muy fuerte y las masas de aire que se elevan acarrean el polvo y la sal hasta la troposfera superior, localizada entre 9 y 13 kilómetros de altura. En esa capa ocurre un fenómeno de compensación de masas con el anticiclón Antártico que las atrae y posteriormente las hunde hacia la superficie en el territorio antártico y en la región oceánica que lo rodea (Iriondo, 2001).

Lecturas complementarias
The Physics of blown sand and desert dunes – Bagnold, R. 1965 – Methuen and Co., 265 pp., Londres.

10
Procesos glaciales

Se denominan **procesos glaciales** aquellos producidos por la acción del hielo. Se desarrollan principalmente en las altas latitudes, cercanas a los polos y en las montañas elevadas de las regiones templadas. Las acciones de congelamiento, descongelamiento y recristalización, combinadas con sus efectos resultantes, se denominan **procesos glaciales**.

Los **glaciares** son grandes masas de hielo que se deslizan pendiente abajo por su propio peso; son capaces de acarrear fragmentos de rocas de todas dimensiones, los que contribuyen a aumentar el poder erosivo de aquellos. La **erosión glacial** produce un conjunto de geoformas típicas entre las que figuran los **circos** y los **valles en U**.

Existen varios tipos de glaciares, que pueden agruparse en **glaciares de valle** y **glaciares en manto**. La dinámica de los mismos está gobernada principalmente por la temperatura del hielo.

Los **depósitos glaciales** están compuestos por una mezcla desordenada de fragmentos de todo tamaño denominado **till**. Forman carpetas delgadas debajo de los casquetes, y también acumulaciones denominadas **morenas** en los valles. Los sedimentos glaciales suelen estar acompañados por grandes masas de depósitos **glacifluviales**, producidos por la acción del agua de fusión. Los sedimentos **glacimarinos** son aquellos depositados por la acción glacial en el lecho del mar.

Los procesos glaciales ocuparon extensas áreas del planeta en el Cuaternario, durante el cual se produjeron descensos de temperatura que duraron miles de años. Dichos períodos fríos se denominan **glaciaciones**.

PROPIEDADES FÍSICAS DEL HIELO

El hielo es agua congelada; su temperatura es siempre inferior a cero grados, pues el agua pura se congela a 0º C a presión atmosférica. A presiones mayores el punto de congelamiento disminuye levemente, así como también cuando el agua contiene sales en solución.

El hielo cristaliza en el sistema hexagonal, formando primas alargados. Una consecuencia de ello es que estos cristales son anisótropos con respecto a sus propiedades físicas, específicamente cuando se las mide con referencia al eje C. Una presión bastante débil aplicada perpendicularmente a dicho eje, por ejemplo, produce deslizamientos paralelos al plano basal (Fig. 10 - 1). La anisotropía tiene importancia cuando los cristales de toda una masa de hielo se orientan en forma aproximadamente paralela; en tal caso la masa entera resulta anisótropa. Estos casos ocurren en la Naturaleza; cuando se congela el agua del mar o lagos el eje C de los cristales de hielo tiende a ser perpendicular a la superficie.

La **dureza** del hielo es muy baja, tiene un valor de 1,5 a 5 grados bajo cero, es decir que está ubicado entre el talco y el yeso en la escala de Mohs. De ello se deduce que su capacidad erosiva por abrasión directa es poco significativa. La **densidad** del hielo es algo más de 0,9; esto le permite flotar en el agua. Esta característica resulta una verdadera excepción en la Naturaleza, ya que los sólidos son más densos que sus fases fundidas en prácticamente todas las sustancias. Debido a la diferencia de densidad entre agua y hielo, las masas de hielo flotante tienen aproximadamente el 90% de su volumen debajo de la superficie del agua.

Las grandes masas de hielo que se acumulan en las regiones polares y en las altas montañas son incapaces de soportar su propio peso, razón por la cual se deforman y fluyen con un régimen viscoelástico. En los glaciares de valle el movimiento se realiza pendiente abajo, mientras que en los casquetes el hielo se mueve hacia la periferia, en todas direcciones, como un flan que se aplasta bajo su propio peso (Fig. 10 - 2).

Los estudios teóricos y las evidencias de campo indican que el hielo fluye en régimen **laminar**. La velocidad del mismo depende de la pendiente de la superficie del hielo, de la rugosidad del fondo y las paredes que lo contienen, del espesor del hielo y de la temperatura.. La velocidad del glaciar es mayor en las capas superficiales que en las profundas, donde se mueve poco o nada (Fig. 10 - 3).

En lo que respecta a la mecánica del movimiento, existen diferencias entre los glaciares "templados" y los glaciares "fríos", aunque un mismo glaciar puede ser frío en una parte y templado en otra. Un glaciar templado tiene toda su masa a una temperatura cercana al punto de fusión del hielo, excepto en invierno en que las capas superficiales se enfrían. En este tipo de glaciares el agua es abundante, corre por grietas y túneles que ella misma forma en el hielo. El deslizamiento de la masa de hielo sobre el fondo del glaciar se desarrolla en gran parte mediante el mecanismo de fusión y recristalización. Dicho mecanismo, además, es bastante efectivo como agente erosivo, pues al crecer el hielo en las grietas, desprende fragmentos de roca y los incluye en la masa glacial.

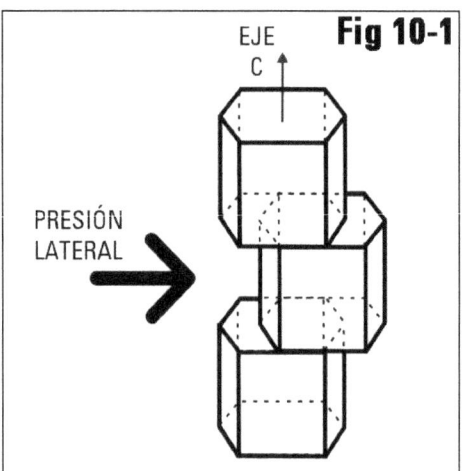

Por el contrario, la temperatura de los glaciares fríos o polares es mucho más baja que el punto de fusión del hielo. Su flujo no está facilitado por la acción lubricante del agua, pues permanecen congelados hasta el fondo. En consecuencia, fluyen más lentamente y tienen escaso poder erosivo.

En los glaciares de valle el flujo del hielo es **encauzado**, mientras que en los casquetes el flujo es **areal**. La velocidad de flujo de los glaciares varía dentro de un rango no muy amplio, que oscila entre algunos cientos y pocos miles de metros por año. La parte central de los glaciares de valle fluye a mayor velocidad que los bordes del mismo, lo que provoca la aparición de grietas diagonales. En el tramo final del glaciar se forman grietas radiales, por expansión de la masa de hielo. Otros tipos de grietas reflejan las irregularidades del fondo (Fig. 10 - 4).

EROSIÓN

La erosión producida por el hielo se conoce con el nombre de **exaración**. Un tipo importante de erosión glacial se produce cuando el agua producida por el derretimiento de la nieve o del hielo se congela durante la noche en las grietas de las rocas, provocando un efecto de cuña, pues el hielo ocupa mayor volumen que el agua y los cristales que crecen durante el congelamiento ejercen una presión considerable, que tiende a agrandar las grietas y finalmente a desprender fragmentos. Este fenómeno puede ocurrir en el fondo o en los bordes de un glaciar, en tal caso los fragmentos desprendidos son incorporados a la masa del mismo y acarreados en la dirección del flujo. También puede ocurrir fuera del glaciar, en la superficie de las rocas desnudas; en tales circunstancias el transporte de los fragmentos ocurre mediante avalanchas, reptación y otros tipos de movimientos de masa, que se desarrollan pendiente abajo en dirección al glaciar. Estos mecanismos que actúan combinados se denominan **procesos nivales**.

El hielo, debido a su escasa dureza y a su velocidad muy baja, no es capaz de provocar por sí mismo una erosión significativa en las rocas comunes, sino solamente en sedimentos sueltos. Por el contrario, los fragmentos de roca incluidos en el hielo provocan una intensa abrasión al raspar el fondo y las paredes del glaciar, produciendo **estrías** y cicatrices en forma de media luna. Los propios bloques que producen la erosión resultan a su vez estriados, quebrados y astillados durante este proceso, que produce como resultado un sedimento muy fino y sin alteración química, denominado **harina de roca**. Las estrías en las rocas se producen a medida que los fragmentos de roca son transportados por el glaciar; indican, por lo tanto, la dirección de desplazamiento del hielo.

Estas marcas suelen utilizarse para conocer la dirección de movimiento del hielo en las regiones en donde un cambio de clima ha hecho desaparecer los glaciares.

La erosión glacial produce formas denominadas "rocas aborregadas", en los lugares donde el hielo encuentra afloramientos rocosos protuberantes. En dichos sitios ocurre una aceleración de la velocidad del hielo al llegar al obstáculo y una desaceleración al superarlo (Fig. 10 - 5). Como consecuencia, existe abrasión concentrada corriente arriba; pendiente abajo se produce erosión por fusión y recongelamiento. El resultado final es la "roca aborregada", caracterizada por una superficie llena de protuberancias redondeadas.

Los glaciares de valle poseen gran capacidad de erosión, principalmente los glaciares templados. Normalmente, el hielo ocupa valles preexistentes, labrados por la actividad hídrica o tectónica. Los mecanismos glaciales modifican la forma general de esos valles, resultando un perfil transversal en forma de U, con fondo plano y paredes prácticamente verticales (Fig. 10 - 6). Los glaciares afluentes que desembocan en el glaciar principal también excavan valles con perfil en U, aunque más angostos y menos profundos que éste. Si eventualmente los hielos desaparecen, los valles de afluentes quedan en muchos casos desembocando en la pared vertical del colector, bastante más arriba que el lecho del mismo; reciben por ello el nombre de **valles colgantes.** Ejemplos de valles en U existen en los Andes patagónicos; uno de ellos es el del río Manso Superior, que corre entre el glaciar del Tronador y el lago Mascardi. Por los valles afluentes corren ahora arroyos, que al llegar a la pared del valle principal se precipitan hacia abajo formando cascadas, porque quedaron como valles colgantes.

La erosión nival excava en las laderas cubiertas de hielo un tipo de depresiones semicirculares de paredes cóncavas, denominadas **circos** (Fig. 10 - 7). Cuando existen dos circos contiguos, el contacto entre ambos queda reducido a una divisoria muy angosta con taludes casi verticales, denominada **arista.**

RÉGIMEN DEL GLACIAR Y TRANSPORTE DE SEDIMENTOS

El transporte de sedimentos por el hielo depende de la topografía y configuración general de la cuenca, y del **régimen** del glaciar. El régimen del glaciar está determinado por el balance existente entre la acumulación y la pérdida de hielo. En un glaciar típico existe una **zona de acumulación**, en la parte superior, donde se deposita la nieve que por recristalización se transforma en hielo. Pendiente abajo está ubicada la **zona de ablación**, en la que se produce la pérdida de hielo, (Fig. 10 - 8). El término "ablación" comprende una serie de procesos tales como derretimiento, evaporación y otros. El límite entre las zonas de acumulación y de ablación se denomina "línea de neviza" y es constante para cada región. Dicha línea marca la altura mínima que puede ocupar la nieve permanente, sin derretirse en el verano. En las altas latitudes se encuentra a nivel del mar, y va elevándose hacia alturas cada vez mayores al acercarse al ecuador, dependiendo de la temperatura media anual y de la precipitación. En la región de Bariloche la línea de neviza está ubicada a aproximadamente 2.000 metros sobre el nivel del mar, mientras que en regiones ecuatoriales se encuentra entre 4.000 y 5.500 metros.

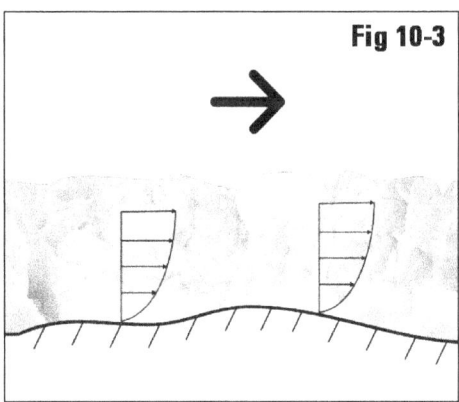

Los sedimentos que transporta el glaciar son originados por los mecanismos erosivos asociados a él, y debido a que el flujo del hielo es laminar, los sedimentos provenientes de los distintos mecanismos no se mezclan entre sí.

Los materiales arrancados del fondo por la masa de hielo son transportados como **carga de fondo**. Donde un glaciar pequeño confluye con uno mayor, la carga de fondo del pequeño puede ser acarreada en suspensión durante un trecho, hasta que alcanza el fondo más adelante bajando mediante procesos de fusión y recristalización del hielo. Las avalanchas de nieve y detritos que llegan al glaciar acumulan sedimentos sobre la superficie de éste, que son transportados como **carga de superficie**. También existe la **carga lateral** que está formada por los detritos que llegan a los bordes del glaciar, aportados por derrumbes de ladera, afluentes y exaración directa (Fig. 10 - 9).

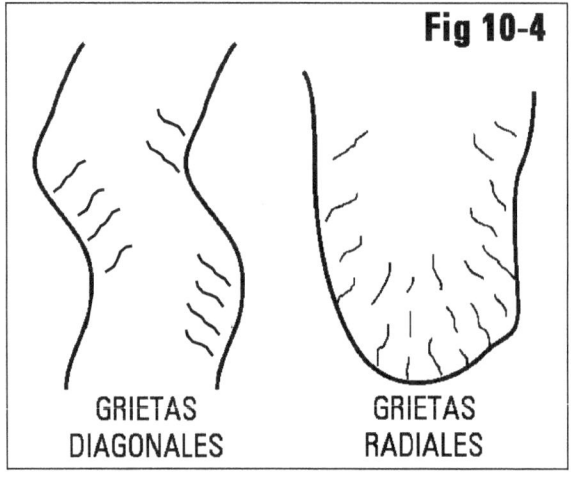

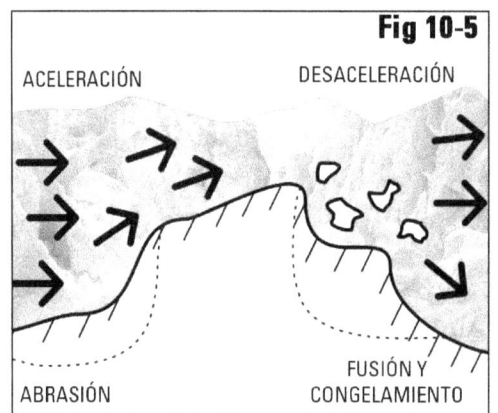

En los glaciares templados es importante el transporte de sedimentos que realiza el agua, que corre sobre la superficie del hielo, en túneles excavados dentro del glaciar y en el contacto lateral entre éste y las paredes del valle.

El transporte de sedimentos por el hielo, al ser realizado por un flujo laminar y de gran viscosidad, impide cualquier tipo de selección granulométrica; son acarreados de la misma manera grandes bloques de varios metros cúbicos de volumen que la harina de roca cuyos granos no alcanzan a 0,1 milímetros de diámetro. El transporte de sedimentos que realizan las corrientes de agua en el glaciar, por el contrario, produce selección granulométrica y abundantes estructuras sedimentarias. Es además mucho más rápido, porque el agua en estos ambientes suele correr a velocidades cercanas a 1 metro por segundo, mientras el hielo fluye solamente unos cientos de metros por año.

TIPOS DE GLACIARES

Existe una variedad de glaciares, cuyas características morfológicas y dinámicas dependen en gran medida de la topografía del terreno y del volumen total del hielo que existen en la región. Así surge la primera división entre **glaciares de valle** y **glaciares en manto**. Los glaciares de valle ocupan un área restringida en regiones de montaña. La acumulación de hielo y sedimentos, así como también la erosión nival, dependen en buena medida de los procesos que se desarrollan en su cuenca, en áreas libres de hielos permanentes. Por el contrario, los glaciares en manto cubren todo el paisaje, y todos los procesos citados anteriormente se desarrollan sobre o dentro de la masa de hielo, prácticamente sin la intervención de factores externos.

Entre los glaciares de valle los tipos principales son los siguientes:

Glaciares de circo - Un glaciar de circo es una masa de hielo relativamente pequeña ubicada en una depresión circular o "circo", excavada en el flanco de una montaña (Fig. 10 - 10). La excavación de la depresión es producida por la fusión y recristalización del hielo en el mismo glaciar. Los glaciares de circo son los primeros que aparecen cuando una región montañosa es sometida a ambiente glacial.

Glaciares alpinos - Son verdaderos "ríos de hielo", que ocupan completamente los valles y fluyen pendiente abajo erodando su cauce en forma de U y transportando sedimentos aportados por su cuenca (Fig. 10 - 10b). El espesor varía entre decenas y cientos de metros. Frecuentemente son alimentados por uno o más glaciares de circo situados en sus cabeceras; en otros casos la acumulación se realiza mediante avalanchas de nieve que ocurren en las laderas del valle. Es el tipo clásico de glaciar; se encuentran numerosos ejemplos del mismo en los Andes patagónicos.

Lenguas de hielo – Se denomina de esta manera a los glaciares de valle que llegan al mar, sus valles reciben el nombre de "fiordos".

Glaciares de desborde - Son glaciares de valle ubicados en la periferia de grandes masas de hielo limitadas por montañas. La zona de acumulación está representada por la gran masa de hielo, de la cual el glaciar de valle no es más que un volumen reducido que escapa hacia afuera a lo largo de las depresiones existentes entre las cimas del cordón montañoso (Fig. 10 - 10c). Ejemplos de este tipo se encuentran el borde del Hielo Continental Patagónico, en la provincia de Santa Cruz. Numerosos glaciares de desborde existen en las costas de Groenlandia y en la Antártida.

Glaciares de pie de monte - Se forman cuando los glaciares alpinos se extienden fuera de los valles y llegan a la llanura que bordea la cadena montañosa (Fig. 10 - 10d). Un glaciar de pie de monte suele estar alimentado por varios glaciares alpinos. Durante el Pleistoceno se formaron en la Patagonia glaciares de pie de monte, que llegaban hasta el mar en el extremo sur.

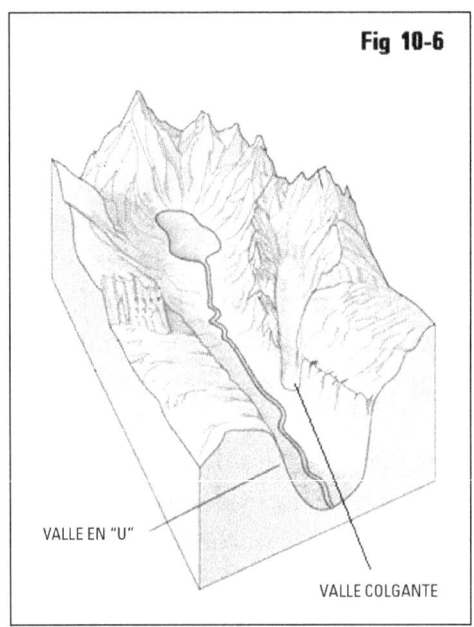

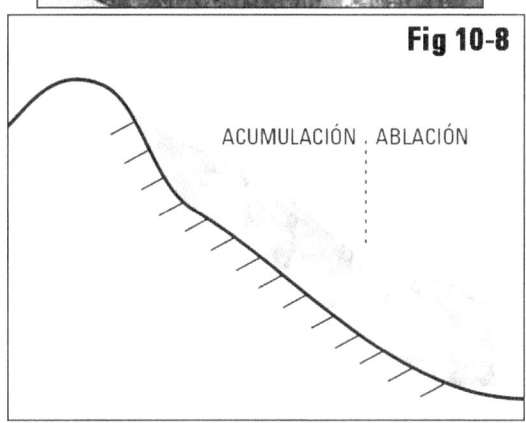

Los glaciares en manto son los siguientes:

Glaciares influidos por la topografía subyacente - Un ejemplo de éstos es el Hielo Continental Patagónico, alimentado por intensas precipitaciones de nieve derivada de las masas de aire que llegan desde el Pacífico. También se los encuentra en la periferia de la Antártida, donde el hielo tiene menos de 2.000 metros de espesor.

Casquetes - Son los mayores glaciares que existen. Tienen una forma de domo aplanado y su peso lo hace expandirse en forma de flujo no encauzado hacia la periferia, independiente de la topografía subyacente (Fig. 10 - 2). En la actualidad existen solamente en la Antártida y en Groenlandia. En Groenlandia un solo domo ocupa toda la isla, mientras que en la Antártida hay varios, relacionados entre sí en forma compleja. La velocidad del flujo en la periferia de los domos antárticos es de poco más de 100 metros por año.

Hielo de plataforma - Es hielo flotante que se extiende desde los mantos continentales hacia el océano. Se lo encuentra alrededor de la Antártida donde se extiende cientos de kilómetros mar adentro. Su espesor excede los 500 metros. Estos glaciares son alimentados en parte por el hielo que llega desde el continente, y en parte por la nieve que cae sobre ellos mismos. Su ablación se produce por derretimiento en la base, que se encuentra en contacto con el agua de mar, y por desprendimiento de grandes **témpanos** de forma tabular (Fig. 10 - 10e).

DEPÓSITOS GLACIALES

Debido al tipo de transporte que es capaz de realizar el hielo, sus depósitos carecen por completo de selección granulométrica. Otra característica de dichos depósitos es que carecen de minerales arcillosos en sus fracciones finas, pues éstas provienen exclusivamente de procesos físicos de meteorización y erosión, y la arcilla se forma por meteorización química.

Los depósitos glaciales propiamente dichos son una mezcla caótica de fragmentos, bloques, partículas y granos de todos los tamaños, desde varios metros cúbicos de diámetro hasta fracciones de milímetro. Dichos depósitos se conocen con el nombre de **acarreos glaciales**. Si carecen de estratificación y de otros tipos de estructuras sedimentarias se denominan **till**.

Los grandes glaciares en manto y los glaciares de pie de monte depositan **carpetas** de till de varias decenas de metros de espesor y miles de kilómetros cuadrados de extensión. La superficie de estos depósitos areales es irregular; en ciertas áreas existen numerosas depresiones que aparecen por el derretimiento de bloques de hielo que se habían mezclado con la carga sedimentaria de fondo durante el transporte (Fig. 10 - 11). Las carpetas de till forman grandes lóbulos, que reflejan las formas de los glaciares que las depositaron.

Los glaciares de valle depositan till en forma de terraplenes angostos y generalmente arqueados, denominados **morenas**, durante el proceso de ablación. Existen varios tipos; la más importante es la **morena frontal**, que se forma en el extremo del glaciar por aporte de la carga de fondo que se detiene en el lugar, y por aporte de la carga de superficie que desciende a tierra al derretirse el hielo. Generalmente tienen forma de arcos (Fig. 10 - 12).

Las **morenas laterales** se forman como consecuencia de la sedimentación de la carga lateral del glaciar, cuando éste desaparece. Están ubicadas en los costados del valle. Las **morenas centrales** son una variedad de aquellas, que aparecen cuando dos glaciares confluyen, formando uno mayor (Fig. 10 - 12).

Los **acarreos estratificados** poseen cierta selección granulométrica y estructuras sedimentarias aisladas. En su sedimentación interviene el agua corriente, además del hielo. Los **eskers** son cuerpos angostos y sinuosos, depositados por arroyos que corren sobre la superficie del glaciar o en túneles debajo del mismo. Suelen tener varios metros de altura, decenas de metros de ancho y kilómetros de longitud. Son típicos de Finlandia. Los **kames** son colinas redondeadas derivadas de la sedimentación aluvial en pequeños lagos que se forman en la superficie del glaciar. Al derretirse el hielo, los sedimentos descienden hasta el piso del valle, sobresaliendo en forma de colina (Fig. 10 - 13).

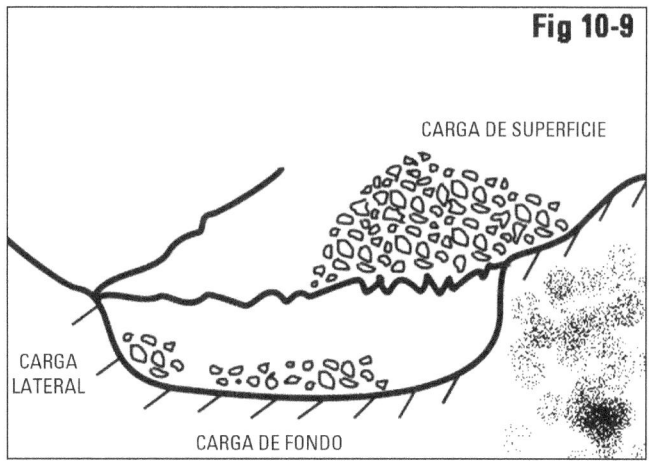

Las **terrazas kame** están formadas por acarreo estratificado entre la pared del valle y el borde lateral del glaciar. Entre Bariloche y Esquel se encuentran potentes terrazas kame en los valles orientados en dirección norte - sur.

Los **bloques erráticos** son fragmentos de gran tamaño transportados por el hielo. A menudo son depositados sobre rocas muy distintas a ellos, por ejemplo cuando un bloque de granito cae sobre areniscas (Fig. 10 - 14). Constituyen uno de los principales indicios de que una región estuvo sometida a un proceso glacial, pues ni el viento ni el agua tienen capacidad para transportar grandes bloques aislados y dispersarlos de esa manera.

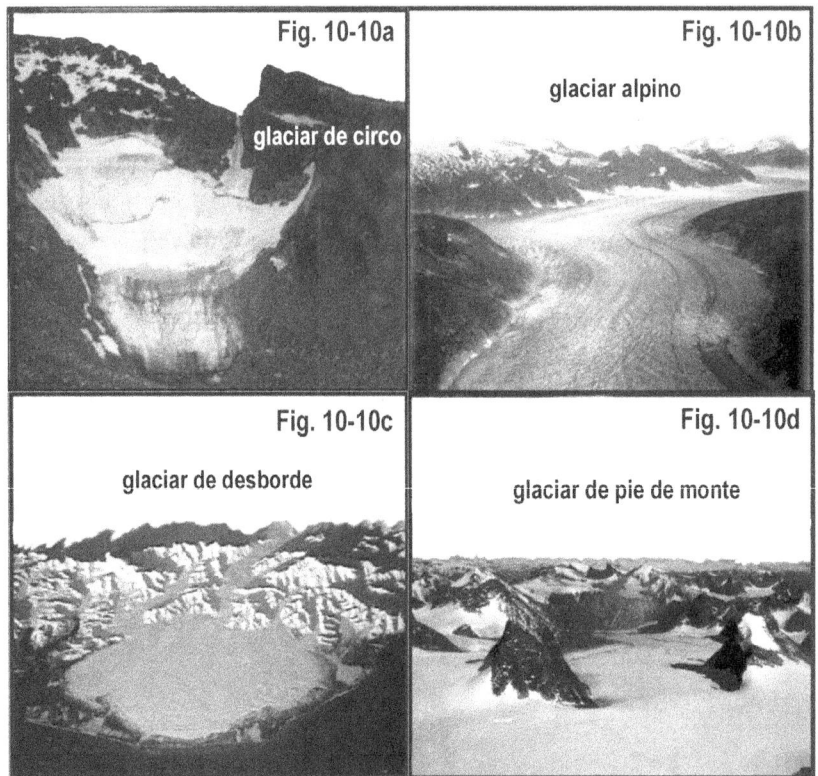

Los glaciares que llegan hasta el mar transportan y depositan su carga en ambiente subacuático, formando sedimentos **glacimarinos**. Dichos sedimentos están compuestos por dos facies diferentes: Una de ellas es el till común acompañado de fósiles marinos. La otra está formada por barros marinos no glaciales, con rodados y bloques incluidos. Los rodados y los bloques son transportados hasta el lugar por témpanos flotantes y desprendidos por derretimiento de los mismos (Fig. 10 - 15). Este mecanismo se desarrolla en la actualidad en gran escala en las regiones oceánicas que rodean a la Antártida, pues el límite de deriva de los témpanos está situado a más de 1.000 kilómetros de distancia, hacia el norte, de los hielos de plataforma.

Los sedimentos **glacilacustres** se depositan en lagos alimentados por el derretimiento del hielo.

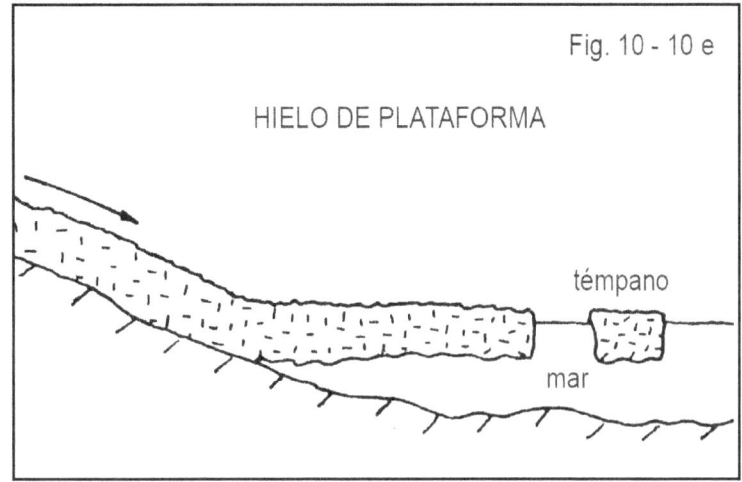

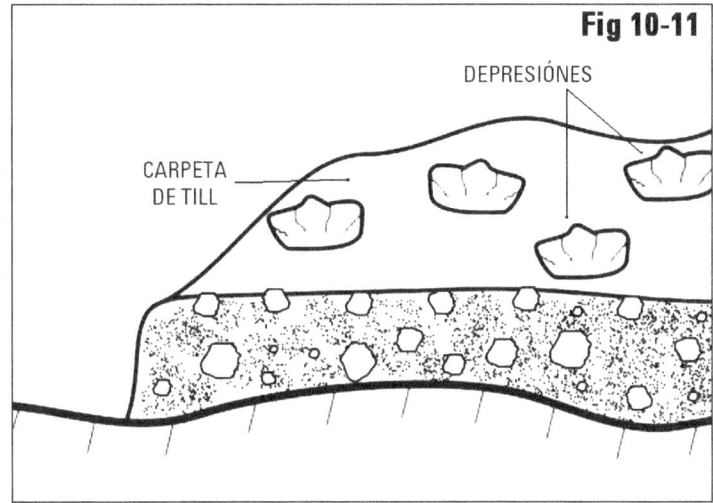

GLACIACIONES

Cuando una región queda sometida a un clima nival, con acumulación de hielo y aparición generalizada de glaciares, está ocurriendo una **glaciación**. Las glaciaciones se producen por el descenso de temperatura en la región, o bien por un aumento en las precipitaciones de nieve en zonas frías y secas. Las **glaciaciones de montaña** son fenómenos relativamente locales, caracterizados por el desarrollo de glaciares de valle, con sus formas y depósitos asociados. Las **glaciaciones continentales**, por el contrario, afectan a superficies de millones de kilómetros cuadrados y la acumulación de hielo es tan grande que aparecen casquetes de miles de metros de espesor. El peso del hielo hunde decenas de metros la masa continental sobre la que está asentado. La acumulación de hielo en los casquetes sustrae millones de kilómetros cúbicos de agua a los océanos; como consecuencia se produce un descenso considerable del nivel del mar.

En la actualidad solamente en la Antártida y en Groenlandia ocurren glaciaciones continentales, pero en tiempos geológicamente recientes se registraron glaciaciones continentales en Escandinavia y Canadá, con enfriamientos menos importantes en la Patagonia. Durante estas épocas el nivel del mar descendió hasta 130 metros por debajo del nivel actual y se establecieron climas **periglaciales** en amplias regiones periféricas a los casquetes.

El origen de las glaciaciones continentales no es bien conocido. Para explicarlo, algunas teorías postulan mecanismos extraterrestres, tales como la disminución de la radiación del Sol. Otras suponen la aparición de nubes de ceniza volcánica durante grandes erupciones, o alteraciones en la circulación general de la atmósfera debidas a la elevación de montañas. Probablemente el origen de las mismas se debe a que, por deriva de las placas de la litosfera, una masa continental pasa por uno de los polos a lo largo de algunos millones de años. Eso fue lo que ocurrió en los tres períodos glaciales ocurridos desde el Precámbrico (Devónico, Permo-Carbonífero y Neozoico).

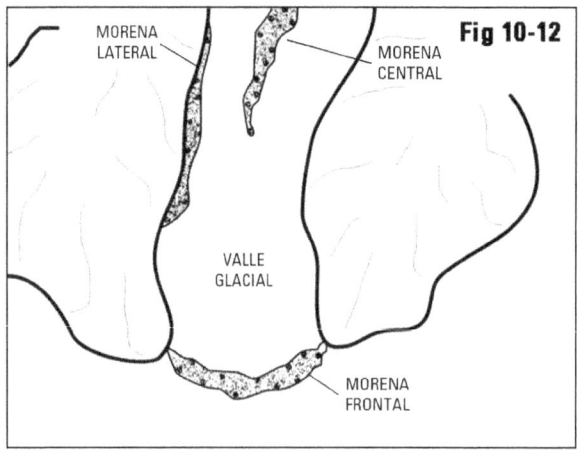

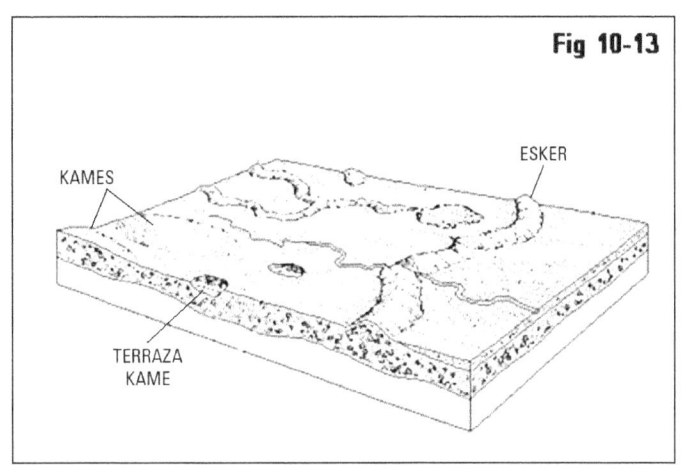

Fig 10-13

Fig 10-14

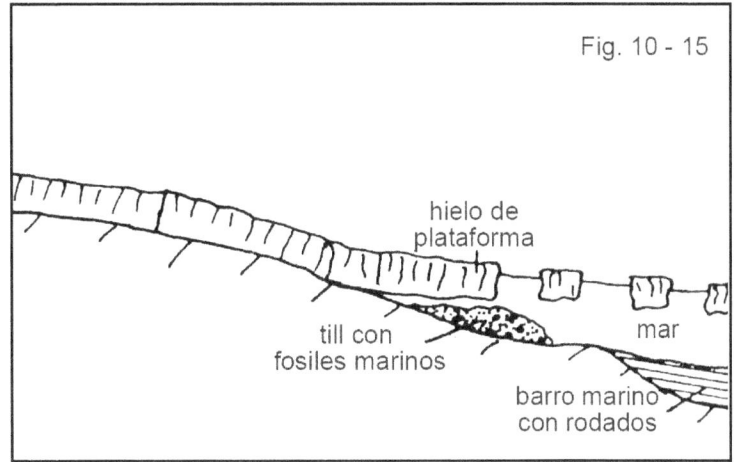

Fig. 10 - 15

LOS CAMPOS DE HIELO PATAGÓNICOS

En la Patagonia chilena se han preservado dos campos de hielo permanente, que rellenan valles de orientación norte-sur encajados entre montañas de más de mil metros de altitud. Se trata de relictos del casquete de las glaciaciones pleistocenas.

Su existencia se explica fundamentalmente por las altísimas precipitaciones nivales en la región, que equivalen a 6.000milímetros anuales de lluvia y la temperatura media anual de 10*C no alcanza a derretir en verano. El Campo Norte mide 4.200 Km2 y está ubicado alrededor de la latitud de 47*S; tiene 50 a 70 kilómetros de ancho y el hielo descarga por 28 glaciares en todo su perímetro. Debido a la configuración del terreno, la mayor parte del hielo descarga hacia el noroeste.

El Campo Sur es el más importante; el mayor campo extrapolar del Hemisferio Sur y el segundo del mundo de ese tipo.

Mide 16.800 Km2, con 360 kilómetros de largo y 40 kilómetros de ancho. Está ubicado entre las latitudes de 48*20' y 51*30'S. Se extiende en un trecho de la frontera con Argentina, país en que se ubica parte de su superficie y flanco oriental. Esta masa de hielo está rodeada de decenas de glaciares de descarga, el mayor de los cuales es el Brüggen, que cubre 1.265 Km2 y fluye en un fiordo del océano Pacífico; otros cincuenta glaciares descargan hacia el oeste. Hacia el este fluyen ocho glaciares mayores (entre ellos el Perito Moreno y el Upsala) que terminan en lagos formados por el endicamiento de morenas generadas en la Gran Glaciación Sudamericana. Este complejo sistema incluye por lo menos dos volcanes cubiertos por el hielo: Lautaro y Viedma. Aparentemente, la topografía subyacente es más compleja que la del Campo Norte, produciendo un flujo menos integrado del hielo.

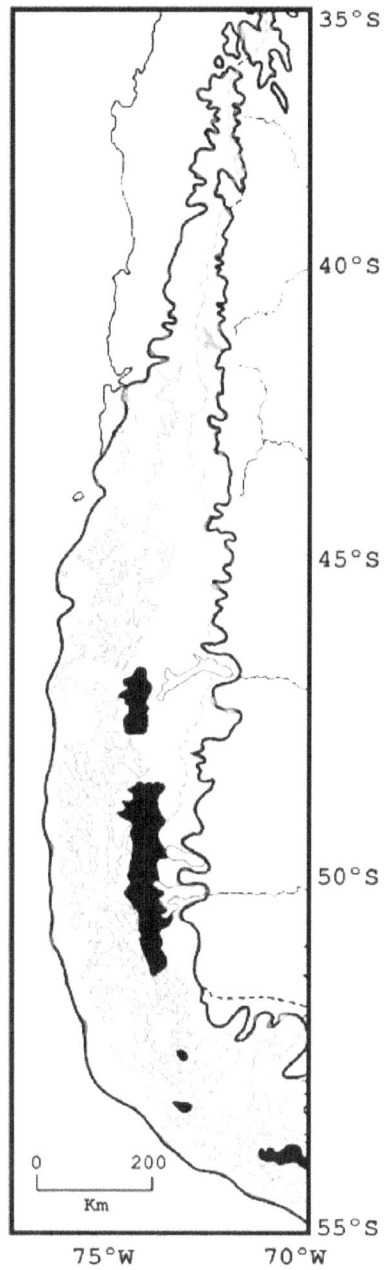

Fig. 10-16 - En negro: Campos de hielo patagónicos actuales. Perímetro general: Extensión máxima del hielo durante el Último Máximo Glacial.

Lecturas complementarias

Physical processes of sedimentation – Allen, J. 1977 – G. Allen & Unwin Ltd., 248 pp. Londres.

11
Procesos litorales

Los **procesos litorales** son aquellos que tienen lugar en la orilla del mar. Expresado más correctamente, en la zona de contacto entre la superficie del océano y las áreas emergidas de los continentes. La zona litoral es una faja muy estrecha, de decenas de miles de kilómetros de longitud, donde existe una gran disipación de energía. Se trata principalmente de energía atmosférica, transformada por los vientos en **olas**, y energía gravitatoria de la Luna y el Sol, transformada en **mareas**.

La acción dinámica del mar produce continuamente modificaciones en la costa. Según sea el resultado general de esas modificaciones, se formas **costas de erosión** en algunos lugares y **costas de acumulación** en otros. Las costas de erosión están caracterizadas por el impacto de oleaje y la formación de **acantilados**. Las costas de acumulación forman **playas** y **albuferas** o lagunas litorales, cuando están sometidas a la acción predominante de las olas. Si la dinámica principal está representada por las mareas, se forman **estuarios** y **marismas**. En las desembocaduras de ríos importantes, que aportan muchos sedimentos desde el interior del continente, se desarrollan **deltas**.

OLAS

Las olas son ondas provocadas por el viento en la superficie del mar. Cada ola está formada por una **cresta** y un **seno**, unidos por un **flanco**. Una ola cualquiera está caracterizada por su amplitud, su longitud y su período. La **amplitud** es la distancia vertical entre la cresta y el seno de la ola. La **longitud** es la distancia horizontal entre dos crestas sucesivas (Fig. 11 - 1). El período es el tiempo que demora en pasar dos crestas sucesivas por un punto de observación, es decir, es una medida de la velocidad de la ola.

Las olas son originadas por el efecto de arrastre que provoca el viento sobre la superficie del mar. El tamaño de las olas es variable, depende principalmente de la **longitud de arrastre**, o sea de la extensión sobre la cual el viento ha actuado empujando el agua.

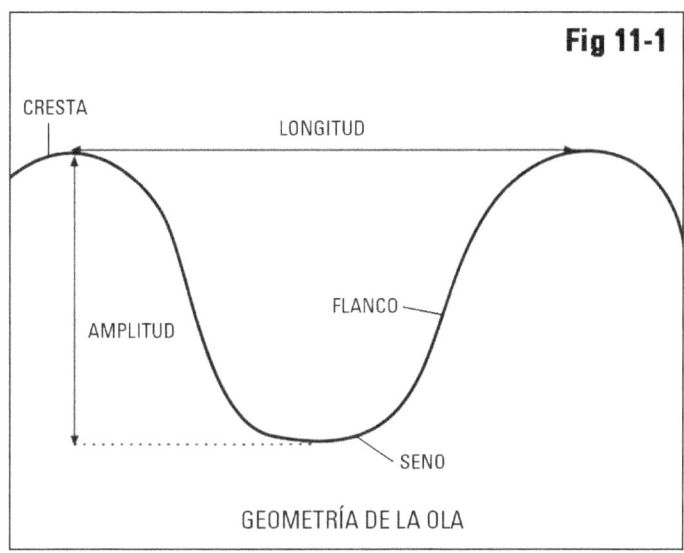

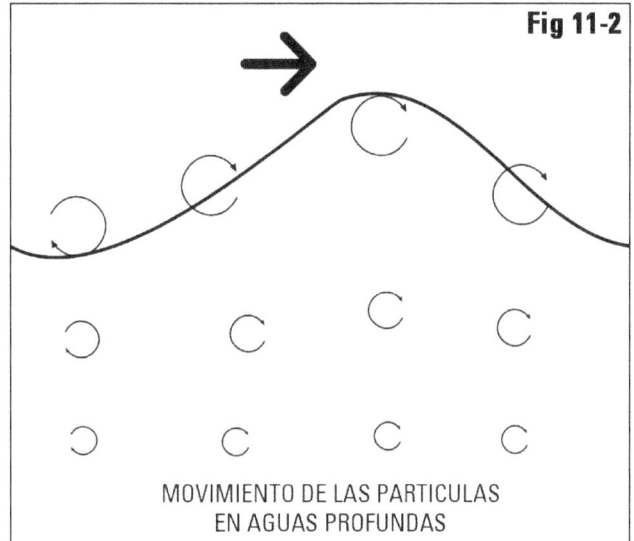

A mayor longitud de arrastre, más grandes son las olas. Aproximadamente el 80% de las olas del océano miden entre 1 y 3 metros de amplitud. Las olas una vez formadas, se trasladan por la superficie del agua aún cuando el viento que las originó haya cesado.

En aguas profundas las olas, al trasladarse, provocan solo un movimiento circular de vaivén a las partículas de agua, sin que se produzca transporte del líquido (Fig. 11 - 2). De manera que se comportan como ondas ideales, con transporte de energía pero no de materia. El movimiento circular alcanza una profundidad máxima igual a la mitad de la longitud de onda de la ola; debajo de ella el agua permanece inmóvil.

Al llegar a aguas someras, por el contrario, la base de la ola alcanza el fondo del mar, el movimiento de las partículas de agua se hace elíptico y se transporta agua y sedimentos (Fig. 11 - 3).

Las olas se trasladan en línea recta por la superficie del mar, de la misma manera que una onda de luz o de sonido se desplaza por el aire. Y al igual que éstas, puede sufrir reflexión, refracción o difracción al chocar contra una superficie. Las olas que llegan en forma diagonal a la costa y chocan contra un acantilado, se **reflejan** y forman una serie de olas secundarias que parten de la costa con el mismo ángulo, lo mismo que un rayo de luz que se refleja en un espejo (Fig. 11 - 4a). Si las olas alcanzan aguas poco profundas antes de llegar a la orilla se **refractan**, cambiando de dirección y haciéndose paralelas a las curvas de nivel del fondo marino (Fig. 11 - 4b). Cuando el oleaje alcanza la entrada estrecha de una bahía o de una albufera, se produce la **difracción** del mismo (Fig. 11 - 4c).

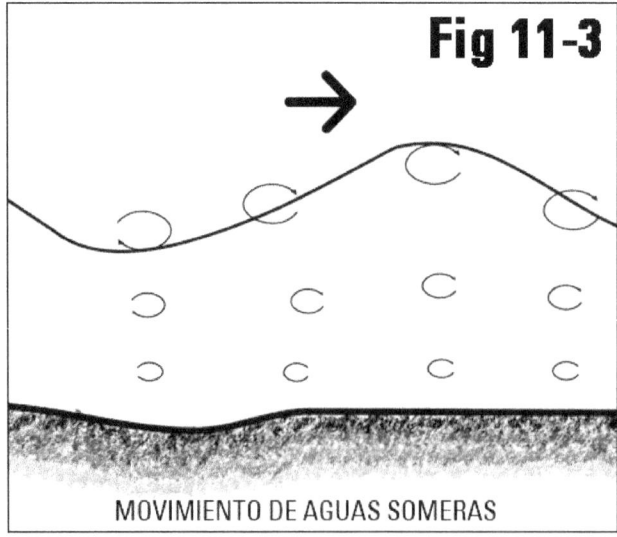

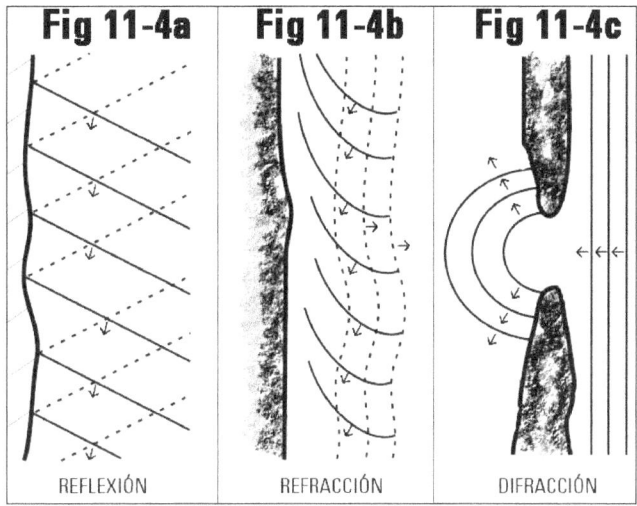

MAREAS

Las mareas son ascensos y descensos periódicos del nivel del mar, acompañados por corrientes horizontales que pueden ser muy fuertes en ciertos lugares. El período en que el nivel del agua está alto se denomina **pleamar**, y el de aguas bajas **bajamar**. Ocurren una vez por día en algunos puntos del océano y dos veces por día en otros, de lo que reciben respectivamente las denominaciones de **marea diurna** y **marea semidiurna**. Las **mareas mixtas** son aquellas que tienen pleamar y bajamar principales, intercaladas con una oscilación secundaria.

Las mareas son provocadas por la atracción gravitatoria de la Luna sobre el océano, y en menor medida por la atracción gravitatoria del Sol. Un esquema simplificado de este fenómeno se puede representar suponiendo una Tierra esférica cubierta totalmente por agua y sujeta a la atracción de la Luna. En ese caso la masa de agua formaría una elipse (Fig. 11 - 5), subiendo el nivel en algunos puntos y descendiendo en otros. En realidad, las mareas son más complejas, porque además de la atracción de la Luna y el Sol influyen la fricción del fondo del mar, la presencia de áreas continentales, y especialmente el efecto de giróscopo producido por la rotación de la Tierra, conocido como "fuerza de Coriolis". De esto surge un esquema bastante complicado, caracterizado por grandes áreas, en cuyos puntos centrales llamados "puntos anfidrómicos" la marea tiene amplitud cero y se va incrementando hacia la periferia. Las ondas de marea realizan un movimiento giratorio alrededor de los puntos anfidrómicos. En el Atlántico sur, el punto anfidrómico se encuentra desplazado fuera del océano.

Las mareas varían en amplitud según la época del año. Las más amplias se producen cuando el Sol, la Luna, y la Tierra están ubicados en una misma línea, reciben el nombre de "mareas de sicigia". Las más pequeñas ocurren cuando los tres cuerpos celestes forman un ángulo recto. La amplitud de las mareas se incrementa en las bahías y estuarios, debido a la geometría de dichos ambientes. En esos lugares parcialmente cerrados suelen desarrollarse **corrientes de marea** de velocidad considerable, principalmente durante las primeras horas de la bajamar.

TSUNAMIS Y ONDAS DE TORMENTA

Existen fenómenos de aparición irregular en la superficie del mar, que aunque muy esporádicos, poseen gran energía y suelen producir efectos catastróficos en la faja litoral. Uno de ellos es una onda de traslación que lleva el nombre de **tsunami** o "maremoto". Está provocada por un movimiento sísmico en el lecho del océano y tiene la forma de una ola solitaria de gran altura, que se desplaza a una velocidad de hasta 200 kilómetros por hora. Al llegar a la costa su efecto destructivo es enorme, especialmente en golfos y bahías, pues en esos lugares la masa de agua cobra mayor altura al ir encerrándose. La onda penetra tierra adentro con gran violencia y muchas veces eroda severamente la faja litoral y deposita los sedimentos a cientos de metros de distancia, a varios metros de altura sobre el nivel del mar. Las tsunamis son típicas del mar del Japón y regiones cercanas.

Tsunamis

A cientos de metros de distancia, a varios metros de altura sobre el nivel del mar.

Su dinámica es bastante diferente a la de las olas normales, además de su gran velocidad; se parece más a un movimiento de marea. Su longitud de onda puede ser de varios kilómetros, y la parte delantera es el seno de la onda, o sea la parte baja. Consecuentemente, comienza con un descenso del nivel del mar en la costa para luego subir de nivel a gran velocidad; no hay un frente vertical sino una especie de inundación con agua muy rápida. El poder destructivo en esa fase es producido por los bloques, árboles y escombros de toda clase que el agua arrastra tierra adentro avanzando en forma de lámina turbulenta. El poder destructivo del **tsunami** es mucho mayor durante el retroceso: el agua comienza a retirarse lentamente primero, velozmente después y con gran violencia al final. Esto se debe a que fluye pendiente abajo encauzándose en las irregularidades del terreno y cobrando velocidades del régimen de antiduna en las depresiones. Este reflujo alcanza varios kilómetros mar adentro.

Las **ondas de tormenta** son variaciones del nivel del mar provocadas por los ciclones tropicales y tormentas semejantes. Los fuertes vientos que se producen deprimen el nivel del mar a barlovento y lo elevan a sotavento. En consecuencia, las costas situadas a sotavento sufren inundaciones. El oleaje que acompaña a la elevación del nivel es muy fuerte, lo que aumenta el efecto dinámico de este fenómeno. Se han registrado elevaciones de más de tres metros durante algunos ciclones en las Antillas. En la zona del río de la Plata ocurren ondas de tormenta provocadas por el viento del sudeste o "sudestada", que en algunas ocasiones ha elevado el nivel del agua dos metros o más. Estas ondas son estáticas, es decir, forman una elevación o una depresión que permanece en una zona sin desplazarse, a veces varios días. Al retirarse, suelen abandonar sedimentos litorales y marinos en los terrenos continentales que inundaron.

EROSIÓN

La erosión litoral se produce principalmente por efecto del oleaje. Los mecanismos físicos de la erosión son los mismos que produce la acción fluvial. El **impacto hidráulico** que produce cada ola al golpear contra la costa es siempre importante, y en algunos casos de olas de tormenta y tsunamis llega a ser devastador. La **tensión de corte** actúa como mecanismo erosivo dominante en las playas. La **corrosión** es importante en las costas rocosas formadas por calizas, donde son frecuentes las grutas y cavernas formadas por disolución del carbonato. La **abrasión** de granos y cantos rodados es un fenómeno universal en todo tipo de costas. El **impacto** de bloques y rodados entre sí, predomina en las costas de erosión.

Un efecto particular del oleaje, de considerable poder erosivo, es la compresión del aire en las grietas y fisuras. Al chocar la ola contra la orilla, la presión de la masa de agua comprime el aire atrapado en las fisuras, el cual desarrolla a su vez presiones muy concentradas que tienden a disgregar la roca. La presión del agua, en cada ola que choca, varía entre media tonelada y varias toneladas por metro cuadrado.

En las costas de erosión, los fragmentos de todo tamaño producidos por la destrucción de las rocas del litoral son acarreados mar adentro por las corrientes de reflujo, quedando la costa siempre expuesta a los embates de las olas. Después de un tiempo, se forma un talud de pendiente vertical denominado **acantilado** (Fig. 11 - 6). El oleaje, al golpear rítmicamente contra su base cada pocos segundos, va cavando una hendidura a lo largo de una faja de altura considerable, normalmente entre 1 y 3 metros. Dicha hendidura recibe el nombre de **media caña**. En esta faja suelen formarse grutas y nichos por erosión diferencial.

Al ir profundizándose la media caña, el acantilado se derrumba en bloques y retrocede, recomenzándose nuevamente el proceso de erosión en la base. Los bloques acumulados al pie del mismo son fragmentos al chocar entre sí y reducidos por abrasión. Las corrientes locales transportan los fragmentos mar adentro, dejando en la faja litoral una superficie de erosión denominada **plataforma de abrasión**. Mar adentro la profundidad del agua aumenta, y en consecuencia disminuye su capacidad para transportar los productos de la erosión costera. A una cierta distancia de la orilla se acumulan fragmentos mayores, del tamaño de cantos rodados o bloques.

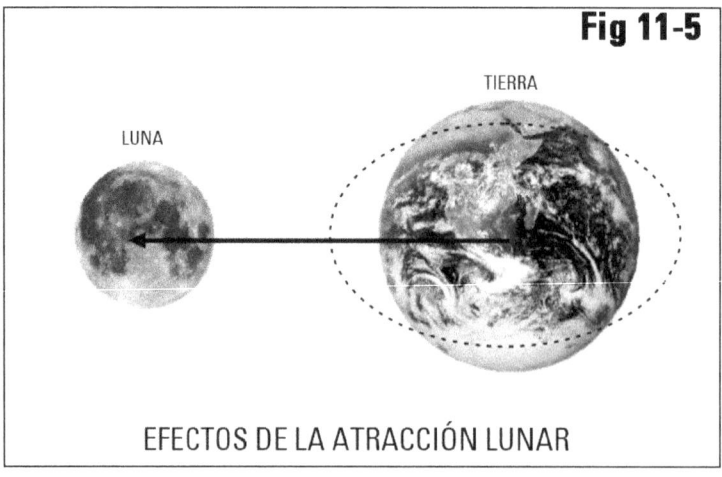

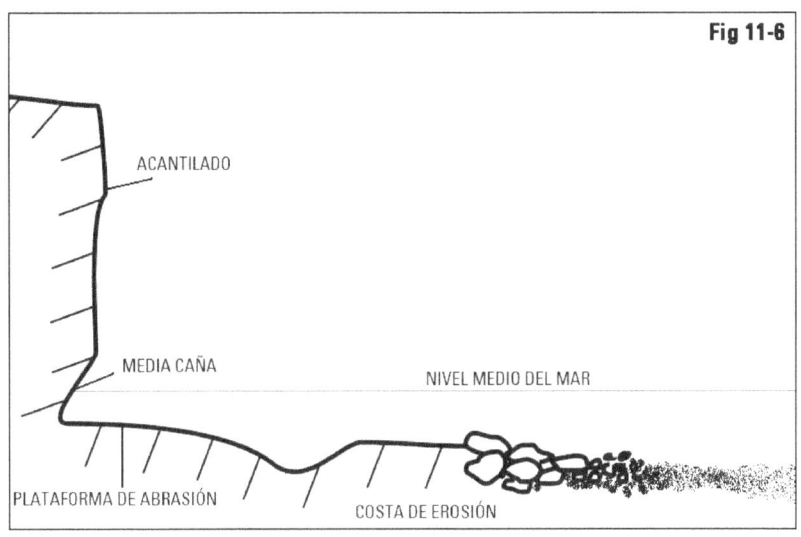

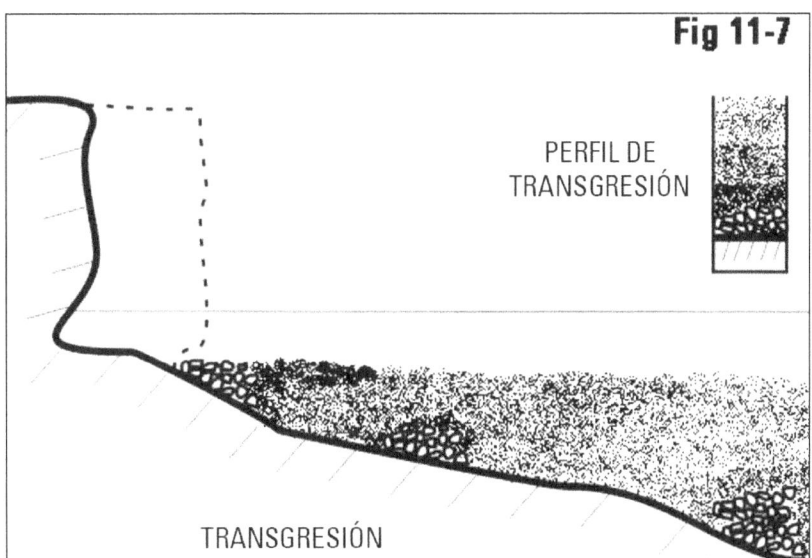

Algo más lejos las corrientes que se desplazan por el fondo marino se hacen más débiles y depositan sedimentos de diámetros menores, como grava y arena. En áreas ya alejadas de la costa, la profundidad sigue aumentando y el movimiento del agua se hace mucho menor, logrando depositar solamente los sedimentos finos que acarrean en suspensión, como limos y arcillas. Estas acumulaciones constituyen los **fangos marinos**.

Si la erosión de la costa continúa, ya sea porque aumenta el nivel del mar o porque se hunde el continente, el acantilado retrocede, repitiéndose la aparición de la plataforma de abrasión y de los depósitos correlativos en cada una de las posiciones que ocupa la costa en este proceso (Fig. 11-7) De esta manera, si se observa posteriormente un perfil geológico representativo de un área en la que el mar ha avanzado sobre el continente, se podrá ver en la base del mismo una superficie de erosión correspondiente a la plataforma de abrasión. Encima de ella aparecen sedimentos muy gruesos y gruesos, luego gravas y arenas, y en la parte superior fangos marinos, lo que indica la profundización cada vez mayor del mar en ese punto. Un perfil geológico de este tipo se denomina "perfil de transgresión", pues el avance del mar sobre el continente recibe el nombre de **transgresión.**

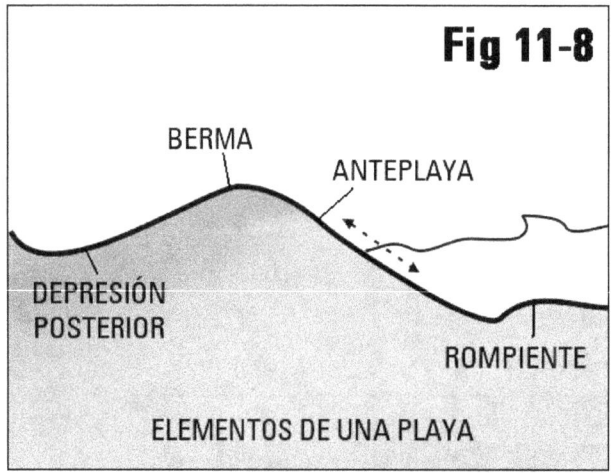

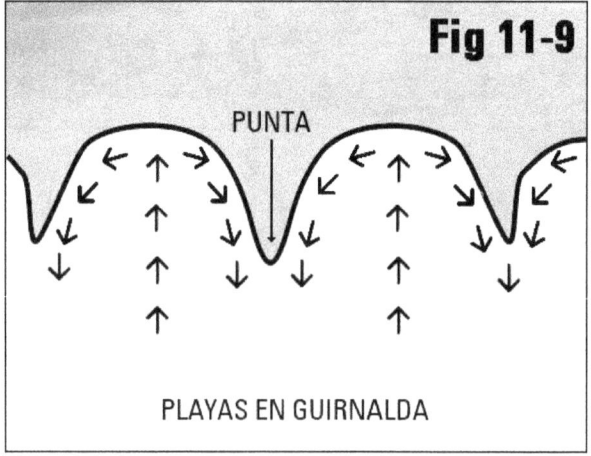

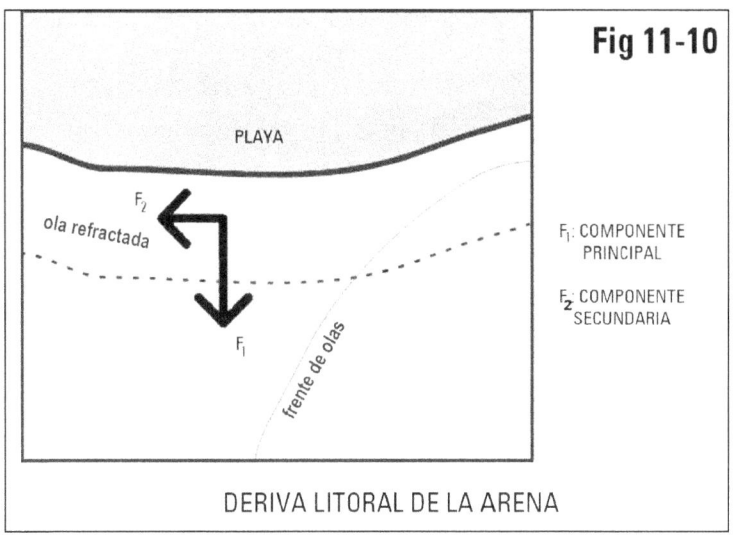

PLAYAS, CORDONES Y ALBUFERAS

En los lugares en que el oleaje produce acumulación de sedimentos, aparece un conjunto de formas litorales muy características.

Cuando la ola se aproxima a la costa, el agua se hace cada vez menos profunda y llega un momento en que el movimiento circular de las partículas alcanza el fondo. En ese lugar, la onda se frena por fricción en el fondo, la cresta avanza más rápidamente que la base y la ola se rompe, prosiguiendo el movimiento hacia la orilla en forma irregular y con gran turbulencia. Se produce erosión en el fondo, con arrastre de arena que luego vuelve, al retirarse el agua, en un continuo movimiento de vaivén. Con el tiempo, en la línea donde rompen las olas va creciendo una acumulación de arena denominada **barra** o **rompiente**, que aumenta paulatinamente de tamaño hasta que emerge del mar y constituye una **playa** (Fig. 11 - 8). Una vez que se forma la playa, aparece una nueva barra subacuática que, si recibe suficiente cantidad de arena, crece a su vez, adosándose a la playa anterior.

Las playas están formadas por sedimentos transportados por arrastre. La mayor parte de las playas de mundo están compuestas por arena. En las regiones de oleaje fuerte, como en la costa patagónica, suelen estar formadas por gravas y cantos rodados. La dinámica del oleaje hace que los sedimentos superficiales de la faja litoral permanezcan en movimiento constante, arrastrándose y raspándose los granos unos con otros. Esto les provoca a los mismos un elevado grado de redondeamiento.

Los complicados movimientos del agua, después que ésta atraviesa las rompientes, provocan la aparición de corrientes litorales paralelas a la costa. Dichas corrientes alcanzan a veces velocidades de más de un metro por segundo; se prolongan a lo largo de la playa hasta encontrar otra corriente de sentido contrario. Al unirse, ambas corrientes doblan y se dirigen mar adentro (Fig. 11 - 9), arrastrando arena y depositándola en una **punta**. Las puntas formadas por la sedimentación de arena aumentan de tamaño hasta que la costa queda formando una guirnalda de playas cóncavas. En otros casos, las corrientes litorales y la concavidad de las playas se adaptan a afloramientos de rocas, que forman puntas de otras características.

En las regiones donde los vientos dominantes o las corrientes marinas no son perpendiculares a la costa, el tren de olas sufre refracción (Fig. 11 - 4b). En consecuencia, la energía cinética de las olas se descompone en dos partes (Fig. 11 - 10). La componente principal se hace perpendicular a la costa y provoca la curvatura del oleaje, mientras que la componente secundaria, de intensidad mucho menor, tiene una dirección paralela a la costa. Ello provoca corrientes litorales con arrastre generalizado de la arena a lo largo de decenas o cientos de kilómetros. Este fenómeno ocurre en el litoral Atlántico de la provincia de Buenos Aires, donde los vientos del sudeste acarrean la arena a lo largo de las playas, desde Mar del Plata en dirección a Punta Médanos.

En ciertos casos, la corriente litoral que arrastra arena a lo largo de la costa se interna en el mar después de llegar a un punto determinado. A partir de dicho punto comienza a sedimentarse la arena, y va creciendo mar adentro un **cordón litoral** largo y estrecho (Fig. 11 - 11). Los cordones litorales suelen ser geoformas inestables, que se destruyen parcialmente durante las tormentas y vuelven a desarrollarse en los períodos de mar calmo. Los bancos de arena que se van agregando en el extremo del cordón tienen una forma curva característica, denominada **gancho**. Si el cordón litoral alcanza una isla, ésta queda unida al continente y el conjunto recibe el nombre de **tómbolo. Punta del Este se encuentra sobre un tómbolo.**

Un cordón litoral puede desarrollarse desde su punto de origen una cierta distancia dentro del mar, y luego alcanza nuevamente la costa en otro punto. Esto sucede frecuentemente en costas irregulares (Fig. 11 - 12). Entre el cordón y la costa queda entonces un cuerpo de agua denominado **laguna litoral** o **albufera**. Frecuentemente, la albufera (la palabra "albufera" proviene de la lengua árabe y significa "mar pequeño") está conectada con el mar abierto mediante un canal estrecho por el cual entra en agua cuando crece la marea y sale durante la bajante. Dicha abertura se denomina **canal de marea**. En algunas albuferas el canal de marea se mantiene estable durante largos períodos. En otras, la deriva litoral de la arena rellena el canal de marea e interrumpe la comunicación con el mar durante los períodos de buen tiempo. En la época de tormenta el oleaje suele abrir otra vez un canal, en el mismo lugar que el anterior o en otro punto cualquiera. Existen otras lagunas litorales permanentemente aisladas del mar.

Una vez que se forma una albufera, constituye un ambiente semi-cerrado o cerrado de transición entre el continente y el océano. Está influida por ambos y evoluciona en forma característica. En las regiones de clima húmedo, recibe aguas superficiales y subterráneas del continente, simultáneamente con el agua de mar que entra por el canal de marea y se infiltra por el cordón litoral. En consecuencia, el agua tiene una salinidad intermedia, lo que la transforma en hábitat de especies acuáticas especializadas. Los sedimentos que recibe del continente, principalmente limo y arcilla acarreados por los arroyos que desembocan en ella, la van colmatando lentamente hasta que se convierte en un pantano y luego en tierra firme. La costa uruguaya y brasileña está constituida por una serie casi ininterrumpida de albuferas de este tipo. En algunos lugares pueden observarse dos y hasta tres albuferas sucesivas, en distintos estados de aislamiento y colmatación. En la Argentina el ejemplo más notable está representado por la laguna de Mar Chiquita, cerca de Mar del Plata.

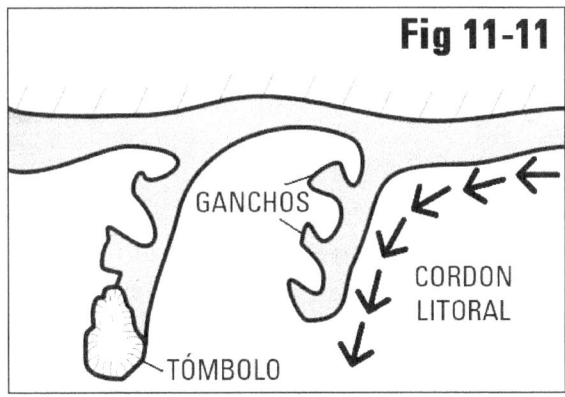

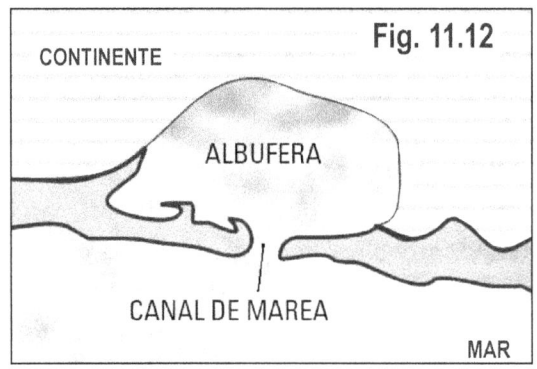

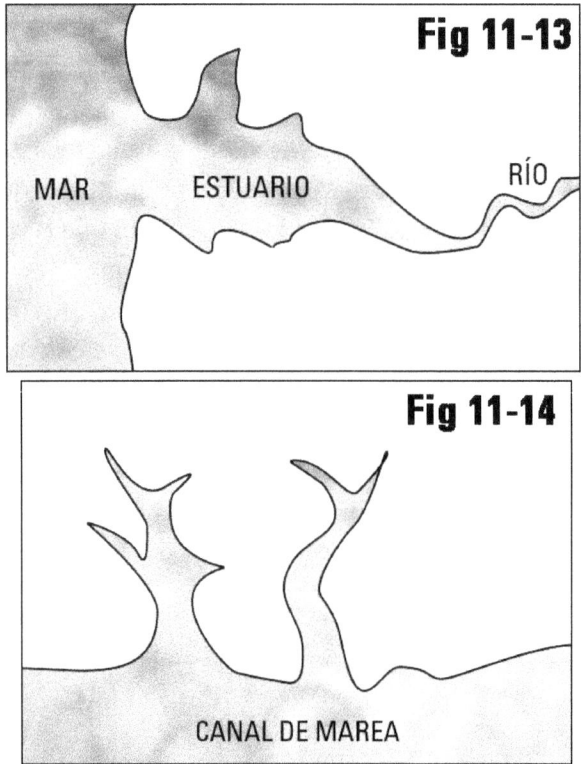

En las costas de clima árido, las lagunas litorales no reciben aportes del continente, o bien reciben aguas subterráneas de alta salinidad. La sequedad del aire y la alta radiación solar provocan gran evaporación, resultando albuferas de agua hipersalina, con concentraciones de sales más altas que en el agua de mar. Si no hay renovación del agua, las sales se van concentrando más y más hasta que saturan el agua que las contiene y precipitan en el fondo, formando rocas conocidas como **evaporitas**. Las más frecuentes de ellas son la sal común (**halita**) y el yeso. Por lo general, estas albuferas reciben aportes de agua marina por infiltración a través del cordón litoral.

La saturación de las sales disueltas en el agua depende de la solubilidad de las mismas y de su concentración. De las sales comunes, lo que primero precipita debido a su baja solubilidad son los **carbonatos**. Luego sigue los **sulfatos** y finalmente los **cloruros**.

ESTUARIOS Y MARISMAS

Estuarios y marismas se forman en las costas donde las mareas son el agente dinámico más importante. Son ambientes sedimentarios que aparecen en costas de mareas amplias o en lugares protegidos de la acción directa del oleaje de mar abierto.

Los **estuarios** se forman en las desembocaduras de ciertos ríos en el mar. Son ensanchamientos exagerados de las desembocaduras, que penetran aguas arriba un trecho relativamente corto, multiplicando varias veces el ancho normal de las corrientes fluviales (Fig. 11 - 13). Los bordes de un estuario son muy recortados, formando barrancas de fuerte pendiente. Es su interior está constituido por una superficie plana, que en su mayor parte es cubierta una o dos veces por día por la marea. La zona más alejada del mar es anegada solamente durante las pleamares extraordinarias, mientras que las áreas centrales y las cercanas al mar abierto están casi siempre cubiertas por el agua, aun en la bajamar. El fondo de los estuarios forma una concavidad muy suave, en forma de cuchara. Están recorridos por canales de marea, que forman una o más redes de drenaje, con afluentes y colector, análogas a las redes fluviales. La diferencia principal entre ambas es el ancho exagerado que tienen los canales de marea en relación con el área de aporte (Fig. 11 - 14). En los estuarios se produce sedimentación de fangos y arena, transportados al lugar por las corrientes marinas; los aportes de sedimentos por parte del río son generalmente insignificantes. Ello se debe a que durante la marea creciente el agua penetra en el estuario a baja velocidad y cubre toda el árca, permitiendo la depositación de sedimentos.

Durante la bajante, por el contrario, el agua se concentra en los canales de marea, cobra velocidad y alcanza poder erosivo, arrastrando mar afuera los sedimentos aportados por el río.

Todos los ríos patagónicos y fueguinos tienen estuarios en sus desembocaduras.

Las **marismas** son ambientes similares a los estuarios, pero carecen de un río importante desembocando en su interior. Se forman generalmente en bahías, donde la amplitud de las mareas aumenta y el oleaje es pequeño. Forman superficies más cortas y anchas que los estuarios. En la Argentina los ejemplos más notables de estos ambientes son la bahía de Samborombón y la Bahía Blanca. Los estuarios y marismas, en conjunto, constituyen las **llanuras de marea.**

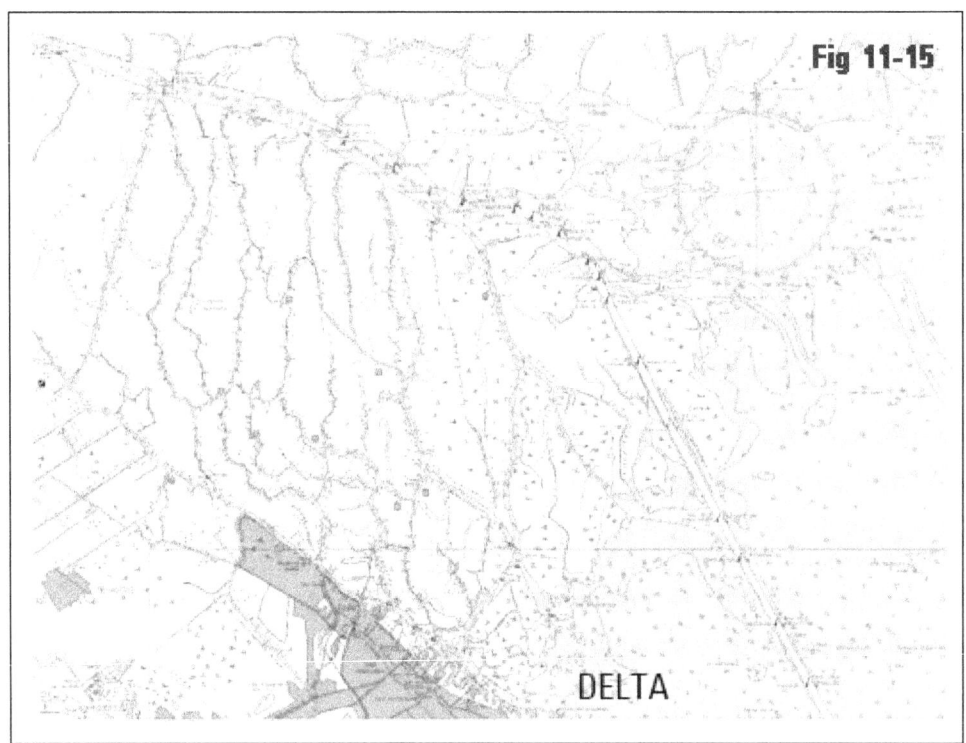

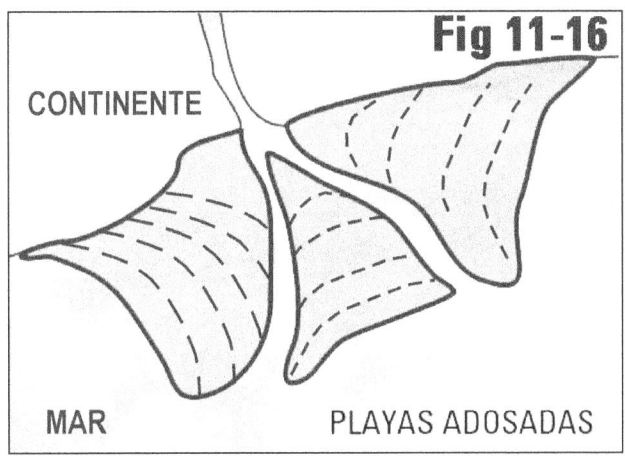

DELTAS

Los **deltas** son acumulaciones de sedimentos que se producen en la desembocadura de algunos ríos en el mar o en lagos. La sedimentación se produce cuando la corriente del cauce, relativamente rápida y turbulenta, llega a un cuerpo de agua mucho más amplio, perdiendo entonces velocidad y capacidad de transporte. En consecuencia, se depositan los sedimentos transportados por arrastre, en forma de bancos de cauce o albardones que van penetrando en el mar.

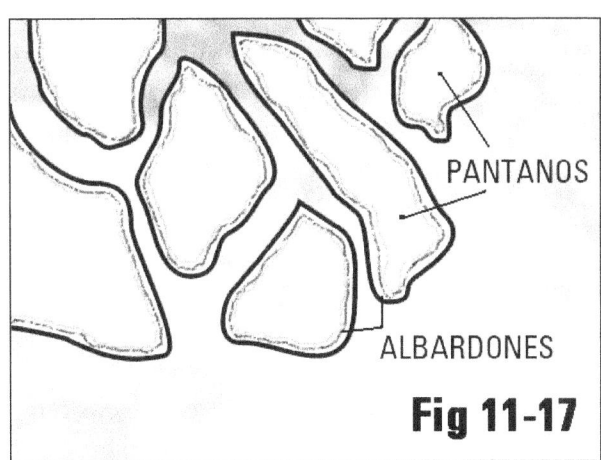

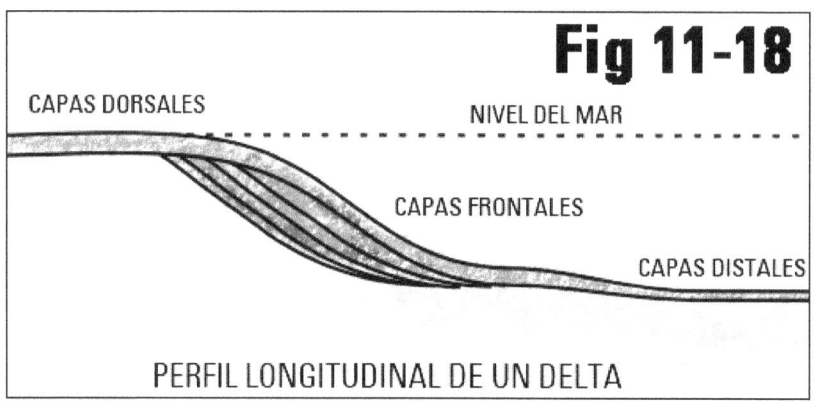

PERFIL LONGITUDINAL DE UN DELTA

El cauce se bifurca a menudo, debido a que la dinámica general de sedimentación produce la colmatación de algunos trechos y la apertura de nuevos canales. De vez en cuando en cauce cambia de rumbo, desde el vértice. Con el tiempo, el delta adquiere una forma general de abanico (Fig. 11 - 15), con cauces activos y otros abandonados, que configuran un **patrón distributario**

Los deltas se forman en lugares donde la erosión marina, constituida por olas, mareas y corrientes, no alcanza a erodar y redistribuir los sedimentos que aporta el río desde el interior de su cuenca. El frente del delta avanza mar adentro, hacia áreas cada vez más expuestas al oleaje y a las corrientes, hasta que se establece un equilibrio entre sedimentación y erosión, cesando entonces el crecimiento. En las zonas en que el oleaje y la deriva litoral son los agentes principales de erosión, se forma una playa en el borde externo.

El proceso de avance y sedimentación interna en un delta está representado por dos mecanismos. Uno de ellos es el adosamiento de sucesivos bancos de arena o de playas, como en el caso del río San Francisco, en Brasil (Fig. 11 - 16). El crecimiento del delta del Paraná se efectúa mediante el segundo mecanismo, que es la formación de albardones a ambos lados de los cauces. En este caso, un cauce activo que transporta bastante sedimento en suspensión desborda hacia los costados uno o dos veces por día, debido a que la pleamar lo frena. De esa manera, los albardones crecen rápidamente y avanzan aguas abajo, uniéndose eventualmente con albardones de cauces vecinos y formando islas (Fig. 11 - 17). Las islas así formadas están caracterizadas por un albardón perimetral y un pantano central, que se va colmatando lentamente con el sedimento fino aportado por los desbordes.

Esquemáticamente, un delta puede dividirse en tres sectores, el primero de ellos forma el sector emergido y un área próxima sumergida de escasa profundidad, con pendiente muy pequeña, constituida por los sedimentos arenosos arrastrados por el río. Dichos sedimentos forman las **capas dorsales** del delta. El segundo sector se extiende aguas afuera, hasta considerable profundidad. Tiene una pendiente claramente mayor, que alcanza a varios grados, y sedimentos más finos, que forman las **capas frontales**, depositadas por avalanchas subacuáticas denominadas "corrientes de turbidez". Más afuera, ya en el dominio de la plataforma continental, se extienden amplias zonas a las que llegan solamente los sedimentos más finos, que floculan y forman las **capas dístales**, constituidas por delgados depósitos de fango marino (Fig. 11 - 18).

En realidad, los grandes deltas del mundo están compuestos por un complejo de unidades deltaicas propiamente dichas, fajas aluviales, playas, lagos y otros elementos, dispuestos de manera más o menos caótica. Ello refleja las alternativas climáticas y tectónicas sufridas por la costa y por la cuenca del río en los últimos seis u ocho mil años. El delta del río Paraná es un buen ejemplo de ello (Fig. 11 - 19):

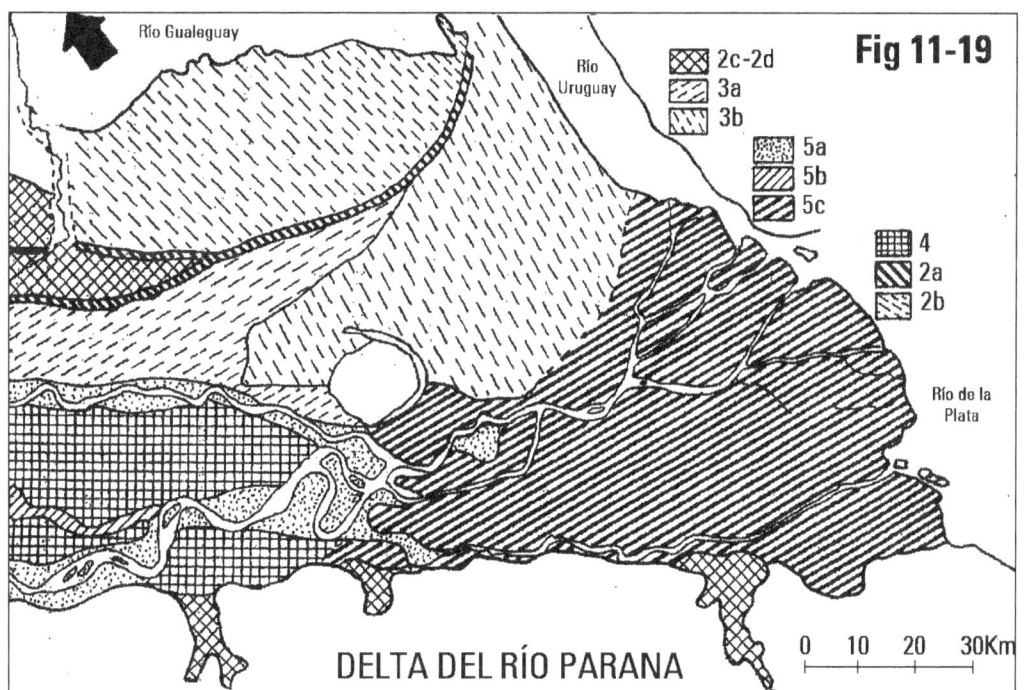

Su historia comienza con una fase fluvial (1) ubicada probablemente en el Holoceno inferior. Posteriormente hubo un aumento general de temperatura en todo el mundo, que tuvo su máximo hace aproximadamente 5.000 años y fundió grandes masas de hielos polares. Como consecuencia, el nivel del mar subió de dos a tres metros y penetró hasta la altura de Rosario. Este episodio se conoce con el nombre de **ingresión Platense**. Las arenas del Paraná fueron arrastradas por la deriva litoral hacia la costa entrerriana, formando un largo cordón litoral (2a), que encerró una albufera (2b). Los afluentes que llegan del norte formaron deltas menores (2c), mientras que en la costa bonaerense aparecieron pequeños estuarios en las desembocaduras de los arroyos (2d). La zona de Ibicuy emergía del mar formando una isla (2e).

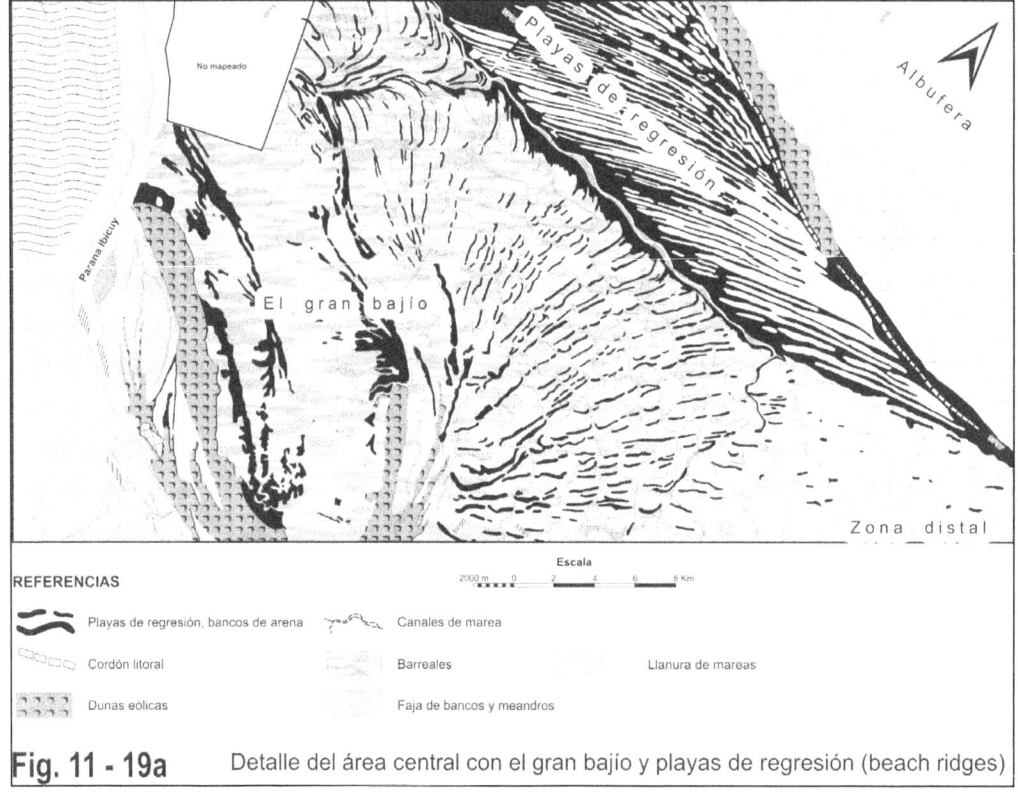

Fig. 11 - 19a Detalle del área central con el gran bajío y playas de regresión (beach ridges)

Al enfriarse nuevamente la temperatura de la atmósfera, aumentaron otra vez las masas de hielo de la Antártida y Groenlandia y bajó el nivel del mar. En el delta del Paraná esta regresión depositó una larga serie de playas (3a y 3b). Posteriormente sobrevino una fase estuárica, que formó una llanura de mareas en la zona de las islas Lechiguanas (4); dicho episodio se ubicó aproximadamente entre 3.500 y 1.400 años antes del presente. Finalmente se instalaron las condiciones dinámicas actuales, con fajas de bancos y meandros en los cauces principales (5a), llanuras de meandros finos en el ápice (5b) y un abanico deltaico en la zona del Tigre (5c). Esta área es la única unidad deltaica propiamente dicha de todo el complejo, y su frente avanza dentro del río de la Plata a razón de 70 metros por año.

El área de Valdez – La frontera ecuatoriano-colombiana atraviesa un área costera rectangular de 2500 Km2 de extensión formada por un sector continental y varias islas, en una de las cuales está ubicado el pueblo de Valdez (Fig.). La morfología del área está caracterizada por grandes pantanos, canales de marea abandonados y ríos tortuosos influenciados por mareas (con dinámica estuárica). La faja costera está parcialmente ocupada por manglares. El área rectangular es la superficie de un pequeño bloque hundido por movimientos neotectónicos; el relleno superior está compuesto por varios metros de sedimentos sueltos que contienen conchas y restos de madera de manglar, acumulados durante la ingresión del Holoceno medio y que cubren rocas terciarias en el subsuelo.

De acuerdo a las características sedimentológicas y geomorfológicas del área, se desarrolló una típica planicie de mareas en esa área. La faja costera está formada por una serie de líneas de playa más jóvenes éstas están mejor desarrolladas en el sector sur, con casi 8 kilómetros de ancho y nueve crestas principales; la faja se hace más estrecha hacia el norte y mide solamente 2 Km en la frontera. Más allá, en territorio colombiano, se hace discontinua e irregular. Es evidente que la arena fue transportada hacia la costa por el río Cayapas, caracterizado por abundante carga de fondo, depósitos de bancos y espiras de meandro, e islas de cauce. El Cayapas drena una cuenca de tamaño intermedio compuesta por areniscas terciarias, conglomerados y limolitas (Fm Onzole y Angostura). Los otros ríos importantes del área, Mataje y Mira, no contribuyen con cantidades significativas de sedimentos a la costa.

Las líneas de playa son de edad sub-actual. Hoy en día no ocurre desarrollo de playa, ni se observa transporte de volúmenes importantes de arena a la costa o a lo largo de ésta. Domina claramente la dinámica de mareas, con una actividad generalmente erosiva. Se ha desarrollado un estuario de 8 kilómetros de longitud y 2,5 Km de ancho en la boca del río Cayapas, y pequeños canales de marea erosionan las líneas de costa. En el sector del pueblo de Valdez la erosión mareal ha formado profundas caletas y golfos; en algunos casos porciones de líneas de playa han sido transformadas en islas.

En consecuencia, una sucesión de tres fases se puede inferir para la dinámica litoral:
1) Mareas con sedimentación durante el Holoceno medio.
2) Dominio del oleaje y aporte de grandes volúmenes de arena del río Cayapas durante algún período del Holoceno superior.
3) Dinámica erosiva en régimen de mareas en el presente.

Considerando que los vientos del oeste y los trenes de olas desde el Pacífico son frenados o impedidos por la circulación general de la atmósfera, la explicación más probable para la fase "b" es la aparición de un período dominado por eventos El Niño durante el Holoceno superior.

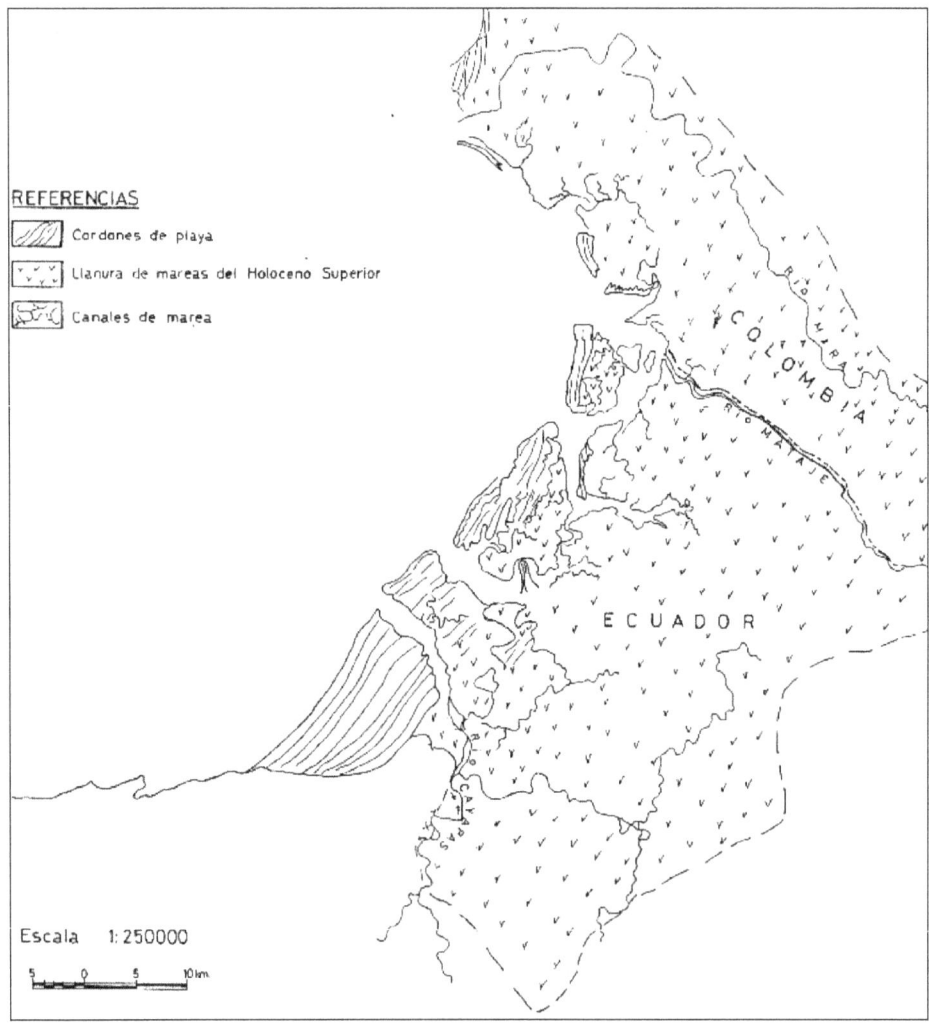

Fig. 11-20 - El área de Valdez, ubicada en la frontera entre Colombia y Ecuador, presenta varias características litorales típicas

Lecturas complementarias

Physical processes of sedimentation – Allen, J. 1977 – G. Allen and Unwin Ltd., 248 pp., Londres.

12
Procesos marinos

EL OCÉANO

El océano es la gran masa de agua que cubre el 71 % del planeta Tierra. Convencionalmente, se habla de "océanos": Pacífico, Atlántico e Índico, a los que se agrega un sector menor, el océano Ártico, que en realidad es una dependencia del Atlántico. El océano cubre una superficie de 361 millones de kilómetros cuadrados y tiene un volumen de 1300 millones de kilómetros cubicos. Los mares (por ejemplo el mar Caribe o el mar Mediterráneo) son sectores menores del mismo océano. La profunddad promedio es algo superior a los 3000 metros.

ORIGEN DEL OCÉANO

El océano se formó poco tiempo después del origen de la Tierra. En la época de su formación, la Tierra era una mezcla de metales y silicatos fundidos a miles de grados de temperatura. En una segunda fase ocurrió la segregación del núcleo, el manto y la corteza. Cuando las temperaturas fueron suficientemente bajas, el vapor de agua brotó desde el interior de las rocas en forma de erupciones volcánicas, junto con otras sustancias y elementos de baja densidad.

Se supone que el 10 % del agua oceánica existía como agua superficial al terminar de formarse el planeta. Su temperatura era muy elevada y se encontraba formando parte de la atmósfera en nubes de cientos de kilómetros de espesor. Cuando siguió descendiendo la temperatura comenzó la lluvia líquida, que se evaporaba al tocar la superficie de las rocas. Se cree que este proceso se extendió durante siglos. Al bajar aun más la temperatura, comenzó a acumularse agua líquida en las partes bajas del relieve. Desde su origen, el océano y la atmósfera han sufrido una transformación constante, tanto en la concentración de sales disueltas como en la composición química de las mismas. Una segunda teoría sostiene que la mayor parte del agua oceánica fue aportada por una gran lluvia de meteoros ricos en hielo provenientes del cinturón de asteroides situado entre Marte y Júpiter, ocurrida entre 100 y 150 millones de años después del enfriamiento.

CIRCULACIÓN GENERAL O TERMOHALINA

El agua oceánica situada debajo de la termoclina circula muy lentamente en un recorrido que comunica todo el sistema. Comienza en el Atlántico norte, fluye hasta la Antártida y después de rodear a este continente continúa por el Pacífico hacia el norte en un flujo complejo hasta casi alcanzar el océano Ártico. Una rama de esta corriente atraviesa el Índico y bordea a China y Siberia. El sistema se denomina *Corriente Termohalina.* (Fig. 12-1a)

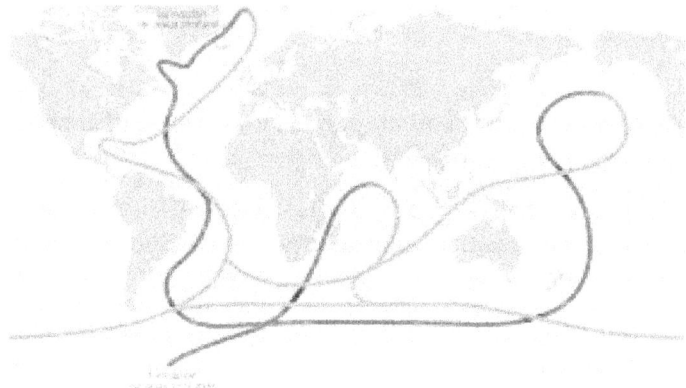

Fig. 12-1 a) - Circulación general o termohalina del océano global.

Un ciclo completo de todo el recorrido requiera aproximadamente 1.600 años para completarse. Este mecanismo mantiene en todo el océano un nivel de salinidad notablemente uniforme, a pesar de las grandes diferencias regionales que existen entre los aportes regionales de agua dulce continental, por ejemplo los que se registran entre el Atlántico ecuatorial donde desembocan los dos ríos más caudalosos del mundo (el Amazonas y el Cong) y toda la margen americana del Pacífico, donde el aporte es casi nulo.

EL FENÓMENO "EL NIÑO"

El fenómeno **El Niño** es una anomalía oceanográfica y climática que ocurre en el Pacífico ecuatorial con una frecuencia que varía entre 2 y 8 años. Durrante la misma se altera el régimen de vientos y lluvias, y aumenta la temperatura del agua. Es el más importante fenómeno climático de la costa peruano-ecuatoriana. Consiste en la aparición de una masa de agua oceánica anormalmente caliente (23-30°C) y de baja salinidad (32-33/1.000 en lugar de los normales 35/1.000) en la costa sudamericana. Los vientos alisios, que soplan hacia el oeste, se debilitan o cesan completamente.

La influencia regional de El Niño es muy extensa. Se producen abundantes lluvias en la costa y en otras regiones de Sudamérica, por ejemplo en la llanura pampeana, y simultáneamente sequía en los llanos del Orinoco y en el Altiplano boliviano. En el otro extremo del océano Pacífico ocurren sequías en Australia y áreas cercanas.

Los procesos marinos se desarrollan en el océano, que cubre actualmente el 71% de la superficie del planeta. Esta enorme área está compuesta por unos pocos ambientes morfológicos de primer orden, pertenecientes a las cortezas continental y oceánica. La corteza continental está formada por la plataforma y el talud. La **plataforma continental** es una región plana que se extiende hasta más o menos 200 metros de profundidad y constituye la prolongación de la superficie de los continentes. El **talud continental** es el borde propiamente dicho de los continentes; tiene pendiente bien definida y se extiende desde los 200 metros hasta 4.000 y 5.000 metros de profundidad. Está surcado por **cañones submarinos.**

La corteza oceánica está compuesta en su mayor parte por planicies abisales. Otros elementos importantes son las **cordilleras oceánicas** y las **fosas abisales** o fosas oceánicas.

También existen colinas submarinas, gran cantidad de volcanes y un número pequeño de atolones. Las **planicies abisales** están ubicadas en su mayoría relativamente cerca de los continentes. Las cordilleras y las fosas oceánicas están situadas en las suturas de expansión y subducción respectivamente. Los atolones son antiguas islas volcánicas posteriormente transformadas en arrecifes de coral.

Existen dos fenómenos sedimentarios típicamente oceánicos: las corrientes de turbidez en los cañones submarinos, y la formación de sedimentos biogénicos en las plataformas y atolones de coral de los mares cálidos.

CORRIENTES OCEÁNICAS

El agua del océano circula en forma constante a lo largo de las **corrientes oceánicas**, de miles de kilómetros de longitud y cientos de kilómetros de ancho, que transportan el calor almacenado en las regiones ecuatoriales y tropicales hacia las altas latitudes y acarrean agua fría en sentido inverso. También son capaces de transportar sedimentos.

El esquema de circulación es complejo. En las capas superiores del océano las corrientes son impulsadas principalmente por los vientos planetarios, que ejercen un efecto de arrastre sobre las mismas. Estas capas superiores tienen un espesor que varía entre 50 y 900 metros y están limitadas por la termoclina. La **termoclina** es una faja donde la temperatura y la densidad del agua cambian rápidamente; ella separa las capas superiores templadas y ligeras de las capas profundas del océano, frías y más densas. Las capas profundas se originan en el derretimiento del hielo polar, particularmente de la Antártida, y forman masas estratificadas por debajo de la termoclina. Las corrientes profundas son poco conocidas, una de ellas recorre el talud continental de América desde Groenlandia hasta las islas Malvinas.

En mares tropicales y ecuatoriales son frecuentes los **ciclones**, fuertes perturbaciones atmosféricas circulares, alrededor de cuyo centro giran vientos de hasta 200 Km/h. Estas tempestades agitan el agua hasta profundidades mayores que los vientos comunes, provocando erosión y sedimentación en el fondo marino.

EDAD DEL OCÉANO

Hay indicios de que el océano existe desde épocas muy tempranas de la historia geológica, con seguridad desde hace más de 3.000 millones de años. Se supone que su salinidad primitiva era menor, y que se fue incrementando mediante el aporte de los ríos y del agua de las fuentes hidrotermales que aparecen en las suturas de expansión. La salinización del océano fue acelerada cuando las plantas vasculares colonizaron los continentes en el Período Devónico. Desde entonces, la actividad bioquímica de las raíces provoca la disolución acelerada de los minerales (unas 7 veces más que en ambientes inorgánicos). Estas sustancias disueltas se infiltran, siendo después acarreadas por los ríos al mar. Actualmente contiene 3,5% de sales disueltas, en su mayor parte cloruro de sodio.

En las primeras épocas el volumen del océano era comparativamente reducido, alcanzando su nivel actual a mediados o fines del Paleozoico. Se cree que los nuevos aportes se producen en las erupciones volcánicas que ocurren a lo largo de las suturas de expansión.

LA PLATAFORMA CONTINENTAL

La plataforma continental bordea en forma de faja las áreas emergidas de los continentes. Es muy ancha en el borde atlántico argentino y se angosta extremadamente en las suturas de subducción. En total abarca una superficie del tamaño de Africa. Su relieve, en general, corresponde al de una llanura. En buena parte dicho relieve es heredado de los procesos subaéreos, fluviales, eólicos, litorales, etc. que ocurrieron pocos miles de años atrás, cuando el nivel del mar estuvo más bajo. Esto ocurrió durante los períodos glaciales al acumularse grandes volúmenes de agua en los casquetes de hielo, lo que provocó un descenso del nivel del mar más de 100 metros en algunas épocas. Durante las mismas, los ríos se alargaron pendiente abajo y formaron deltas, y en general todos los procesos subaéreos de los continentes invadieron las nuevas áreas.

Al derretirse los hielos, el mar ocupó nuevamente las regiones que había abandonado. Como la transgresión fue relativamente rápida, el relieve subaéreo en muchos lugares no fue destruido, sino quedó sumergido.

Actualmente la dinámica de la plataforma está dominada por las corrientes oceánicas y las corrientes de marea. Dichas corrientes son turbulentas, capaces de transportar partículas finas en suspensión y a veces arena en arrastre. La plataforma argentina, por ejemplo, está cubierta por arena en un buen porcentaje de su área total, lo que indica que está sometida en esas zonas a corrientes turbulentas de por lo menos 2 centímetros por segundo y probablemente mayores. En el mar del Norte se han encontrado campos de dunas marinas actuales a decenas de metros de profundidad.

En las áreas donde la velocidad de las corrientes es muy baja se acumulan limos y arcillas. Existen también en la plataforma grandes zonas cubiertas por valvas de invertebrados (Fig. 12 - 1).

EL TALUD CONTINENTAL

Forma el límite real de los continentes, su borde superior es sin duda el elemento topográfico más importante de nuestro planeta, pues rodea a las masas continentales a lo largo de más de 300.000 kilómetros.

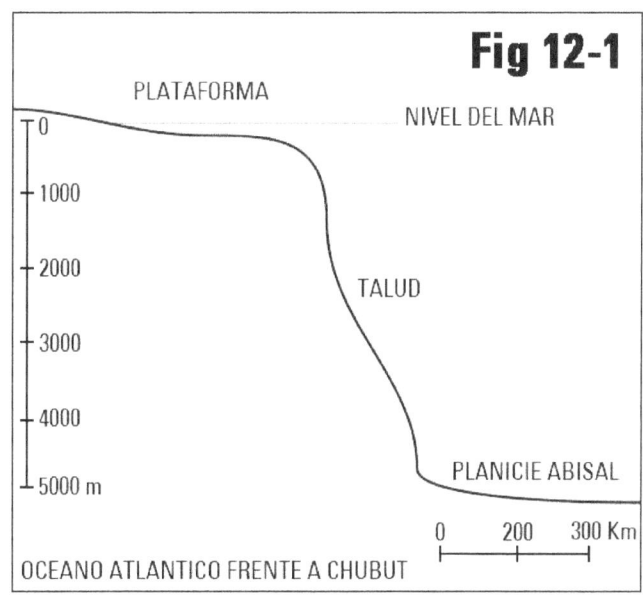

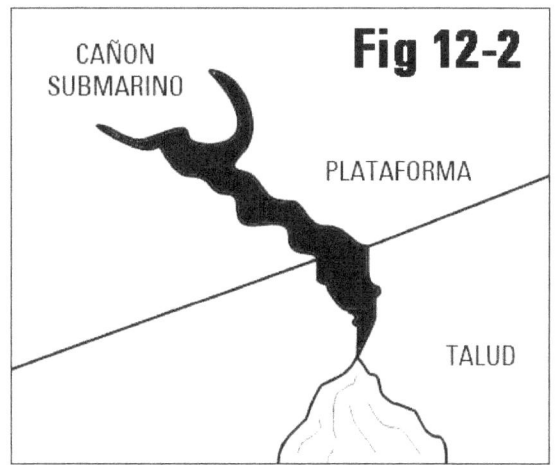

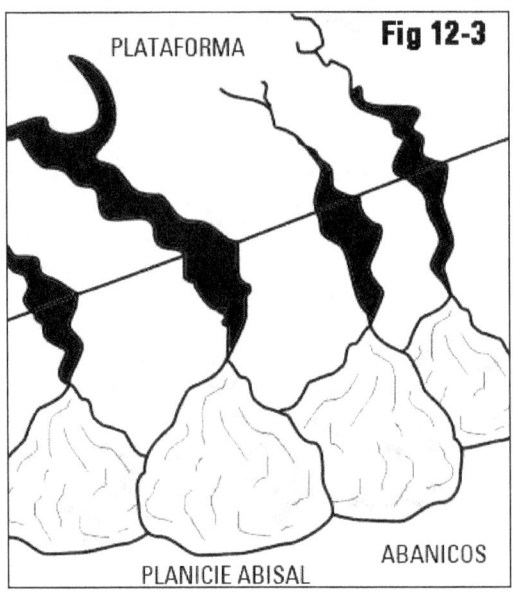

El talud tiene dos secciones bien definidas. La superior, con más de 3.000 metros de desnivel, es bastante escarpada, con pendientes que varían entre 1:5 y 1:50, es decir semejantes a las que se encuentran en las montañas más escabrosas. Sus formas más significativas son un tipo de redes de avenamiento más o menos dendríticas que se suceden a todo lo largo del talud, los cauces que las componen son profundos y de paredes verticales. Los colectores de dichas redes son de considerable longitud y profundidad, comparables a las quebradas o cañones de las zonas montañosas, por ello se los denomina **cañones submarinos** (Fig. 12 - 2). En el talud continental argentino existen varios cañones de gran tamaño, uno de ellos se encuentran frente a Chubut y mide unos 150 Km. de longitud.

La sección inferior del talud continental está formada por una sucesión de **abanicos submarinos**, generalmente coalescentes, cuyos ápices están ubicados en la desembocadura de los cañones. Se trata de un paisaje semejante a las fajas de pie de monte de las regiones montañosas. Los abanicos están formados por los sedimentos continentales acarreados por las corrientes de turbidez encauzadas en los cañones submarinos. La pendiente es mucho menor que en la sección superior; varía entre 1:100 y 1:700. Esta sección inferior forma una ancha faja que se extiende hacia las planicies abisales (Fig. 12 - 3).

CORRIENTES DE TURBIDEZ

Las corrientes de turbidez son un tipo de corrientes de gravedad. Se trata de avalanchas muy turbulentas de sedimentos de todos los tamaños mezclados con agua, que pueden fluir a gran velocidad por el fondo del mar o de ciertos lagos, sin mezclarse con el agua circundante. Mecánicamente son muy semejantes a las avalanchas de nieve y a las "nubes ardientes" que depositan a las ignimbritas. Las corrientes de turbidez ocurren en fondos con pendiente moderada o alta. El ambiente marino más favorable para su desarrollo es, por consiguiente, el talud continental.

Una corriente de turbidez típica comienza con un derrumbe de una masa de sedimentos en la parte superior de la pendiente. Este derrumbe puede ser provocado por un movimiento sísmico, o bien cuando la acumulación de sedimentos forma masas inestables. Una vez que se desencadena, una corriente de turbidez típica forma una "cabeza" seguida por una larga cola (Fig. 12 - 4). En el talud continental cada corriente de turbidez puede movilizar millones de metros cúbicos de sedimentos a una velocidad de 5 a 10 metros por segundo. Sus depósitos reciben el nombre del **turbiditas** y pueden ser de varios tipos, el más común es la variedad de arenisca denominada "grauvaca".

LAS PLANICIES ABISALES

Las planicies abisales son zonas de la corteza oceánica parcialmente cubiertas por sedimentos. Se extienden entre 4.000 y 5.000 metros de profundidad. Tienen pendientes extremadamente bajas en las áreas rellenas por sedimentos, entre 1:1.000 y 1:10.000, o sea más bajas que las de la llanura pampeana. Dichos sedimentos son fangos terrígenos y biogénicos. Los sedimentos terrígenos están compuestos por partículas de polvo y ceniza volcánica transportadas por el viento, y limos y arcillas acarreados en suspensión por las corrientes oceánicas. Estas planicies están sembradas de volcanes en casi toda su extensión.

Los componentes biogénicos de los fangos están compuestos por los esqueletos silíceos de microorganismos marinos como diatomeas y radiolarios. Los esqueletos de microorganismos calcáreos están prácticamente ausentes en las planicies abisales, pues el carbonato de calcio se disuelve a profundidades mayores de 4.000 metros, debido a la alta presión hidrostática existente. Los fangos carbonáticos son abundantes en fondos marinos menos profundos.

LAS CORDILLERAS OCEÁNICAS

Las cordilleras oceánicas son cadenas montañosas que se forman en las suturas de expansión de la litosfera. Miden de 2.500 a 3.000 metros de altura sobre las planicies abisales que las bordean, y en ciertos puntos emergen por sobre la superficie del océano formando islas, como las de Ascensión y Santa Elena en el Atlántico. Están compuestas por rocas basálticas y presentan un relieve muy escabroso. Sufren frecuentes movimientos sísmicos y erupciones volcánicas, especialmente fenómenos hidrotermales. Su parte central está generalmente ocupada por un valle estructural o "valle de rift" (Fig. 2 - 4). Forman una red continua que recorre toda la Tierra con una longitud de 74.000 kilómetros. Los ejes de las cordilleras están frecuentemente desplazados por grandes fallas transcurrentes, de cientos de kilómetros de desplazamiento. La cordillera oceánica mejor conocida es la dorsal meso-atlántica.

LAS FOSAS ABISALES Y LOS ARCHIPIÉLAGOS EN ARCO

Las **fosas abisales** son profundos surcos de forma curva que aparecen en las suturas de subducción de la litosfera. Alcanzan de 7.000 a 11.000 metros de profundidad. Suelen estar acompañadas por rosarios de islas denominados **archipiélagos en arco** o "arcos insulares", numerosos en el Pacífico. Estas islas están formadas principalmente por rocas mesosilícicas y sufren frecuentes sismos y erupciones volcánicas, lo mismo que las fosas (Fig. 2 - 6).

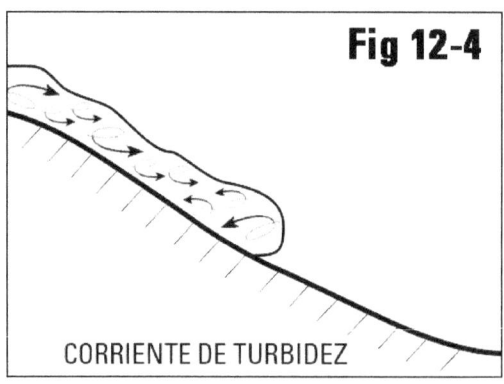

Fig 12-4

CORRIENTE DE TURBIDEZ

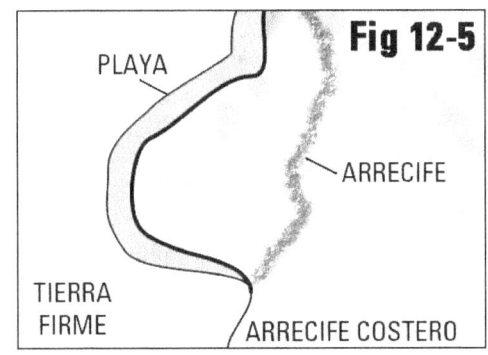

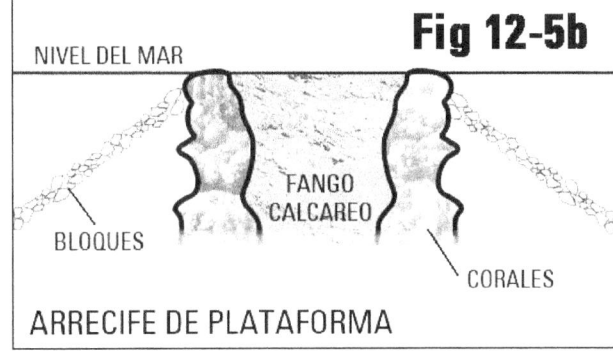

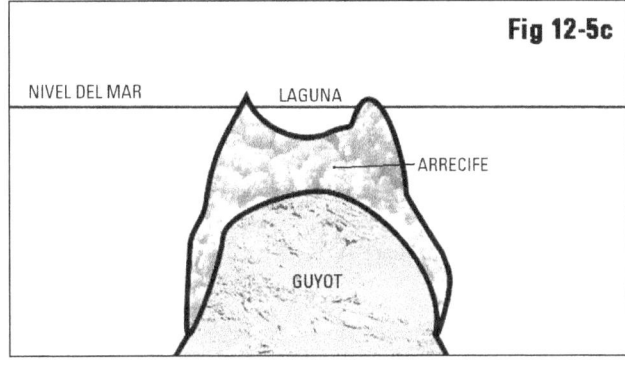

LOS CORALES

Los corales son invertebrados marinos primitivos que viven en grandes colonias y forman un esqueleto externo compuesto por CO_3Ca. En las regiones cálidas de la Tierra forman extensas colonias denominadas **arrecifes.**

Los arrecifes se desarrollan en aguas cálidas, transparentes y turbulentas; los corales necesitan mucha luz y abundante oxígeno para desarrollarse. Las colonias coralinas son fuertes obstáculos contra los que rompe el oleaje, y encierran áreas protegidas y calmas donde prospera una gran variedad de especies animales y vegetales, muchas de las cuales también fijan carbonato y contribuyen al crecimiento del arrecife. Los corales y las algas de los arrecifes forman aragonita, un mineral fibroso del CO_3Ca. La calcita está ausente.

Existen tres tipos de arrecifes de coral: costeros, de plataforma y atolones. Los **arrecifes costeros** crecen en el litoral, cerca de la orilla del mar, y encierran una laguna entre ellos y el continente. Dicha laguna es una variedad de albufera muy frecuente en la costa brasileña (Fig. 12 - 5a).

Los **arrecifes de plataforma** forman superficies de miles a cientos de miles de kilómetros cuadrados y cientos de metros de espesor. Los mayores de ellos son el Gran Banco de las Bahamas y la Gran Barrera de Coral al noroeste de Australia. Esas extensas superficies no tienen más de 10 metros de profundidad y son el asiento de los ecosistemas más complejos del mundo, con gran variedad de organismos fijadores de carbonato. (Fig. 12 - 5b).

Los **atolones** o "guyots" son arrecifes oceánicos. Tienen la forma de un anillo que rodea a una laguna central (Fig. 12 - 5c). Son muy numerosos en el Pacífico ecuatorial. Se han formado sobre antiguos conos volcánicos que se fueron hundiendo lentamente. La velocidad de crecimiento de los corales ha compensado el hundimiento, permitiendo la permanencia del arrecife y la acumulación de cientos de metros de espesor de caliza. Los atolones tienen por lo general unos pocos kilómetros de diámetro.

Lecturas complementarias
Physical processes of sedimentation – Allen, J. 1977 – G. Allen and Unwin, 248 pp., Londres.

13
Lagos, lagunas y pantanos

Lagos, lagunas y pantanos ocupan considerables extensiones en todos los continentes. Son cuerpos de agua relativamente estancada, en comparación con el agua corriente de ríos y arroyos. Reciben por ello la denominación de **cuerpos de agua leníticos**. En ellos se deposita gran parte de los sedimentos continentales en la actualidad, y lo mismo sucedió en las épocas geológicas pasadas. El motivo de su existencia es siempre un fenómeno geológico: tectonismo, erosión o sedimentación, que produce un embalse de las aguas superficiales.

Extremando los detalles, no existe un límite claro entre un mar cerrado, lejanamente conectado con el océano, y un gran lago salado. Entre mares y lagos propiamente dichos hay toda una gama de transiciones, entre los que figuran el mar Negro, el mar Caspio, el lago Baikal, etc.

Según la región en que se encuentran, lagos y lagunas contienen aguas de salinidad muy diversa, con concentraciones que varían desde pocas partes por millón en lagos de deshielo, hasta verdaderas salmueras en las salinas.

Los cuerpos leníticos pueden formar parte de redes hidrográficas exorreicas, es decir, que desembocan en el océano. En un gran porcentaje lagos y lagunas, sin embargo, son colectores de cuencas endorreicas. Uno de los efectos que se produce en estos casos es la progresiva salinización de los cuerpos de agua, pues las sales disueltas que aportan los afluentes permanecen en el lago y el agua se pierde continuamente por evaporación.

Desde el punto de vista geológico, los lagos suelen ser de vida muy corta, pues desaparecen al colmatarse con sedimentos en intervalos que oscilan entre pocos miles y algunos cientos de miles de años. Existen excepciones, sin embargo; algunos cuerpos de agua de origen tectónico pueden persistir durante períodos bastante mayores si las fallas que los limitan permanecen activas. Por ejemplo, hay indicios de que la laguna Mar Chiquita, en Córdoba, existe desde antes del Cuaternario, aunque no en forma permanente.

LOS LAGOS

Se denomina **lago** a todo cuerpo de agua continental cuya profundidad sea lo suficientemente grande como para formar en su seno dos masas superpuestas de agua bien definidas, la superior más templada y turbulenta que la inferior. Ambas masas de agua están separadas por una faja delgada denominada **termoclina** (Fig. 13 - 1). Por razones hidráulicas, esa estratificación es muy estable. Este fenómeno puede ser permanente o estacional, y está originado por la mezcla y homogeneización del agua que produce el viento en los metros superiores, ya calentados por el Sol. La profundidad mínima para que la estratificación del agua ocurra es de más de diez metros en la mayoría de los casos.

Origen - Cualquier fenómeno geológico capaz de provocar irregularidades notables en la superficie de la Tierra puede dar origen a un lago:

Los lagos de origen **tectónico** son los que alcanzan mayor tamaño; algunos de ellos son muy profundos. Se originan por movimientos de fallas, que determinan bloques elevados y hundidos (Fig. 13 - 2). Entre ellos figuran los grandes lagos de Africa Oriental, el Titicaca y el Ypacaraí.

Los lagos de origen **glacial** ocupan áreas alteradas por la acción del hielo, después que éste se derrite, al sobrevenir un cambio climático.

Las cubetas pueden producirse por erosión o por sedimentación; en este último caso cuando una morena queda cerrando el valle glacial. Muchas cubetas se producen por la combinación de ambos efectos (Fig. 13 - 3). Los numerosos lagos de la cordillera patagónica son de origen glacial.

Los lagos de origen **kárstico** se producen por la disolución de caliza en zonas de clima húmedo. Son de pequeña extensión. Se encuentran ejemplos en el norte del Paraguay, en la zona de Concepción.

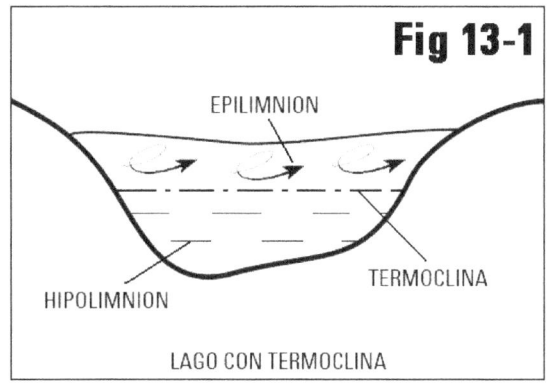

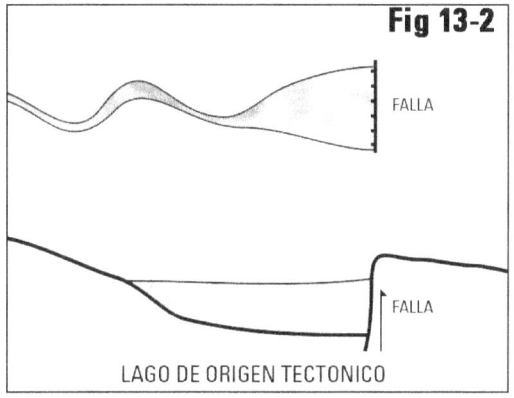

Colmatación - Los lagos son lugares donde se produce sedimentación de los materiales que transportan los ríos y arroyos que desembocan en ellos. Dichos sedimentos van rellenando poco a poco la cubeta, disminuyendo continuamente su profundidad hasta que se transforma en una laguna y después en un pantano, para finalmente desaparecer completamente rellenado o **colmatado.**

La colmatación se desarrolla mediante unos pocos mecanismos de sedimentación. El más importante de ellos es tal vez la sedimentación de materiales finos **acarreados en suspensión** y distribuidos por todo el lago mediante la turbulencia provocada por el viento. Este remueve la capa superior de agua o "epilimnion". Dicho mecanismo produce sedimentación de láminas y estratos muy finos de gran extensión areal (Fig. 13 - 4).

El **crecimiento de deltas de afluentes** es otro de los mecanismos de colmatación. Aporta a la cubeta arenas y cantos rodados y la va achicando lateralmente a medida que avanza el proceso (Fig. 13 - 5).

Las **corrientes de turbidez** se producen en muchos lagos naturales y artificiales. Están originadas por acumulación de sedimentos finos y medianos en las desembocaduras de afluentes. Cuando la acumulación de sedimentos forma taludes inestables, se producen corrientes de turbidez que los transportan hasta las áreas más profundas de la cubeta, depositándolos en forma de láminas y estratos muy finos. Este mecanismo produce una disminución de la profundidad máxima del lago (Fig. 13 - 6).

La **deriva litoral** de arenas distribuye a lo largo de la costa del lago materiales aportados por los afluentes, formando verdaderas playas. Se produce en lagos en los que la acción del viento es importante, con oleaje y circulación regulares.

Sedimentos - Los sedimentos lacustres son predominantemente finos, y en la mayoría de los casos laminados o finamente estratificados. Esto se debe a la alternancia de períodos en que el lago recibe aportes considerables de agua y sedimentos, y períodos en que reciben poco o nada. Ello se produce por la existencia de estaciones húmedas y estaciones secas en la mayoría de los climas. Durante la estación húmeda el lago es alimentado con grandes volúmenes de agua y sedimentos, que se depositan. Al llegar la estación seca, el aporte se interrumpe o disminuye considerablemente, cesando la sedimentación o depositándose sedimentos más finos.

Un caso particular, por su regularidad, lo constituye la sedimentación en lagos alimentados por deshielo. En ellos, las aguas que llegan durante el verano dejan una capa de limo en el fondo, de pocos centímetros de espesor. Al llegar el invierno se interrumpe ese aporte, y solo continúan sedimentándose las partículas más finas, que permanecen más tiempo en suspensión. Esas partículas van formando una lámina de arcilla de algunos milímetros de espesor. Dichas estructuras se denominan **varves**.

EL LAGO TITICACA

El Titicaca es el mayor lago de América. Su superficie está ubicada a 3812 metros sobre el nivel del mar. Cubre una extensión de 8.562 Km2 y su profundidad máxima es de 283 metros (107 m de profundidad media). Su nivel es variable, aumenta durante el verano. Desembocan en el lago más de 25 ríos, los principales de ellos son el Remis y el Coata. Las aguas tienen salinidades moderadas, entre 5,5 y 5,2 partes por mil.

Un modelo isotópico y químico del lago Titicaca (Cross et al., 2001) indica que el clima del Pleistoceno final, durante el período Tauca, fue 20 % más húmedo y 5 °C más frrío que el actual. El lago en esa época fue profundo y con escasa salinidad. Su efluente descargaba un volumen 8 veces mayor que hoy en día, lo que producía el crecimiento del lago Tauca en el Altiplano central. El clima seco del Holoceno temprano provocó un descenso en el nivel del Titicaca por debajo del nivel del efluente y resultó en la rápida desecación del lago Tauca. La evaporación continuada produjo un descenso de 100 metros en el nivel del Titicaca durante el Holoceno, lo que indica precipitaciones más bajas que las actuales. El lago fue salino hasta 2000 años antes del presente (a.A.P.)

EL LAGO MASCARDI

El lago Mascardi es un cuerpo de agua típico de la Cordillera Patagónica. Su origen, morfología, régimen hídrico y sedimentación son comunes a un considerable número de cuerpos de agua de la región, tanto en Argentina como en Chile. Es de origen glacial, es decir que el hielo de un glaciar excavó un valle preexistente en forma de U (mediante un proceso llamado "exaración") y formó una morena frontal con forma de terraplén en su extremo inferior. Al cambiar el clima aproximadamente diez mil años antes del presente, el valle se inundó formándose el lago. Este cuerpo de agua tiene una superficie de 38 Km2, su cuenca es de algo menos de 700 Km2 y desagua por un río (el Manso inferior) cuyo caudal promedio es de 36 m3/seg (Fig. 13-6a).

El lago se alimenta principalmente del agua de deshielo del cerro Tronador. La cuenca está situada en una zona de clima frío húmedo, con considerables diferencias en la insolación entre las laderas norte y sur del valle y un fuerte gradiente de precipitaciones de oeste (en la frontera chilena, más húmedo) a este (hacia la meseta patagónica). El agua aportada desde el Tronador es solamente un tercio de la que sale del mismo, los afluentes menores son de muy escasa importancia; por lo tanto se deduce que la mayor parte de su caudal se origina en surgencia de agua subterránea directamente al lago.

El agua de deshielo del Tronador forma el río Manso superior, que recorre varios kilómetros en un curso meándrico flanqueado por pantanos (llamados "mallines" en la región). Las crecientes de ese río se originan en dos factores, lluvias y deshielo; los caudales máximos se alcanzan cuando lluvias cálidas provocan deshielo, sumándose ambos. Durante las crecientes se produce excavación del lecho del río, formado por cantos rodados; en época de aguas bajas se recupera lentamente el perfil original, a lo largo de varios meses.

Los sedimentos en suspensión (Ver Cap. 8) que aporta el río Manso superior al lago son en general muy finos, predominando la fracción arcilla con porcentajes menores de limo. Los minerales arcillosos dominantes son montmorillonita y clorita, con proporciones menores de illita. Se determinaron concentraciones que varían entre 10 partes por millón (agua transparente) en invierno, hasta 586 partes por millón (agua bastante sucia) después de las lluvias con deshielo de enero. La descarga anual de sedimento al lago se calcula en unas 25.000 toneladas.

Los sedimentos transportados por el Manso en arrastre y saltación son en general cantos rodados que van formando un delta dentro del lago. Se calcula que suman alrededor de 2500 toneladas anuales. Las sales disueltas acarreadas por el Manso oscilan entre 30 y 50 partes por millón, un valor sumamente bajo. Esto resulta en aproximadamente 17.000 toneladas anuales. Con los datos anteriores se ha podido estimar la erosión promedio en la cuenca del lago Mascardi: 22 milímetros cada mil años, de los cuales 8 mm corresponden a erosión química y el resto a erosión física; es un valor sumamente bajo comparado con otras cuencas argentinas.

El fondo del lago Mascardi está compuesto por barro con gran cantidad de poros y huecos ocupados por agua. Su composición granulométrica es 66 % de arcilla, 27 % de limo y 7 % de arena, una mezcla muy favorable para la formación de corrientes de turbidez, probabilidad que se refuerza al considerar que los sedimentos llegan desde un extremo del cuerpo de agua. Si se calcula la compactación de esa mezcla sedimentaria y el volumen actual del lago, se deduce que se terminará de colmatar dentro de 228.000 años.

EL SALAR DE UYUNI

El salar de Uyuni es la salina más grande del mundo. Cubre 10.582 Km2 y está ubicado a 3663 metros de altitud. Se formó como lago durante la fase Minchín; durante el período Tauca el nivel del agua alcanzó una cota 100 metros más alta que la superficie actual. Sus depósitos en el subsuelo incluyen una formación de sal (halita) pura de 100 metros de espesor.

EL LITIO

El 85 % del litio del mundo se encuentra en el sur del Altiplano, repartido entre los territorios de Bolivia, Argentina y Chile. Se trata de un elemento sumamente importante para la fabricación de instrumental tecnológico utilizado en el siglo XXI. Forma parte de la composición química de numerosos minerales, aunque resulta difícil de extraerlo de los mismos. Sin embargo, en el Altiplano se lo encuentra en forma de iones disueltos en las salmueras de los salares, tanto en superficie como en el agua subterránea, acopañado de potasio, magnesio y boro. En esta región proviene de aguas geotermales y de la lixiviación de cenizas volcánicas.

En el Altiplano existe un área conocida como "el triángulo del litio". Sus vértices son el salar de Uyuni en Bolivia, el de Atacama en Chile y el salar de Hombre Muerto en Argentina. En Uyuni se encuentra el 45 % del litio de la Tierra.

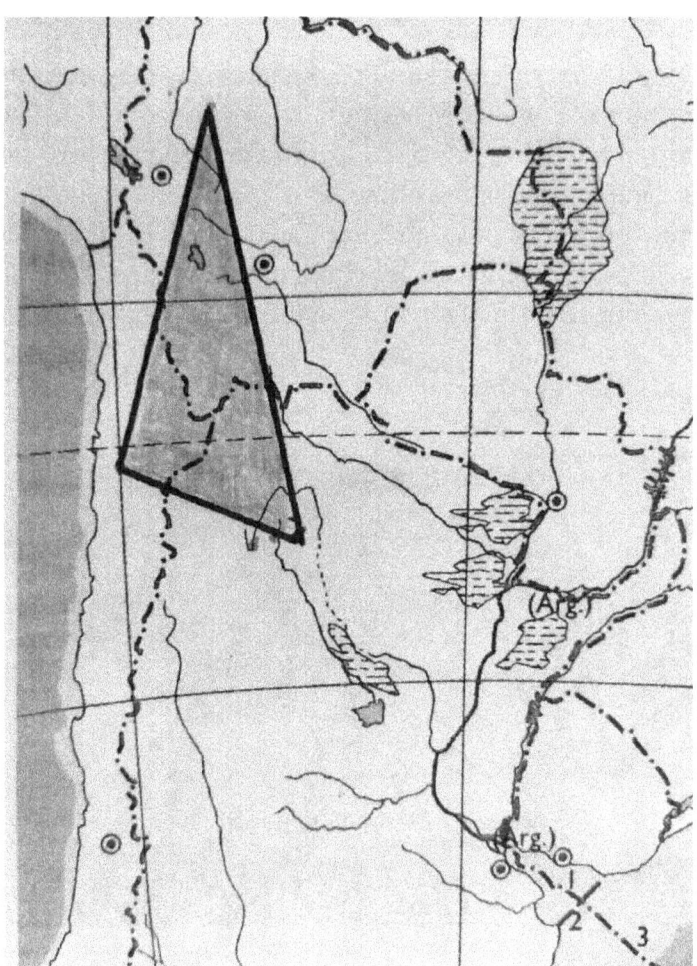

Fig. 13-7 - El tríangulo del litio. Sus vértices son los siguientes salares: Coipasa (Bolivia), Atacama (Chile) y Hombre Muerto (Argentina)

LAS LAGUNAS

Las **lagunas** son cuerpos de agua menos profundos y más simples que los lagos. La diferencia fundamental entre unas y otros es que la laguna está compuesta por una masa de agua homogénea, sin estratificación térmica y sin termoclina. Esto significa que los sedimentos del fondo están sujetos a mayor turbulencia del agua, a mayor oxigenación y a mayor intercambio de sales que los sedimentos lacustres.

La superficie de las lagunas es muy variable. Algunas alcanzan hasta cientos y aun miles de kilómetros cuadrados, pero su profundidad es poco significativa.

El origen de las lagunas es similar al de los lagos; las mayores son también de origen tectónico, como la Mar Chiquita en la provincia de Córdoba (Fig. 13 - 7). Existen también numerosas lagunas de origen eólico, fluvial y litoral. Entre las lagunas de **origen eólico**, las más numerosas son las hoyas de deflación, depresiones poco profundas excavadas por el viento en períodos secos, que se llenan de agua al hacerse el clima más húmedo. Se encuentran numerosos ejemplos de lagunas de este tipo en toda la llanura chaco-pampeana (Fig. 13 - 8).

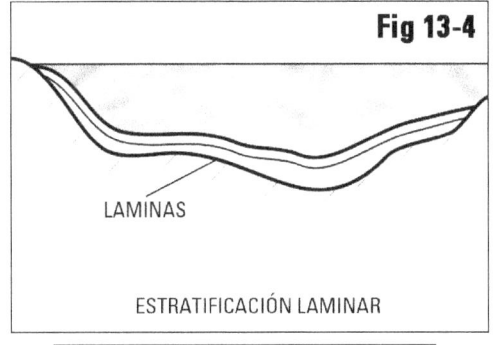

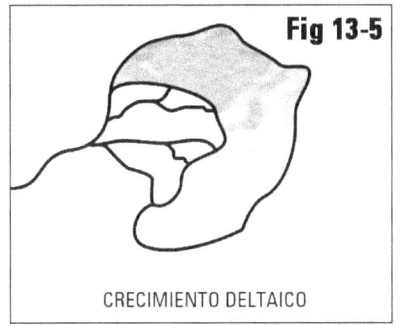

Las lagunas de **origen fluvial** se encuentran en su mayoría en las llanuras aluviales; pueden ocupar meandros abandonados, depresiones cerradas por albardones, etc. En la llanura aluvial del Paraná son muy numerosas; hemos contado más de seis mil en el tramo comprendido entre las ciudades de Santa Fe y Coronda (Fig. 13 - 9). Las lagunas de **origen litoral** se forman por el crecimiento de un cordón de arena a poca distancia de la costa (Fig. 11 - 12). La laguna Mar Chiquita, cerca de Mar del Plata, es un ejemplo típico.

Evolución - Una vez que se forma una laguna, cualquiera sea su origen, la masa de agua comienza a modelar la cubeta, codificando su forma y profundidad originales.

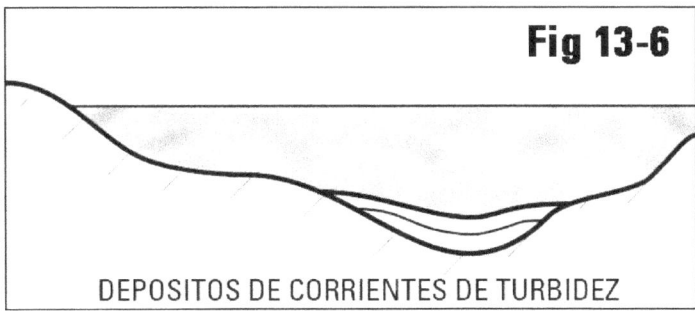

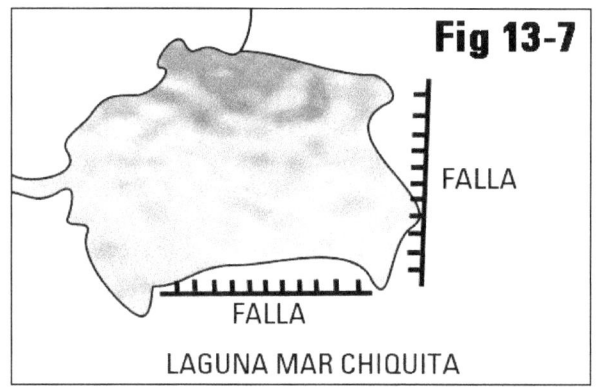

Fig 13-7

LAGUNA MAR CHIQUITA

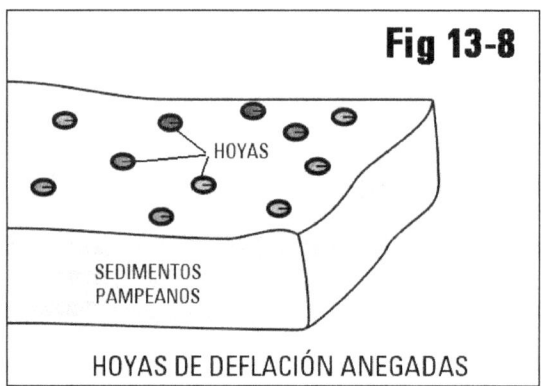

Fig 13-8

HOYAS DE DEFLACIÓN ANEGADAS

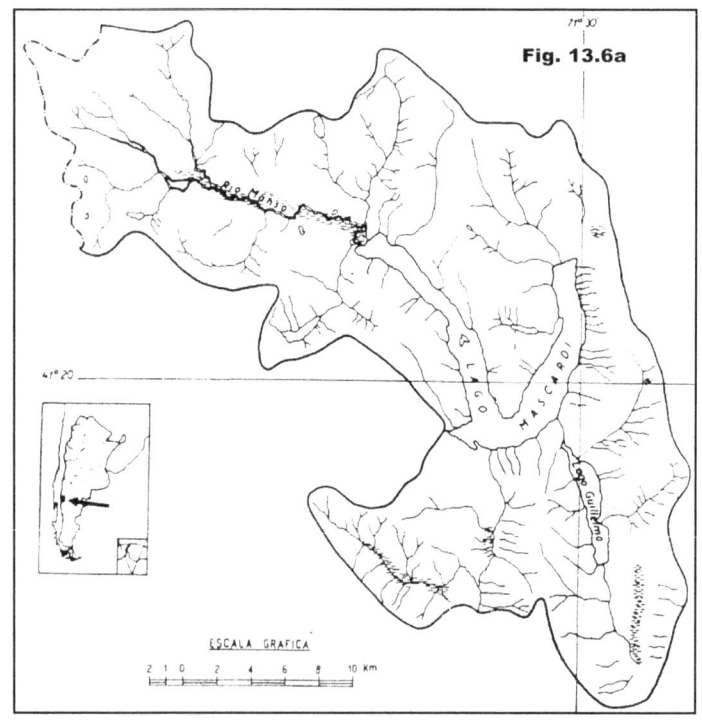

Fig. 13.6a

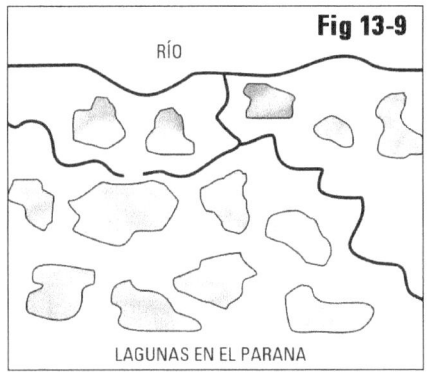

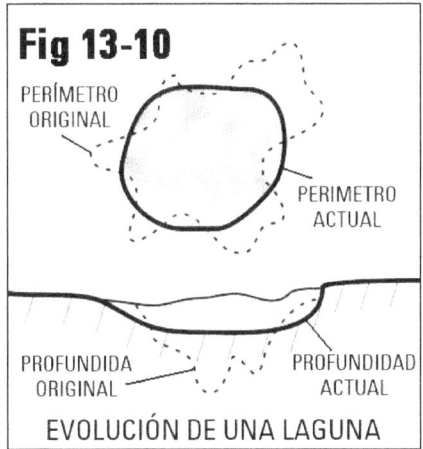

El agente dinámico que provoca esos cambios es el viento, que produce oleaje en toda la superficie de la laguna, erodando en unos lugares, sedimentando en otros y suavizando los contornos del cuerpo de agua. La forma final de una laguna bien evolucionada es semejante a una palangana muy chata (Fig. 13 - 10).

Las lagunas que evolucionan en climas áridos desarrollan es sus orillas montículos de sedimentos, provenientes del arrastre eólico de granos y partículas del lecho seco de la laguna, durante las sequías. Dichos montículos pueden tener una longitud considerable; se denominan "dunas de arcilla" o "lunetas".

Sedimentos - De acuerdo al tipo de sedimentos que se depositan en ellas, las lagunas se dividen en dos grupos: de sedimentación clástica y de sedimentación química.

Las lagunas de sedimentación clástica son en este aspecto semejantes a los lagos. Predominan los sedimentos finos y muy finos, generalmente laminados y finamente estratificados. Las lagunas de sedimentación química son las **salinas**, cuerpos de agua generalmente temporarios ubicados en climas secos, donde la evaporación a lo largo del año sobrepasa a la acumulación de agua que se produce debido a las escasas lluvias. Los minerales que se acumulan con más frecuencia en estos ambientes son los sulfatos (yeso) y los cloruros (halita). Existen numerosas salinas en la Patagonia y en el oeste argentino; una de las mayores es la llamada Salinas Grandes, que abarca aproximadamente 6.000 Km_2 de las provincias de Córdoba, Catamarca, La Rioja y Santiago del Estero. En algunas salinas de la Puna se depositan otras sales más raras, tales como boratos.

La Laguna Mar Chiquita – Las lagunas son excelentes indicadores de cambios climáticos, porque normalmente son sensibles a pequeñas alteraciones ambientales (mayores que los lagos, por ejemplo) y dejan registros sedimentarios y geomorfológicos de ello. El que sigue es un buen ejemplo. La laguna Mar Chiquita, ubicada en el noreste de Córdoba, es el mayor cuerpo de agua de la Argentina y solo inferior en extensión al lago Titicaca en Sudamérica. Está ubicada en una fosa tectónica y está alimentada por el río Dulce y en menor medida por el Primero y el Segundo. Durante épocas coloniales también desembocó en ella el río Salado. En los últimos cien mil años ha sufrido una serie de interesantes cambios:

\# Durante el último interglacial (aproximadamente 100.000/140.000 años antes del presente) la laguna probablemente no existía. El río Dulce corría hacia el sur dentro de una amplia faja aluvial y desembocaba en el Carcarañá.

\# En el Estadio Isotópico 4 (entre 100.000 y 65.000 años AP) la depresión estaba seca, y formaba parte del sistema Eólico Pampeano.

\# Entre 65.000 y 36.000 años AP (Estadio Isotópico 3 o simplemente IS3) el clima fue húmedo y subhúmedo. La laguna era mayor que la actual. El río Segundo depositó sedimentos fluviales y formó un abanico aluvial en el sur de la laguna.

\# Entre 36.000 y 8.500 años AP (IS2) la laguna se secó nuevamente bajo un clima árido. Toda la llanura cordobesa fue cubierta por loess.

\# Desde 8.500 hasta 3.500 años AP el clima fue más cálido y húmedo que el actual, en la laguna, de mayor tamaño y profundidad que hoy en día, se depositaron sedimentos orgánicos negros.

\# Oscilaciones posteriores transformaron a la Mar Chiquita en un barreal en la época colonial (el camino entre Santa Fe y Santiago del Estero la atravesaba por el medio).

\# La laguna que aparece en los mapas existió desde el siglo pasado hasta aproximadamente 1975/1980. En los últimos 20 años ha establecido un nuevo nivel de equilibrio, con el triple de superficie (6.000 Km2) y mayor profundidad.

LOS PANTANOS

Los pantanos son cuerpos de agua somera, con profundidad inferior a un metro o poco mayor que eso. Su rasgo determinante es la presencia de **vegetación palustre**, plantas con raíces enterradas en el fondo y que sobresalen por encima del agua, tales como juncos y totoras. Los pantanos forman orlas en las orillas de lagos y lagunas en proceso de colmatación y también constituyen la fase final de relleno de las cubetas lacustres y lagunares, cuando la acumulación de sedimentos ya ha colmatado la depresión (Fig. 13 -11). El oeste de la provincia de Corrientes tiene grandes extensiones de pantanos de origen fluvial, denominados localmente "esteros". La región pampeana presenta extensiones considerables de cubetas pantanosas de origen tectónico, tales como la depresión del Saladillo, en el sudeste de Córdoba cerca de Canals.

Sedimentos - Los sedimentos de los pantanos están constituidos por partículas de limo y arcilla, pues la densa cobertura de plantas palustres permite solamente transporte de sedimento en suspensión. La mayor parte de la sedimentación palustre del Cuaternario de la región pampeana, muy probablemente, fue transportada como polvo por el viento directamente hasta los pantanos.

Los sedimentos palustres contienen un alto porcentaje de materia orgánica, producto de la descomposición de la abundante vegetación de esos lugares. Predominan los colores oscuros, verde o negro, típico de ambientes carentes de oxígeno. La estratificación resulta destruida por la acción mecánica de las raíces de las plantas y de los organismos excavadores, produciéndose estructuras sedimentarias caracterizadas por terrones y tubos rellenos con arcilla y limo.

En ciertos tipos de pantanos el aporte de sedimentos clásticos es casi nulo. La acumulación de restos vegetales en ambiente anaeróbico, o sea carente de oxígeno, es entonces el único proceso de sedimentación. Dichos pantanos reciben el nombre de **turberas**; en ellos la materia orgánica va perdiendo paulatinamente el agua de sus tejidos y enriqueciéndose en carbono. En Tierra del Fuego existen amplias turberas de clima frío, cubiertas por vegetación de Sphagnum.

Existen también turberas tropicales, donde crecen y se acumulan restos de gramíneas y ciperáceas. Ejemplos de ellas se encuentran en el norte del Iberá, con acumulaciones de hasta 2 metros de espesor, y en el Chaco santafesino.

LOS BAÑADOS

Se denominan bañados las superficies sujetas normalmente a ambientes subaéreos, que ocasionalmente son cubiertas por el agua durante períodos más o menos prolongados. Los bañados suelen formar fajas bordeando ríos y lagunas. También se los encuentra en depresiones ubicadas en los interfluvios de las cuencas fluviales.

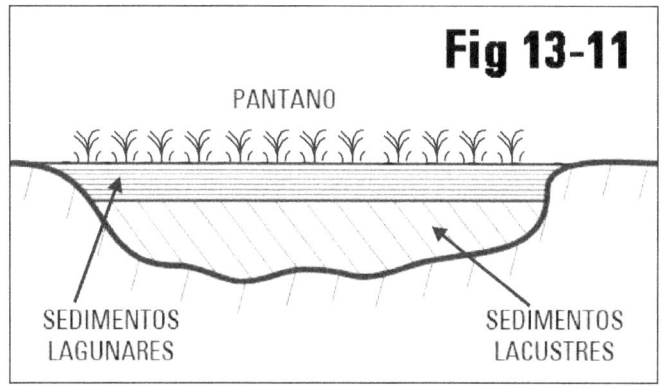

LOS HUMEDALES

Lagunas, pantanos y bañados forman complejos sistemas de cientos de miles de kilómetros cuadrados denominados "humedales". Son áreas muy planas que se encuentran en regiones de clima húmedo; el aumento del nivel del agua, aunque sea modesto, anega grandes superficies durante meses o años. Un ejemplo típico es la laguna del Iberá.

Los humedales son ambientes de rápido crecimiento de plantas y gran acumulación de biomasa, que no alcanza a ser descompuesta por los microorganismos. En consecuencia, suelen formarse capas de turba. Geológicamente están ubicados en bloques hundidos, lo que facilita dicho proceso. Si las condiciones post-deposicionales son las adecuadas, especialmente ausencia de oxígeno y predominio de sedimentos orgánicos, la acumulación de materiales origina yacimientos carboníferos después de millones de años.

Los procesos tectónicos tensionales que ocurren en el antepaís andino y en otras tierras bajas producen el hundimiento de bloques de varios miles de kilómetros cuadrados de superficie. Bajo climas húmedos, esas depresiones son ocupadas por cuerpos de agua someros y una densa vegetación palustre. Se trata de un caso especial de humedales que, debido a su gran extensión, complejidad, flujos internos de sales y sedimentos y otras características, deben ser considerados como macrosistemas (Neiff et al., 1994). Dichas áreas están caracterizadas por inundaciones más o menos periódicas y constituyen complejos ecosistemas adaptados a grandes fluctuaciones en el nivel del agua. Los cuerpos de agua frecuentemente tienen condiciones anaeróbicas y acumulan materia orgánica con varios grados de descomposición. Una lista parcial publicada por Neiff et al. contiene 15 humedales con superficies mayores a diez mil kilómetros cuadrados. Otros humedales algo menores se forman en fajas fluviales abandonadas dentro de mega-abanicos. Ejemplos de ese tipo pueden encontrarse en el sistema del río Pilcomayo, donde una faja antigua está ahora transformada en un pantano de 250 Km de largo y 7 a 12 Km de ancho; en toda esa área la profundidad oscila solamente entre 20 y 80 centímetros. Ese humedal está ubicado en la provincia de Formosa, en Argentina. Otro similar se encuentra en el Chaco paraguayo, una corta distancia hacia el norte. La superficie del agua está cubierta por vegetación palustre (*Graminiae y Cyperaceae*) y plantas flotantes (Eichhornia y Pistia). Existen en el Chaco otros grandes pantanos, con 100 a 200 kilómetros de longitud, 3 a 10 kilómetros de ancho y menos de 1 metro de profundidad.

En algunos humedales crecen turberas tropicales. La laguna Iberá en NE Argentina ocupa un área de 12.000 Km2, cubriendo parcialmente un antiguo mega-abanico del río Paraná. La superficie de agua libre abarca solamente 10 % del total, el resto está cuberto por vegetación palustre y flotante. El producto más interesante de ese ambiente es una turba tropical. Su evolución comienza con el crecimiento de una carpeta de vegetación flotante. Las plantas muertas en esa carpeta no se hunden, sino que permanecen flotando, parcialmente descompuestas, y sirven de soporte a nuevas plantas flotantes. Esto resulta en un paulatino aumento en el grosos de la carpeta, que se transforma en un "embalsado" de 1 a 2 metros de espesor, compuesto por una masa esponjosa saturada de tejidos vegetales parcialmente descompuestos. Durante años excepcionalmente secos, el nivel del agua desciende y el embalsado puede tocar el fondo del pantano. En la siguiente estación húmeda el agua recupera su nivel normal, dejando al embalsado pegado al fondo. Después, el proceso de formación de embalsado comienza otra vez en superficie. Se han medido espesores de embalsados de hasta 3 metros, con edades de hasta 3000 años. Desde el punto de vista de la ciencia del Cuaternario, el grado de conocimiento de los grandes humedales es realmente pobre. En general, dicho conocimiento está restringido a la descripción de las condiciones actuales. Entre los escasos estudios existentes en humedales cuaternarios, puede mencionarse el de la Formación Tapebicuá, una unidad sedimentaria caracterizada por numerosas concreciones ferruginosas y un paleosuelo del tipo Plintosol en el tope (Iriondo 2004). De todas maneras, es claro que estos pantanos tropicales existieron a lo largo de todo el Cuaternario en el continente y que muy probablemente fueron "puntos calientes" en la evolución de plantas y animales y refugios de ecosistemas particulares.

EL PANTANAL DE MATO GROSSO

El Pantanal es un gran humedal ubicado en el interior de América del Sur; está particularmente bien desarrollado en territorio brasileño, aunque también se extiende algunos miles de kilómetros cuadrados en Bolivia y en una superficie menor en Paraguay. Se lo conoce genéricamente como "el Pantanal del Mato Grosso". Se trata de una depresión tectónica ubicada alrededor del eje Paraguay-Paraná. Está rellenada por una potente sucesión de sedimentos cuaternarios. Su superficie corresponde a un relleno del Cuaternario superior, de la época de la última glaciación, probablemente removilizado por el viento en el Holoceno superior. La geomorfología de la depresión tiene formas de clima seco (semidesierto o desierto). Está ocupada por grandes abanicos aluviales; el mayor de ellos es el del río Taquarí, el del río Sao Lourenco es el segundo en tamaño. Ambos provienen de sistemas hidrográficos de la meseta oriental. Se pueden distinguir en la superficie cauces anastomosados, hoyas de deflación y superficies planas de arena, además de campos de dunas longitudinales. Estas formas áridas han sido modificadas gradualmente por procesos de clima húmedo. Las dunas han sido disipadas hasta formar pequeñas elevaciones redondeadas o elípticas de poca importancia. Aparecieron después cauces meándricos, que actualmente están retrabajando las antiguas formas anastomosadas y trenzadas. El relieve del Pantanal es el de un desierto que está siendo retrabajado por un clima húmedo. Se pueden observar numerosos campos de dunas fósiles, que indican direcciones de viento constantes del NNE y del NNW. Hubo obviamente variaciones estacionales en las corrientes de aire, que provenían muy probablemente del Anticiclón del Atlántico Sur. En la actualidad dicha estabilidad no existe, especialmente en verano, cuando el aire polar frío, inyectado en las masas tropicales sobre el Brasil sur y central, altera frecuentemente los patrones de presión subtropicales. Por ello se supone que durante el período de clima árido dichas invasiones fueron menos efectivas o ausentes, según Klammer (Fig. 13-12).

Según este autor, el cambio climático fue monofásico, de seco a húmedo, y no policíclico, aunque es posible que se trate simplemente del último episodio de la secuencia pleistocena, con los registros sedimentarios de los anteriores climas en el subsuelo.

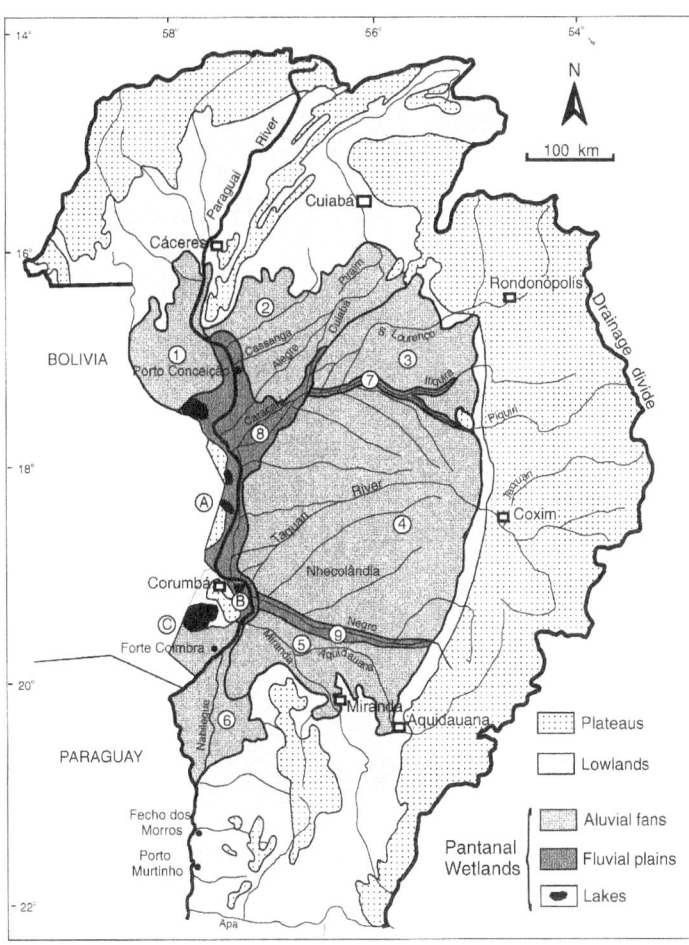

Fig. 13-12 Pantanal de Mato Grosso

LOS AMBIENTES LENÍTICOS DE LA REPÚBLICA ARGENTINA

Durante los últimos miles de años y hasta el presente, los cuerpos leníticos del territorio argentino se han desarrollado según sus condiciones ambientales en ocho grandes sistemas (Fig. 13-12). Una breve descripción de los mismos es la siguiente:

1. La Formación Hernandarias y los bañados de altura (pantanos) – Comprende un área total de 61.000 Km2 en Entre Ríos y sur de Corrientes. El río Uruguay transportaba durante el Cuaternario inferior un caudal muy pequeño, que se dispersaba en grandes pantanos y salinas. A lo largo de miles de años, esos pantanos acumularon 10 a 20 metros de espesor de arcilla limosa y limo arcilloso. El ambiente climático y sedimentario fue semejante al de las salinas actuales de Catamarca. Hoy en día el río Uruguay quedó aislado de ese territorio debido a movimientos tectónicos, y en la antigua superficie existen los llamados "bañados de altura".

2. Las cañadas pampeanas (pantanos)– En la Argentina la palabra "pampeano" define un ambiente de llanura que cubre la parte central del país entre las latitudes de 30 y 38 grados de latitud Sur. Está caracterizada por sedimentos de origen eólico con fases pantanosas intercaladas. Esos pantanos intercalados están representados principalmente por las llamadas "cañadas". Son depresiones lineales someras, la mayor parte de ellas con límites rectos y bien definidos, que contienen agua en forma permanente o temporaria. Algunas cañadas incluyen un pequeño cauce en el centro, pero siempre se trata de un elemento menor y subordinado. En muchos casos las cañadas están ubicadas en depresiones de origen tectónico y se ubican en forma paralela y a intervalos regulares. La mayor parte de ellas son asimétricas; aunque esta característica es imperceptible al ojo en el campo, puede ser detectada observando los diferentes anchos de las fajas de vegetación a ambos lados de la depresión central. Las cañadas más grandes suelen contener agua permanente y vegetación palustre. A ambos lados se ubican fajas de pajonal (inundación semi-permanente). Frecuentemente, el pajonal en uno de los lados es dos o tres veces más ancho que en el otro.

3. Los esteros chaqueños (pantanos) – El Gran Chaco Sudamericano es una llanura tropical que cubre 840.000 Km2 en Paraguay, Argentina y Bolivia. Su paisaje ha sido formado por los mega-abanicos de cinco

grandes ríos que fluyen desde las montañas del oeste hacia los ríos Paraná y Paraguay. Los pantanos son muy extensos en las partes distales de esos abanicos. El sector argentino del Chaco comprende los mega-abanicos de los ríos Bermejo y Salado, y parte del mega-abanico del Pilcomayo. Los bañados ocupan llanuras aluviales abandonadas por esos ríos. El hundimiento tectónico y el clima húmedo del Chaco Oriental son factores importantes en el mantenimiento de los esteros. Los mayores de ellos tienen 100 a 200 kilómetros de longitud, 3 a 10 kilómetros de ancho y solamente 1 metro de profundidad. La superficie de los esteros está cubierta por vegetación palustre y flotante.

4. Pantanos y lagunas del sistema del Paraná – La cuenca hidrográfica del río Paraná es la segunda en tamaño de Sudamérica. Su parte inferior cruza las llanuras argentinas. Los procesos fluviales actuales y pasados han formado en este sistema varios miles de lagunas y pantanos de todos tamaños, que aparecen en un área de más de 32.000 kilómetros cuadrados en el país. Se pueden distinguir en este conjunto tres áreas genéticamente diferentes: los esteros del Iberá, la llanura aluvial del Paraná y el complejo litoral de la desembocadura, denominado algo impropiamente "delta del Paraná".

5. Los esteros del Iberá, ubicados en la provincia de Corrientes, cubren parcialmente un antiguo mega-abanico del Paraná. Ocupan un área de 450 kilómetros de largo y 75 kilómetros de ancho, ocupado en un 90 % por turberas tropicales y con el 10 % restante formando lagunas.

6. La llanura aluvial del Paraná, compuesta por varias unidades geomorfológicas (ver Cap. 8), contiene más de cinco mil lagunas someras de formas redondeadas, ovales e irregulares, que forman un heterogéneo mosaico. Su superficie promedio es de 0,32 Km2 y tienen forma elíptica en su mayor parte. La profundidad varía entre 0,20 y 5,30 metros. El número y tamaño de los pantanos no ha sido todavía estudiado.

7. En el complejo litoral de la desembocadura (Ver Cap. 11) hay cuerpos leníticos de diferente naturaleza. Pueden mencionarse la albufera (que funciona como un gran bañado), las playas de regresión (unidades 3a y 3b del mapa, con pantanos alargados entre las playas sucesivas), y el delta propiamente dicho (formado por islas con forma de plato, con una laguna en el medio).

8. Las salinas de la Puna – La Puna de Atacama es una región situada a gran altura en el rincón noroeste del país. Está formada por una serie

de bloques fallados de rumbo norte-sur, lo que forma un paisaje de cuencas endorreicas en un clima árido, con precipitaciones inferiores a los 200 milímetros anuales. La hidrografía está caracterizada por arroyos no permanentes que fluyen a grandes salinas, siete de las cuales tienen superficies superiores a los mil kilómetros cuadrados.

9. Salinas y barreales de los bolsones del Noroeste – Desde la Puna hasta la mitad de la provincia de San Luis se extiende una amplia faja de valles tectónicos endorreicos con climas áridos y semiáridos. En esta amplia región existen numerosas salinas y "barreales", un tipo de pantanos no permanentes con vegetación halófita (que crece en suelos de alta salinidad). El más importante de estos cuerpos leníticos es el de las Salinas Grandes, con más de 5000 Km2 de superficie.

10. Lagos de origen glacial de la cordillera patagónica – Son los únicos lagos del territorio argentino. Se han formado en los valles cordilleranos después de retirarse los glaciares hace aproximadamente diez mil años. Forman una larga serie que se extiende desde Neuquén hasta Tierra del Fuego, o sea unos 1500 kilómetros. Tienen más de 100 metros de profundidad y la termoclina se ubica en verano entre 30 y 40 metros de bajo de la superficie. Sus áreas miden en general entre 50 y 100 Km2. Un caso típico es el lago Mascardi.

11. Los Bajos Patagónicos – Se trata de cuerpos de agua ubicados en depresiones de origen eólico ubicados en la meseta patagónica, donde el viento es el agente dominante. Una gran cantidad de estas son hoyas de deflación simples, que se inundan temporariamente en invierno. Otras son grandes áreas que el viento ha estado excavando en sedimentos finos a lo largo de cientos de miles de años y miden decenas de kilómetros cuadrados de extensión. También son ocupadas por lagunas temporarias, aunque la dinámica es allí más compleja, con formación de playas por oleaje, alimentación por agua subterránea, etc.

Lecturas complementarias
Limnología – Margalef

The large wetlands of South America – Neiff, J., Iriondo, M. y Carignan, R. Proceedings of the International Workshop on the Ecology and Management of Aquatic-Terrestrial Ecotones --Univ. Of Washington, Seattle, 156-165, UNESCO.

14
Rocas sedimentarias

Las rocas sedimentarias se forman por la acumulación de fragmentos minerales, depositados por el agua, el viento o el hielo, y posteriormente cementados. También se forman por precipitación química de sales disueltas en el agua y por la actividad biológica de ciertos organismos.

Las rocas resultantes de la acumulación de fragmentos o clastos de minerales y rocas se denominan **clásticas**. Se las describe y clasifica de acuerdo al tamaño de los fragmentos que las constituyen, porque ello indica de cierta manera la fuerza y capacidad de transporte de las corrientes que las depositaron. Los fragmentos transportados y depositados forman masas sueltas e incoherentes denominadas **sedimentos**, que cuando son posteriormente cementados por precipitación química dentro de sus poros se transforman en **rocas sedimentarias**. Los sedimentos son transportados, algunos de ellos largas distancias, hasta grandes depresiones de la superficie terrestre denominadas **cuencas**, donde se acumulan en espesores que pueden alcanzar miles de metros. La mayor parte de las cuencas es marina, aunque también existen cuencas continentales importantes.

Las rocas sedimentarias **químicas** se forman por precipitación de sustancias disueltas. Son originadas dentro de la cuenca sedimentaria y constituyen verdaderas rocas ya desde la primera fase de su formación, sin pasar por el estado intermedio de "sedimento".

Las rocas **organógenas** son bastante similares a las químicas. Se forman por acumulación de restos orgánicos, generalmente de partes duras que algunos animales y plantas van formando a lo largo de su vida.

En las rocas sedimentarias existen casi siempre **estructuras** de diversos tipos, que reflejan características importantes del ambiente de sedimentación y de los procesos posteriores que sufrieron las mismas.

ROCAS CLÁSTICAS

Los sedimentos acarreados por los distintos agentes de transporte poseen varias propiedades físicas, que se utilizan para describirlos. La más importante es el tamaño de los clastos que los componen, o sea su **granulometría**. En la Argentina se emplea la siguiente escala granulométrica para la clasificación de sedimentos:

Dimensiones	Individuo	Agregado suelto
	Bloque	Aglomerado
256 mm	Canto Rodado	Cantos rodados y grava
4 mm	Gránulo	Sábulo
2 mm	Grano	Arena
1. 16 mm	Partícula	Limo
1/256 mm	Partícula	Arcilla

Los límites que determinan aquí a las distintas clases de sedimentos no son arbitrarios, sino que marcan diferencias importantes en el comportamiento físico de los clastos. Los bloques, por ejemplo, son típicos de depósitos glaciales, deslizamientos y derrumbes, y de corrientes de agua de extrema energía. Por esta razón son sumamente raros en las rocas sedimentarias.

Los rodados y gravas son característicos de sedimentos fluviales o litorales con velocidad y turbulencia altas; son acarreados por arrastre y rendimiento a lo largo de lecho de los cauces; generalmente están compuestos por fragmentos de rocas. La arena, que también es transportada por arrastre, está compuesta por fragmentos de minerales. Es un sedimento sumamente abundante, de presencia casi universal en los ambientes continentales y litorales. Es transportada y depositada por corrientes de agua que varían entre 10 centímetros por segundo y 1 metro por segundo, rango que abarca la gran mayoría de los sistemas fluviales del mundo.

Los limos y arcillas, por otra parte, son transportados siempre en suspensión, en forma independiente de la arena, y sedimentan solo en aguas completamente estancadas (los limos) y mediante procesos de floculación (las arcillas). La diferencia principal entre ambos es que el limo es inerte; puede ser reconocido porque se desmenuza en forma de polvo. La arcilla, en cambio, compuesta en su mayor parte por minerales tales como caolinita, montmorillonita o illita, tiene cohesión; es plástica cuando está húmeda y se endurece al secarse.

Otras propiedades de los sedimentos, de menor importancia que la granulometría, son la selección y la madurez. La **selección** describe el grado de uniformidad de los clastos; cuanto más uniformes sean los granos de un depósito, tanto más alta es la selección. El grado de selección de sedimentos está correlacionado inversamente con la capacidad de transporte del agente que lo deposita; la selección más alta se encuentra en las arenas eólicas, mientras que la más baja corresponde a morenas glaciales.

La **madurez** es una medida del grado de meteorización que han sufrido los sedimentos. Está representada por la proporción de minerales resistentes con respecto a los minerales alterados. Esta propiedad tiene importancia en las arenas.

Litificación – Los sedimentos clásticos se transforman en rocas sedimentarias mediante el proceso de litificación, que comprende varios mecanismos físicos y químicos, los más importantes de los cuales son la cementación y la compacción.

Se denomina **cementación** a la precipitación química de sales disueltas en el agua instersticial, que ocupa los poros de los sedimentos. Las sales precipitadas rellenan los poros y sueldan los granos entre sí. Los cementos más frecuentes son el carbonato de calcio o calcita, y el dióxido de silicio ó sílice. La cementación ocurre en sedimentos gruesos y medianos, como cantos rodados y arena.

La **compacción** es típica de arcillas y limos. Estos sedimentos finos que en conjunto se conocen con el nombre de **pelitas**, poseen una porosidad muy elevada en el momento de sedimentarse; en algunas arcillas los poros ocupan más del 90 % del volumen total, en el fondo de cuerpos de agua. El propio peso, y el de los sedimentos que se van acumulando encima, provoca la expulsión paulatina del agua instersticial y el cerramiento progresivo de los poros por reacomodamiento de las partículas. En los casos en que la compresión es muy grande o los intervalos de tiempo muy prolongados, se produce un cierto grado de recristalización que aumenta la litificación y reduce aún más la porosidad.

Clasificación de rocas clásticas – Las rocas clásticas se clasifican en base a su granulometría, de la siguiente manera:

- Los sedimentos de grano grueso, o sea canto rodados y bloques, originan ROCAS PSEFITICAS, como **conglomerados** y **aglomerados**.
- Los sedimentos de grano mediano, o sea arena, originan las ROCAS PSAMITICAS, o areniscas.
- Los sedimentos de grano fino, limos y arcillas, originan las ROCAS PELITICAS, como **lutitas**, **limolitas** y **arcilitas**.

Cada uno de estos grupos de rocas se subdivide a su vez de acuerdo a su composición mineral y estructuras. La selección y otros parámetros se utilizan generalmente solo para describir las rocas, sin que influyan en su clasificación.

DESCRIPCIÓN DE ALGUNAS ROCAS CLÁSTICAS

Los conglomerados - Están constituidos por clastos, matriz y cemento. Los clastos tienen el tamaño de cantos rodados. La **matriz**, que está compuesta por arena o arcilla, ocupa los huecos existentes entre los clastos. Se trata de sedimentos introducidos por el agua que circulaba entre ellos, poco tiempo después de depositarse los rodados.

Los conglomerados se dividen en oligomícticos y polimícticos. Los **oligomícticos** están compuestos por clastos de un solo mineral o roca, generalmente cuarzo en las cuencas sedimentarias importantes. Suelen ser rocas de gran dureza. Los conglomerados **polimícticos** están constituidos por clastos de dos ó más minerales o rocas, suelen ser menos duros y sus componentes estuvieron sometidos a escaso transporte y alteración.

Las areniscas - Están formadas por clastos de tamaño arena y cemento químico, generalmente sílice o calcita. En algunos casos contiene una matriz arcillosa. De acuerdo a la mineralogía de los granos se las divide en tres tipos principales: ortocuarcita, arcosa y grauvaca.

La **ortocuarcita** está compuesta por más del 95% de cuarzo en la fracción clástica. Constituye el producto final de la evolución de los sedimentos arenosos, en los que la mayoría de los minerales ha quedado eliminada por la meteorización. En la mayoría de los casos el cemento es sílice, disuelta de los granos de arena y precipitada en los poros. Los granos son generalmente bien redondeados y poseen alta selección. El color es blanco o blanquecino en la mayoría de los casos.

La **arcosa** es una arenisca que contiene más del 25% de feldespatos en la fracción detrítica. Por lo general es una arenisca de grano grueso, con poca selección y granos angulosos. El feldespato es potásico en casi todos los casos, ortoclasa o microclino, y puede estar fresco o alterado. La mica detrítica es frecuente en esta roca. Su color típico es el rosado o rojizo, debido al feldespato potásico. Esta roca deriva de la erosión de áreas graníticas bajo climas secos o fríos, con escasa meteorización química y acumulación rápida. Las areniscas que contienen más del 5% y menos del 25% de feldespatos se denominan **areniscas feldespáticas.**

La **grauvaca** es una arenisca compuesta por cuarzo, feldespato y fragmentos líticos. Los fragmentos líticos son aquellos que están constituidos por dos o más cristales minerales. El cuarzo constituye generalmente la mitad o menos de la fracción detrítica. También existe en la grauvaca una abundante matriz arcillosa. Los feldespatos son predominantemente plagioclasas; los fragmentos líticos frecuentes son de lutitas, esquistos y otras rocas de grano fino. Las grauvacas se forman en cuencas marinas, por litificación de sedimentos depositados por corrientes de turbidez. Su color es oscuro, verdoso o ceniciento.

Las rocas pelíticas - Están constituidas por partículas de limo y arcilla, transportadas en suspensión por el agua. Las partículas de limo están compuestas principalmente por cuarzo y feldespatos, mientras que las más finas se componen de minerales arcillosos. La roca más importante de este grupo es la **lutita,** cuya composición es generalmente una mezcla de limo y arcilla y mineralogía variable. En promedio tiene aproximadamente un tercio de minerales arcillosos, un tercio de cuarzo y feldespatos y un tercio de sedimentos químicos tales como óxidos de hierro y carbonato. La lutita está caracterizada por su **fisilidad,** que es la propiedad de partirse en finas láminas paralelas al plano de estratificación. Dicha propiedad es producida por el acomodamiento de los minerales planos bajo el efecto de la presión. También se produce un cierto grado de recristalización de los minerales arcillosos.

Las lutitas son de colores oscuros, negras o grises, muy comunes en cuencas marinas. Constituyen del 50 al 80% de las rocas sedimentarias del mundo.

El contenido de carbonato de calcio en las pelitas es completamente variable, desde prácticamente cero en las lutitas carbonosas hasta cerca del 100% en ciertas fangolitas calcáreas. Cuando el contenido de carbonato de calcio de una roca pelítica está comprendido entre el 35% y el 65%, dicha roca se denomina **marga**. Las margas suelen tener estratificación mediana a gruesa y vivos colores.

El color - El color es una de las características más evidentes de las rocas clásticas. Resulta particularmente útil en la geología de campo y muchas veces ayuda a reconstruir la historia de la roca. En la gran mayoría de los casos, el estado de oxidación del **hierro** es lo que produce el color de la roca, aunque este elemento se encuentre en porcentajes muy pequeños. Las rocas rojas, rosadas y amarillas contienen hierro en estado férrico; han pasado por ambientes oxidantes con exceso de oxígeno. Las rocas grises, negras y verdes contienen hierro en estado ferroso; han estado sometidas a ambientes reductores, donde faltaba el oxígeno.

ROCAS ORGANÓGENAS Y QUÍMICAS

Las rocas organógenas y químicas se originan **dentro de las cuencas sedimentarias**, al contrario de lo que sucede con las rocas clásticas, por ello se las denomina a veces "rocas sedimentarias autóctonas". Las **rocas organógenas** aparecen por la acumulación de restos orgánicos, tales como conchas de moluscos, restos de árboles y huesos de peces. Las **rocas sedimentarias químicas** se forman por la precipitación de sales disueltas, cuando alcanzan el punto de saturación en el agua que las contiene; el ejemplo clásico está representado por la sal común, que precipita por saturación en las salinas. No existe, sin embargo, un límite nítido entre los dos tipos de rocas, porque en la mayor parte de los ambientes los procesos químicos y los biológicos están íntimamente relacionados. Son rocas que se acumulan más lentamente que las clásticas, y que para formarse necesitan ambientes libres de sedimentos clásticos. Las rocas químicas y organógenas se forman en ambientes acuáticos, salvo raras excepciones. Se clasifican por su composición química. Entre todas las rocas de este tipo predominan ampliamente las calizas. Las evaporitas, carbones y demás integrantes del grupo se encuentran en volúmenes muy reducidos en la litosfera.

Las calizas - Las calizas son rocas sedimentarias químicas y organógenas, compuestas fundamentalmente por calcita y aragonita. Ambos minerales están compuestos por carbonato de calcio, pero difieren en el sistema de cristalización. Existe también cierta proporción de dolomita, $(CO_3)_2$ Ca Mg.

Los componentes organógenos propiamente dichos de las calizas son los esqueletos calcáreos de invertebrados marinos, tales como moluscos, pelecípodos y corales, y restos de algas, ya sea enteros o fragmentados por la turbulencia de las olas y corrientes. Los componentes químicos están formados por los barros calcáreos de precipitación directa. Dicho barro está compuesto por cristales de 1 a 4 micrones de largo, en algunos casos con hábito fibroso. En algunas áreas de ambiente litoral el carbonato precipita alrededor de núcleos mantenidos en movimiento por el vaivén de las olas, resultando cuerpos esféricos de pocos milímetros de diámetro formados por capas concéntricas, denominados **oolitas** (Fig. 14 - 1). Los restos calcáreos de organismos pueden ser fragmentados por la acción del oleaje hasta el tamaño de arena.

La cementación, disolución y recristalización son muy frecuentes en las primeras fases de la historia de una caliza. Cuando la roca está compuesta por cristales visibles a simple vista, se la denomina **esparita**. Si los cristales son microscópicos reciben el nombre de **micrita**.

Las calizas más abundantes en las cuencas geológicas antiguas son las formadas en aguas marinas poco profundas; la mayoría de ellas están constituidas por **calcarenitas**, es decir, arenas calcáreas cementadas, y masas de calcita "bioacumulada", o sea fijada en el lugar por el crecimiento de organismos calcáreos. Constituyeron grandes **plataformas carbonáticas** de miles de kilómetros cuadrados, como la actual plataforma de las Bahamas.

Las calizas de aguas profundas son en general rocas provenientes de la litificación de clastos carbonáticos transportados desde áreas más someras por corrientes de turbidez, es decir, **turbiditas**. Existen también calizas lacustres.

La **tosca** o "caliche" es una caliza continental de precipitación química que se deposita en la superficie de la tierra en climas áridos o en el nivel freático del agua subterránea en climas semiáridos.

Los carbones - Son rocas compuestas esencialmente por carbono. Provienen de la acumulación de materia orgánica vegetal en ambientes reductores, es decir, donde falta oxígeno. En presencia de oxígeno la materia orgánica se oxida y se descompone, en una especie de combustión muy lenta, hasta desaparecer. En ambientes reductores, en cambio, la vegetación, muerta va perdiendo su agua de composición y enriqueciéndose en carbono. Los carbones son de origen continental, formados en pantanos que acumulan **turba**, un material que contiene aproximadamente un 60% de carbón en peso seco. Por pérdida de agua y compacción, la turba se transforma en **lignito**, un carbón de color castaño y aproximadamente 70% de carbono. La **hulla** es un estado más avanzado de carbonización, con un contenido de carbono que puede llegar hasta el 90%. Es de color negro. Finalmente, existe la **antracita**, con 90 a 93% de carbono; es un carbón con aspecto vítreo, duro y denso, ya con cierta semejanza con el grafito.

Petrológicamente el carbón está compuesto por mezclas de distintos componentes, entre los que merecen destacarse la vitrina y la fusina. La **vitrina** es un carbón de brillo vítreo, duro y con fractura concoide. La **fusina** es un material blando y terroso, fácilmente desmenuzable, parecido al carbón vegetal.

La evolución de los carbones, desde su origen como materia vegetal hasta quedar transformados en antracita, depende del tiempo y de la profundidad de soterramiento a que fueron sometidos. Las turbas son actuales o del Cuaternario superior, los lignitos pertenecen a formaciones cenozoicas y mesozoicas, mientras que las hullas se encuentran en rocas paleozoicas o del Mesozoico inferior. La profundidad de soterramiento está vinculada a la temperatura de las rocas, debido al gradiente geotérmico. Dicha temperatura provoca el enriquecimiento en carbono; de allí que a mayor profundidad de enterramiento, mayor es el porcentaje de carbono.

Las lutitas bituminosas - Son rocas sedimentarias de grano fino, normalmente laminadas, que contienen una cantidad apreciable de petróleo. Son rocas oscuras, que forman en ambientes reductores de mares poco profundos o grandes lagos. Pueden ser silicosas o calcáreas.

Las evaporitas - Las evaporitas son rocas producidas por la precipitación química de sales disueltas. Ya fueron tratadas en el capítulo de Procesos Litorales. También se forman en lagos y mares relictuales.

Otras rocas organógenas y químicas - Existen una variedad de rocas de este tipo que, aunque no tienen mayor importancia geológica, pueden ser de gran interés económico. Entre ellas pueden citarse las **rocas ferruginosas** de origen químico, las **rocas fosfáticas** de origen animal y las **diatomitas** de origen vegetal.

ESTRUCTURAS SEDIMENTARIAS

Las estructuras sedimentarias son ordenamientos de los componentes de las rocas, producidos por las fuerzas que intervinieron en su formación o que actuaron sobre ellas posteriormente. Entre los factores **físicos** más importantes que producen estructuras sedimentarias figuran las condiciones hidrodinámicas del agua que depositó el sedimento. El ambiente **químico** produce también estructuras sedimentarias en algunos casos, aunque éstas son de menor importancia que las de origen físico. En sentido amplio, las estructuras sedimentarias varían enormemente en tamaño, desde kilómetros en algunos estratos hasta décimas de milímetros en láminas y poros.

Las estructuras de origen físico se agrupan de acuerdo al momento en que fueron producidas en predeposicionales, deposicionales y postdeposicionales.

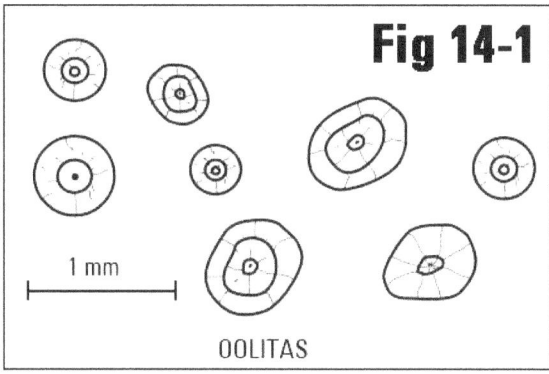

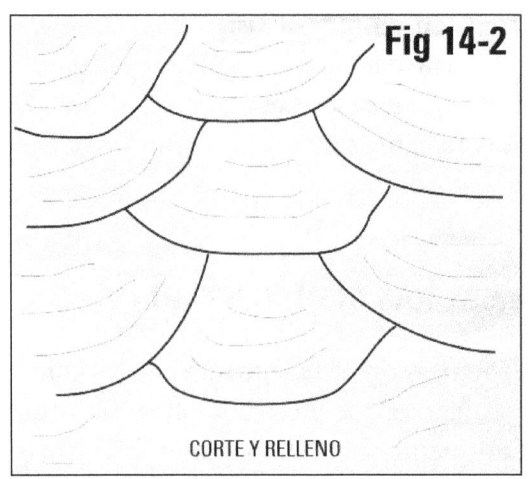

CORTE Y RELLENO

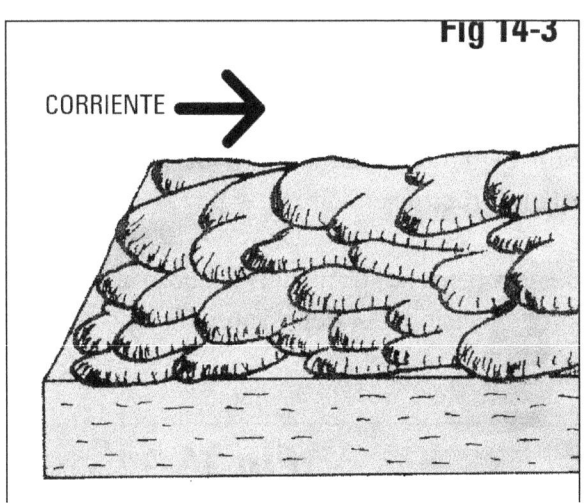

CORRIENTE →

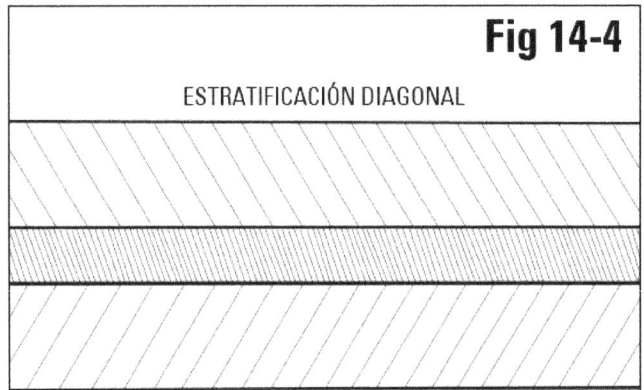

ESTRATIFICACIÓN DIAGONAL

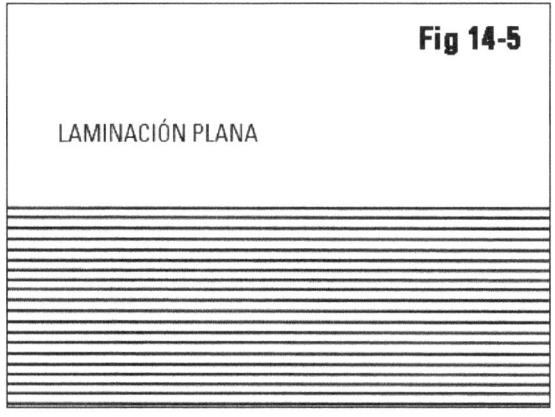

Fig 14-5
LAMINACIÓN PLANA

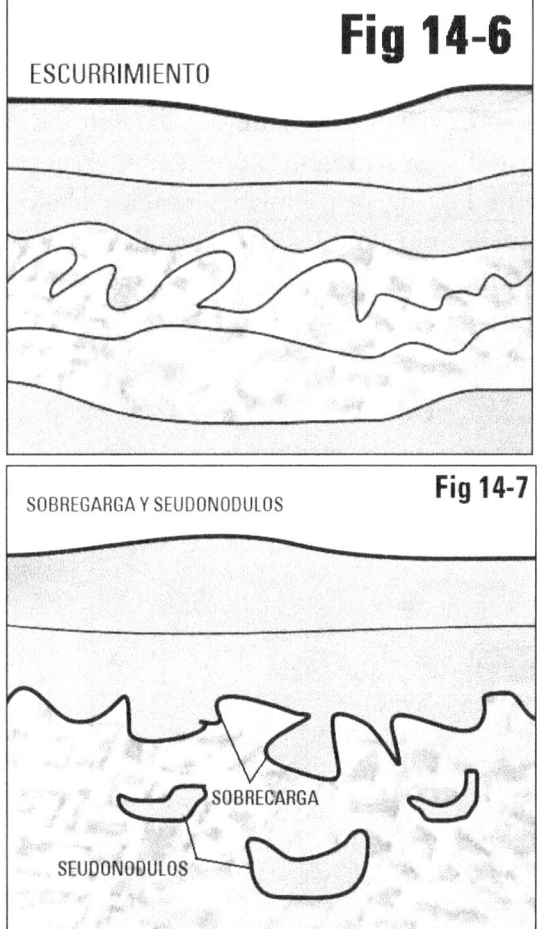

Fig 14-6
ESCURRIMIENTO

Fig 14-7
SOBREGARGA Y SEUDONODULOS
SOBRECARGA
SEUDONODULOS

Algunas de ellas se describen a continuación:

Estructuras predeposicionales - Son producidas inmediatamente antes de la sedimentación y por el mismo agente que sedimenta. Entre ellas la más importante es la de **corte y relleno** (Fig. 14-2), compuesta por surcos, generalmente elípticos, que excava el agua en el lecho fluvial antes de depositar su carga sedimentaria, la cual rellena al surco así formado. Miden de algunos decímetros hasta varios metros de largo y son típicos de areniscas.**Los turboglifos** (Fig. 14 - 3), son excavaciones regulares alargadas producidas por las corrientes de turbidez en fondos marinos de barro. Miden de 5 a 20 cm de longitud y son de utilidad para determinar la dirección de la corriente que los produjo. Aparecen siempre en grandes grupos. Una vez originados son cubiertos por la arena que transporta la corriente de turbidez.

Estructuras deposicionales - Se producen en el momento de la depositación de los sedimentos. La más importante de ellas son los estratos. Un **estrato** es una unidad básica de la sedimentación; es un cuerpo tabular de la composición esencialmente homogénea, limitado arriba y abajo por **planos de estratificación,** que representan cambios en las condiciones de sedimentación. Los estratos se denominan **finos** cuando miden entre 1 y 10 cm de espesor, **medianos** cuando miden entre 10 y 30 cm, **gruesos** cuando su espesor alcanza hasta 1 metro y **muy gruesos** cuando es más de 1 metro. Los estratos de menos de 1 centímetro de espesor se denominan **láminas.**

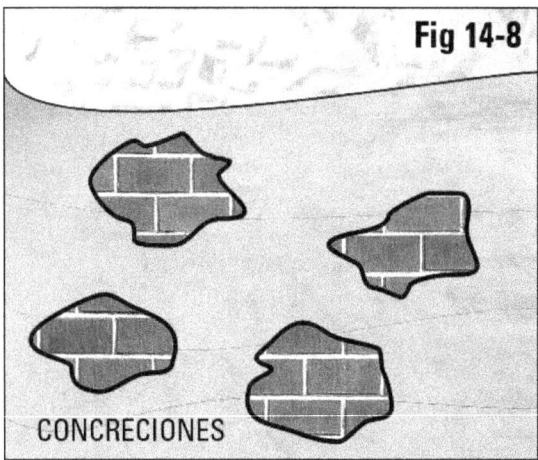

La forma y composición interna de los estratos también se utilizan para clasificarlos y describirlos. La **estratificación diagonal** (Fig. 14 - 4) llamada también "estratificación cruzada" consiste en la presencia de lámina o estratos finos inclinados, dentro del estrato propiamente dicho. Se originan por el progreso horizontal de la sedimentación, cuando ésta se produce dentro del régimen hidrodinámico de duna o de óndula. La inclinación de las láminas indica la dirección de la corriente. Existen varios tipos de estratificación diagonal. Se denomina **estratificación gradada** en los casos en que dentro del estrato existe una disminución del tamaño de los granos, generalmente de abajo a arriba. Resulta de la sedimentación producida por corrientes que disminuyen gradualmente en velocidad y competencia. Las estratificaciones diagonal y gradada son típicas de las arenas. La **laminación plana** es una sucesión de láminas o estratos muy finos de limo y arcilla superpuestos rítmicamente; es producida por variaciones estacionales de aporte sedimentario en ambientes lacustres (Fig. 14 - 5).

Estructuras postdesposicionales - Se forman después de la acumulación del sedimento, generalmente en medio acuático, cuando éste está recientemente depositado, y con propiedades hidroplásticas bien desarrolladas. Producen la deformación o ruptura de las estructuras de los tipos anteriores.

Las **estructuras de escurrimiento** (Fig. 14 - 6) son deformaciones casi contemporáneas con la sedimentación, producidas principalmente por la acción de la gravedad. Están formadas por pliegues y pequeñas fallas y se originan en procesos de sedimentación rápida en declives fuertes. Aparecen en pelitas y en arenas. Estas estructuras afectan solamente a niveles aislados dentro de paquetes sedimentarios inalterados.

Las **estructuras de sobrecarga y seudonódulos** (Fig. 14 - 7) aparecen cuando un estrato de arena se deposita sobre otro de arcilla todavía plástica y saturada de agua. El peso de la arena aplasta a la arcilla, penetrando en forma de almohadillas redondeadas o irregulares, que cuando aparecen aisladas en medio de la arcilla reciben el nombre de **seudonódulos**.

Estructuras sedimentarias biogénicas - Las estructuras sedimentarias biogénicas o de "bioturbación" son un conjunto muy variado de formas producidas por la actividad biológica de animales y plantas, que muchas veces produce la destrucción de las estructuras inorgánicas anteriores. Los animales dejan pisadas, tubos y moldes de diversos tipos, excrementos, etc. Las plantas perforan los sedimentos con sus raíces, formando canales y poros, y hasta destruyen la estratificación en ambientes palustres.

Estructuras sedimentarias químicas - Se producen por procesos químicos que tienen lugar en depósitos sedimentarios ya consolidados. Se trata de fenómenos de precipitación o disolución que ocurren en puntos aislados o líneas dentro de la roca. En muchos casos ocurren verdaderos reemplazos metasomáticos.

Las **concreciones** o **nódulos** son cuerpos de sustancias químicas que crecen por cristalización, en el seno de sedimentos y rocas de otro origen (Fig. 14 - 8). Los nódulos más frecuentes están compuestos por carbonato de calcio. Pueden ser de formas y tamaños diversos, predominando los cuerpos redondeados de pocos centímetros de diámetro. Los nódulos silíceos que crecen en calizas constituyen una variedad denominada **sílex**. Los **nódulos fosfáticos**, encontrados raramente, tienen a veces importancia económica. Las **estilolitas** (Fig. 14 - 9) son líneas o fajas verticalmente estiradas, de trazo zigzagueante, que aparecen en calizas y otras rocas similares. Se originan por disolución localizada, que es producida por presión. La superficie estilolítica está marcada por un depósito delgado de material insoluble, generalmente arcilla, que queda como residuo al disolverse la calcita.

Lecturas complementarias
Rocas sedimentarias – Pettijohn, F. 1963 – EUDEBA, 731 pp. Buenos Aires.
Rocas silicoclásticas – Spalletti, L.
Sand and sandstone – Pettijohn, F., Pottrer, P. y Sieve, R. 1973 – Springer Verlag., 618 pp., New York.

15
Geología Histórica

Se define como **Geología Histórica** a la rama de la Geología que se ocupa de establecer la sucesión de los procesos sufridos por la litosfera, desde la aparición de los núcleos continentales hasta la actualidad. Se trata de una disciplina de síntesis, que utiliza las técnicas y los resultados de todas las demás especialidades geológicas y las coordina, armonizándolas. Tiene una vinculación particularmente estrecha con la **Estratifía Física** y con la **Paleontología**.

Aplicando los principios y métodos de esas disciplinas se puede reconstruir la historia geológica del lugar que se desee. Esta reconstrucción será solo aproximada, pues algunos de los hechos geológicos ocurridos en el lugar, resultan irreconocibles, con sus rocas y formas características destruídas completamente por eventos posteriores. El conocimiento del pasado puede aumentarse correlacionando los resultados obtenidos en diversas localidades de una misma región, tarea a la que se dedica la **Geología Regional**, otra especialidad muy afín a la Geología Histórica. Mediante la aplicación de la Paleontología la correlación se puede realizar entre regiones lejanas y aun entre distintos continentes.

A lo largo de casi dos siglos de trabajo, se ha podido confeccionar la **columna geológica** universal, donde están registrados y descritos los principales episodios geológicos y biológicos de los últimos 4.000 millones de años de la litosfera. Dicha columna está dividida en **eras geológicas**, intervalos de tiempo caracterizados por una cierta uniformidad en el tipo de fósiles y en los procesos físicos. Las eras a su vez se dividen en períodos y así sucesivamente. Se han identificado varios **ciclos orogénicos**, intervalos relativamente cortos con actividad tectónica intensa durante los cuales se formaron cadenas montañosas.

ESTRATIGRAFÍA FÍSICA

Considerando que etimológicamente la Estratigrafía es el "estudio de los estratos", puede definirse a la Estratigrafía Física como la rama de la Geología dedicada a la investigación de las relaciones entre las rocas sedimentarias, de su distribución espacial y del tipo de contactos que hay entre rocas superpuestas.

Existen al respecto algunos principios básicos. El "Principio de Superposición" establece que **cuando hay dos rocas sedimentarias superpuestas, la de abajo es más vieja que la de arriba** (Fig. 15 - 1). De esta manera, se pueden establecer las edades relativas de las rocas que se observan en un afloramiento o que se atraviesan en una perforación.

El "Principio de Correlación" estipula que: si en un lugar determinado existen un estrato B intercalado entre otros A y C, y en otro lugar cualquiera existen los estratos A y C, pero en lugar de B se encuentra un estrato diferente X, **la edad de X es la misma que la edad de B** (Fig. 15-2), es decir, B se **correlaciona** con X. De esta manera se pueden recostruir secuencias complejas, determinando la edad relativa de cada unidad, aun entre unidades que no están en contacto entre sí.

Los estratos pueden variar lateralmente de aspecto, por ejemplo de pasar del color rojo al verde o disminuir los tamaños de los clastos y pasar de arenisca a lutita. Estos cambios laterales se denominan "cambios de facies"; en los ejemplos anteriores una facies roja fue reemplazada por una facies verde y una facies de arenisca pasó a facies de lutita. Se denomina **facies** en una roca, a cualquier aspecto de la misma que pueda utilizarse para describirla.

Discordancias - Dos estratos son concordantes cuando están superpuestos mediante una línea simple de sedimentación, que refleja un cambio en las condiciones de acumulación o una breve interrupción del proceso sedimentario. Si la sedimentación se interrumpe durante un tiempo prolongado, con erosión y otros fenómenos asociados, se produce una discordancia. Esto queda registrado en la columna sedimentaria como una línea irregular de "no sedimentación" que separa dos estratos. Existen dos tipos de discordancia, la erosiva y la angular.

La **discordancia erosiva** es la más simple. Se forma cuando en una cuenca sedimentaria se interrumpe la sedimentación y sobreviene erosión, eliminándose parte del material ya depositado. Posteriormente se restablece la sedimentación, acumulándose nuevos detritos sobre la superficie de erosión o discordancia (Fig. 15 - 3). Los estratos ubicados debajo y encima de ella son paralelos.

En la **discordancia angular** los estratos a uno y otro lado de la misma forman un ángulo (Fig. 15-4). La aparición de una discordancia angular requiere que los estratos inferiores sean hundidos en la litosfera algunos kilómetros y plegados posteriormente en ese ambiente de altas presiones. Posteriormente los estratos plegados vuelven a superficie por erosión de las rocas que los cubrían y son también parcialmente erosionados.

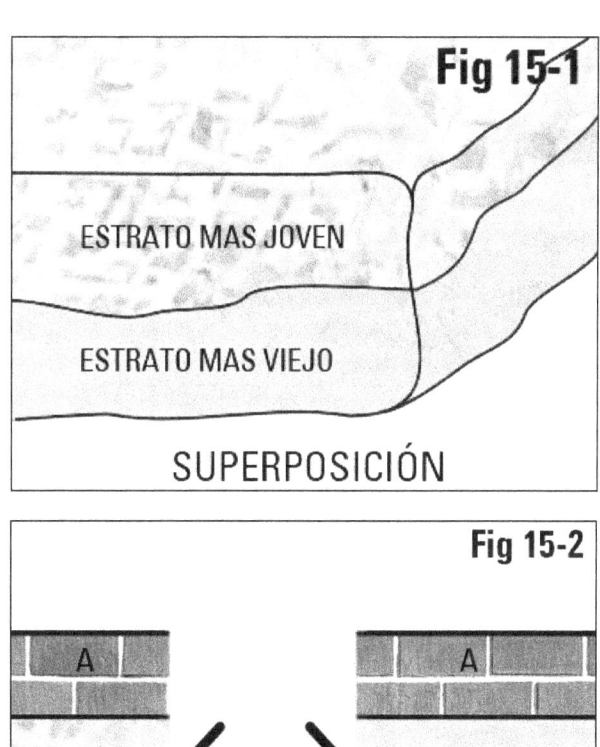

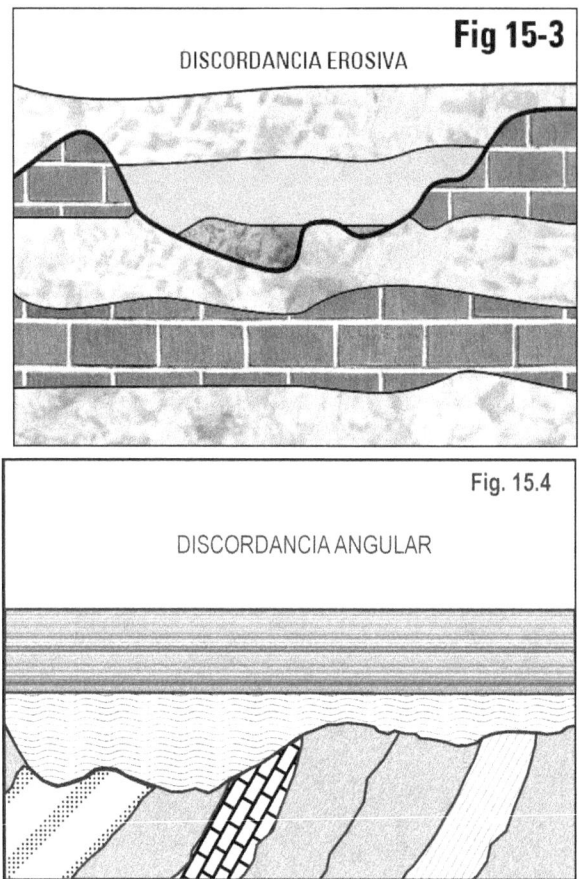

Al renovarse después la sedimentación en el lugar, se forma la discordancia angular. Este conjunto de fenómenos geológicos demora necesariamente decenas de millones de años, y frecuentemente las rocas a ambos lados de la discordancia angular pertenecen a períodos geológicos distintos. Una discordancia angular es un fenómeno sumamente importante en Geología Histórica. Las discordancias erosivas, por el contrario, reflejan episodios considerablemente más modestos.

Formaciones geológicas - Son las unidades fundamentales de la estratigrafía física. Una **formación geológica** es un cuerpo de roca caracterizado por su homogeneidad litológica. Es tabular en la gran mayoría de los casos y se la puede mapear. Las formaciones pueden tener cientos y hasta miles de metros de espesor y decenas de miles de kilómetros cuadrados de superficie; generalmente están formadas por numerosos estratos semejantes entre sí. Las formaciones pueden dividirse en **miembros**, y asociarse en **grupos** cuando son contiguas y semejantes. Su forma, tamaño y composición dependen de los procesos sedimentarios que acumulan sus materiales, y del tipo de tectonismo que sufrió la cuenca durante su sedimentación. Conformada a ello, se encuentran se encuentran formaciones con forma de manto, prisma, canal, lente, abanico, etc. El contacto lateral entre dos formaciones puede ser transicional, interdigitado, o de otro tipo (Fig. 15-5). Los contactos superior e inferior de una formación son generalmente netos y bien definibles en el campo. Pueden ser concordantes o discordantes. En ciertos casos existen contactos transicionales, variando la litología paulatinamente a lo ancho de una amplia faja.

PALEONTOLOGÍA

Los **fósiles** son restos o huellas de animales y plantas que vivieron en épocas geológicas anteriores a la actual y se hallan en sedimentos y rocas sedimentarias. La rama de las Ciencias Naturales que se ocupa de su estudio se denomina **Paleontología**.

La historia de los organismos **vivos** sobre la Tierra, que es fundamental en la Geología Histórica, es explicada por la combinación de la Biogeografía y la Evolución.

La Biogeografía - La Biogeografía estudia la distribución geográfica de los seres vivos y las causas a que obedece esa distribución.

Uno de sus conceptos más importantes es el de "área". Se denomina **área** a la superficie ocupada por una especie, género o familia determinada. Existen especies con áreas **cosmopolitas,** como la mosca común y algunas gramíneas, que abarcan toda la Tierra, son **continentales** las áreas que ocupan un solo continente. También has áreas **regionales** y **locales**.

Las áreas son normalmente **continuas**. Pueden ser **discontinuas**, si ocupan dos o más zonas separadas por distancias que la especie no puede alcanzar normalmente; por ejemplo la jarilla, (Larrea divaricata), planta que crece actualmente en el oeste argentino y en el desierto de Sonora, México.

Las áreas **progresivas** son aquellas cuya extensión aumenta; áreas regresivas son las que reducen su extensión paulatinamente.

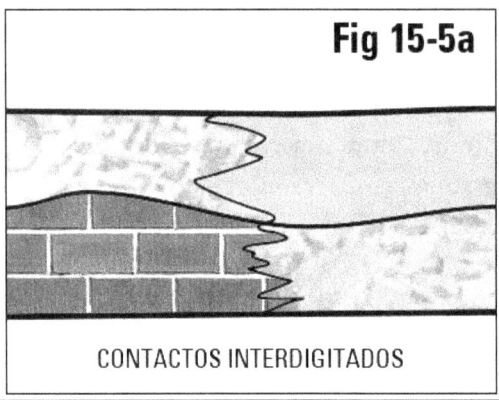

CONTACTOS INTERDIGITADOS

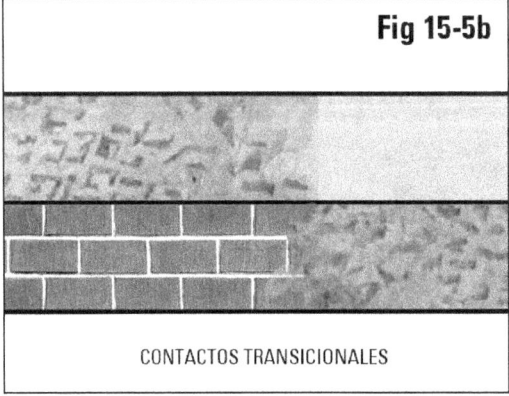

CONTACTOS TRANSICIONALES

AMMONITES

El lugar de la Tierra donde aparece una nueva especie es el **centro de origen** de esa especie. Desde allí se propaga hasta ocupar su área de distribución, que está determinada por factores climáticos, barreras geográficas, factores bióticos y también por las condiciones intrínsecas de la especie.

El **clima** es el factor más importante en la distribución de las plantas. Cada especie requiere condiciones determinadas de humedad, distribución de la luz a lo largo del año, y temperaturas máxima y mínima para vivir. Los animales toleran mejor a los factores climáticos, aunque indudablemente el clima es fundamental en la zoogeografía.

La **geografía física** actúa en forma favorable en ciertos casos y ejercen el efecto opuesto en otros. Los ríos y las cordilleras actúan como barreras infranqueables para ciertas especies, y como vías de dispersión para otras, lo mismo que los mares. El río Paraná sirve como vía de dispersión a muchas especies de plantas y peces tropicales, que por ello alcanzan hasta la latitud del río de la Plata, mientras que es una barrera muy importante para los roedores pequeños del género Ctenomys (tuco - tucos). La cordillera de los Andes es otra vía de dispersión para muchas especies, desde el cóndor y el guanaco hasta ciertas avispas, pero resulta a la vez una barrera para las especies de la costa del Pacífico. Las corrientes oceánicas son importantes vías de dispersión para las especies marinas.

Las **condiciones intrínsecas** de cada especie influyen de varias maneras. Por ejemplo, los organismos marinos provistos de aletas u otros órganos de locomoción tienen más facilidades para dispersarse que los que viven fijos en el fondo. En otras especies, la producción de millones de huevos o semillas por parte de cada individuo fertilizando asegura una buena dispersión en comparación con especies menos prolíficas.

La evolución - La evolución de las especies animales y vegetales consiste en modificaciones heredables que se producen en los individuos de una población. Dichas modificaciones son de origen **genético**, es decir, se producen debido a modificaciones de ciertas moléculas del núcleo de la célula inicial de cada organismo. Cuando una modificación de este tipo aparece en un individuo cualquiera, puede ser transmitida a su descendencia. La modificación puede ser de cualquier tipo: patas más largas en un caballo, plumas algo más oscuras en un ave, etc. Estas modificaciones moleculares del núcleo se denominan **mutaciones**, y se producen al azar.

Toda población está constituida por individuos algo distintos entre sí, debido a las pequeñas diferencias genéticas existentes. La **selección natural** hace que sobrevivan y se multipliquen los individuos más aptos, dentro de un medio ambiente determinado. Por ejemplo las ranas que se mimetizan mejor en un pantano. El conjunto de modificaciones sucesivas dentro de una especie, a lo largo de muchas generaciones, produce la evolución de ésta, que se ha ido adaptando cada vez más al ambiente en que vive.

Cuando dos poblaciones de una especie quedan aisladas entre sí por alguna barrera, comienzan a evolucionar en forma divergente, diferenciándose cada vez más una de la otra, hasta que después de un número grande de generaciones llegan a constituir dos especies diferentes.

Cada especie tiene una determinada "variabilidad genética", que puede ser grande o pequeña. Una especie con variabilidad genética muy grande es el perro, lo que permite la existencia de gran número de formas y tamaños dentro de la misma. La "tolerancia ecológica" es la capacidad de la especie a sobrevivir bajo distintos ambientes; esta propiedad varía en un rango muy amplio según las especies, desde ciertos animales de distribución cosmopolita hasta algunos insectos amazónicos que solo viven en el agua retenida por las hojas de ciertas plantas tropicales.

La **extinción** de las especies es un fenómeno que no tiene excepciones. Después de un intervalo de tiempo que puede variar desde algunos miles hasta cientos de millones de años, la especie desaparece. Se ha encontrado que especies poco especializadas y con escasa variabilidad genética, como las ostras, son capaces de sobrevivir cientos de millones de años, mientras que grupos muy especializados o con alta variabilidad genética, como los ammonites del Mesozoico, se extinguen poco tiempo después de aparecer.

Fósiles guía - Existen fósiles que resultan de gran utilidad en las correlaciones estratigráficas. Son los llamados **fósiles guía**, especies que tuvieron áreas de distribución cosmopolita o continental y que desaparecieron completamente poco tiempo después. Se encuentran, por lo tanto, ampliamente distribuidos en rocas de una misma edad y faltan en todas las demás. Mientras más corta haya sido la vida de la especie y más amplia su área de dispersión, mayor es su valor como fósil guía.

Existen otras especies de animales cuya tolerancia ecológica es muy pequeña y han sobrevivido largo tiempo. Fósiles de esas especies son buenos indicadores ambientales; como los corales, que solo existen en aguas marinas ecuatoriales límpidas y de escasa profundidad. La presencia de corales fósiles en una roca sedimentaria permite deducir que fue sedimentada en condiciones semejantes.

LOS FÓSILES DEL TERCIARIO Y EL CUATERNARIO EN SUDAMÉRICA

Al iniciarse el Período Terciario el mapa del mundo ya era parecido al actual. Los dinosaurios estaban extnguidos y los mamíferos iban dominando la Tierra, con un conjunto de especies herbívoras y otro grupo menor de carnívoros que se alimentaban de los hebívoros. Sin embargo, no eran los animales actuales; aquellos eran, en general, más pequeños y menos eficientes. El mayor que se ha encontrado en esa época es el *Scarrittia*, del tamaño de una vaca y cuerpo similar al de un rinoceronte pequeño sin cuernos, con dientes puntiagudos y pezuñas. Vivía otro cuadrrúpedo parecido, más pequeño y con garras en lugar de pezuñas. Ambos consumían pasto en un clima similar al actual.

Sudamérica era entonces un continente-isla similar a Australia, y sus animales y plantas evolucionaban aislados del resto del mundo. Los animales dominantes en el continente eran las aves. Sobresale la *Devicenzia*, una gigantesca ave no voladora de más de dos metros de altura, con un pico del doble de tamaño que una cabeza humana. Era carnívora. Tambén vivía un biguá gigante y otras criaturas extrañas. (Fig. 15-7)

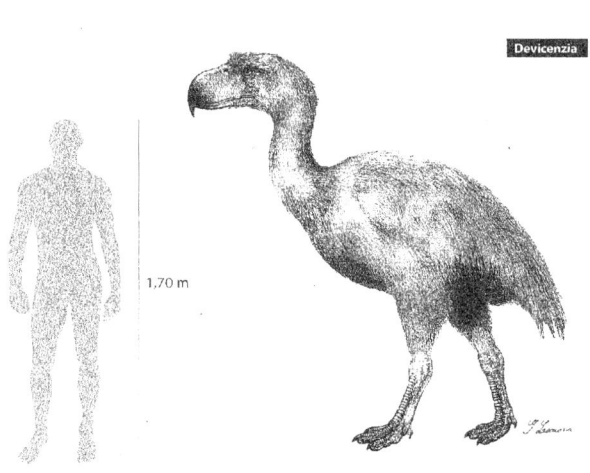

Fig 15- 7- Devicenzia

Varios millones de años más tarde se produjo la unión entre Norte y Sudamérica, debido al crecimiento de un arco volcánico, que finalmente se cerró en Panamá. Ocurrio entonces el **"Gran Intercambio Americano"**, un evento de primerra magnitud en el que plantas y animales se expandieron en uno y otro territorio. Los animales grandes del Norte reemplazaron a la mayor parte de los originales del Sur, mietras que un número menor de los sudamericanos (o "neotropicales") se instaló en el otro Hemisferio. Con la vegetación sucedió al revés: el Dominio Neotropical avanzó más de mil kilómetros, hasta el centro de México. La biogeografía del continente cambió drásticamente en corto tiempo.

De los animales terrestres del Cuaternario lo que más se preserva son los huesos, principalmente los huesos grandes. Los más pequeños han desaparecido por oxidación y solución; se dice que los de mayor tamaño tienen mayor "potencial de preservación" En el Cuaterrnario ya existían todos los animales comunes en la actualidad (zorros, comadrejas, patos, surubíes, peludos) que componían la mayor parte de la fauna en ambientes de vegetación también actuales. También existían en el ecosistema animales, extinguidos ahora, que eran figuras dominantes en esos escenarios. Algunos de ellos fueron:

El mastodonte (*Stegomastodon platensis*) - Era una especie de elefante, que se nutría de pasto y ramas de árboles. Sus restos son muy numerosos en Entre Rios; a veces aparecen esqueletos completos, aunque por lo general las partes que se encuentran son muelas, huesos del cráneo y defensas (los mal llamado "colmillos"). Se trata de un animal de la llamda "megafauna pampeana", pues pesaba más de mil kilos. (Fig. 15-8)

Fig. 15-8- Mastodonte

El megaterio (*Megatherium*) - Alcanzaba los tres metros de altura en posición erguida y su alimentación se basaba principalmente en hojas de árboles. En algunos lugares de Sudamérica se han encontrado restos momificados, tales como trozos de cuero con pelos y también excrementos. En la costa bonaerense, cerca de Bahía Blanca, aparecen huellas de sus pisadas. Un primo más pequeño, es decir menos enorme, fue el *Lestodon*, que vivía en grupos en ríos y arroyos e ingería juncos y camalotes. Apaentemente tenía costumbres similares al carpincho. (Fig. 15- 9)

Fig. 15- 9- Megaterio

Los gliptodontes (*Glyptodon, Panochtus y Doedicurus*) - Fueron gigantscos armadillos, similares a los actuales peludos y quirquinchos. Tenían una fuerte coraza dorsal formadas por placas óseas, que formaban un verdadero esqueleto externo; también una cola tubular acorazada, en algunos casos rematadas por espinas. Las placas sueltas de la coraza son los fósiles más frecuentes e identificables que aparecen en la provincia de Santa Fe. Es sin dudas el fósil emblemático de la región pampeana.

Fig. 15-10- Gliptodonte

El tigre de dientes de sable *(Smilodon)* - Un carnívoro con un tamaño similar al de los leones actuales. La particularidad más llamativa de este animal eran los dientes caninos superiores enormemente desarrollados, fuertemente ccomprimidos y sobresaliendo de la boca, que tenían el aspecto de sables. Poseía la capacidad de abrir mucho la boca. Lo notable de este caso es que los especialistas que lo estudian no se ponen de acuerdo en si este animal era un gran cazador o simplemente un carroñero (que comía animales muertos). Tampoco coinciden en si habitaba preferentemente en selva o en pastizales.

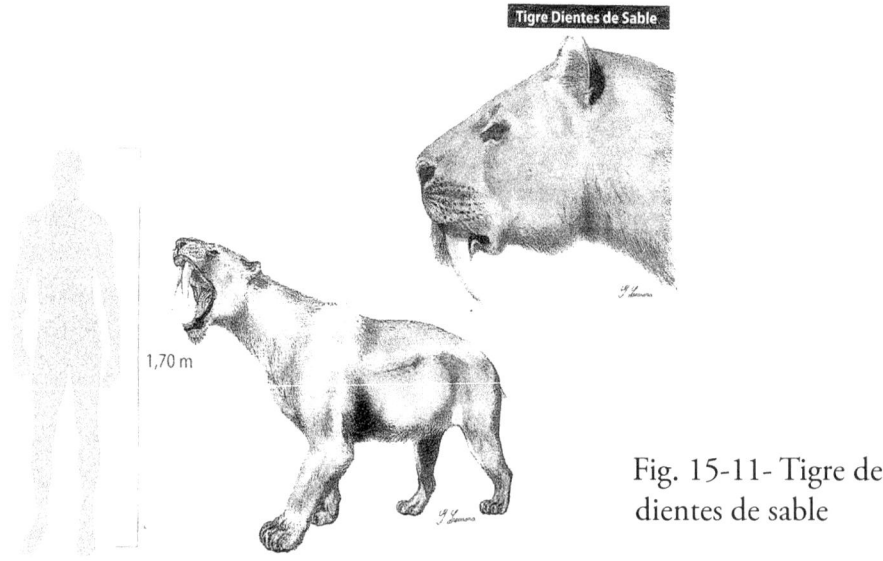

Fig. 15-11- Tigre de dientes de sable

Los caballos extinguidos (*Hippidion* y *Equus*) - Son parientes de los rinocerontes y de los tapires, y se adaptaron muy bien a alimentarse con pastos fibrosos. Se trata de dos linajes de caballos que ingresaron a Sudamérica cuando se conectó América del Norte con el sur, formándose América Central. Hippidion tenía talla pequeña, con patas más cortas y fuertes que los caballos modernos, y cabeza grande; en general era de estructura pesada. Los Equus se diferenciaban muy poco de los caballos actuales, importados del Viejo Mundo. Por otro lado, los tapires siguen igual que cuando aparecieron en el Eoceno, hace cincuenta millones de años.

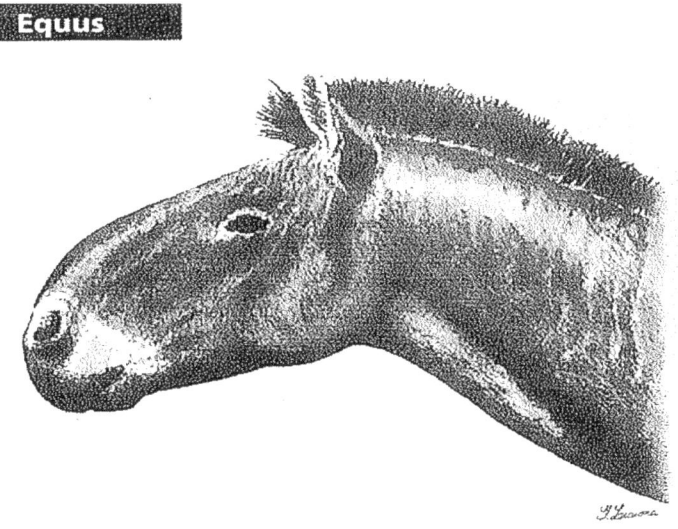

Fig. 15-12- Equus

La Macrauquenia *(Macrauchenia)* - Era un guanaco gigantesco, que pesaba más de una tonelada y que tenía tres dedos en cada pata. Era un ramoneador, es decir que se alimentaba con las hojas de los árboles.

El Toxodonte (*Toxodon platensis*) - Mamífero de gran tamaño, con peso de hasta dos toneladas. Tenía el aspecto de un hipopótamo, animal del que está emparentado; su mandíbula tenía incisivos grandes, en forma de pala y dirigidos hacia afuera.

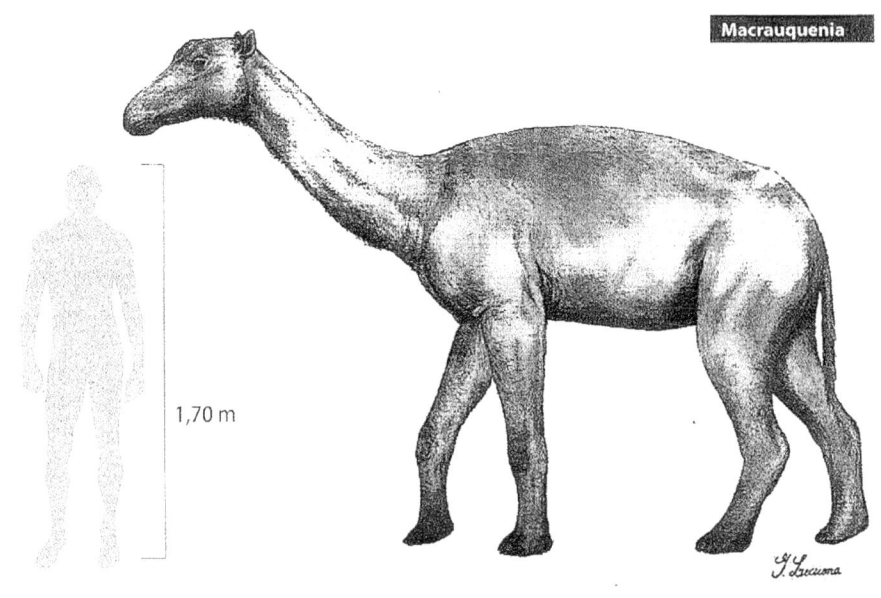

Fig. 15-13- Macroquenia

Fig. 15-13- Toxodonte

HISTORIA GEOLÓGICA DE LA TIERRA

El Origen - La Tierra se formó hace 4.600 - 4.700 millones de años, cuando una nube de gases y polvo se contrajo y originó el Sistema Solar en unos pocos millones de años. La Tierra adquirió su forma y su masa actual durante ese episodio.

Comenzó entonces el Eon Hadeano, durante el cual sobrevino el calentamiento general del planeta, provocado por la **acreción gravitatoria** y por la desintegración radiactiva de ciertos elementos. Toda la masa sólida se fundió y se produjo la diferenciación química fundamental, apareciendo un **núcleo** de hierro y níquel, en gran parte fluido, y un **manto** suprayacente fundamentalmente sólido compuesto por silicatos y óxidos. Durante este eón la superficie de la Tierra sufrió frecuentes impactos de meteoritos y asteroides de todo tamaño, de manera que el paisaje se asemejaba bastante al de la Luna. La Tierra seguía en un estadio formativo, sujeta directamente a influencias externas de acreción. También existía una actividad volcánica mucho más intensa que en la actualidad. Los gases segregados por ese vulcanismo generalizado forrmaron una atmósfera de amoníaco, metano y vapor de agua.

Las Eras más antiguas - Solo existen datos escasos y fragmentarios de las primeras épocas de la historia terrestre, pues sus rocas han sufrido metamorfismo una o más veces y también episodios tectónicos, que provocaron la desaparición de los vestigios de vida y de las estructuras sedimentarias. Este intervalo abarca la mayor parte de la historia geológica; se lo ha dividido en dos eones: el Arqueozoico y el Proterozoico.

El Eon Arqueozoico – Hace aproximadamente 4.000 millones de años finalizó el Eón Hadeano, formativo, y nuestro planeta comenzó a evolucionar como un sistema más cerrado y autónomo. Comenzó el Eón Arqueozoico, que abarca desde la solidificación general de la corteza terrestre hasta 2.500 millones de años antes del presente. Hay indicios que la litosfera ya se comportaba como un conjunto de placas rígidas. El acontecimiento más primitivo, que formó corteza continental en la superficie de la Tierra ocurrió hace 3.800 millones de años. La atmósfera era muy distinta que la actual, pues no tenía oxígeno libre; estaba compuesta por amoníaco, metano y vapor de agua.

El agua, por el contrario, ya estaba presente y actuaba como agente geológico como en la actualidad. El océano apareció al principio del Arqueozoico; era más pequeño y tenía una salinidad mucho menor que la actual. La vida comenzó en ese océano, muy probablemente durante un solo evento, y colonizó el mar en forma rápida, hace 3900 millones de años. Se trataba de organismos sumamente primitivos, tan primitivos que algunos científicos los denominan "replicadores pre-bióticos". Se cree que prosperaban cerca de volcanes submarinos, en altas temperaturas.

La Tierra giraba más rápido alrededor del Sol. Cada año estaba formado por 450 días de 18 ó 19 horas. La Luna giraba también algo más rápido que en la actualidad y estaba más cerca de la Tierra que ahora. Al formarse el océano, la atracción lunar produjo mareas fuertes que, entre otros efectos, comenzaron a frenar el impulso giratorio de la Tierra.

La corteza continental se fue formando mediante un mecanismo de segregación química de la astenosfera y de la corteza oceánica. En ese primer episodio se habría formado entre el 5 y el 10% de la masa continental actual. La radiación ultravioleta del Sol cambió la composición de la atmósfera, que quedó formada por nitrógeno, bióxido de carbono y vapor de agua.

Aunque las condiciones ambientales en que vivían los organismos primitivos eran muy distintas que las actuales, los mecanismos de la evolución eran los mismos. Su actividad vital era sostenida por procesos de fermentación y respiración de gases sulfurosos. Uno de los desechos de su actividad vital era el oxígeno libre. Organismos de ese tipo se encuentran hoy en día, como relictos, viviendo alrededor de los volcanes de las cordilleras oceánicas.

Más adelante apareció en ciertas bacterias anaeróbicas un nuevo proceso vital, que tuvo importancia trascendente en el desarrollo ulterior de los organismos: la **fotosíntesis**. El oxígeno molecular liberado por la fotosíntesis se fue acumulando en la atmósfera y cambiando paulatinamente su composición. Una de las consecuencias de este cambio fue la formación de una capa de ozono en la alta atmósfera.

El Eón Arqueozoico está caracterizado por esquistos verdes (greenstones) y faltan rocas carbonáticas y sedimentos maduros. Es decir que la corteza oceánica dominaba ampliamente en los procesos geológicos. Este eón culminó con un importante episodio de acreción de corteza continental, con formación de extensas masas graníticas, entre 2.900 y 2.600 millones de años antes del presente Con esto, la corteza continental probablemente alcanzó al 50 o 60% del volumen actual.

El Eón Proterozoico - Se desarrolló entre 2.500 y los 560 millones de años antes del presente. Está caracterizado por un aumento paulatino del oxígeno en la atmósfera, que ya se transformó en abundante hace 2.000 Ma., cuando ocurrió la sedimentación de grandes volúmenes de óxidos de hierro interestratificados con sílice; que constituyen la mayor reserva mundial de ese metal. La capa de ozono de la alta atmósfera, ya bien desarrollada, filtra desde entonces la radiación ultravioleta del Sol, nociva para los organismos superiores.

Alrededor de los 1.500 Ma. aparecieron los primeros organismos unicelulares con núcleo, mejor adaptados al ambiente aeróbico que las bacterias y 500 millones de años más tarde la reproducción sexual. Esto produjo una rápida diversificación de los organismos en los 400 millones de años siguientes, con desarrollo de formas de vida pluricelulares macroscópicas, algunas de las cuales son los antecesores de animales y plantas modernos. Ciertas especies de algas y animales desarrollaron partes duras.

La evolución geológica del Proterozoico continuó con episodios de acreción de la corteza continental, tres de los cuales ocurrieron hace 1.900 - 1.700 Ma., 1.100 - 900 Ma., y 600 Ma. Las rocas más comunes de este eón son las filitas. Se produjo en esta época el ciclo orogénico Hurónico, el más antiguo reconocible. Los procesos geológicos ya eran semejantes a los actuales, especialmente la meteorización y erosión de montañas, y la sedimentación en grandes cuencas continentales. Alrededor de 70 Ma antes del presente se produjo una extensa glaciación.

El Eon Proterozoico está separada del Arqueozoico y del eón actual (Fanerozioco) por sendas discordancias angulares. Se divide en tres Eras: Paleoproterozoica (2500/1600 Ma.), Mesoproterozoica (1600/1000 Ma.) y Neoproterozoica (1000/560 Ma). Durante el Neoproterozoico, alrededor de 650 Ma antes del presente, el año terrestre tenía 400 días de casi 22 horas cada uno y 13,1 meses lunares.

Las rocas arqueozoicas y proterozoicas se agrupan bajo el término genérico de **Precámbico**; constituyen los núcleos de los actuales continentes, y se los denomina **escudos** o **cratones**. Están constituidos por rocas metamórficas y son tectónicamente muy estables.

Cuadro Estratigrafico General

ERA	PERIODO	CICLOS OROGENICOS	AÑOS (millones)
Cenozioca	Cuaternario		
	Terciario	Andino	2
Mesozoica	Crestácico		65
	Jurásico		130
	Triásico		190
Paleozoica	Pérmico	Hercínico	220
	Carbonífero		275
	Devónico		340
	Silurico	Caledónico	390
	Ordovícico		430
	Cámbrico		500
Proterozoica		Hurónico	560
Arqueozoica			2.500
			4.600

El Eón Fanerozoico - Las eras Paleozoica, Mesozoica y Cenozoica, desarrolladas durante los últimos 560 millones de años, forman el Eón Fanerozoico, de 560 millones de años de duración hasta ahora. Están representadas por una gran cantidad de formaciones geológicas bien conservadas, muchas de ellas portadoras de fósiles animales y vegetales. Esto ha permitido un conocimiento mucho más preciso de los acontecimientos ocurridos en ellas. El estudio de los fósiles ha permitido establecer una serie de olas de extinción de faunas y floras, seguidas por aparición de nuevos grupos biológicos que se expandieron por los territorios desocupados. Estos cambios generales de la fauna han sido precisamente la base utilizada para dividir el tiempo geológico en eras y períodos.

La **Era Paleozoica** está compuesta por los períodos Cámbrico, Ordovícico, Silúrico, Devónico, Carbonífero y Pérmico. Tuvo una duración de 340 millones de años. A comienzos del Cámbrico, o poco tiempo antes, surgió una rica fauna marina de gusanos y otros animales con esqueleto duro, diversificándose los distintos grupos al adaptarse a diversos ambientes. Algunos de ellos tuvieron especies de gran difusión y vida corta, como los **trilobites** y los **graptolites**, excelentes fósiles guía del Paleozoico inferior.

Durante el Período Cámbrico se produce la "gran explosión" de la vida. Simples formas animales fueron suplantadas por una gran variedad de especies, géneros y familias de anatomía compleja, muchos de ellos provistos de conchas. La gran diversificación se produjo probablemente por razones ecológicas. Los organismos se volvieron más eficientes, dentro de rangos ambientales ("nichos ecológicos") más especializados, que requieren de otros nichos ecológicos que los soporten, y así sucesivamente.

Esto provocó una notable aceleración en la evolución de las plantas y animales. La aparición y extinción de especies se aceleraron notablemente. Las algas planctónicas constituyen un ejemplo de esto: Durante el Eón Arqueozoico estuvieron representadas por 5 ó 6 especies con 800 millones de años de longevidad. En el Proterozoico superior ya existían entre 30 y 40 especies con longevidades de alrededor de 100 Ma. Desde el Período Cámbrico las algas de este tipo son mucho más numerosas, pero persisten por solo 5 a 6 Ma. Por otro lado, la espcialización y mayor eficiencia de las nuevas formas de vida las hizo más dependientes entre sí y más propensas a sufrir extinciones masivas al ocurrir catástrofes naturales.

Posiblemente los hongos y las plantas inferiores colonizaron la tierra emergida durante el Cámbrico. En el Silúrico aparecieron las primeras plantas definidamente terrestres, dispersándose desde los pantanos hacia áreas más secas. Este avance fue seguido por los animales que se alimentaban de ellas, artrópodos y gusanos. En el período siguiente, el Devónico, aparecieron los tetrápodos, depredadores que se alimentaban de los comedores de vegetales.

Durante el Devónico, la aparición de las plantas superiores tuvo efectos importantes en varios procesos geológicos continentales. Se formaron bosques verdaderos, con plantas de raíces profundas, que promovieron la meteorización química de las rocas y sedimentos superficiales, con mayor infiltración de agua de lluvia y neoformación de arcillas. Se desarrollaron los primeros suelos. Aumentó en gran medida el proceso de disolución en los minerales y la incorporación de esos solutos en los ríos. Una actividad generalizada de crecimiento vegetal y disolución en forma de bicarbonato en los continentes extrajo gran parte del anhidrido carbónico de la atmósfera, disminuyendo considerablemente el efecto invernadero y bajando la temperatura media de la superficie de la Tierra. Este proceso tuvo lugar a lo largo de todo el Devónico y el Carbonífero.

Los primeros peces aparecieron en el Cámbrico tardío, diversificándose notablemente en el Devónico. Aparecieron en tierra anfibios de gran tamaño, herbívoros y carnívoros, en el Paleozoico inferior. A partir de una línea evolutiva de anfibios primitivos surgieron los reptiles, que se independizaron del agua al desarrollar un huevo que madura en tierra. Los reptiles compitieron desde entonces con los grandes anfibios, imponiéndose paulatinamente hasta que éstos se extinguieron a fines del Triásico.

Alrededor del límite entre el Devónico y el Carbonífero la rotación de la Tierra alcanzó las 24 horas y un año de 365 días; los meses lunares llegaron a valores similares a los actuales.

En el Devónico aparecieron los primeros bosques de helechos y plantas semejantes, que tuvieron gran expansión durante el Carbonífero, originando los mayores depósitos de hulla del mundo. En el Carbonífero hubo también gran variedad de insectos. A mediados o fines del Paleozoico el océano adquirió su volumen actual, anteriormente era más reducido.

Durante el Proterozoico y el Paleozoico inferior toda la corteza continental estaba reunida en un solo bloque, llamado Pangea. En el Carbonífero fue fracturado por suturas de expansión y dividido en dos grandes continentes: **Gondwana**, que comprendía América del Sur, Antártida, Africa, Australia y la India; y **Laurasia**, que comprendía Eurasia y América del Norte. Al separarse, sus floras y faunas comenzaron a evolucionar en forma divergente, y lo hicieron durante cientos de millones de años.

El final de la Era paleozoica está marcado por la desaparición de numerosas formas de vida; se trata de la extinción masiva más importante del registro geológico. Esta crisis ambiental fue provocada por grandes erupciones basálticas en Siberia, también las mayores registradas en el Eón Fanerozoico. Las erupciones liberaron grandes cantidades de metano a la atmósfera, provocando una serie de reacciones químicas venenosas en la atmósfera y en el océano. Probablemente el océano se volvió anóxico (sin oxígeno libre) durante un tiempo. Sobrevivieron selectivamente los organismos tolerantes a esas condiciones, especialmentelos resistentes a altas concentraciones de CO_2.

La **Era Mesozoica**.de 155 millones de años de duración, está dividida en los períodos Triásico, Jurásico y Cretácico. El acontecimiento geológico más importante de esta era es el nacimiento y desarrollo del océano Atlántico, que comenzó en el Jurásico medio. En el Cretácico inferior Sudamérica comenzó a separarse de Africa, 45 millones de años más tarde el Atlántico sur ya estaba desarrollado y el proceso de fracturación profunda había depositado enormes volúmenes de basalto en la cuenca del Paraná.

En los continentes dominaron los reptiles y las coníferas. Entre los reptiles de esta era sobresalen los terápsidos y los dinosaurios, de los que existieron numerosas especies. De un grupo de terápsidos depredadores surgieron los mamíferos, y de un grupo de dinosaurios muy especializados las aves.

En el mar vivieron en esta era los ammonites (Fig. 15 - 6), cefalópodos de concha enrollada. Aparecieron numerosas especies y géneros con gran distribución areal, que perduraban corto tiempo y se extinguían, siendo reemplazadas por nuevas especies de vida también efímera. Resultan por ello inmejorables fósiles guía.

En el Cretácico medio se produjo la surgencia de una enorme masa de roca semi-fundida desde la base del manto hasta cerca de la superficie, en el Pacífico central. La dilatación de la costra superficial hizo levantar el fondo del océano más de 1 kilómetro, provocando un ascenso del nivel del mar de unos 200 metros y las consecuentes ingresiones marinas en todos los continentes.

A fines del Cretácico aparecieron las plantas con flores perfeccionadas (angiospermas), que dominaron rápidamente el medio terrestre debido a que su mecanismo de reproducción y velocidad de crecimiento son superiores a los de las coníferas.

El final del Mesozoico está marcado por la extinción en masa de la mayor parte de la vida sobre la Tierra, incluyendo a los dinosaurios y a los ammonites. Se estima que el 75% de las especies animales y vegetales desapareció en un período extremadamente corto. Los grandes animales terrestres y la fauna de los mares templados desaparecieron casi por completo. No ocurrió lo mismo con los invertebrados de agua dulce. Existen indicios de que esta catástrofe fue provocada por el choque de un asteroide o un cometa con la Tierra, que provocó graves alteraciones y contaminación de la atmósfera y del océano durante algunos años.

La Era **Cenozoica** comenzó hace 65 millones de años y aun no ha finalizado. Está dividida en dos períodos: Terciario y Cuaternario. Está caracterizada por gran actividad tectónica y cambios climáticos pronunciados.

Los mamíferos dominaron los continentes. Ya existían desde el Mesozoico; eran entonces formas pequeñas y muy activas. Al desaparecer los grandes reptiles, ocuparon los nichos ecológicos vacantes; surgieron numerosas formas con un coeficiente de extinción bastante elevado. Las aves invadieron la Tierra, lo mismo que las angiospermas, que actualmente suman 250.000 especies. Hace 10 millones de años la India chocó con el Asia y quedó soldada a ella.

En el Terciario superior (Mioceno) se formó el casquete de hielo de la Antártida, que al derretirse en su periferia libera el mar agua muy fría. Dicha agua es más densa que las aguas templadas, hundiéndose y ocupando las capas profundas del océano. Desde entonces, gran parte de la masa oceánica se mantiene a una temperatura de 4°C, lo que significó un cambio fundamental en la vida marina. En el límite entre el Terciario y el Cuaternario, el levantamiento de América Central conectó Sudamérica con Norteamérica, modificando probablemente la circulación de las corrientes oceánicas. La fauna del hemisferio norte invadió Sudamérica, reemplazando parcialmente a las especies autóctonas.

El período Cuaternario está caracterizado por grandes cambios climáticos, que en algunas regiones de la Tierra provocaron la aparición de casquetes de hielo, como en el Atlántico Norte y la Patagonia, fenómenos conocidos con el nombre de **glaciaciones**. En el resto del territorio argentino alternaron climas secos y húmedos, lo mismo que en la zona tropical de Sudamérica. Como resultado de la acumulación de hielo en los casquetes, el nivel del mar descendió más de 100 metros en los períodos de máximo enfriamiento.

El acontecimiento biológico más importante del Cuaternario es la evolución del hombre, especie perteneciente a la rama de los primates. Los primates aparecieron en el Cretácico y se diversificaron a lo largo de todo el Terciario. Los últimos 10.000 años de la historia de la Tierra corresponden al Presente u Holoceno, caracterizado por la ocupación de casi todo el planeta por parte de la especie humana.

El supercontinente Gondwana - Gondwana fue un supercontinente que existió desde el Neoproterozoico (550 millones de años antes del Presente) hasta el Jurásico (180 millones de años antes del Presente). Fue formado por la acreción de varios cratones y llegó a ser la mayor superficie de corteza coontinental durante el Paleozoico, cubriendo un área de 100 millones de kilómetros cuadrados. Posteriormente se fue fragmentando durante el Mesozoico. Sus remanentes son casi dos tercios de las áreas cotntinentales actuales.

Dos eventos climáticos extremos sobresalen en Gondwana: Uno de ellos fue un clima desértico de alcances mayores y más severos que cualquier ejemplo actual. El otro fue una glaciación que ocurrió en el Carbonífero y que tuvo su centro en el actual estado de San Pablo (Brasil); es decir, cuando la región de San Pablo cruzó el Polo Sur durante la deriva de la placa dee Gondwana.

Lecturas complementarias
Evolución – Schv[orbel, W. 1986 – BCS 1986 – 276 pp., Barcelona.

ANALOGÍA

Al estudiar la historia de la Tierra, resulta sumamente difícil concebir períodos de tiempo tan grandes como los que se manejan aquí, aun para geólogos ya iniciados y mentalmente adaptados. Para captar realmente las proporciones del devenir geológico resulta útil reducir proporcionalmente la historia de la Tierra a un año. Resulta entonces:

1 de enero - Se forma el Sistema Solar y la Tierra.
6 de marzo - Se forman las rocas más antiguas conocidas.
4 de mayo - Aparece la fotosíntesis.
22 de julio - Se desarrolla la atmósfera de oxígeno.
7 de noviembre - Comienza la Era Paleozoica.
16 de noviembre - Aparecen los peces.
27 de noviembre - Aparecen las primeras plantas terrestres.
13 de diciembre - Comienza la Era Mesozoica.
15 de diciembre - Aparecen los primeros mamíferos.
18 de diciembre - Se desarrollan las primeras aves.
26 de diciembre - Se extinguen los dinosaurios y comienza la Era

Cenozoica.
30 de diciembre - Surgen los simios antropoides.
31 de diciembre - 22 h 29' - Una especie humana aprende el uso del fuego.
23 h 55' 45" - Aparece el hombre moderno.
23 h 58' 52" - Comienza el Holoceno.
23 h 59' 57" - Descubrimiento de América.
24 h - Cibernética. Viajes especiales. Bomba atómica.

ESQUEMA GEOGRÁFICO ACTUAL

La distribución actual de continentes y océano y de los seres que los habitan, conocida por todos, es el resultado de la larga cadena de procesos y modificaciones sufridos durante los tiempos geológicos. Gondwana fue desmembrado y dispersado ampliamente, más que Laurasia. Algunos de sus fragmentos, como India y Africa, vuelven a adosarse ahora al continente mayor.

Las faunas y floras actuales reflejan fielmente los acomodamientos geológicos mayores. En Eurasia y América del Norte existen las mismas familias y géneros de animales y plantas, o muy semejantes. Constituyen el "reino holártico". Los fragmentos de Godwana son biológicamente semejantes entre sí y se diferencian considerablemente del ambiente holártico: en Sudamérica se ha desarrollado el "reino neotropical" en Africa el "paleotropical", que comprende también a la India, y en Australia el "reino australiano". En las zonas de contacto como América Central y Africa del norte se han desarrollado zonas de transición.

16
Geomorfología

ASPECTOS BÁSICOS.

Definición:

La Geomorfología es la ciencia que estudia las formas de la Tierra y los procesos que influyen sobre ellas y las modifican.

Conceptos fundamentales:

Uniformismo:

Es el principio fundamental de toda ciencia geológica, expresa que los mismos procesos y leyes físicas, químicas y biológicas que se observan en la actualidad funcionaron a lo largo de toda la historia geológica anterior, si bien no necesariamente con la misma intensidad ni en el mismo contexto que hoy en día.

Cuando existía el gran continente de Pangea, con todas las tierras emergidas reunidas, probablemente en su interior reinaran condiciones de continentalidad que no se presentan en la actualidad en ninguna región de la Tierra, pero las leyes físicas que gobernaron la meteorización y la erosión de esos ambientes son las mismas que actúan hoy en día. Lo mismo puede decirse de los períodos glaciales: la distribución climática durante esas épocas fue distinta a la actual y la intensidad de los procesos glaciales mucho mayor, pero un glaciar patagónico del Plestoceno funcionaba de acuerdo a las mismas leyes que un glaciar actual de la Antártida.

Estructura geológica:

El substrato geológico es un factor principal en la evolución de las formas del relieve. En muchos casos es el factor dominante casi exclusivo, como en las cordilleras y en todas las regiones donde ha habido procesos endógenos recientes (vulcanismo, fallamiento, etc.); en áreas donde la meteorización y la erosión actuaron durante un tiempo largo, la estructura geológica se reflejan en las formas del terreno en forma directa.

Clima:

Los factores climáticos, especialmente la precipitación y la temperatura, tienen una influencia fundamental sobre los procesos geomorfológicos. Cada tipo climático tiende a formar un conjunto de formas características.

Identificación de los procesos geomorfológicos:

Cada proceso geomorfológico está determinado por una serie de factores climáticos y geológicos y desarrolla su propio conjunto característico de forma de relieve. De manera que mediante el estudio de las formas pueden inferirse los procesos actuales o pasados en una región determinada.

Persistencia de las formas heredadas:

La mayor parte de la superficie de la Tierra está constituida por formas desarrolladas durante el Cuaternario. En este punto es frecuente observar dos tipos de errores; el primero de ellos, frecuente en regiones de rocas antiguas, consiste en atribuir edades demasiado largas a las formas del terreno (superficies mesozoicas, etc.). El segundo tipo de error se comete cuando se trata de explicar el origen de todas las formas del terreno a través de los procesos climáticos actuales, pues es bien conocido que ocurrieron cambios climáticos notables durante el último millón de años, particularmente las glaciaciones en las altas latitudes de los dos Hemisferios.

En América del Sur los climas que se sucedieron durante el Cuaternario (aproximadamente los últimos 2.000.000 de años) han incluido considerablemente en la elaboración del paisaje actual, principalmente en las zonas de llanuras y macizos, bastante menos en la región cordillerana occidental.

GEOMORFOLOGÍA DE ESTRUCTURAS DE FRACTURAS.

Las fallas suelen presentar expresiones topográficas conspicuas, sobre todo cuando se trata de fallas de alto ángulo, porque elevan, descienden o inclinan bloques, trituran fajas de terreno, etc. dando origen a una serie de formas erosivas y sedimentarias particulares. Entre ellas se pueden citar las escarpas.

Escarpas asociadas con fallas.

Entre las escarpas asociadas con fallas se pueden distinguir dos tipos. El primero, las escarpas de falla, comprende a las escarpas producidas directamente por el fallamiento; estas formas pueden ser parcialmente erodadas, o retroceder paralelamente a una línea, alejándose de la falla que las produjo o desdibujando su trazado original. El segundo tipo está constituido por escarpas de líneas de falla, y se produce originariamente por erosión diferencial en los dos lados de una falla, cuando hay rocas de resistencia distinta en los dos lados de la línea; de esta manera el bloque elevado puede tener una expresión topográfica negativa y viceversa. En general, la presencia de una escarpa de línea de falla significa una historia geomorfológica más complicada.

Pilares y fosas tectónicas.

En ciertas zonas de la corteza terrestre, fallas verticales o subverticales producen la elevación y el hundimiento de bloques. Los bloques ascendidos reciben el nombre de pilares tectónicos y los bloques descendidos el de fosas tectónicas. Están limitados entre sí por líneas de falla o líneas de escarpa de fallas, con formas erosivas y afloramiento de rocas antiguas en los pilares y rellenos sedimentarios, a veces de cientos de metros de espesor, en las fosas tectónicas. Las formas asociadas muchas veces dependen del clima de la región. Por lo general, las fosas constituyen reservorios importantes de agua subterránea, mientras que los pilares tienen un almacenamiento escaso o nulo.

Basculamiento.

Otro tipo de estructura tectónica con expresión morfológica particular es el basculamiento, fenómeno mediante el cual los bloques sufren elevación en uno de sus extremos y hundimiento en el otro. Este tipo de estructuras produce cuencas y valles asimétricos, con el colector principal corriendo longitudinal más cerca del borde hundido y afluentes más largos en la margen que corresponde al borde levantado. El arroyo Feliciano, en el norte de Entre Ríos, es un ejemplo de esta morfología.

GEOMORFOLOGÍA DE ESTRUCTURAS PLEGADAS.

Domos y cuencas.

Los domos y las cuencas constituyen el substrato de extensas regiones de la corteza terrestre. Se define como domo una estructura plegada positiva de contornos aproximadamente equidimensionales, y se define como cuenca a un área que ha sufrido un hundimiento relativo. Tanto domos como cuencas pueden ser de grandes dimensiones, abarcando decenas de miles de kilómetros cuadrados. La expresión topográfica de un domo depende de la litología de las rocas que lo constituyen, pero como característica principal se puede señalar el avenamiento centrífugo y la presencia de crestas concéntricas cuando la estructura está compuesta por rocas sedimentarias. Si el núcleo del domo ha quedado al descubierto por la erosión y está constituido por rocas débiles, ocurre una inversión de la topografía, apareciendo el núcleo como un bajo topográfico.

Evolución geomorfológica de las regiones plegadas.

En contraste con las regiones dominadas por estructuras de fracturas, de rasgos simples y regulares, las áreas plegadas (generalmente cordilleras) muestran una complejidad muy grande. Corresponden casi siempre a fajas cuyos sedimentos fueron hundidos, sometidos a plegamientos complejos y finalmente ascendidos sufriendo grados variables de erosión. El fallamiento generalmente es complejo, pero subordinado al plegamiento y no dominante en la morfología.

El principal factor de origen exógeno en este tipo de regiones es la erosión diferencial de las distintas rocas. En efecto, la erosión de las rocas plegadas acompaña al levantamiento de la montaña, y va produciendo distintos grados de erosión en los diferentes tipos de rocas. En general las areniscas son más resistentes que las lutitas; los otros tipos de rocas presentan comportamientos intermedios, o bien dicho comportamiento está más ligado al clima de la región, como en el caso de las calizas y capas de yeso.

La erosión diferencial de las capas resistentes y débiles hace que la morfología muestre las posiciones y formas de los pliegues. El buzamiento de los anticlinales y sinclinales origina el diseño en zigzag de las crestas. Los ríos corren por valles longitudinales, con redes de drenaje paralelas. Tres tipos de morfología son los más representativos:

Valles sinclinales asociados a crestas anticlinales. En este caso el relieve obedece a la estructura tectónica y reproduce sus formas.

Valles anticlinales asociados a crestas sinclinales. Se trata de una morfología bastante frecuente, que se origina en la erosión diferencial de las rocas más viejas que afloran en los núcleos de los anticlinales, provocando una inversión de la topografía.

Valles y crestas homoclinales. Aparecen en los flancos de los pliegues, con los estratos buzando todos en el mismo sentido.

LOS PEDIMENTOS O EXPLANADAS.

Se denominan pedimentos o explanadas a las superficies de erosión inclinadas, con pendientes de pocos grados y cubiertas sedimentarias delgadas y discontinuas, que suelen cubrir extensiones considerables en algunas regiones, como por ejemplo los Andes mendocinos.

Características generales.
Los pedimentos cortan generalmente rocas sedimentarias, limitan hacia arriba con el talud montañoso en forma neta en los relieves grandes, a veces penetran en los valles de erosión que bajan de la montaña en forma de pequeños alvéolos llamados "rinconadas", otras veces penetran más profundamente en los valles. En relieves bajos y con substrato de rocas homogéneas el pedimento pasa en transición al talud de la montaña, sin un límite preciso entre ambos.

La pendiente general de la explanada es muy débilmente cóncava, con valores de 7 a 8 % en la parte superior que disminuye 2 o 3 % en el pie. Debido a que suelen tener hasta 20 o más kilómetros de largo, normalmente es difícil percibir la concavidad en campaña. Hacia abajo las explanadas limitan en contacto transicional con valles, playas o salinas.

Cobertura y procesos erosivos.
Las explanadas suelen estar cubiertas por un manto aluvial de material muy poco seleccionado, de algunos decímetros de espesor, estos materiales provienen del sustrato local y del talud montañoso de arriba. El manto aluvial suele ser discontinuo, dejando áreas descubiertas de la superficie erosiva.

La mayor parte de los pedimentos o explanadas se encuentra ahora disecada por erosión lineal, resultado de condiciones climáticas diferentes. En algunos casos, como en las cercanías de la ciudad de Mendoza, una explanada antigua ha sido disecada por otra explanada más joven desarrollada a un nivel inferior.

Origen.

Existen dos teorías que postulan ambientes diferentes para la génesis de las explanadas. Una de ellas sostiene que estas superficies erosivas se originaron en condiciones periglaciales, fundamentalmente debido a mecanismos de disgregación de las rocas por congelamiento intermitente. La otra teoría postula un ambiente árido o semiárido cálido, con precipitaciones esporádicas muy fuertes, que provocan la aparición de riachuelos anastomosados efímeros, que no se profundizan y después de un corto recorrido terminan en un pequeño cono aluvial aplanado que redistribuye el agua y alimenta nuevos cursos.

Bajos.

Los bajos son depresiones cerradas que se originan en los desiertos por acción de la erosión, remoción en masa y acción de aguas corrientes u oleaje de los cuerpos de agua que esporádicamente se establecen en ellos después de las lluvias. En la Patagonia extraandina son frecuentes los bajos de todas dimensiones, se desarrollan sobre sedimentos continentales y marinos de distintas edades (pelitas, areniscas, tobas) que se encuentran en posición prácticamente horizontal o con muy suave inclinación. En la provincia de Santa Cruz se encuentran desarrollados sobre pedimentos, terrazas y lechos de valles; el perímetro máximo de estas depresiones presenta una forma circular a elíptica en la mayoría de los casos. En algunas oportunidades, cuando se produce la integración de dos o más bajos vecinos por efecto de la erosión retrocedente, la forma llega a ser substancialmente irregular.

Las dimensiones de los bajos en esa región pueden ser muy variadas, pero tomadas en conjunto, más del 70 % de los mismos tienen entre algunas decenas de metros y cinco kilómetros de diámetro, con profundidades que oscilan entre uno y tres metros, y pendientes generalmente de dos grados o menos.

Una pronunciada variación en las dimensiones, y sobre todo en las pendientes, se presenta en el 30 % restante de los casos. El diámetro comúnmente supera el kilómetro, resultando frecuentes los valores comprendidos entre 3 y 15 kilómetros. La profundidad alcanza al extremo de 157 metros, aunque comúnmente oscila entre 10 y 50 metros. Las pendientes, a su vez, superan en la mayor parte del perímetro los 10°, y particularmente aquellos más profundos pueden alcanzar localmente los 30° o más.

EL KARST

Se denomina karst al paisaje dominado por la disolución de calizas mediante el agua proveniente de la atmósfera. A diferencia de lo que ocurre normalmente en otros tipos de paisaje, el proceso de modelación dominante en el karst es de tipo químico.

El agua de lluvia disuelve la calcita de las calizas, transportándola en forma de bicarbonato hacia los acuíferos subterráneos y hacia las redes fluviales. Bajo climas húmedos y preferentemente cálidos este efecto es importante, ya que el agua de lluvia levemente ácida es un solvente muy eficiente. El proceso de disolución avanza a lo largo de grietas y diaclasas, ensanchándolas considerablemente y restando agua a la escorrentía superficial.

La disolución es mayor en ciertos puntos, donde llegan a formarse sumideros o pozos llamados dolinas, que alcanzan el nivel freático, capturando la mayor parte del agua del paisaje. Si la caliza es de espesor considerable y su base tiene un relieve local importante (por ejemplo en zonas de rocas plegadas) el agua de la capa freática fluye rápidamente, renovando el agua y formando un nivel de cavernas. Si por alguna causa el nivel freático baja (o sube) se forma un segundo nivel de cavernas, y así sucesivamente.

Este tipo de karst genera un paisaje con cierto relieve, con numerosas depresiones formadas por dolinas de varios metros hasta cientos de metros de diámetro y cavernas desplomadas. Otra característica notable es la falta de ríos y de una red de drenaje organizada, por la razón de que toda el agua se infiltra por los sumideros. Se trata, con todo, de un karst poco desarrollado.

En regiones con procesos kársticos más avanzados, la disolución ha eliminado todo el espesor de la formación calcárea en ciertas áreas, dejando al descubierto la roca no soluble que se halla debajo. Hay grandes depresiones cerradas, frecuentemente alargadas, denominadas "valles ciegos" o poljes. Finalmente, en regiones tropicales húmedas y después de intervalos de tiempo muy largos, la disolución llega a ser casi completa. Se encuentran allí solamente relictos de caliza en forma de torres dentro de un paisaje de otro tipo. Se trata de karst residual o "karst de torres"; es típico del sur de China y norte de Vietnam.

PAISAJES VOLCÁNICOS

Los paisajes volcánicos están formados por la acumulación de fragmentos piroclásticos y de coladas de lava solidificada. O sea que sus características fundamentales derivan de los procesos magmáticos dominantes en la región. Si se trata de magmas básicos, el paisaje resultante será de mesetas y llanuras. Si los magmas son mesosilícicos o ácidos, se formará un relieve de conos, domos y otras geoformas montañosas.

a) Regiones Basálticas

Están caracterizadas por áreas planas de miles de kilómetros cuadrados, compuestas generalmente por dos o más niveles que resultan de los cuerpos de coladas de lava. Los niveles están separados por escarpas bien definidas. Son paisajes que persisten a lo largo de decenas de millones de años.

Un caso típico es el siguiente. Las grandes coladas basálticas que se originaron al abrirse el océano Atlántico formaron secuencias de cientos de metros de espesor. Esas ocas sufrieron posteriormente un levantamiento epirogénico y constituyen ahora la meseta de la provincia de Misiones. En ciertas áreas la meseta está formada por el techo de la última colada bassáltica, que ha resistido la erosión. En otras zonas la erosión ha progresado hacia abajo hasta otro nivel resistente, también horizontal (porque es el techo de otra colada anterior), resultando una erosión areal y produciendo un enorme "escalón" en el paisaje. Estas superficies especialmente resistentes reciben en Geomorfología el nombre de superficies estructurales.

A diferencia de la mayoría de las rocas, el basalto tiene la propiedad de retroceder por erosión en taludes verticales; se trata de una característica petrográfica del mismo. Precisamente, es esa propiedad particular la que permite la aparición de cascadas y cataratas en los cauces fluviales que atraviesan las mesetas volcánicas.

b) Regiones Andesíticas

Son los paisajes de los típicos conos volcánicos, generalmente de estratovolcanes. Se forman en esas áreas campos de conos, con formas asociadas tales como calderas, conos adventicios y fajas de lava enfriada. Tienen extensiones menores que las regiones basálticas, aunque mucho mayor relieve que éstas. Un ejemplo argentino-chileno importante es el complejo volcánico Ojos del Salado, en Copiapó/Catamarca, de casi 7.000 metros de altura.

Estos paisajes están caracterizados por drenaje radial o centrífugo. En relieves antiguos de este tipo, la erosión diferencial destruye las rocas lentamente. Los elementos más resistentes suelen ser las chimeneas volcánicas, formadas por aglomerados, que finalmente quedan formando cerros aislados, denominados cuellos volcánicos. Un ejemplo de este tipo de relieve son los llamados "volcanes de Pocho" en el oeste de Córdoba.

Regiones Riolíticas

En las regiones caracterizadas por vulcanismo ácido predominan los domos riolíticos y pequeñas mesetas formadas por ignimbritas. Aparecen también depresiones cerradas, formadas por el desplome de cámaras magmáticas vaciadas.

Influencia del clima

Una vez que un clima determinado se establece en una región, comienza a influir sobre las formas del terreno que ha heredado. Cada tipo de clima está caracterizado por un conjunto de factores que lo distinguen de los otros climas; la temperatura y la precipitación son los principales. Además, existen otros que directa o indirectamente dependen de aquellos, tales como la vegetación, régimen de vientos, humedad del aire, nieblas, heladas, estacionalidad, microorganismos y algunos más. Con el tiempo suficiente, cada clima desarrolla un conjunto de geoformas que lo identifican, mediante un complejo de procesos de meteorización, erosión y sedimentación. Los casos principales son los siguientes:

Clima templado húmedo – Predomina la acción fluvial sobre el paisaje. Tiene diferencias marcadas entre estaciones, el año se divide en verano/invierno y meses de lluvia/meses de sequía, aunque en el balance anual hay exceso de precipitaciones sobre la evaporación. Desarrolla cobertura vegetal densa, de bosques y gramíneas y abundan los arroyos y pantanos. Los vientos son moderados. Con el tiempo forma un paisaje de colinas y valles en V (Fig. 16-1). El sur de Entre Ríos tiene un paisaje de este tipo.

Clima desértico – Predominan los procesos eólicos y la meteorización física. Está caracterizado por falta de lluvias durante todo el año. Los vientos son fuertes y frecuentes, arrastran gran cantidad de arena y polvo. Falta la cobertura vegetal continua, las plantas son principalmente arbustos dispersos. Las diferencias de temperatura entre el día y la noche pueden ser de más de 40

grados, lo que acelera la meteorización física . La escasa humedad atmosférica se condensa por la noche en grietas y superficies rocosas, produciendo alteraciones que favorecen a la meteorización física. Las lluvias son esporádicas y suelen ser muy fuertes, provocando inundaciones, llenando cauces efímeros y lagunas temporarias. Produce un sistema de geoformas de taludes verticales y cimas chatas, como mesas, hongos y cuerpos similares. Esto se debe a la meteorización concentrada en la base de los mismos, junto con la erosión eólica producida por abrasión con la arena que transporta el viento. En las parte bajas del paisaje se acumulan campos de dunas (Fig. 16-2). Un ejemplo de este paisaje se encuentra en Ischigualasto y Talampaya, en el límite entre San Juan y La Rioja.

Clima glacial – Predomina la acción del hielo sobre el paisaje. Existe una intensa meteorización física de las rocas provocada por las diferencias de temperatura entre el día y la noche, principalmente debido al mecanismo de congelamiento/descongelamiento en grietas y diaclasas. Los taludes suelen estar cubiertos de escombros de ladera transportados por la gravedad, con inclinaciones de 30 a 40 grados. La erosión produce "circos" en las cumbres de las montañas. Los valles están ocupados por glaciares, que son verdaderos ríos de hielo que excava perfiles transversales con forma de U (Fig. 16-3). Aparecen depósitos muy gruesos con forma de terraplén (morenas) cruzando los valles. La Cordillera en Mendoza es un caso típico.

Clima tropical húmedo – Está dominado por altas temperaturas y exceso de humedad durante todo el año. Se desarrolla vegetación natural de selva, lo que produce meteorización química generalizada en el suelo y fragmentación de las rocas por crecimiento de raíces. La temperatura media anual es superior a los 20 grados centígrados, lo que produce la disolución y movilización generalizada del hierro de los minerales, resultando en el típico color rojo del terreno. Los complejos procesos dinámicos forman paisajes de colinas redondeadas denominadas "medias naranjas" (Fig. 16-4). Estos paisajes son típicos del sudeste de Brasil; en la Argentina se los encuentra en Misiones, aunque incipientemente desarrollados.

Lecturas complementarias
Geomorphology – Ruhe, R. 1975 – Houghton Mufflin Co., 246 pp., Boston.

17
Llanuras

Una llanura es un área de la superficie de la Tierra con relieve general pequeño o nulo, donde los elementos topográficoslocales son más significativos para la dinámica del ambiente que la pendiente regional. El agua, en particular, presenta un comportamiento característico: la escorrentía es sumamente pequeña comparada con la evaporación y la infiltración, las redes hidrográficas están mal desarrolladas y son poco eficientes.

Gran parte de las regiones continentales de la Tierra están formadas por llanuras, así como también las áreas de plataforma cubiertas por el mar y el fondo oceánico, donde constituyen las planicies abisales. A pesar de que la mayor parte de la actividad del geólogo se desarrolla en las montañas, es factible también realizar muchas tareas estrictamente geológicas en las llanuras.

Las llanuras son superficies donde los procesos morfogenéticos (o sea, formadores del paisaje) presentan una tendencia a crear formas locales de relieve: dunas de arena, albardones, dolinas, etc. Aunque la altura de esas formas es generalmente modesta, en regiones tan horizontales como las llanuras ejercen una influencia de primer orden. Existen varios procesos típicos de llanura, tales como inundaciones, sedimentación generalizada, meteorización profunda, formación de costras, etc.

De acuerdo a este razonamiento, una llanura puede estar ubicada a cualquier altura sobre el nivel del mar. También son independientes las condiciones de borde de la llanura, o sea que puede estar limitada por una montaña, por el mar, por un talud o cualquier otro elemento geomorfológico.

SISTEMAS EXTERNOS QUE INFLUYEN EN LAS LLANURAS

Las llanuras aparecen debido a la influencia que ejercen tresgrandes sistemas sobre la superficie de la Tierra: la tectónica, el clima y la litología de las rocas preexistentes. La intervención de la tectónica es imprescindible; el clima está siempre presente aunque su importancia es variable. La litología de las rocas preexistentes, por otro lado, solamente tiene influencia en algunos tipos de llanura.

Desde un enfoque geotectónico, las grandes llanuras aparecen en áreas de plataforma. Llanuras pequeñas pueden encontrarse también en las fajas orogénicas. De hecho, las llanuras pueden agruparse en dos grandes conjuntos de acuerdo con su tendencia epirogénica al levantamiento o al hundimiento

El clima actúa de diversas manera en la llanura. Cuando existe tendencia al levantamiento quedan expuestas a la meteorización y a la erosión las rocas preexistentes. En consecuencia las superficies de las mismas quedan sometidas a los procesos de degradación típicos de los grandes ambientes de la Tierra: desiertos tropicales, climas húmedos ecuatoriales o de latitudes medias, tundra, etc. Los productos resultantes dependen del clima y de la roca involucrados: costras ferruginosas, arcillas de mineralogía específica, karst y otros.

En las llanuras con tendencia al hundimiento la influencia del clima es indirecta: se refleja en los mecanismos de transporte y sedimentación que aportan detritos de regiones vecinas y los acumulan en la llanura. De esta manera aparecen arenas eólicas y salinas en los desiertos, llanuras aluviales en las regiones húmedas y carpetas de till en los climas glaciales.

La litología de las rocas preexistentes solo tiene importancia en las llanuras con tendencia al levantamiento. Constituyen un sistema "pasivo", que puede responder de manera diferente de acuerdo al clima a que esté sometido. El ejemplo más claro de dependencia climática puede observarse en las plataformas de caliza, que en climas húmedos desarrollan paisajes kársticos y en climas secos se degradan mediante el retroceso de taludes verticales y erosión retrocedente de quebradas.

Características Básicas de las Grandes Llanuras.
1. Una gran llanura está formada por pocos sistemas sedimentarios.
2. Los sistemas sedimentarios son simples; tienen extensión lateral muy grande y espesor reducido. Ejemplos de tales tendencias particulares son la formación fluvial Ituzaingó en el N. E. de Argentina (120.000 Km^2 en extensión y 10 a 20 m de espesor) y el loess del Pleistoceno superior de la Pampa (300.000 Km^2 en extensión y 5 a 10 m de espesor).
3. Los procesos de transporte y sedimentación producen un alto grado de mezcla de los minerales de las rocas madre, así como selección granulométrica y mineralogía homogéneas en grandes áreas.
4. Hay variaciones climáticas frecuentes en una misma llanura. El Chaco es semiárido en el oeste (600 mm/año) y húmedo en el este (1200 mm/año); la Pampa tiene un clima tropical en el norte (19°C temperatura anual promedio) y un clima templado al sur (15°C t.a.p.).
5. La geografía física (Geología, clima, geomorfología) de las regiones adyacentes, es dominante en muchas llanuras, especialmente aquéllas controladas por los procesos hídricos. El 80 % de los sedimentos de las llanuras amazónicas proviene de las regiones andina y subandina; el río Paraná en Rosario se encuentra en equilibrio, no con las áreas vecinas, sino con las características geológicas y climáticas de Sao Paulo (Brasil), una región ubicada a 2500 Km. al noreste.
6. Los procesos dinámicos en las llanuras son lentos. El flujo de los ríos, la migración de las dunas y fenómenos análogos son considerablemente más lento que en otros ambientes comparables.

Clasificación:

La siguiente es una clasificación de llanuras de tipo genérico, es decir un ordenamiento fundado en relaciones causa - efecto. Está organizada en varios niveles; cada nivel de la clasificación contiene dos o más clases y las clases de cada nivel se originan por partición de las clases del nivel inmediato superior.

• **Efectos Generales de la Tectónica (1° Nivel).**

En el primer nivel de la clasificación se agrupa a la totalidad de las llanuras en dos conjuntos, discriminados de acuerdo con la tendencia a la elevación tectónica o al hundimiento (Fig. 2). Las **llanuras de agradación** están caracterizadas por un hundimiento relativo con respecto a las regiones vecinas. Son áreas donde se producen sedimentación generalizada y donde predominan ampliamente los sedimentos sueltos. La permeabilidad elevada facilita el desplazamiento vertical del agua y los procesos relacionados al mismo. Los procesos y formas significativos están vinculados al clima de la región en la mayoría de los casos.

El segundo conjunto está compuesto por las llanuras que poseen tendencia generalizada al levantamiento epirogénico; se trata de las **planicies estructurales**. Su superficie está formada por una capa resistente a la erosión, generalmente caliza, basalto o costras. La meteorización es el proceso dominante, con manifestaciones subordinadas de erosión. Los productos y formas resultantes dependen básicamente de la litología de la roca superficial, y en segundo lugar del clima.

- **Los Ambientes Sedimentarios en las Llanuras de Agradación (2°Nivel).**

Cuando se considera al conjunto de las llanuras de agradación, se puede observar en el mismo varios tipos de dinámica y de paisaje, que resultan de la presencia de ambientes sedimentarios bien definidos. En este nivel es la pauta más significativa de la clasificación de llanuras. Se divide a las llanuras de agradación según el ambiente sedimentario que haya depositado sus estratos superiores y construido las formas de superficie. El ambiente sedimentario en sí queda reflejado en los cuerpos geológicos superficiales, las geoformas asociadas y sus interrelaciones (Fig. 3).

- **Llanuras Eólicas.-** Están formadas por sedimentos medianos y finos acarreados por el viento en climas áridos y semiáridos, tales como campos de dunas y mantos de loess. Su dinámica depende en forma casi exclusiva del régimen de vientos y de la humedad relativa del ambiente. Debido a que el viento es independiente de la pendiente del terreno, la influencia de la tectónica es irrelevante en las llanuras eólicas.
- **Llanura Glaciales.-** Son formadas por sedimentos transportados y sedimentados por el hielo. Se originan en ambientes glaciales, es decir, en condiciones climáticas muy frías. Están constituidas por depósitos sedimentarios heterogéneos y geoformas también heterogéneas, caracterizadas por un micro-relieve pronunciado y a veces caótico. En muchas llanuras glaciales la pendiente regional (factor tectónico) ejerce una influencia indirecta.
- **Llanuras Lacustres.-** Están formada por sedimentos depositados

en lagos, lagunas, pantanos y salinas. Se trata de sedimentos finos y muy finos en la gran mayoría de los casos, con estructuras laminares o de estratos finos. Son llanuras muy planas, con procesos sedimentarios que no producen relieve local, como es el caso de las llanuras glaciales y algunas eólicas. Aunque las llanuras lacustres pueden tener diversos orígenes, las mayores de ellas requieren la presencia de una tectónica activa de hundimiento en un clima árido o semiárido, lo que permite la formación y mantenimiento de un lago.

- **Llanuras aluviales.**- Son constituida por materiales acarreados y depositados por rios y arroyos. Aparecen en climas húmedos y semiáridos y están compuestas por una amplia gama de sedimentos, entre los que predominan los medianos y finos. Los procesos actuantes tienden a producir un relieve local poco pronunciado (albardones, cauces, derrames). El clima tiene una influencia dominante en la construcción de esta clase de llanuras; la tectónica influye de manera directa.

- **Llanuras litorales.**- Aparecen en la faja de contacto entre el océano y las tierras continentales emergidas. En su mayor parte están constituidas por sedimentos medianos, en muchos casos mezclados con pelitas. Sus geoformas típicas son las playas, los canales de marea y cauces deltaicos entre otros; que producen un relieve algo mayor que el de las llanuras aluviales. La naturaleza de estas llanuras depende fuertemente de la tectónica; el clima actúa en forma subordinada.

- **Los Mecanismos Específicos de Sedimentación (3° Nivel).**

Cada uno de los grandes ambientes sedimentarios mencionados en el párrafo anterior está caracterizado por unos pocos mecanismos específicos, fácilmente definibles y altamente significativos desde el punto de vista ambiental, y directamente identificables geomorfológica y sedimentológicamente. Por ello se define el siguiente nivel de la clasificación de acuerdo con los mecanismos específicos de sedimentación.

LLANURAS EOLICAS

Las llanuras eólicas se agrupan en llanuras de arena y de loess.
- **Llanuras de Arena.**- Se producen por acumulación de sedimentos transportados por arrastre y saltación. Se forman en climas áridos

y en lugares donde existen localmente condiciones de aridez. La selección de la arena es muy alta y están caracterizadas por dunas de diversos tipos. Ocupan grandes extensiones en los desiertos tropicales actuales, donde los "mares de arena" cubren cientos de miles de kilómetros cuadrados. En Argentina la llanura de arena formada en el Pleistoceno tardío tiene extensión de más de 170.000 Km^2 y abarca parcialmente a varias provincias.

- **Llanuras de Loess.-** Están originadas por la acumulación de polvo transportado en suspensión por el viento y sedimentado en forma de manto en regiones peridesérticas de clima semiárido. Están constituidas principalmente por limo grueso, con porcentajes muy bajos de otras granulometrías. Debido a su composición granulométrica y a su tipo de sedimentación, no produce formas de relieve sino que reproduce las irregularidades topográficas sobre las que se deposita. El loess cuaternario de China tiene una extensión de 440.000 Km^2 cubriendo llanuras y colinas; en la Argentina el loess pampeano se ha depositado sobre más de 200.000 Km^2 de llanura.

LLANURAS GLACIALES

Las llanuras glaciales, con una representatividad bastante modesta en América del Sur, pueden separarse en llanuras de till y de acarreos.

- **Llanuras de Till.-** Los grandes glaciares en manto y los glaciares de pie de monte transportan y depositan en forma directa una mezcla caótica de fragmentos, bloques, partículas y granos de todo tamaño denominada "till". Las carpetas de till suelen tener varios metros de espesor y cubren amplias extensiones en el Hemisferio Norte. La superficie de estas llanuras es irregular, con depresiones criogénicas, arcos morrénicos y otras formas relacionadas.
- **Las llanuras de acarreo glacial.-** En su sedimentación interviene el agua corriente, además del hielo. Los acarreos poseen cierta selección granulométrica y estructuras sedimentarias, especialmente estratificación. Los eskers, kames y terrazas kame son típicos de los acarreos. En sentido estricto se trata de llanuras periglaciales.

LLANURAS LACUSTRES

Las llanuras lacustres pueden ser de tres clases: Clásticas, salinas y palustres, dependiendo fundamentalmente del clima bajo el cual se desarrollan.

- **Las llanuras lacustres clásticas.-** Están formadas típicamente por sedimentos finos, depositados en estratos delgados y láminas. Este tipo de llanura suele ser de extensión relativamente pequeña y prácticamente horizontal. En los grandes lagos pueden formarse deltas o cordones de playas. Estas llanuras aparecen en clima semiáridos a húmedos; en climas secos se encuentra una variedad: los barreales o "playas" de las zonas distales en ciertos abanicos aluviales. El mecanismo responsable de la agradación es el transporte de limo y arcilla en suspensión en las corrientes de agua que alimentan al lago.
- **Salinas.-** Son planicies caracterizados por la acumulación de evaporitas, entre las que predominan la halita y el yeso. Son típicas de climas áridos como el de la Puna argentina, donde se encuentran más de veinte salinas de extensión considerable, las mayores de las cuales miden más de 1.000 Km^2 de extensión. El mecanismo específico para la formación de salinas es la evaporación de soluciones concentradas aportadas por aguas superficiales y subterráneas.
- **Llanuras palustres.-** Se forma debido a la sedimentación en pantanos. Los pantanos son cuerpos de agua somera, cuya caracterización dominante es la presencia de vegetación arraigada en el fondo, que sobresale por encima del nivel del agua. Cubren grandes extensiones en todos los continentes; en la Argentina abarcan más de 60.000 Km^2, principalmente en la Mesopotamia. Los sedimentos palustres contienen un alto porcentaje de materia orgánica. La estratificación resulta destruída por la acción mecánica de las raíces de las plantas y de los organismos excavadores, produciéndose estructuras sedimentarias caracterizadas por terrones y tubos rellenos de arcilla y limo. La granulometría de los sedimentos es fina. El mecanismo que determina la aparición de pantanos es el crecimiento de plantas palustres en áreas mal drenadas de climas húmedos.

LLANURAS ALUVIALES

Las llanuras aluviales se puede dividir en abanicos y fajas, de acuerdo a las características geomorfológicas y sedimentológicas de los depósitos.

- **Fajas aluviales.-** Son superficies largas y estrechas, dentro de las cuales divaga una corriente fluvial, labrando sus formas sobre sus propios sedimentos. En las fajas predominan en volumen las arenas. Los mayores ejemplos sudamericanos de esta clase son las fajas aluviales del Amazonas y del Paraná. El mecanismo decisivo para la formación de una faja aluvial es la presencia de bloques tectónicos basculados que mantienen al río en una estrecha faja deprimida, impidiéndole cambiar de dirección. Sus formas típicas son los cauces y albardones; sus depósitos están generalmente bien estratificados.
- **Abanicos aluviales.-** Son llanuras alimentadas por una corriente de agua que entra en el sistema desde un punto estable o zona restringida y divaga ampliamente aguas abajo, produciendo un patrón distributario en abanico, con cauces abandonados, lóbulos de derrame, área de bañados, etc. Los sedimentos de los abanicos son más heterogéneos que los de las fajas y sus geoformas de menor relieve. La llanura chaqueña argentina está formada por los grandes abanicos de los ríos Bermejo, Salado y Pilcomayo. Otro gran abanico aluvial, el del río Tacuarí, forma la mayor parte del pantanal del Mato Grosso en Brasil. Los abanicos aparecen donde una llanura está limitada por una cadena montañosa u otra área elevada; se desarrollan activamente bajo climas semiáridos.

LLANURAS LITORALES

Las llanuras litorales presentan tres clases bien definidas en este nivel: Llanuras de oleaje, llanuras de marea y deltas.

- **Llanuras de Oleaje.-** El oleaje, transportando arena mediante mecanismos de deriva litoral, forma sucesiones de playas, albuferas y tómbolos. En ciertos casos se desarrollan extensas planicies de esta manera: un ejemplo típico puede observarse en Río Grande do Sul y norte de Uruguay, donde las lagunas de los Patos y Merín están ubicadas en una llanura de este tipo.
- **Llanuras de marea.-** Se forman en regiones donde el mecanismo dominante en el litoral es la marea. Los sedimentos que las componen son poco seleccionados, predominando la arena arcillosa. Dichos materiales son aportados al litoral desde mar adentro por

las corrientes de marea. Sus formas principales son los canales de marea, cauces cortos y extremadamente anchos, frecuentemente ramificados. En el norte de Brasil, la isla de Marajó y regiones aledañas constituyen una llanura de mareas de más de 80.000 Km^2. Los estuarios son un tipo de llanuras de marea que se encuentra en la boca de ríos que llegan al mar.

- **Deltas.- Se forman** en la desembocadura de algunos ríos, en los lugares donde el oleaje y las mareas no alcanzan a redistribuir la carga de sedimentos fluviales que van llegando al área. Son cuerpos sedimentarios en forma de abanico, con un patrón distributivo de cauces, que crecen mar adentro. Los sedimentos dominantes son medianos y finos y las formas típicas, los albardones, pantanos y bancos de arena. Los deltas de los grandes ríos del mundo, por otro lado, son complejos con áreas deltaicas propiamente dichas asociadas con playas, lagos, etc. El delta del río Paraná es uno de estos casos, mide 13.500 Km^2.

• **Los Niveles Subsiguientes de la Clasificación.**

La mayor parte de las llanuras descriptas en el punto anterior son factibles de ser divididas en dos o más clases genéticamente significativas. Ello depende de la "variabilidad interna" de la clase en cuestión. Los deltas, por ejemplo, forman una clase con amplias variabilidad interna, mientras que las llanuras de loess son homogéneas. Al ser ésta una clasificación abierta, pueden agregárseles sucesivos niveles y clases.

En la fig. 4 aparece una subdivisión genética de llanuras aluviales en varios niveles, desarrollada años atrás (Iriondo 1972). Se presenta también una subdivisión de llanuras lacustres (Fig. 5).

• **Las Unidades Asociadas.**

Teniendo en cuenta que la llanura es un sistema compuesto por varios o muchos elementos interactuantes, se comprende que en la práctica, al estudiar casos concretos de terrenos llanos, las distintas clases de este ordenamiento aparezcan "contaminadas" con elementos ajenos. Frecuentemente, las grandes llanuras de arena incluyen salinas, los abanicos aluviales tienen áreas de pantanos, las llanuras de oleaje presentan fajas de dunas eólicas, etc.

Estas áreas subordinadas se mapean, cuando la escala lo permite, y se consideran unidades asociadas a la clase dominante.

Lecturas complementarias
Modelos sedimentarios de cuencas continentales: Las llanuras de agradación – Iriondo, M. 1986 – Conexpo/ARPEL¨86, 1:81-98, Buenos Aires.

18
El agua subterránea

El agua subterránea es la que se encuentra en el interior de la tierra, ocupando poros en los sedimentos y grietas y huecos en las rocas. Forma parte del ciclo del agua en la Naturaleza y tiene gran importancia en la civilización. Su estudio requiere de la aplicación de dos disciplinas científicas, la Hidráulica de Medios Porosos en casos básicos locales, y la Geología en los estudios regionales.

EL CICLO DEL AGUA EN LA NATURALEZA

El agua subterránea, sus características generales y locales y su dinámica forman parte del ciclo del agua en la Naturaleza. Durante este ciclo el agua se evapora en el mar y en los continentes, es transportado por el viento en forma de nubes, precipita como lluvia y nieve, se infiltra en el suelo y fluye hacia los ríos y finalmente vuelve al mar, desde donde puede eventualmente ser nuevamente evaporada.

Cada una de las etapas de este ciclo está representada por ciertas características (Fig. 18-1).

EL AGUA EN LA ATMÓSFERA

La atmósfera terrrestre es una mezcla de gases que tiene capacidad para contener un cierto porcentaje de agua en forma de vapor. En ese medio tienen lugar tres procesos principales, evaporación, transporte y precipitación del agua. Un cuarto proceso (la intercepción) puede ser significativo en ciertos casos.

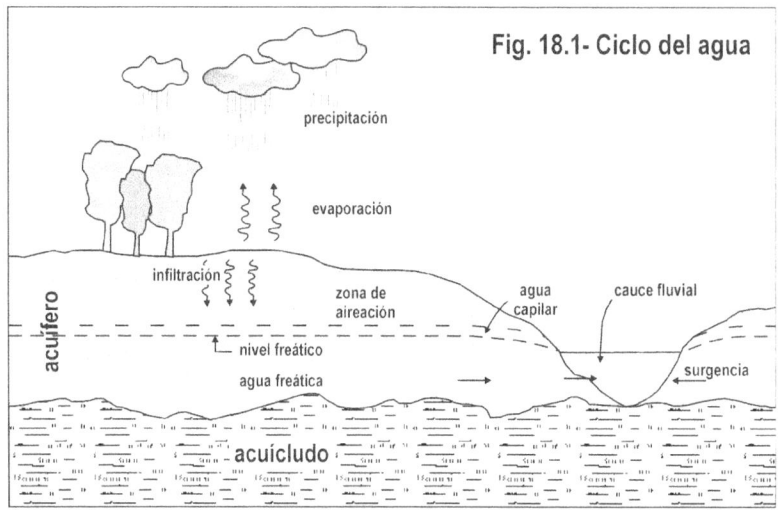

Fig. 18.1- Ciclo del agua

Evaporación

La evaporación es el proceso mediante el cual las moléculas de agua pasan del estado líquido al gaseoso debido al calentamiento producido por la energía solar. La mayor parte de la evaporación ocurre en la superficie del océano, desde donde grandes masas de agua son incorporadas a la atmósfera en forma de gas. También ocurre en las superficies líquidas y húmedas dentro de los continentes.

Este proceso tiene dos variantes menores: la sublimación y la transpiración. Se denomina sublimación cuando las moléculas de agua pasan directamente del estado sólido (hielo o nieve) al gaseoso, sin

derretimiento. La transpiración es la liberación de vapor de agua por la actividad fisiológica de plantas y animales, un proceso realmente im- portante en regiones continentales. Frecuentemente se reunen los dos procesos dentro de la denominación "evapotranspiración". De todas maneras, la evaporación marina es más del doble que la evapotranspira- ción continental por unidad de superficie; 905 milímetros anuales y 414 milímetros anuales respectivamente en promedio general.

La capacidad del aire de incorporar vapor de agua es pequeña y depende de la temperatura; a mayor temperatura, mayor capacidad. Al ser alcanzada la capacidad máxima para una temperatura dada, el aire se satura y se dice que tiene humedad relativa del 100 %. A este parámetro normalmente se lo mide en porcentajes.

Fig. 18-2 Precipitación frontal

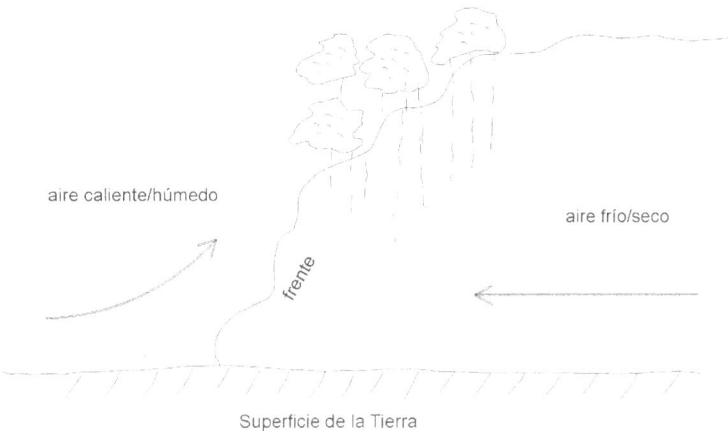

Transporte

El transporte del vapor de agua se realiza a escala planetaria mediante el patrón de vientos de la circulación general de la atmósfera, dando lugar a la distribución general de climas secos y húmedos, selvas y desiertos (ver capítulo 9). El territorio argentino está afectado por la actividad de los anticiclones del Atlántico Sur y del Pacífico Sur. Los vientos originados en el anticiclón del Atlántico Sur llegan cálidos y cargados de humedad desde el norte. Los del Pacífico Sur se mueven desde el sur, secos y fríos.

Precipitación

Cuando la humedad relativa del aire alcanza el 100 % las moléculas de agua condensan en pequeñas gotas de agua formando nubes (en altura) o niebla (junto a la superficie del terreno).

Eventualmente, esas gotas microscópicas se van aglomerando y creciendo hasta transformarse en volúmenes mayores que precipitan en forma de lluvia. Existen tres tipos importantes de precipitación: frontal, convectiva y orográfica. La precipitación frontal es la más extendida; ocurre cuando chocan dos masas de aire de diferente temperatura. Entonces, la masa de aire frío avanza formando una cuña por debajo del aire cálido y lo eleva algunos cientos o miles de metros en la atmósfera (Fig. 18-2); allí esa masa cálida se va enfriando y se forma la lluvia. Es la más importante en la mayor parte de la Argentina, y ocurre cuando el aire cálido y cargado de humedad llega desde el norte y se encuentra con una masa de aire frío y seco proveniente de la Patagonia o de la Antártida.

El aire cálido es empujado hacia arriba en un frente muy amplio a medida que la cuña avanza hacia el norte y se producen lluvias generalizadas.

La precipitación convectiva abarca áreas más reducidas y ocurre generalmente en verano, en el seno de masas de aire cálidas e inestables. El aire es calentado en la superficie de la tierra por radiación y reflexión; debido a esto se expande y se eleva (perdiendo temperatura en ese proceso) concensando el vapor de agua y precipitando en forma de violentas tormentas. Este tipo de precipitación es típica del Chaco y otras regiones tropicales continentales.

La precipitación orográfica resulta de la elevación del aire provocada por la presencia de barreras montañosas altas. Al llegar a la montaña el viento es forzado a elevarse, lo cual produce el enfriamiento del aire, el aumento de la humedad relativa y la lluvia. El caso más importante de este fenómeno en Sudamérica es el que ocurre en los Andes Patagónicos, donde los vientos originados en el océano Pacífico pierden su humedad al cruzar la cordillera, donde ocurren lluvias de hasta 5.000 milímetros anuales. Continúan después a sotavento en forma de aire muy seco sobre la meseta patagónica, originando un clima desértico sobre toda esa región. Otros casos de este tipo, menos notables, ocurren en las montañas de Tucumán y Córdoba.

Intercepción

Cuando la lluvia precipita desde una capa de aire saturada, cae a través de masas aéreas que pueden tener humedad relativamente baja, lo que provoca la evaporación de parte de la lluvia.

En regiones desérticas incluso suele ocurrir que toda la lluvia se evapora antes de tocar la tierra. Otros casos menos espectaculares pero más frecuentes se producen debido a la presencia de vegetación. Antes de llegar al suelo el agua debe mojar todas las hojas de los árboles (una superficie realmente enorme) o de los pastos. Esa agua se vuelve a evaporar rápidamente sin alcanzar la superficie de la tierra, aunque rutinariamente es sumada en los pluviómetros. Algo que resulta significativo en zonas de bosques; observaciones realizadas en el bosque chaqueño sugieren que por lo menos los primeros cinco milímetros de cada lluvia son interceptados por el follaje.

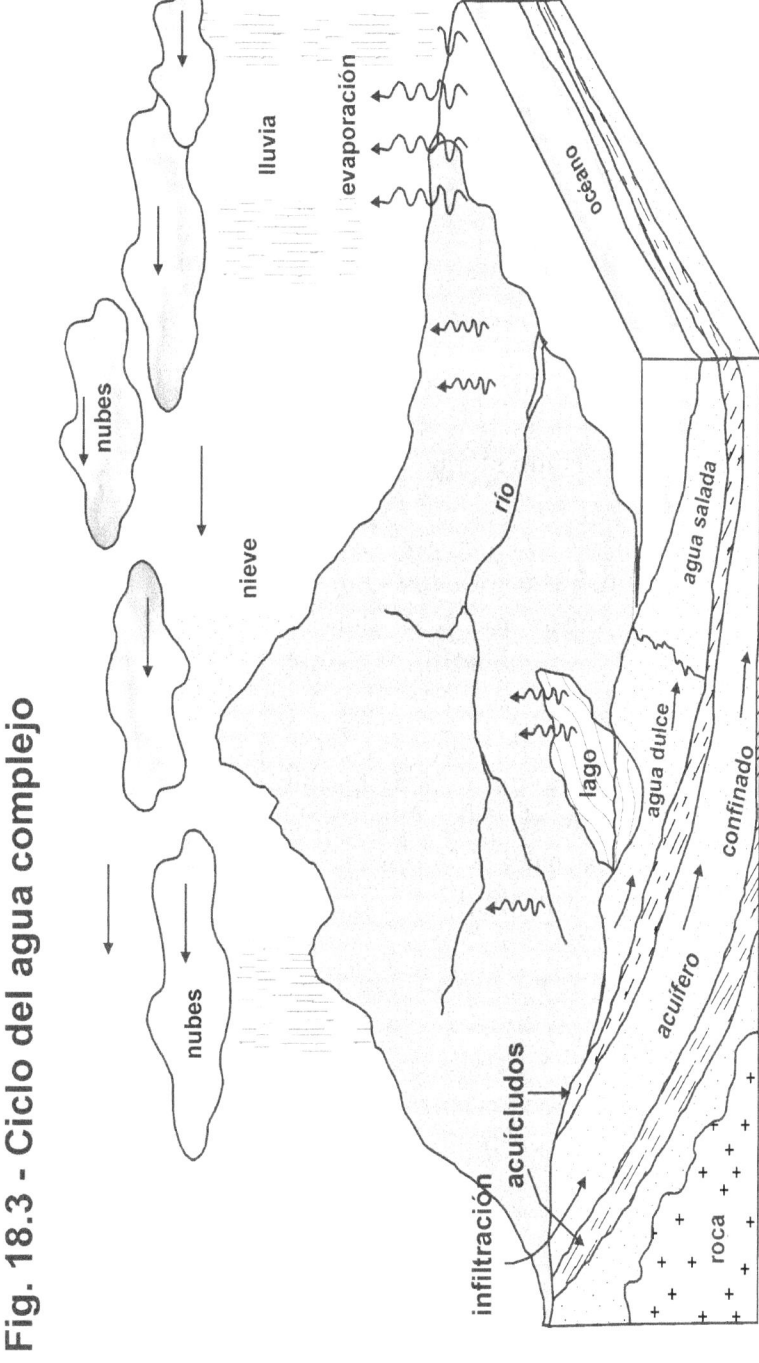

Fig. 18.3 - Ciclo del agua complejo

EL AGUA EN EL SUBSUELO

Al comenzar la lluvia, la primera agua que cae se evapora o queda detenida por la vegetación.

La que llega a continuación alcanza el suelo y se infiltra en su totalidad. Si sigue lloviendo, la cantidad de aguaque cae supera la capacidad de inflitración y una parte de ella escurre sobre el terreno. Esto suele representarse mediante la siguiente ecuación (ver capítulo 8):

$P = I + Ev + Es$

donde P: precipitación; I: infiltración; Ev: evaporación; Es: escorrentía.

El terreno natural que encuentra el agua puede ser de diferentes características y propiedades.

Con referencia al contenido de agua real o potencial recibe los siguientes nombres:

Acuífero: Es un sedimento o roca con gran número de poros o grietas capaces de contener en su interior y dejar fluir el agua en su interior. Dicha capacidad se denomina "permeabilidad". El ejemplo típico de acuífero es la arena.

Acuícludo: Es un sedimento o roca impermeable, que para todos los propósitos prácticos obstruye absolutamente el flujo del agua y confina completamente otros estratos con los cuales se alterna en la columna estratigráfica. El ejemplo típico es la arcilla.

Acuitardo: Es un sedimento o roca con baja permeabilidad y naturaleza semi-confinante, que transmite el agua a muy baja velocidad comparada con el acuífero. Sin embargo, en grandes áreas un acuitardo puede permitir el pasaje de grandes volúmenes de agua entre acuíferos adyacentes entre los que está entercalado. El caso típico es el limo.

El agua freática

El caso básico de un sistema de agua en el subsuelo está representado en la figura 18.3.

Se trata de un acuífero superficial de pocos metros de espesor (por ejemplo una arena) apoyado en un acuícludo (arcilla). La parte superior del acuífero tiene sus poros ocupados por aire; por allí el agua desciende durante y después de la lluvia. También permite la evaporación en épocas de sequía. Se la denomina "zona de aireación".

Debajo de la zona de aireación aparece una delgada capa de "agua capilar", que se produce por efecto de la viscosidad del agua sobre las paredes de los poros. Debajo de ésta se encuentra el "nivel freático", que es la superficie de agua libre del subsuelo. Dicha agua es el "agua freática" o zona de saturación y se extiende hacia abajo hasta el acuícludo. El agua freática está en contacto con la atmósfera y las lluvias locales producen su "recarga". Debajo del acuícludo puede haber otro acuífero desconectado, que recibe su recarga en otra área.

LA QUÍMICA DEL AGUA

El agua subterránea contiene siempre sales disueltas. La composición química y sobre todo la concentración de estas sales es fundamental para la caracterización y el uso del agua. El agua de lluvia que llega a la superficie del terreno no es pura, sino levemente ácida debido a que ha incorporado anhidrido carbónico de la atmósfera que se transforma en ácido carbónico dentro de las gotas.

El agua de lluvia que lava las rocas de superficie y se introduce en los sedimentos disuelve los elementos minerales y los transporta al agua subterránea. Etos elementos, aislados o combinados de acuerdo a sus propiedades químicas, constituyen "aniones" y "cationes" simples que forman las sales disueltas. Las moléculas de dichas sales se encuentran disociadas en las soluciones, con los aniones separados de los cationes. A pesar de que todos los elementos químicos existentes se disuelven en el agua en mayor o menor medida, las aguas subterráneas (y también las superficiales) están dominadas por unos pocos cationes y aniones.

Los aniones dominantes en distintas regiones son los cloruros, sulfatos y bicarbonatos. Los cationes dominantes son el sodio y el calcio. Cada región, debido a su historia geológica particular, tiene en sus aguas subterráneas un catión y un anión dominantes. El catión sodio tiende a estar acompañado por el anión cloruro, mientras que el catión calcio se encuentra frecuentemente asociado a los aniones sulfato y bicarbonato. Así existen zonas con aguas "cloruradas sódicas", "sulfatadas cálcicas", etc. También se encuentran en ciertos casos sales raras, con escasa concentración pero muy perjudiciales para la salud; el ejemplo más conocido son las sales de arsénico de origen volcánico en los acuíferos de la llanura pampeana de Santa Fe y Córdoba. Casos análogos ocurren con el arsénico y otras sales en zonas sujetas a explotación minera. El agua apta para consumo humano se denomina "agua potable"; contiene concentraciones de sales inferiores a las que resultan nocivas para la salud.

La concentración de sales en el agua se expresa en "partes por millón" o "miligramos por litro" (que es lo mismo) y su valor depende de varios factores. El "clima de la región" es uno de ellos: en los climas secos la salinidad es generalmente mayor que en climas húmedos. En los acuíferos confinados la "profundidad" es un factor importante, pues la profundidad aumenta la presión y la temperatura, lo que hace que el agua tenga más capacidad de disolver. Otro factor es "el tiempo", a medida que transcurre el tiempo el agua sigue disolviendo elementos minerales. Los acuíferos antiguos, de varios millones de años de edad, tienen concentraciones de agua extremadamente altas a menos que hayan sufrido recarga recientemente. Un resultado de este factor es que prácticamente todos los acuíferos aprovechables son de edad cuaternaria.

LAS CUENCAS HIDROGEOLÓGICAS

El agua subterránea se encuentra en el subsuelo en sistemas naturales tridimensionales llamados "cuencas". Dichas cuencas, denominadas "cuencas hidrogeológicas", son simplemente cuencas fluviales enterradas (ver capítulo 8). Se forman cuando un paisaje determinado, compuesto por sedimentos arcillosos o rocas impermeables, queda cubierto por sedimentos permeables (por ejemplo, arena eólica). Entonces, la arena constituye un acuífero típico, con todas las propiedades citadas más arriba, y la arcilla o la roca funcionan como el acuícludo en la base de ese acuífero.

Lo importante en la cuenca hidrogeológica es la base del acuífero, que es un verdadero paisaje enterrado: una superficie irregular en el subsuelo (o sea, no plana), bien integrada (es decir, que no es caótica), compuesta por elementos tales como una red hidrográfica subterránea, un colector con afluentes, divisorias e interfluvios. El agua del acuífero fluye de acuerdo a la topografía de ese paisaje enterrado, migrando desde sus divisorias hacia los afluentes y desde éstos hacia el colector. La cuenca hidrogeológica coincide a veces con la topografía de la superficie actual y otras veces no.

El flujo del agua en el subsuelo es sumamente lento en comparación con la velocidad del agua en superficie. En los medios porosos es siempre laminar. Se mide en centímetros a metros por día. Para visualizar mentalmente la dinámica del agua en el subsuelo, se la puede comparar con la dinámica del hielo sobre la superficie de la tierra; es más semejante a eso que a la dinámica superficial. La extremada lentitud del flujo permite que se produzca en ciertos acuíferos una estratificación de las sales disueltas: el sector inferior posee mayor concentración que la parte de arriba.

El ejemplo del párrafo anterior se refiere a un caso simple, compuesto solamente por la capa de agua freática. Lo normal, sin embargo, es un sistema formado por la freática, uno o más acuíferos confinados a diferentes profundidades, con recargas locales y lejanas, y descarga en el mar (Fig. 18.4).

Fig. 18-4 Explotación de un acuífero

EXPLOTACIÓN DE ACUÍFEROS

El agua subterránea es la principal fuente de agua potable en muuchas regiones del mundo.

Normalmente se la extrae del subsuelo mediante perforaciones. Se inserta en el acuífero un cañoprovisto de un "filtro" que permite la entrada del agua e impide el ingreso de sedimento al mecanismo (Fig. 18-4). La extracción del agua produce un descenso del nivel original ("nivel estático") que baja hasta otra posición ("nivel dinámico"). Alrededor de la perforación se forma una depresión de figura cónica, el "cono de depresión".

El agua que se puede extraer de un acuífero es siempre limitada. Depende de la permeabilidad del terreno, de la recarga que recibe y de otros factores. La capacidad de un pozo de proveer agua indefinidamente se denomina "caudal" de ese pozo, y se determina mediante un "ensayo de bombeo", que va midiendo la forma y extensión del cono de depresión durante una extracción experimental del agua.

Si la explotacion es excesiva el acuífero puede secarse, o bien salinizarse (cuando comienza a entrar agua cercana a su base, generalmente más salina).

UN EJEMPLO - EL ACUÍFERO SAN SALVADOR

El acuífero San Salvador es el mayor acuífero cuaternario de Entre Ríos y uno de los mayores de la Argentina. Es un paisaje fluvial enterrado por 20 a 30 metros de arcilla gris. Desde el punto de vista estratigráfico se lo denomina Formación San Salvador. Es un depósito acumulado por un gran río que reunía al Paraná y al Uruguay alrededor de dos millones de años antes del presente. Formaba una llanura aluvial de 50 a 100 Km de ancho en el este de la provincia, con un enorme cauce meándrico ocupado por arena gruesa, gravas y cantos rodados, lo que resulta en alta permeabilidad. El cauce estaba marginado por facies de inundación, compuestas por arenas medianas y arcillas arenosas, con permeabilidad bastante menor (Fig. 18-5).

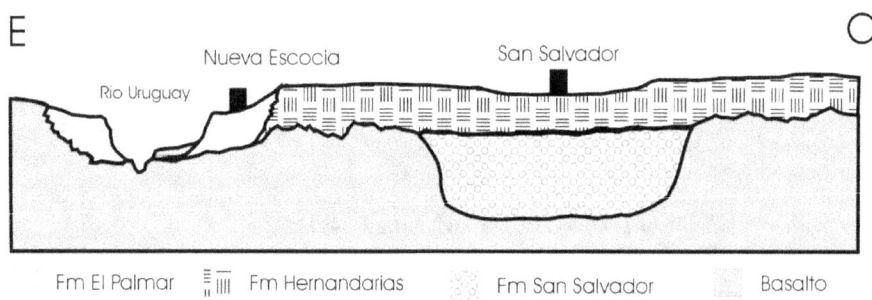

A lo largo de decenas de miles de años de existencia, el cauce migró dos o tres veces dentro de su llanura aluvial, y también cambió de tamaño debido a cambios climáticos, resultando en el mapa de la figura 18-6. Posteriormente (aproximadamente un millón de años del presente), todo el sistema fue enterrado por las arcillas de un gran pantano, denominadas Formación Hernandarias.

Hoy en día, San Salvador es un acuífero confinado, separado de la superficie por el acuícludo Hernandarias, que impide la infiltración. La recarga de agua tiene lugar desde los ríos Gualeguay y Uruguay, en algunos sectores relativamente pequeños, donde el antiguo paisaje queda en contacto con ellos.

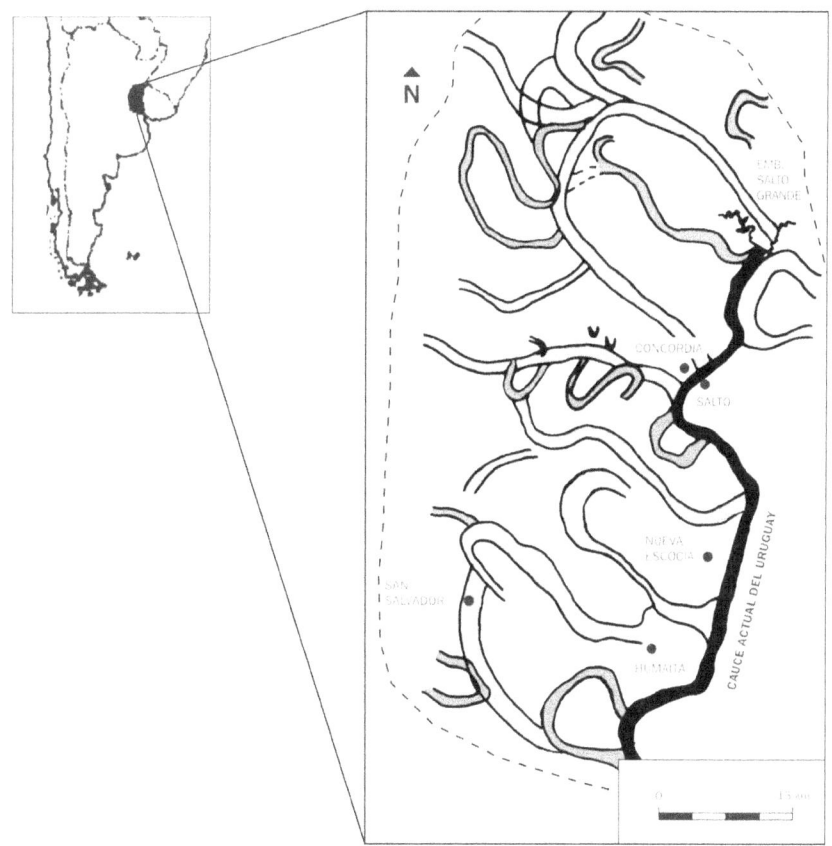

EL AGUA Y LA SOCIEDAD HUMANA

El 71 % de la superficie de la Tierra está cubierta por agua, lo que puede sugerir que es una sustancia abundante. Sin embargo, la verdadera cuestión es cuanto de ese volumen es aprovechable para la Humanidad. Planteado así el tema real cambia claramente. En efecto, la provisión de agua para consumo humano ha sido uno de los grandes temas durante toda la historia de la Civilización. Actualmente sigue siendo un gran problema; es interesante dimensionar el asunto:

- 97,5 % del agua está en el océano (Ver Cap. 12). El equivalente a otros siete océanos se encuentra atrapada en los minerales del manto, (Cap. 1).
- El 2,5 restante es agua dulce, pero:
- El 80 % de ese 2,5 son los hielos de la Antártida.
- El pequeño resto se reparte entre el agua subterránea, los ríos y un mínimo ínfimo forma las nubes de la atmósfera y la humedad disuelta en el aire.
- El agua subterránea representa un volumen bastante mayor que el de los ríos.

De todas maneras, se trata de dimensiones inusuales para el lector:

- Caen 110.000 kilómetros cúbicos de lluvia anualmente sobre los continentes.
- La mayor parte de ese volumen es absorbida por las plantas y re-evaporada.
- 42.700 kilómetros cúbicos anuales fluye en ríos. El Amazonas representa 16 % de ese total y el Paraná el 3 %).
- Solamente 9.000 kilómetros cúbicos son realmente accesibles para el consumo humano, el resto se encuentra en regiones remotas.
- Otros 3500 Km3 se encuentran en diques y reservorios.
- Se usa actualmente el 50 % de los 9.000 Km3 disponibles.

Utilización del recurso agua

La manera en que se utilizan esos 4500 kilómetros cúbicos es también de gran interés:

- 69 % en irrigación agrícola.
- 15 % en usos industriales.
- 15 % en usos municipales y domésticos.
- El 1 % restante en recreación (piletas de natación, riego en campos de golf!), recuperación ambiental y otros.

Problemas fundamentales

Los problemas fundamentales en este tema son simples aunque realmente difíciles de resolver: Hay mucha agua en regiones inaccesibles. Los países con mayor cantidad de agua dulce son Brasil, Canadá y Rusia; los más poblados por kilómetro cuadrado son Bélgica y la India. Gran parte de la escorrentía es inaccesible; el río Amazonas, con el 16 % de la escorrentía, es accesible a solamente el 0,4 % de la población mundial. Sin hablar del hielo de la Antártida.

El agua en el mundo

El Servicio Geológico de Estados Unidos ha calculado la distribución del agua en la superficie de la Tierra. Es la siguiente:

Océanos	97,00 %
Hielo (casi todo en Antártida)	2,15 %
Agua subterránea	0,62 %
Lagos	0,17 %
Agua vadosa (humedad del suelo, etc.)	0,005 %
Agua en la atmósfera	0,001 %
Ríos	0,0001 %

La mayor reserva de agua dulce en el mundo es el hielo de la Antártida. Como comparación, puede dimenionarse que podría alimentar el caudal del río Amazonas (el más grande del planeta) durante 5.000 años. Nótese que (en promedio) hay diez veces más agua en la atmósfera, en forma de vapor, que en todos los ríos del mundo.

19
Geotecnia

INTRODUCCIÓN

Se conoce con el nombre de Geotecnia a la Geología aplicada a obras de ingeniería y a los métodos específicos desarrollados en este campo. La mayor parte de esos métodos son fundamentalmente empíricos y fueron desarrollados por ingenieros ante requerimientos concretos a lo largo de décadas; por ello algunas definiciones y rutinas difieren considerablemente de lo expuesto en los capítulos anteriores, aunque los resultados obtenidos en ambos sistemas son parecidos en la mayor parte de los casos.

La Geotecnia se divide en dos grandes campos, la Mecánica de Suelos y la Mecánica de Rocas. El origen de esto es que los materiales que constituyen la litosfera son clasificados por el ingeniero civil, en forma arbitraria, en "suelos" y "rocas".

LA MECÁNICA DE SUELOS

Definición de suelo en Ingeniería

En Geotecnia se denomina "suelo" a todo agregado natural de partículas minerales separables por medios mecánicos de poca intensidad, como ser agitación en agua. O sea que se define como suelo a un conjunto de materiales que en Geología se denominan sedimento, regolito, ceniza volcánica, turba y similares. La única condición es de tipo mecánico, por ejemplo que se pueda excavar con una pala.

La categoría general "suelo" se divide en varias clases:

"Suelo residual" si es producto de la descomposición de rocas y se encuentra todavía en su lugar de origen. Equivale aproximadamente a los "productos de meteorización" del Capítulo 6 de este libro, incluyendo eventualmente a lo que se denomina "suelo" en Geología y Agronomía. "Suelo transportado" si ha sido movido del lugar de origen, cualquiera sea el agente de transporte. Equivale a "sedimento".

"Suelo orgánico" se aplica a sedimentos organógenos con materia vegetal parcialmente descompuesta, como las turbas.

Plasticidad - Los límites de Atterberg

Desde hace mucho tiempo los ingenieros notaron que las propiedades de un suelo para la construcción pueden ser conocidas aproximadamente mediante la observación cuidadosa y manipulación de pozos y terrones de tierra. Particularmente útil resultaba el amasar pequeños puñados de tierra en la palma de una mano e ir agregándole agua. Esta línea completamente empírica de conocimiento fue posteriormente normalizada por Atterberg, quien determinó unos "'índices" que hoy son utilizados universalmente.

Una vez que un suelo cohesivo ha sido amasado, su consistencia varía si aumenta o disminuye su contenido de humedad. Así por ejemplo, si se aumenta lentamente el contenido de humedad de una arcilla plástica, la pasta arcillosa pasa gradualmente al estado líquido. Lo contrario también ocurre cuando un barro plástico va perdiendo humedad; pasa al estado sólido, rompiéndose en pequeños fragmentos. El contenido de humedad al que se produce el paso de un estado al otro es muy distinto para las diferentes arcillas, pues la montmorillonita es capaz de absorber varias veces más agua que la illita (y con ello, indica indirectamente otras propiedades de directo interés en la construcción). O sea, los contenidos de humedad pueden ser utilizados para identificar y comparar los suelos entre sí.

Ocurre que la transición de un estado a otro no es abrupta sino gradual. De manera que los ensayos se realizan siguiendo procedimientos claramente establecidos. Los contenidos de humedad que corresponden a los límites entre los distintos estados de consistencia se conocen como "límites de Atterberg":

El "Límite líquido" (Lw) es el contenido de humedad en porcentaje del peso del suelo seco en el momento en que la pasta plástica se transforma en líquido.

El "Límite plástico"(Pw) es el límite inferior del estado plástico, o sea el contenido de humedad en porcentaje para el cual el suelo comienza a romperse en fragmentos.

La relación entre ambos límites indica el "'índice de plasticidad" (ver Cap. 5), que es un parámetro con el que se estima la consistencia, la compacidad y otras propiedades de interés práctico para la construcción. El gráfico de plasticidades (Fig. 19 – 1) se utiliza para caracterizar los suelos en ocho grupos: arcillas inorgánicas de alta, de media y de baja plasticidad; suelos limosos inorgánicos de alta, media y baja compresibilidad; arcillas y limos orgánicos.

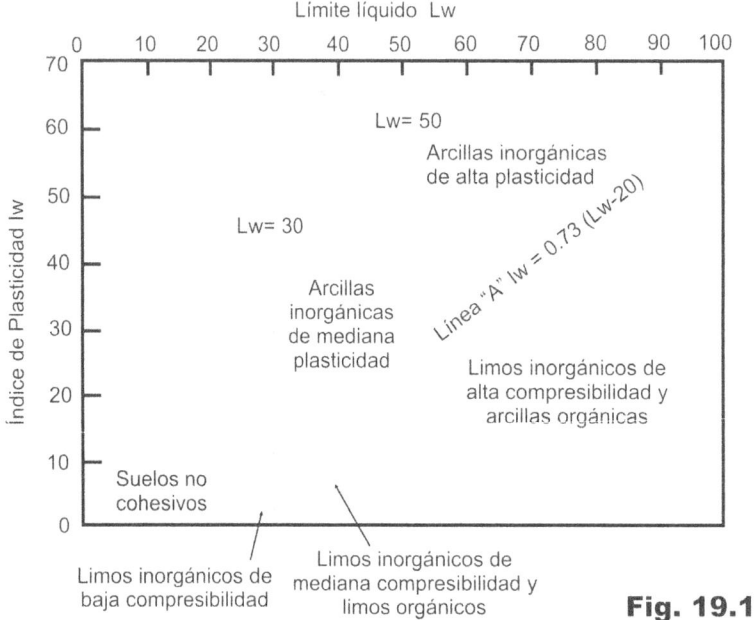

Fig. 19.1

Clasificación de suelos

La clasificación geotécnica de suelos tiene una base mixta. Los elementos de mayor tamaño se definen por el diámetro de los granos. Se define como "fracción muy gruesa" a los cantos rodados y gravas, mayores de 2 milímetros. "Fracción gruesa" es la arena, entre 2 milímetros y 74 micrones. Todas las partículas menores a 74 micrones se denominan "fracción fina" y se las distingue entre sí por sus propiedades de plasticidad, definiéndoselas mediante el gráfico de la figura 19-1.

Resistencia y compactación – El Ensayo Normal de Penetración

Además de los límites de Atterberg, el conocimiento de la resistencia y "capacidad portante" de los suelos es de gran importancia. La capacidad portante es el peso que puede resistir un suelo sin aplastarse; su conocimiento es fundamental en la construcción de casas. Una aproximación empírica es la observación de la "resistencia de la arcilla seca", que puede ser "muy baja" (unos 2 Kg/cm2), "baja", "mediana", "alta" y "muy alta" (con más de 20 Kg/cm2). Para estimar estas categorías, un observador experto toma un terrón de suelo y lo aprieta entre los dedos. Los suelos de resistencia baja pueden ser destruidos fácilmente; los de resistencia mediana se rompen con gran dificultad; los de resistencia alta requieren de golpes de martillo.

La resistencia del suelo se determina técnicamente in situ mediante el Ensayo Normal de Penetración (SPT por sus siglas en inglés). Se utiliza un equipo normalizado, que consiste básicamente en un tubo de 45 cm de longitud que se hinca mediante golpes con una pesa de 70 kilos de peso. El número de golpes necesario para enterrar el tubo corresponde a los diferentes valores de resistencia: un suelo muy blando requiere solo uno o dos golpes, un suelo con resistencia muy alta requiere cincuenta golpes o más. Al penetrar el tubo en el terreno se va recogiendo una probeta de suelo en el interior, que después se utiliza en laboratorio para otros ensayos técnicos.

Normalmente, las formaciones geológicas (ver Cap. 15) poseen valores de plasticidad y de resistencia aproximadamente constantes en toda su extensión.

Suelos especiales

Existen depósitos naturales con propiedades muy particulares, que presentan problemas arduos para la construcción. Aquí se presentan brevemente tres casos importantes.

Arcillas expansivas – Las arcillas del grupo de la montmorillonita poseen la capacidad de "absorber" gran cantidad de agua. La adsorción consiste en la fijación de moléculas de agua en la superficie y en los bordes de los cristales de la arcilla; se trata de un fenómeno producido por fuerzas eléctricas no compensadas de la superficie cristalina. Es diferente (y más consistente) que el simple mojado. Las moléculas de agua se introducen entre las láminas microscópicas de la arcilla con energía considerable, expandiendo toda la masa del suelo y levantando lo que se encuentra sobre éste, ya sea árboles o casas. Este fenómeno ocurre en épocas de lluvia. En las épocas secas tiene lugar el proceso contrario: el agua se evapora, provocando la contracción de las arcillas y el resquebrajamiento del suelo. El problema para la construcción de casas y caminos surge porque la dinámica expansión/contracción ocurre en forma irregular, formando áreas de pocos metros cuadrados, con lo que resulta que un rincón de una casa se eleva o se hunde varios centímetros más que el resto de la misma y la estructura se quiebra. Un caso típico de este tipo se presenta en la mayor parte de la provincia de Entre Ríos, donde las arcillas negras de la Formación Hernandarias son montmorillonitas expansivas y los problemas de construcción son muy conocidos.

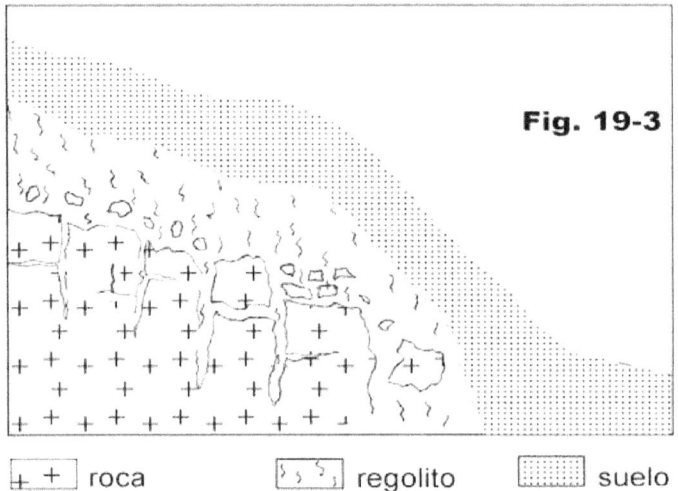

Suelos colapsables – Son materiales que poseen resistencia moderada y capacidad portante baja a mediana en estado seco, pero son incapaces de resistir su propio peso en estado húmedo. En contacto con el agua se produce un proceso denominado "subfusión", apareciendo huecos de diversos tamaños que pueden provocar la destrucción de estructuras. El caso típico de estos materiales es el loess (ver Cap. 9), un sedimento de grano fino depositado por el viento. Al ser acumulado por el viento, el polvo atmosférico forma una estructura muy abierta, con más del 40 % de poros y las partículas apoyadas unas a otras por las minúsculas asperezas de su superficie (Fig. 19-2). Al ser invadido por el agua ese suelo pierde su cohesión y se aplasta, produciéndose hundimientos irregulares. En la Argentina, los suelos colapsables son frecuentes en el área de la ciudad de Córdoba, donde los colapsos se conocen con el nombre local de "mallines".

Suelos tixotrópicos – También se los conoce de modo colloquial como "arenas movedizas". Son materiales sólidos que se transforman instantáneamente en líquidos por aumento en la presión de poros. Las acumulaciones de materiales granulares, como la arena, se sostienen en su sitio en forma de masa sólida debido a su "fricción interna" : La superficie de los granos es generalmente rugosa, con pequeñas irregularidades y picaduras, lo que hace que los granos estén más o menos trabados entre sí (Ver Cap. 5). La resultante general es una fuerza vertical, de arriba hacia abajo, que le da coherencia y estabilidad a toda la masa del suelo.

Frecuentemente los poros existentes entre los granos están ocupados por agua, que desarrolla una presión hidráulica denominada "presión de poros", que actúa en sentido contrario a la fricción interna (es decir, de abajo hacia arriba) sobre todo cuando fluye con cierta velocidad. En consecuencia, la estabilidad de la masa de arena disminuye; y en casos extremos la presión de poros sobrepasa a la fricción interna de la arena y se produce un fenómeno llamado "licuefacción": toda la masa se transforma en un líquido y comienza a fluir. Muchas veces esto ocurre debido a una vibración súbita, por ejemplo un sismo.

Las turbas – Las turbas son suelos de origen orgánico que se han formado in situ (es decir, sin transporte de sus componentes) por crecimiento y descomposición de materia vegetal en pantanos. Son agregados fibrosos de fragmentos macro y microscópico de materia orgánica en diferentes grados de descomposición. Su característica principal es su muy elevado contenido de agua intersticial, que puede llegar al 90 % de toda la masa. El parámetro físico sobresaliente es la elasticidad y la alta compresibilidad, lo que las hace claramente inadecuadas para establecer sobre ellas fundaciones o terraplenes.

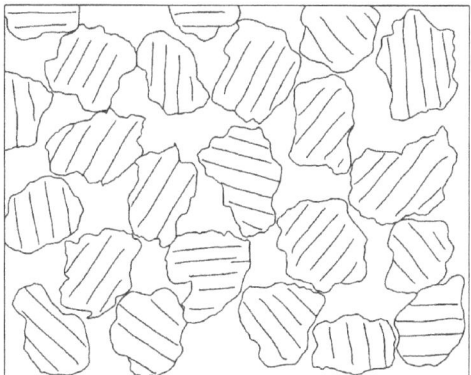

Fig. 19-2

LA MECÁNICA DE ROCAS

Las rocas son cuerpos sólidos de origen natural formados por minerales en la litosfera. Como toda sustancia sólida, ejercen resistencia a las tensiones, pero cuando éstas son demasiado fuertes o muy prolongadas se deforman y en algunos casos se fracturan. La corteza terrestre está sometida permanentemente a tensiones de diverso tipo en un juego de equilibrio inestable. Inevitablemente, la intervención humana mediante obras de ingeniería y minería provoca frecuentemente alteraciones fuertes que resultan en colapsos de diverso tipo. Para disminuir los riesgos, es necesario conocer técnicamente las propiedades físicas de las rocas e intervenir en la forma menos agresiva posible.

Propiedades físicas de las rocas

Las propiedades físicas de las rocas están expuestas en el Capítulo 5 de este libro. En resumen, las propiedades fundamentales son la elasticidad, la viscosidad y la fragilidad. Sometida a presión (ya sea compresión, extensión o torsión) la roca se deforma y vuelve a su condición original al desaparecer dicha presión, responde elásticamente. Si la presión es demasiado fuerte se deforma permanentemente (respuesta viscosa); aunque en la realidad ocurre una combinación de ambas en estos casos: respuesta visco-elástica. En los casos en que el esfuerzo supera toda resistencia, ocurre el fracturamiento o respuesta frágil. Los valores concretos de los esfuerzos necesarios pueden obtenerse en laboratorio, mediante los rutinarios "ensayos de compresión simple" y otros similares o más elaborados, en los cuales se talla una probeta de varios decímetros de la roca y se la somete a presión. El valor más importante a conocer es casi siempre el del "punto de ruptura" o sea la presión máxima que puede soportar la roca antes de romperse. Se trata de un dato fundamental en la construcción de diques y túneles.

El modo en que una roca responde a fuerzas externas depende de varios factores. En primer lugar, de los minerales que la componen; la respuesta visco-elástica del yeso es mucho más desarrollada que la del granito, por ejemplo. Además, la roca es "anisótropa", es decir que no tiene la misma resistencia en todas direcciones. También existen condiciones externas que pueden condicionar fuertemente las propiedades físicas de las rocas:

La presión confinante – En obras ubicadas a cientos de metros de profundidad (como minas profundas), el peso de los materiales ubicados encima y la presión lateral de las masas rocosas adyacentes aumenta considerablemente la resistencia de las rocas a la ruptura. Por otro lado, aumentan considerablemente las deformaciones visco-elásticas y viscosas.

La temperatura – Como cualquier otro material, las rocas se debilitan cuando aumenta la temperatura. Y el aumento de la temperatura con la profundidad es un fenómeno universal en nuestro planeta, a una tasa de tres grados centígrados cada cien metros. El alto calor disminuye fuertemente la resistencia elástica y la resistencia al fracturamiento.

El tiempo – Los ensayos de resistencia en laboratorio pueden ser "rápidos" o "lentos". Los ensayos rápidos duran pocos minutos y revelan una resistencia determinada; los ensayos lentos tienen una duración de 28 días y acusan una resistencia visiblemente menor para la misma roca. El tiempo debilita la resistencia. Esto, cuando puede estimarse en forma más o menos precisa, suele ser tenido en cuenta en la explotación minera subterránea: se extrae el mineral de un frente determinado lo más rápidamente posible (por ejemplo en una semana) sin colocar costosas columnas de entibamiento y después se lo abandona; el hueco resultante se derrumba un tiempo más tarde.

El agua intersticial – Es sin dudas el problema más frecuente y más costoso en la geotecnia de rocas. El agua subterránea en rocas tiene el mismo comportamiento general que en sedimentos (ver Cap. 18), pero ocupa grietas y diaclasas en lugar de poros. Inunda casi cualquier excavación que se realiza para ingeniería, ya sean canteras de explotación, fundaciones de diques y puentes y otras. Puede contener sales disueltas corrosivas para el cemento e influye mecánicamente, debilitando la resistencia de todas las rocas, incluyendo las más duras como el granito y el basalto. Requiere atención permanente de bombeo, lo que resulta costoso y con requerimientos técnicos particulares; debido a la anisotropía de las rocas y a las alteraciones producidas por las obras es frecuente que el cono de depresión del acuífero quede deformado. Ello obliga a inventar diseños realmente complicados para dominar el nivel del agua. Constituye el motivo más frecuente de abandono de canteras y minas.

PROBLEMAS GEOLÓGICOS EN OBRAS DE INGENIERÍA

Estabilidad de taludes

Al iniciarse una obra de ingeniería en un lugar determinado, el paisaje puede formar taludes de diverso tipo, generalmente estables. Una vez que comienzan los trabajos puede generarse inestabilidad y este tema debe ser monitoreado con criterio geológico. Dos condiciones naturales aparecen como las más importantes en el comportamiento geotécnico de los taludes: la pendiente del terreno y la homogeneidad de la masa de suelo o rocas. Las pendientes menores son más estables que las pendientes más pronunciadas. Y las masas homogéneas son más estables que las heterogéneas. El peor de los casos está ejemplificado en la Figura 19-3, donde aparece un macizo rocoso diaclasado cubierto por roca alterada (regolito) y con sedimentos encima. Y con agua subterránea, algo muy frecuente. Cada una de esas unidades reaccionará a los estímulos externos de diferente manera; el sedimento y la roca se pueden diagnosticar corrientemente con los ensayos de laboratorio comunes, pero el regolito suele presentar características extremadamente variables de dureza, permeabilidad, plasticidad y coherencia en intervalos muy pequeños. Las rupturas ocurren casi siempre en ese nivel.

Las obras de ingeniería de superficie provocan frecuentemente inestabilidad de taludes debido a excavaciones, saturación de suelos con agua de obra y acumulación de masas de materiales en ángulos insostenibles. Se provocan algunas veces movimientos en masa similares a los que se producen por causas naturales (Ver Cap. 7): deslizamientos, derrumbes y flujos.

Una de las causas más comunes en la aparición de causas de inestabilidad consiste en modificar las condiciones geométricas de las masas de tierra o roca que se está trabajando, colocándole una sobrecarga en la parte superior, o bien retirándole parte de su masa de la parte inferior. Uno de los errores más frecuentes en estos casos consiste en la remoción de porciones de la parte inferior del talud; en la práctica, antes de que se produzca un deslizamiento general por excavación del pie del talud (que está entonces sufriendo compresión) aparecen pequeñas grietas de tracción en la parte superior.

Otra causa de inestabilidad es el efecto de las vibraciones, tales como explosiones cercanas, tráfico de camiones pesados, operación de máquinas pesadas en la obra. Las máquinas pesadas provocan frecuentemente vibraciones de alta frecuencia. Naturalmente, las vibraciones más importantes son causadas por terremotos, que pueden producir licuefacción de ciertas capas sedimentarias.

La elevación, y particularmente el rebajamiento rápido del nivel freático a tasas de 1 metro o más por día es otro factor de inestabilidad. Este caso suele ocurrir en embalses sujetos a manejo de producción hidroeléctrica.

Temas geotécnicos en minería - Hundimientos y estallidos de rocas Este párrafo se refiere a Ingeniería de Minas, una rama muy especializada de la Geotecnia. Cuando se extrae demasiada roca del subsuelo, parte o todas esas excavaciones se derrumban. La forma de rotura en los trabajos mineros depende de la naturaleza de la roca y del tipo de excavación que se realiza. Otro factor sumamente importante es la profundidad de la mina.

A profundidades pequeñas y medianas, hasta pocos cientos de metros, la distribución de tensiones en las rocas está dominada por la fuerza compresiva del peso del macizo. La rotura ocurre predominantemente a lo largo de diaclasas, planos de estratificación y otros planos de resistencia mínima. Por el contrario, a profundidades mayores a mil metros, la presión confinante (Ver Cap. 4) aumenta la resistencia del material y la influencia compresiva de arriba hacia abajo es despreciable. Como los efectos de la presión tienden allí a tomar todas las direcciones más que simplemente las verticales, la rotura ocurre tanto desde los costados como del piso o el techo de la excavación.

Una mina clásica está formada por "pozos" verticales, "galerías" o túneles horizontales excavados a intervalos fijos y uno o más "frentes" de donde se extrae el mineral. Los pozos y galerías son excavaciones auxiliares de servicio; la mina en sí es el frente de explotación que suele ser bastante más amplio. A medida que avanza, el frente va dejando atrás una amplia caverna, que se hace más inestable al hacerse más grande. Para evitar los derrumbes los mineros dejan columnas del propio mineral sin extraer, o bien se construyen columnas de cemento o madera. Se consideran importante para la estabilidad las zonas de falla, que consisten comúnmente en material blando o suelto, que requiere ser entibado y forrado, ocasionando un avance lento y caro. Los trabajos en tales zonas están sujetos a una atención continua de mantenimiento y reparación, por lo que es conveniente diseñar los pozos principales, caminos de transporte, estaciones de bombeo y cables eléctricos lejos de las fallas. Hundimientos – Los hundimientos son reajustes gravitacionales de las rocas para alcanzar un nuevo equilibrio después que han sido extraídos volúmenes del subsuelo. De hecho, la minería se lleva a cabo bajo el principio de que el techo fallará, y la técnica consiste en que los hundimientos serán más o menos contenidos hasta que el mineral sea extraído. Cuando ocurre, el hundimiento se propaga hacia la superficie del terreno afectando por lo general un área mayor que la excavada en las labores mineras. Los daños en edificios, caminos y otras estructuras suelen ser importantes en zonas pobladas y deben ser considerados de antemano.

Existen varios factores que influyen en el carácter de los hundimientos. El tipo de material es importante y se distinguen tres clases: 1) Sólidos firmes. 2) Materiales granulares sueltos. 3) Materiales plásticos, como arcilla saturada o arenas tixotrópicas. El método de explotación y la velocidad de avance de los trabajos mineros también influyen. Las depresiones que se van formando sobre los hundimientos tienden a recoger el agua, lo que agrava los movimientos y en ciertos casos los inicia. Normalmente el terreno se hunde con lentitud y con largos intervalos de quietud.

Estallidos de roca – Los estallidos son roturas violentas que ocurren en profundidades de varios cientos a miles de metros, tomando la forma de verdaderas explosiones. Se distingue entre "estallidos por tensión" y "estallidos por aplastamiento". Los estallidos por tensión consisten en desprendimientos violentos de fragmentos de las paredes de las galerías, del piso y de las columnas. La violencia y velocidad de esos fragmentos puede causar heridas serias. Los estallidos por aplastamiento son colapsos de mayor magnitud, con caída del techo, doblamiento de las paredes, rotura de entibación, etc. Se trata de accidentes típicos de minas muy profundas, como la de Witwatersrand en Sudáfrica, que tiene más de tres mil metros.

Los estallidos de roca se deben a una repentina liberación de la tensión acumulada en el campo elástico (Ver Cap. 5). No es posible predecir con exactitud un accidente de este tipo, aunque a menudo es posible reconocer indicios de riesgo, tales como el pandeo de paredes y vigas. Al parecer, algunos métodos de explotación los estimulan y otros disminuyen su frecuencia.

MAPAS GEOTÉCNICOS

Un mapa geotécnico es la representación cartográfica de parámetros geotécnicos, geológicos, geomorfológicos, hidrogeológicos o geofísicos que pueden tener incidencia o utilidad o servir de base para obras de ingeniería. Las tendencias recientes en Geología Aplicada a la Ingeniería tienden a desarrollar estudios regionales, en los que los mapas son el elemento más importante.

Existen dos tipos de mapas geotécnicos: mapas multipropósito y mapas específicos. Los mapas multipropósito suelen poseer mayor contenido de información netamente geológica, tal como tipos de rocas, tipos de agua subterránea, geomorfología y procesos dinámicos. Si bien son de utilidad para todo tipo de aplicación en la Ingeniería, el nivel de información es en general poco preciso para obras específicas. Se los usa principalmente para estudios y proyectos de desarrollo múltiple, como nuevos asentamientos urbanos, planificación regional y temas similares.

Los mapas específicos se elaboran para resolver problemas particulares en varios tipos de desarrollo territorial y construcciones representando características geológicas de especial interés. Esos atributos se representan en parámetros definidos cuantitativamente o cualitativamente. Dependiendo de la naturaleza de la región y del tipo de obras a realizar, se elaboran mapas específicos de diverso tipo: de riesgo sísmico, de deslizamientos, de inundaciones, de rocas solubles, de suelos colapsables, etc. Dentro de esas categorías los mapas suelen ser diseñados de acuerdo a la aplicación que se les dará: construcción de viviendas, defensa contra deslizamientos, excavación de túneles u otros.

Las escalas de los mapas son completamente variables, dependiendo de los propósitos de utilización y de la densidad de datos existentes. Como ejemplos pueden citarse escalas entre 1:1.000 y 1:5.000 en mapas aplicados a desarrollo urbano y 1:100.000 a 1:1.000.000 en mapas geotécnicos para carreteras. En los casos de mapas que abarcan grandes regiones se suelen considerar las variables climáticas como parámetros independientes.

El Mapa Geotécnico de Entre Ríos

Se presenta aquí como ejemplo el mapa geotécnico de Entre Ríos (Fig. 19-4). Debido a sus características geológicas, la provincia de Entre Ríos posee la mayor parte de su superficie cubierta por suelos expansivos y en menor medida por otros sedimentos. Las rocas son prácticamente inexistentes en superficie. Por lo tanto, en la definición de las diferentes zonas se ha prestado particular atención a los parámetros más sensibles a la expansividad (clasificación, índice plástico y límite líquido). La provincia está compuesta por siete zonas geotécnicas:

— Zona I – Arcillas de alta plasticidad. Índice plástico en general mayor a 45 y en ciertas áreas mayor a 50. Límite líquido mayor a 70. Es la zona con mayores problemas de expansividad; se presentan serios problemas técnicos para la construcción de viviendas y carreteras.

— Zona II – También está compuesta por arcillas plásticas y presenta problemas generalizados de expansión y contracción de suelos, aunque los índices tienen valores algo más bajos. El índice plástico varía entre menos de 30 y más de 45; el límite líquido entre menos de 60 y más de 80, aunque oscila por lo general entre 60 y 70.

— Zona III – Está ubicada al sur de las dos zonas anteriores. Como característica principal presenta una gran variabilidad en sus propiedades geotécnicas. Aunque predominan las arcillas plásticas, se encuentran también arcillas de baja plasticidad y aun limos, con variaciones marcadas en distancias cortas. El índice plástico oscila entre menos de 30 y más de 45; el límite líquido entre menos de 60 y más de 70.

— Zona IV – Predominan las arcillas plásticas, aunque existe una importante proporción de arcillas de baja plasticidad y de limo. El índice plástico varía entre 20 y 40; el límite líquido es en general menor a 60.

- Zona V – Es la faja arenosa asociada al río Uruguay. Se trata de arena con algo de arcilla que le produce cohesión, con índice plástico menor a 20 y límite líquido entre 25 y 40. No presenta problemas de expansividad, excepto en las fajas arcillosas que e encuentran a lo largo de los arroyos principales.
- Zona VI – Forma una estrecha faja en el sudoeste de la provincia. Está formada por arcillas de baja plasticidad y limos. No se registran en ella problemas de expansividad. El límite líquido es en todos los casos menor a 60 y el índice plástico menor a 20.
- Zona VII – Comprende el complejo litoral holoceno del Paraná. Se trata de un área en general arenosa, con suelos orgánicos en ciertos sectores.

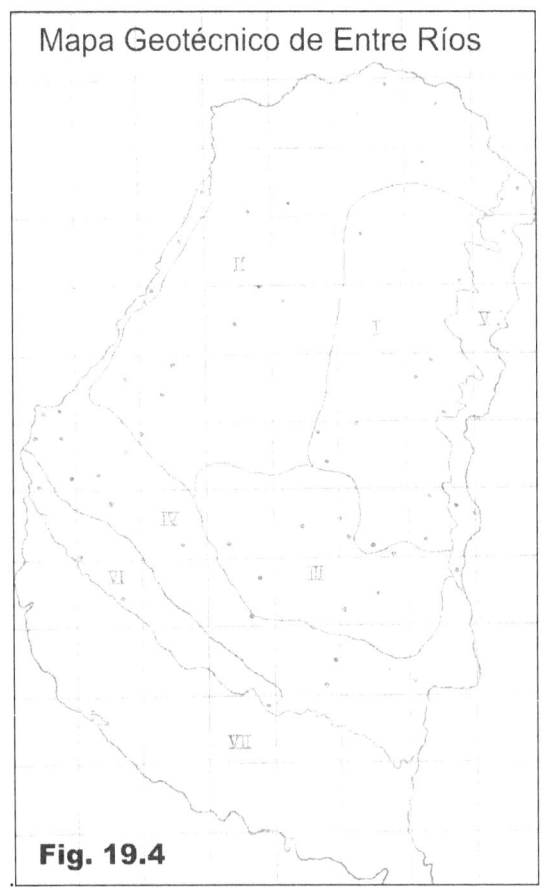

Fig. 19.4

20
Cambios climáticos

Se denomina "cambio climático" al reemplazo del clima de una región por otro clima diferente. Los cambios climáticos son un fenómeno natural que ha ocurrido a lo largo de toda la historia de la Tierra. El patrón general es que han existido épocas estables, con climas que se extendieron durante millones de años, separadas por épocas inestables, caracterizadas por cambios rápidos e intensos en el clima. Los últimos dos millones de años fueron (son) una época inestable, con glaciaciones, calentamientos y aparición de desiertos no permanentes.

El clima es un complejo dinámico e irregular que posee ciertas características generales durante un cierto período de tiempo, que puede extenderse siglos o milenios, y después cambiar y adoptar otro conjunto diferente de valores de esas características (tales como temperatura, precipitación, régimen de vientos y otras).

La atmósfera que rodea a este planeta es una mezcla de gases que transforma la energía radiante que llega del Sol en energía térmica, la redistribuye mediante una circulación general de todo el sistema (Ver Cap. 9) y genera las corrientes oceánicas. Cuando se hace referencia al "clima" se implica directamente a elementos atmosféricos tales como temperatura, precipitaciones, nubosidad, etc. Sin embargo, la atmósfera interactúa fuertemente con la superficie de los continentes, con los océanos (que almacenan el calor durante mil años), con la "criosfera" o superficie cubierta por hielo, y con la "biosfera" representada principalmente por la cubierta vegetal terrestre. Englobando a todo el conjunto se completa el "Sistema Climático Terrestre".

La dinámica más simplificada que domina al Sistema Climático Terrestre es el calentamiento por radiación solar de corta longitud de onda entrante y el enfriamiento por radiación de onda larga (calor) emitida por la Tierra hacia el espacio. Ambos valores deben ser equivalentes para que este planeta no se congele ni se derrita. El calentamiento es más fuerte en latitudes tropicales, mientras que el enfriamiento domina en las regiones polares de ambos hemisferios. La Tierra gira y se mueve en una órbita elíptica, también se producen balanceos menores. Además existen otros factores que influyen. Eso produce todo un complejo de vientos y lluvias que se llama "clima".

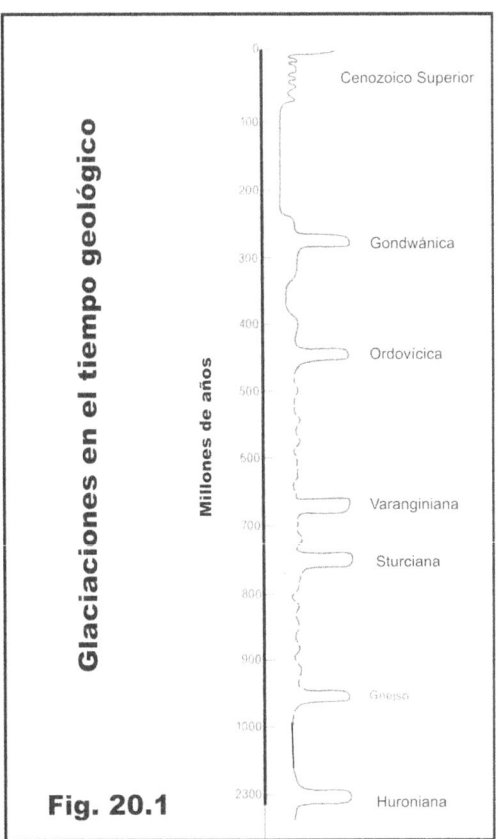

Fig. 20.1

LAS GLACIACIONES

Cuando una región queda sometida a un clima nival, con acumulación progresiva de hielo y aparición generalizada de glaciares, está ocurriendo una "glaciación" (Ver Cap. 10). Sin dudas, las evidencias más conocidas de un cambio climático de primer orden son los rastros dejados en Europa y Canadá por los sucesivos avances y retiradas de grandes casquetes de hielo ocurridos durante la Edad de Hielo del Cuaternario. Como se ha visto en el Capítulo 10 de este libro, los depósitos y geoformas producidos por el hielo son fácilmente identificables y tienen gran capacidad de preservación en el tiempo geológico. Esto ha sido de utilidad para determinar la existencia de glaciaciones anteriores (Fig. 20 – 1). Como puede apreciarse en la figura, las glaciaciones han ocurrido en períodos cortos (unos pocos millones de años) separados por intervalos mucho más largos de climas más cálidos.

Cuatro glaciaciones han sido encontradas en el Eon Proterozoico, la más antigua ocurrida 2300 millones de años antes del presente en Groenlandia y Escocia. Lo notable de esta glaciación es que aparentemente ocurrió en latitudes tropicales, porque se encuentra intercalada con calizas. Las otras tres se desarrollaron en regiones polares.

Una importante glaciación ocurrió durante el Período Ordovícico en el Sahara, que en esa época se encontraba en el Polo Sur; todavía se conservan valles en U y rocas sedimentarias denominadas "tillitas", elemento típicos de glaciación. Más tarde, durante los períodos Carbonífero y Pérmico, se desarrolló una gran glaciación en el Supercontinente de Gondwana (que reunía a Sudamérica, África, Australia, la India y la Antártida) que dejó tillitas en todos ellos. En Argentina, dichos sedimentos se encuentran en el subsuelo de la región pampeana y Mesopotamia. Es notable que la Era Mesozoica no haya sufrido ninguna glaciación.

CAUSAS DE LOS CAMBIOS CLIMÁTICOS

Las glaciaciones y otros cambios climáticos ocurridos en la historia geológica han sido atribuidos a varias causas diferentes, todas ellas con un razonable grado de respaldo científico. Se han propuesto causas de tipo astronómico, geológico y químico. Las principales hipótesis son las siguientes:

Factores galácticos – El Sol es una estrella mediana ubicada en un brazo de una galaxia en espiral, la Vía Láctea (Ver Cap. 1). Junto a sus semejantes de ese brazo, gira alrededor del centro de la galaxia completando una vuelta cada 200 millones de años (el "año galáctico"). Es muy probable que nuestro Sistema Solar atraviese nubes de polvo estacionarias, que pueden reducir la cantidad de radiación solar que llega a la Tierra. Esto se basa en la aparente periodicidad de las siete glaciaciones ocurridas a lo largo de los Eones Proterozoico y Fanerozoico, o sea en los últimos 2500 millones de años.

Cambios en la radiación solar – Se supone implícitamente que la cantidad de calor que el Sol envía a la Tierra ha sido siempre la misma. Sin embargo, existen razonables indicios de que en la segunda mitad del siglo XVII se produjeron dos períodos de varios años en los cuales la radiación solar fue menor que la normal. Dicho fenómeno coincidió con un descenso en la temperatura global del planeta.

Los ciclos de Milankovich – El astrónomo yugoslavo Milankovich demostró a principios del siglo XX que la Tierra en su movimiento alrededor del Sol. Además de la rotación diaria y la traslación anual, la elipse que recorre nuestro planeta se estira y se contrae regularmente; el planeta realiza balanceos acompasados cíclicamente. En cada una de esas fases, diferentes partes del planeta quedan expuestos a la radiación solar en mayor o en menor medida. Este efecto puede hipotéticamente cambiar el régimen de vientos y con ello el clima. Los ciclos importantes serían los de 22.000 años y 44.000 años. La evidencia que soporta esta hipótesis es bastante débil.

Masas continentales en los polos – Cuando una masa continental relativamente grande migra y ocupa durante algunos millones de años el Polo Norte o el Polo Sur, se producen condiciones favorables para una glaciación. Sus montañas acumulan hielo que en el océano se derretirían en verano, y variaciones climáticas menores tendrían efectos acumulativos. El agua de deshielo tiene su densidad máxima y ocupa el fondo de todos los océanos, influyendo también en latitudes tropicales. El ejemplo más importante de este fenómeno es la aproximación de la Antártida al Polo Sur en el Terciario Superior; aparecieron glaciares de valle en el Mioceno, que fueron creciendo irregularmente, y al cabo de cinco o seis millones de años se desató una glaciación general.

Formación de montañas y mesetas – La formación de montañas interrumpe la circulación general de la atmósfera, produciendo alteraciones en el régimen de vientos y lluvias. Un caso muy conocido de este tipo es el de la meseta patagónica, donde un clima húmedo fue reemplazado por otro desértico cuando se levantó la cordillera de los Andes que intercepta toda la humedad que llega del océano Pacífico. Otro caso muy importante es el que resulta de la alteración climática que produce el altiplano boliviano en el clima de Sudamérica, deformando las líneas climáticas y generando un anticiclón estacional sobre el Chaco Sudamericano. La meseta del Tibet es el caso de este tipo más conocido en el mundo. En casos extremos, la altura de las montañas supera la "línea de nieve" y pueden aparecer glaciares por una causa simplemente topográfica y local.

Alteración de la circulación oceánica – La migración de los continentes, que genera nuevos océanos, y la combinación de continentes preexistentes en nuevos bloques mayores produce alteraciones de primer orden en la circulación general de la atmósfera y en el clima de las regiones afectadas. El mayor evento de este tipo en el Hemisferio Sur fue la aparición del océano Atlántico separando Sudamérica de África en el Período Cretácico. Un caso más reciente fue el surgimiento del istmo de Panamá, que interrumpió la circulación oceánica tropical entre los océanos Pacífico y Atlántico, dejando al Atlántico más frío y salado que anteriormente.

Erupciones volcánicas – La expulsión de grandes volúmenes de ceniza volcánica a la atmósfera produce un enfriamiento porque las radiaciones solares son directamente reflejadas al espacio. La ceniza fina y el polvo volcánico alcanzan la estratósfera y demoran en promedio 13 años en asentarse. Si el fenómeno volcánico persiste en el tiempo (a lo largo de miles de años, tal como ha ocurrido varias veces) es probable que cambie el clima y hasta puede desatarse una glaciación.

Gases de invernadero – Un incremento en el contenido de anhídrido carbónico en la atmósfera no influye en la cantidad de radiación solar que llega a la Tierra, pero retiene en la atmósfera los rayos infrarrojos (calor) que este planeta irradia al espacio (Ver Venus en Cap. 1), resultando en un aumento en la temperatura global. Este efecto es objeto de considerable preocupación debido al incremento del anhídrido carbónico atmosférico en la atmósfera producido ahora por la actividad de la civilización humana (combustión de hidrocarburos fósiles y quema de madera). De todas maneras, se supone que esta causa no ha sido importante en las glaciaciones anteriores.

Las causas citadas anteriormente son de distinta magnitud, sobre todo en los períodos de tiempo que requieren; la elevación de una cordillera demora millones de años, mientras que una erupción volcánica puede ser casi instantánea, por ejemplo. En general, se debe considerar que los cambios climáticos ocurren debido a una combinación de causas y no a una sola de ellas.

MÉTODOS DE ESTUDIO

Los cambios climáticos son estudiados por varias disciplinas; se pueden aplicar métodos geológicos, paleogeográficos, históricos y otros. Los resultados obtenidos de un estudio cualquiera son más firmes cuando dos o más métodos llegan a conclusiones coincidentes.

Métodos geológicos – Se basan en la identificación de ambientes del pasado mediante el uso de la Sedimentología y de la Geomorfología (Ver Cap. 16). Cada clima desarrolla un conjunto de geoformas y sedimentos característicos: los campos de dunas eólicas se forman en climas desérticos, los valles en U se generan en climas glaciales, etc. Si un clima queda establecido durante el tiempo suficiente, forma un paisaje que lo caracteriza. Ese conjunto de elementos geológicos se va instalando en su territorio a expensas de otro paisaje anterior, disipándolo y ocultándolo paulatinamente por erosión o por sedimentación, aunque pueden quedar relictos en muchos casos. De esta manera, en condiciones ideales, se puede establecer toda una "morfosecuencia" que indica los climas que se sucedieron en la región.

En la región del Litoral (provincias de Santa Fe, Entre Ríos y Corrientes) coexisten en la actualidad un clima húmedo con formas del paisaje típicas de uno seco; esas geoformas y sedimentos se encuentran en toda la región en extensiones de decenas de miles de kilómetros cuadrados, lo que indica que el clima actual todavía no influyó durante el tiempo suficiente como para imprimir su morfología. Como se trata de formas sedimentarias desarrolladas en materiales sueltos fácilmente erosionables, es evidente que el cambio ha sido muy reciente.

Métodos paleogeográficos – Los sistemas ecológicos (formados por plantas y animales) se distribuyen en las diferentes regiones de la Tierra de acuerdo a la geografía física de cada área (Ver Cap. 15) que tiene siempre un fuerte control climático. Así, existe la selva misionera con árboles tropicales, poblada por monos y tucanes, y existe la meseta patagónica cubierta por pastos duros y poblada por guanacos: Los guanacos no pueden vivir en la selva tropical lluviosa. De manera que hay un conjunto de animales y de plantas que resultan indicadores climáticos confiables, siempre que se conozca su ecología actual. Una rama muy desarrollada de estos métodos es la Palinología, que estudia el polen y con la cual se pueden obtener perfiles estratigráficos muy detallados en sedimentos lacustres y otros semejantes.

Estos métodos han dado importantes resultados en el estudio de los paleoclimas de la llanura argentina en el Cuaternario, pues se registran sucesivos reemplazos de faunas brasileñas y patagónicas, que se superponen en el tiempo. Esto se interpreta como indicación de cambios climáticos: Cuando se establece un clima húmedo y cálido avanza el ecosistema brasileño hacia el sur, alcanzando a las provincias de Buenos Aires y La Pampa. Por el contrario, durante los períodos glaciales se extiende el clima patagónico hasta Santa Fe y Entre Ríos.

Métodos isotópicos – Los elementos químicos están caracterizados por su peso atómico. El cuadro general es el siguiente: "El más liviano de todos es el hidrógeno, con peso atómico 1, el segundo es el helio (peso atómico 4) y así sucesivamente. El oxígeno tiene peso atómico 16 y los metales pesados culminan con el uranio, cuyo peso atómico es 236". Ahora bien, algunos átomos de hidrógeno tienen peso atómico 2, se trata de una variedad denominada "deuterio"; el átomo de oxígeno también pesa a veces 17 o 18. Se habla entonces de "isótopos": El hidrógeno tiene dos isótopos, H1 y H2; el oxígeno tiene tres isótopos, O16, O17 y O18, etcétera.

En realidad, la mayoría de los elementos naturales son una mezcla de isótopos estables, que tienen leves diferencias en sus propiedades químicas. Por ejemplo, los carbonatos precipitados en el océano tienen diferentes concentraciones de O18 según la temperatura del agua. Esta propiedad se utiliza para dividir al Período Cuaternario en segmentos bastante precisos denominados Estadios Isotópicos Marinos de Oxígeno (EIO), numerados desde el presente hacia atrás. El EIO 1 es el actual, llega hasta 13.000 años antes del presente (13 ka. A.P.); el EIO 2 corresponde al Último Máximo Glacial, se extiende entre 13 ka. A.P. y 36 ka. A.P. y así sucesivamente. Los estadios cálidos llevan números impares, los fríos tienen números pares.

Desde los 1.700.000 años antes del presente (1,7 Ma A.P.) hasta la actualidad se han contado 37 Estadios Isotópicos de Oxígeno, es decir, 19 fases templado/cálidas (incluido el período actual) y 18 fases frías. El Último Máximo Glacial corresponde al EIO 2; el EIO 4 fue la época más frío del ciclo en toda Sudamérica. El EIO 5 es el Último Interglacial de la literatura clásica (cuando se creía que el Período Cuaternario había sufrido solamente cuatro fases frías o glaciaciones); este aparece dividido en tres partes cálidas: EIO 5a, EIO 5c y EIO 5e, separados por el b y el d que fueron secos y fríos.

Métodos arqueológicos – Se aplican para la reconstrucción ambiental de los últimos miles de años. Las sociedades humanas, sobre todo las más primitivas, son fuertemente dependientes del ambiente que las rodea, y los restos arqueológicos lo demuestran claramente. En la región del Litoral (provincias de Santa Fe y Entre Ríos) existió una cultura indígena que subsistía de la caza de ñandúes, peludos y vizcachas, los asentamientos se encontraban en lugares altos (deducción: clima seco).

Esa cultura fue reemplazada hacia el año 1400 por canoeros que llegaban del norte y se alimentaban de pescado, ranas, patos y otras especies acuáticas (conclusión: clima húmedo). Naturalmente, el Hemisferio Norte tiene mayor desarrollo de esta especialidad.

Métodos históricos – Crónicas históricas de diverso tipo son utilizadas por los especialistas para reconstruir los cambios climáticos ocurridos en los últimos siglos. Referencias a inundaciones, tormentas de polvo, congelación de ríos y otras catástrofes pueden ser interpretadas sin errores; otros indicadores son menos seguros y hasta discutibles, pero se obtienen interesantes resultados. Las referencias más antiguas, continuas y sólidas provienen de China, también de Japón en menor medida. El registro diario del nivel del Nilo que se conoce desde unos cuantos siglos atrás es un ejemplo clásico. Europa cuenta con datos menos antiguos y menos fiables.

En el hemisferio Sur, particularmente en América, la información histórica ha sido registrada por cronistas religiosos (sobre todo los jesuitas) y en menor medida por los cabildos cuando recibían demandas de los estancieros pidiendo exención de impuestos por reales o supuestas sequías e inundaciones. De todas maneras, mediante métodos históricos se ha podido deducir sin lugar a dudas que la región pampeana estuvo sometida a un clima árido durante todo el período colonial.

CAMBIOS CLIMÁTICOS EN SUDAMÉRICA

Sudamérica es una masa continental relativamente pequeña rodeada de grandes masas oceánicas, por lo tanto la circulación general de la atmósfera resulta poco alterada. Esta circulación general está formada por unos pocos sistemas mayores (Fig. 20-1):

- La Zona de Convergencia Intertropical – La Zona de Convergencia Intertropical (ITCZ por sus siglas en inglés) es una faja de baja presión que se extiende a lo largo del ecuador terrestre, en la que el aire húmedo y cálido se eleva a miles de metros de altura, se enfría y produce lluvias caudalosas casi continuamente. Es el clima que genera la selva amazónica (Ver Fig. 9-13). Esta zona oscila hacia el sur en enero y hacia el norte en julio.
- Las Fajas de Anticiclones Tropicales – Situadas a ambos lados de la ITCZ, son fajas de altas presión y escasa humedad. Se extienden entre los 20 y los 30 grados de latitud en ambos hemisferios y forman grandes anticiclones sobre los océanos y anticiclones menores sobre el continente. Cerca de la ITCZ forman los "vientos alisios", que soplan permanentemente desde el Atlántico hacia el interior de Brasil y Venezuela. Producen climas secos y semiáridos, el

ejemplo más importante es el desierto de Atacama.
- Los Vientos del Oeste – Aparecen al sur del paralelo 40, es decir, abarcan toda la Patagonia y las islas del Atlántico Sur. No se trata de vientos simples, sino de "células ciclónicas" que giran en el sentido de las agujas del reloj (en diámetros de 400 a 800 kilómetros) y recorren el planeta de oeste a este. Se trata de aire frío con baja presión, que pierde su humedad en los Andes Patagónicos. Al sur del continente, en el Estrecho de Drake que lo separa de la Antártida, esos vientos circulares son particularmente violentos y permanentes, aislando a la Antártida.
- El anticiclón Antártico – Se trata de la masa atmosférica más fría y seca del planeta. Abarca desde los 65/70 grados de latitud hasta el Polo Sur. Sufre una glaciación permanente desde el Período Mioceno. Está prácticamente aislado del resto de la atmósfera del planeta; solo esporádicamente deja escapar hacia el norte alguna "ola polar", de aire extremadamente frío y seco que atraviesa a los sistemas más cálidos y llega hasta la selva.

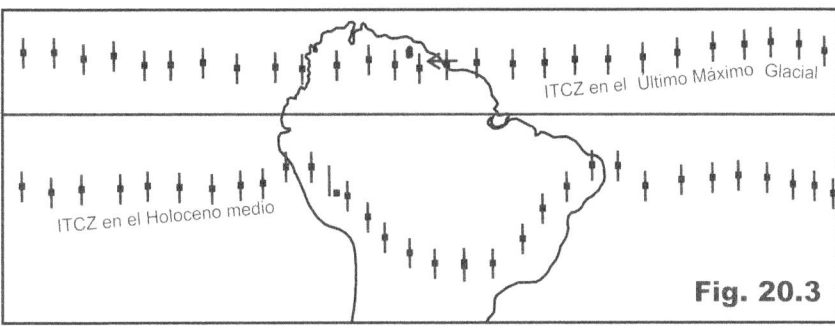

Fig. 20.3

Durante los (aproximadamente) últimos cien mil años ocurrieron varios cambios climáticos importantes en la Tierra que se conocen como el último ciclo glacial/interglacial. En la cordillera de los Andes las variaciones de temperaturas produjeron avances y retrocesos de glaciares, al mismo tiempo que lo que ocurría en otros continentes. Por otro lado, las tierras bajas sufrieron una serie de períodos secos y húmedos, con una particularidad notable: los períodos húmedos ocurridos en el norte del continente coincidían con períodos secos en el sur y viceversa. La secuencia climática general fue la siguiente:
- Estadio Isotópico 5 (entre 130 y 85 ka. B.P.) – Fue un período cálido en todo el mundo, denominado Último Interglacial. Fue varios

grados centígrados más cálido que el clima actual. El nivel del mar subió unos diez metros en la costa argentina y brasileña; se produjo un clima cálido y húmedo en todo el sur del continente.
- Estadio Isotópico 4 (EI4, entre 85 y 65 ka B.P.) – Clima frío. Una masiva glaciación afectó a toda la Cordillera de los Andes. Clima húmedo en el norte (Colombia y Venezuela). Un gran desierto se formó en el sur, con vientos fríos que depositaron capas de polvo hasta la latitud de 25 grados en Brasil.
- Estadio Isotópico 3 (EI3, entre 65 y 36 ka B.P.) – Clima cálido. Los glaciares de montaña tuvieron una modesta extensión en los Andes. Se estableció un clima húmedo con formación de suelos en el Chaco y la Pampa, mientras que se desarrollaba un desierto en el valle del Orinoco y una sabana en el Amazonas.
- Estadio Isotópico 2 (EI2, entre 36 y 13 ka B.P.) – Clima frío. Avance general de los glaciares en los Andes, aunque menor que durante el EI4. Frío y seco en el sur, con extensión del clima patagónico hacia el noreste. Frío y húmedo en los Andes colombianos, con avance de glaciares y aumento de la altitud de los bosques.
- Estadio Isotópico 1 (EI1, desde 13 ka hasta la actualidad) – Clima cálido en general, con la distribución de vientos y precipitaciones que ocurren hoy en día. De todas maneras, se han detectado variaciones menores de temperatura que significaron alteraciones que duraron unos cuantos siglos cada una.

En síntesis, el patrón general de los cambios climáticos en Sudamérica se puede visualizar como alteraciones en la oscilación de la ITCZ. El gran motor del clima en nuestro continente, y en el resto del Hemisferio Sur, es el cambio de tamaño e intensidad del Anticiclón Antártico. Cuando éste aumenta de tamaño (al enfriarse el clima en todo el mundo), empuja a las fajas climáticas hacia el norte; cuando se reduce, toda la circulación general de la atmósfera migra hacia el sur.

CAMBIOS CLIMÁTICOS EN LA REGIÓN PAMPEANA

Estudios más detallados realizados en la región pampeana (es decir, ampliando la escala unas treinta veces) resultan en el siguiente esquema:
- EI5 – Clima tropical húmedo con avance de las condiciones ambientales brasileñas hacia el sur. Ríos con caudales mayores a los actuales, particularmente el río Uruguay, que formó en esa época su

terraza alta. Segregación de hidróxidos de hierro, proceso que requiere temperatura media anual por encima de los 20 grados. Ingresión marina hasta cotas de 10 metros por sobre el nivel actual.

– EI4 – Frío y seco. Se formó el Sistema Eólico Pampeano, compuesto por un mar de arena caracterizado por megadunas longitudinales (Ver Cap. 9) de orientación sur/suroeste-nor/ noreste con longitudes individuales de 50 a 200 kilómetros y equidistancias entre 3 y 5 kilómetros. Actualmente están disipadas y se las percibe solamente en imágenes satelitales, pero se deduce que su altura original fue de decenas y hasta cientos de metros. La dirección de esas dunas coincide perfectamente con el actual viento pampero. Rodeando el mar de arena se depositó una extensa capa de polvo eólico, que constituye el loess pampeano de las provincias de Buenos Aires, Santa Fe, Córdoba y San Luis. Todo el sistema fue generado por el viento del Pacífico que cruzaba la Cordillera Patagónica cubierta por un campo de hielo (Fig. 9-15).

– EI3 – Cálido y húmedo. Está representado en el Sistema Eólico Pampeano y regiones vecinas por un mejoramiento climático complejo e irregular. Básicamente está caracterizado por tres fenómenos sucesivos: El primero fue el desarrollo de un suelo en la superficie de las dunas; el segundo fue un período de disipación generalizada de las dunas; y el tercero la generación de un segundo nivel de suelo. Para que se desarrolle un suelo en esta región es necesario un clima húmedo estable de por lo menos dos mil años de duración (se lo denomina técnicamente "clima údico") Con paisaje estable, sin erosión ni sedimentación y más de 700 milímetros de precipitación anual. Si se cumplen esas condiciones, siempre se forma un suelo con horizontes A, B y C. De manera que existieron dos fases climáticas de ese tipo durante el EI3. La fase intermedia de disipación de dunas fue claramente diferente, con la arena sin cobertura vegetal, fuertes lluvias esporádicas (que son el mecanismo típico de la disipación) y vientos débiles o ausentes, porque no se formaron nuevas dunas. Se formaron terrazas fluviales en ríos y arroyos.

– EI2 – Frío y seco; se trata del Último Máximo Glacial. Avance generalizado de glaciares en la cordillera de los Andes y desecación del clima en las tierras bajas. Se produjo una importante removilización de arenas, que formó importantes campos de dunas en el sur y depositó una ancha faja de loess de 200 kilómetros de ancho en San Luis, Córdoba, Santa Fe y Buenos Aires (el conocido "loess pampeano"). El clima patagónico avanzó cientos de kilómetros hacia el noreste; llegando su límite hasta la actual ciudad de Santa Fe. Esta fase climática terminó hacia los 8500 años antes del presente (8,5 ka A.P.), ya dentro del EI1.

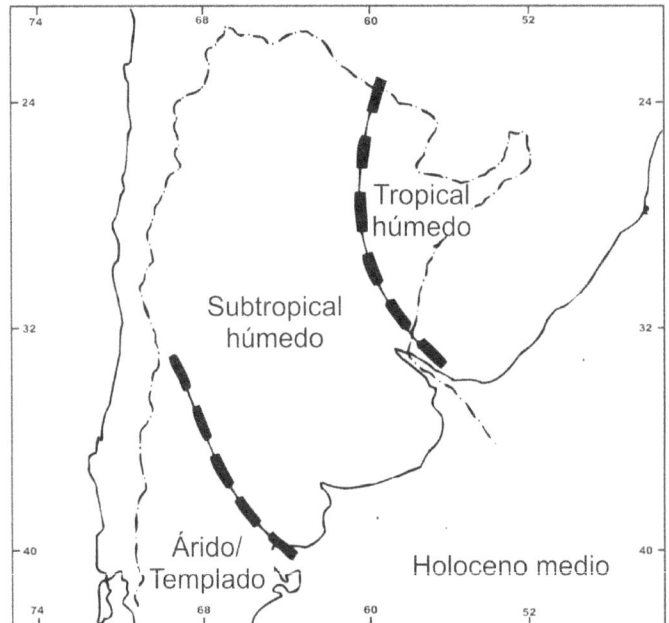

Después de esta última glaciación se suceden varias fases climático/ ambientales cortas y menos fuertes que las anteriores. Debe recordarse que 10.000 años antes del presente comenzó el Holoceno, última subdivisión del Período Cuaternario.

- 8,5 ka A.P./3,5 ka A.P. – Calentamiento general del clima en todo el mundo, conocido como "Hypsitermal" u "Optimum Climaticum". Cálido y húmedo en la región pampeana y alrededores. Su comienzo produjo la extinción de los últimos restos de la megafauna pleistocena y el poblamiento humano generalizado de la región. Se formó una terraza baja en los ríos y arroyos.
- 3,5 ka A.P./1,4 ka A.P. – Durante esta época del Holoceno superior sobrevino un pulso seco, básicamente semiárido, con formación de campos de dunas menores en el área de Rufino- Laboulaye y otras localidades.
- 1,4 ka A.P./0,8 ka A.P. – Se trata de un calentamiento climático lla-

mado "El Máximo Medieval" en Europa. Fue húmedo en la Pampa y el Chaco, el río Quinto sufrió varios cambios de cauce durante ese período. Se detectaron desarrollos incipientes de suelos (pedogénesis), aunque el tiempo resultó demasiado corto para formar suelos completos.

- 0,8 ka A.P./0,2 ka A.P. – entre los 800 años y los 200 años antes del presente (o sea entre los años 1200 y 1800 de nuestra era) se extendió la llamada Pequeña Edad del Hielo, que coincidió aproximadamente con el período histórico colonial en América. En la Argentina produjo avances glaciales en la Cordillera y aridez en las tierras bajas. Se lo estudia con métodos históricos, mediante el análisis de mapas jesuíticos, crónicas de viajeros y documentos de cabildos. Durante los siglos XVII y XVIII, por ejemplo, la laguna Mar Chiquita de Córdoba no existía y el camino real entre Santa Fe y Santiago del Estero la cruzaba por el medio.

- Los últimos doscientos años – El clima actual se instaló en eta región al principio del siglo XIX y se extendió con altibajos hasta la década de 1970, durante la cual pasó a un calentamiento suave, con retroceso de glaciares en los Andes y mayores precipitaciones en la mayor parte de los años.

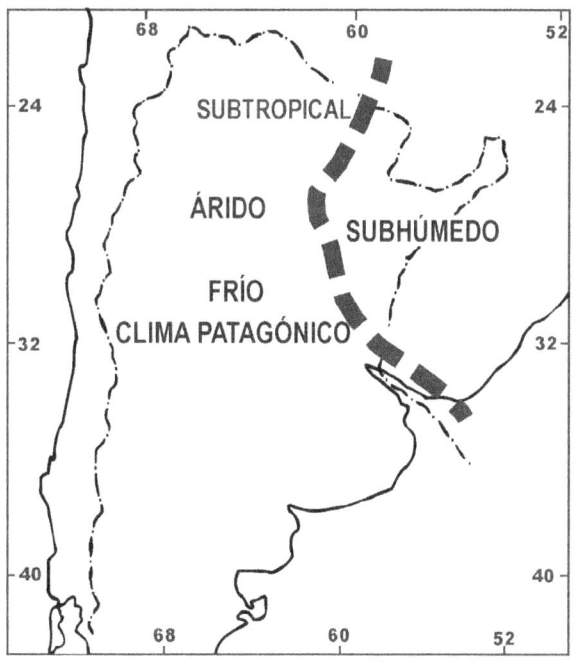

Lecturas complementarias
Climatic Change – J. Gribbin – Cambridge University Press, 280 pág. (1978)

21
Bosquejo geológico de América del Sur

ESQUEMA GENERAL DE SUDAMÉRICA

De acuerdo con la historia geológica de la Tierra, América del Sur es un continente independiente, claramente diferente de América Central y América del Norte. Sudamérica formó parte del supercontinente de Gondwana, junto con África hasta el Período Jurásico (alrededor de 180 millones de años antes del Presente). Se separó en esa época al formarse una fractura que generó al océano Atlántico. Dicha fractura se fue ensanchando dede entonces a razón de 2 centímetros por año; fue provocada por una sutura expansiva producida por corrientes convectivas de la astenosfera que formaron la cordillera oceánica del Atlántico (ver capítulo 2) y derramaron también más de un millón de kilómetros cúbicos de lava basáltica en Sudamérica y en África.

América Central se originó por el avance de la placa oceánica del Caribe sobre otra placa oceánica del Pacífico, formándose un archipiélago en arco que posteriormente emergió durante el Terciario inferior, conectando los continentes de América del Norte y América del Sur. Este fenómeno cortó la comunicación entre los océanos Pacífico y Atlántico, alterando las corrientes oceánicas, y permitió el llamado Gran Intercambio de los reinos vegetal y animal de las Américas, mezclándose floras y faunas desarrolladas en forma independiente a lo largo de cientos de millones de años. Com resultado de ello, los grandes mamíferos de América del Norte dominaron la fauna sudamericana en los tiempos posteriores (Terciario superior y Cuaternario).Por el contrario, los ecosistemas vegetales sudamericanos avanzaron hacia el norte, colonizando toda América Central hasta el sur de México.

Un segundo evento de magnitud global fue la separación de Sudamérica de la Peninsula Antártica, también ocurrida durante el Terciario inferior, debido al choque de dos placas oceánicas. En este caso la placa del Pacífico avanzó sobre la placa atlántica. Comenzó la circulación de la corriente oceánica peri-antártica que aisló climáticamente a ese continente y produjo la instalación de un clima glacial en esas latitudes, que comenzó en el Mioceno y todavía persiste en la actualidad.

Sudamérica es una placa gondwánica rodeada por grandes áreas oceánicas, localizada en una región claramente influenciada climáticamente por el Anticiclón Antártico. Durante el Cuaternario la dinámica sedimentaria de las tierras bajas está dominada por la cordillera de los Andes, un gran orógeno simple formado por subducción de placas oceánicas debajo de su margen continental del oeste. Los procesos más importantes en el Cuaternario de los Andes son las glaciaciones y el vulcanismo: el escenario actual está dominado por meteorización física y movimientos de masa. Las tierras bajas están ubicadas al este de la cordillera, formando una sucesión de mega-abanicos (cada uno de estás mide miles de kilómetros cuadrados), secuencias de loess-paleosuelos y campos de arenas eólicas. En las regiones húmedas se forman grandes humedales. Los ríos mayores transportan enormes volúmenes de materiales finos de origen andino hasta la plataforma atlántica y hacia las planicies abisales del Atlántico. Además, aproximadamente la mitad de la superficie de Sudamérica está compuesta paisajes pre-cuaternarios labrados en rocas paleozoicas y mesozoicas (Fig. 1-1).

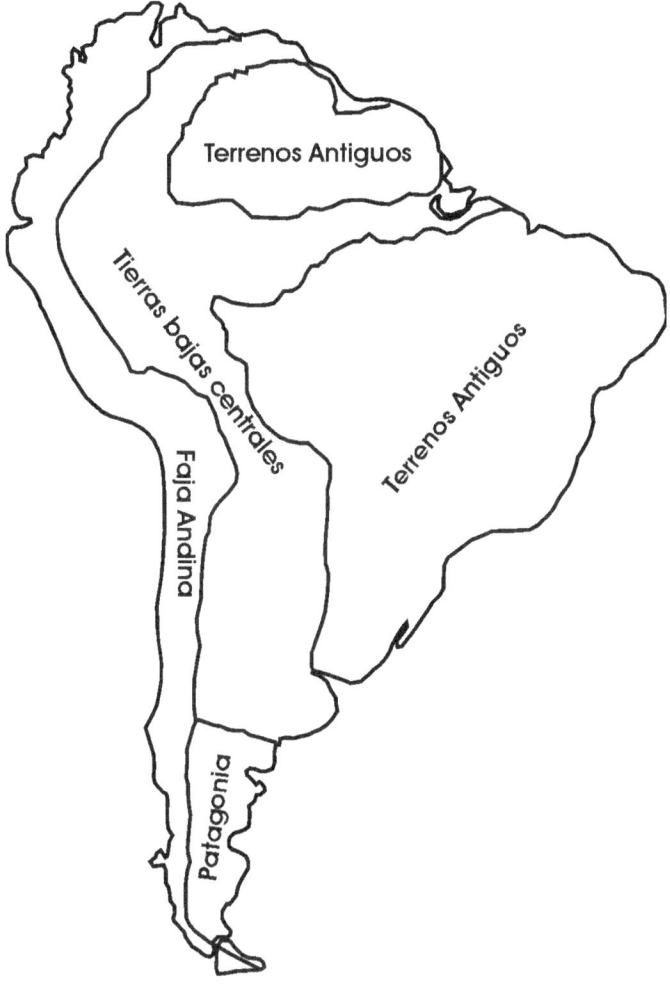

Fig. 21 - 1 – Sistemas geotectónicos de Sudamérica.

Concordantemente, el talud continental y el talud oceánico de la fosa chileno-peruana están abruptamente segmentados. Entre las latitudes de 22°S Y 27°S la fosa tiene 7000 a 8000 metros de profundidad e incluye solo manchones aislados de sedimentos; el talud oceánico está fracturado en bloques. Entre 27° y 33° la fosa es más angosta, con una profundidad típica de 6400 metros y 350 metros de relleno sedimentario que suaviza la morfología del fondo. Al sur de los 33°S la depresión es relativamente ancha, con 5000 metros de profundidad y mil metros de relleno sedimentario. Los cambios en la profundidad del eje de la fosa están correlacionados con las variaciones en la curvatura y grado de fracturación en el talud oceánico (Jordan et al., 1983).

La sismicidad de los Andes es mayor en los segmentos donde la zona de Benioff es casi horizontal, en Perú y Argentina. Los eventos mayores, con magnitudes de 7 a 7,5, ocurren en áreas relativamente pequeñas. Por el contrario, la placa sudamericana sufre sismos menores y menos frecuentes sobre los segmentos más inclinados de la placa de Nazca, y éstos están restringidos a la costa.

El vulcanismo cuaternario de los Andes está también vinculado a la subducción de placas oceánicas del Pacífico por debajo de la placa continental. El escenario actual comenzó alrededor de 20 Ma. AP, durante el Mioceno (unos 20 millones de años antes del presente). Sin embargo, el vulcanismo no ha sido continuo ni en espacio ni en tiempo a lo largo de toda la cordillera. Existen importantes zonas no volcánicas intercaladas entre las zonas activas. El origen de ésto es nuevamente la inclinación de la zona de Benioff: los datos de sísmica indican que debajo de las regiones volcánicamente activas la faja de Benioff tiene mayor buzamiento que debajo de regiones no volcánicas (Clapperton, 1993) Es decir, existe una relación inversa con la sismicidad. Un "vacío volcánico" de 1600 kilómetros de longitud abarca casi todo el Perú; otro sector similar de 650 Km de largo está ubicado entre las latitudes de 28°S y 33°S en Argentina y Chile (Fig. 2). Las estructuras volcánicas más frecuentes son estratovolcanes compuestos por rocas calcoalcalinas. Dichas rocas tienen un amplio espectro químico, con dominancia de andesitas (Thorpe et al., 1981).

LOS TERRENOS ANTIGUOS

Aproximadamente la mitad de Sudamérica está compuesta por rocas paleozoicas y mesozoicas caracterizadas por paisajes antiguos, la mayoría de ellos terciarios. En general, dichos paisajes fueron generados por retroceso generalizados de escarpas, que resultaron en la formación de sucesivas superficies. Además, en algunas regiones del sur de Brasil y norte de Uruguay, se preservan grandes paleocauces originados en sistemas paleogeográficos se preservan en forma discontinua. Las redes fluviales actuales están parcialmente condicionadas por dichas patrones antiguos. Grandes áreas de los terrenos antiguos están cubiertas por tierras rojas de origen eólico denominadas "loess tropical" sobre todo en bajas latitudes.

LA CORDILLERA DE LOS ANDES

En la definición más sencilla, la cordillera de los Andes puede ser descrita como un orógeno simple formado por subducción de placas oceánicas debajo de un margen continental. En la mayor parte de su extensión, los Andes están formados por un arco magmático acompañado por una fosa oceánica hacia el oeste y cuencas de antepaís hacia el este. Se trata de una faja montañosa no colisional formada a lo largo de un sistema de subducción de larga vida y todavía activo.

La cordillera es morfológicamente continua a lo largo de más de siete mil kilómetros (desde los 10 grados norte hasta los 55 grados de latitud sur) y está compuesta por una serie de grandes segmentos tectónicos. Dichos segmentos tectónicos están ubicados encima de segmentos equivalentes de placas oceánicas subyacentes (particularmente la placa de Nazca), que están definidas por variaciones de primer orden en la zona de Benioff (Jordan et al., 1983). Es notable la coincidencia entre las variaciones laterales de la geometría de la placa de Nazca y la geología y geomorfología andinas. En base a la distribución espacial de focos sísmicos se ha podido deducir que la placa de Nazca al sur del Ecuador está formada

por cuatro segmentos mayores. Los contactos entre los mismos son abruptos, lo que sugiere marcadas contorsiones en la placa. Dichos segmentos varían entre 500 y 700 kilómetros en extensión.

Concordantemente, el talud continental y el talud oceánico de la fosa chileno-peruana están abruptamente segmentados. Entre las latitudes de 22°S Y 27°S la fosa tiene 7000 a 8000 metros de profundidad e incluye solo manchones aislados de sedimentos; el talud oceánico está fracturado en bloques. Entre 27° y 33° la fosa es más angosta, con una profundidad típica de 6400 metros y 350 metros de relleno sedimentario que suaviza la morfología del fondo. Al sur de los 33°S la depresión es relativamente ancha, con 5000 metros de profundidad y mil metros de relleno sedimentario. Los cambios en la profundidad del eje de la fosa están correlacionados con las variaciones en la curvatura y grado de fracturación en el talud oceánico.

La sismicidad de los Andes es mayor en los segmentos donde la zona de Benioff es casi horizontal, en Perú y Argentina. Los eventos mayores, con magnitudes de 7 a 7,5, ocurren en áreas relativamente pequeñas. Por el contrario, la placa sudamericana sufre sismos menores y menos frecuentes sobre los segmentos más inclinados de la placa de Nazca, y éstos están restringidos a la costa.

El vulcanismo cuaternario de los Andes está también vinculado a la subducción de placas oceánicas del Pacífico por debajo de la placa continental. El escenario actual comenzó alrededor de 20 Ma. AP, durante el Mioceno (unos 20 millones de años antes del presente). Sin embargo, el vulcanismo no ha sido continuo ni en espacio ni en tiempo a lo largo de toda la cordillera. Existen importantes zonas no volcánicas intercaladas entre las zonas activas. El origen de ésto es nuevamente la inclinación de la zona de Benioff: los datos de sísmica indican que debajo de las regiones volcánicamente activas la faja de Benioff tiene mayor buzamiento que debajo de regiones no volcánicas. Es decir, existe una relación inversa con la sismicidad. Un "vacío volcánico" de 1600 kilómetros de longitud abarca casi todo el Perú; otro sector similar de 650 Km de largo está ubicado entre las latitudes de 28°S y 33°S en Argentina y Chile (Fig. 2). Las estructuras volcánicas más frecuentes son estratovolcanes compuestos por rocas calcoalcalinas. Dichas rocas tienen un amplio espectro químico, con dominancia de andesitas.

Hay diferencias entre las distintas zonas volcánicas de Sudamérica. Basaltos tholeiiticos y alcalinos de retroarco dominan el paisaje patagónico. Un caso diferente es la zona volcánica central andina, situada entre los 17°S y los 25°S, la cual está caracterizada por extensos depósitos ignimbríticos que cubren más de 1000 kilómetros cuadrados en algunos casos; estos fenómenos están vinculados a grandes sistemas de calderas de cientos de kilómetros cuadrados de superficie. Sin embargo, la actividad volcánica más importante y de mayor alcance en el Cuaternario de los volcanes andinos son las erupciones piroclásticas. Estas son frecuentes en todas las zonas volcánicas. Las erupciones actuales pueden durar varios días y descargan ceniza y otros materiales a grandes alturas, las que posteriormente forman capas de materiales piroclásticos en las tierras bajas. Materiales sueltos de este tipo son fácilmente retrabajados por el viento y el agua a través de vastas áreas del continente.

Fig. 21-2 - Zonas volcánicas de Sudamérica.

NEOTECTÓNICA

Un marco adecuado para caracterizar las principales manifestaciones neotectónicas reconocidas en Sudamérica es considerar aquellas deformaciones comprendidas en el Cuaternario. Este marco temporal permite involucrar los rasgos estructurales que resultan del campo de esfuerzos actuales, estructuras que generaron cambios topográficos recientes o que se encuentran en progreso y estructuras con evidencias recientes de sismos y que tiene capacidad de producirlos en el futuro próximo. Sudamérica presenta una región de máxima actividad neotectónica asociada al borde occidental de la placa Sudamericana el cual interactúa con los bordes de la placa del Caribe al Norte, el borde de la placa de Nazca en el Noroeste y Centro-Oeste, la Placa Antártica al Suroeste y Placa de Scotia al Sur. Esta región donde se concentra la deformación corresponde a la cadena orogénica Andina de más de 8000 km de extensión. Las deformaciones neotectónicas se generan por la liberación de los esfuerzos vinculados a extensas zonas de subducción con diferentes grados de empinamiento de la losa que subduce debajo de la placa Sudamericana. En el dominio andino costero que corresponde a la antefosa se producen los mayores terremotos, incluyendo aquellos de mayor magnitud registrados en el planeta durante la historia instrumental, como fue el terremoto de Chiloé en 1960. En esta región las tensiones se liberan principalmente como energía acumulada por deformación elástica a través de terremotos. En el dominio de antepaís localizado en las vertientes orient1ales del orógeno andino la liberación de esfuerzos se genera de dos maneras: 1) mediante sismos de magnitudes variables y 2) a través de deformación permanente que genera extensas fajas de rocas sedimentarias plegadas y corrimientos de grandes bloques de rocas.

En los **Andes del Norte**, la mayor deformación cuaternaria se concentra en la región de las cadenas montañosas, en la cual se despegan los Bloques Andinos del Norte del resto de Sudamérica. Hacia el Norte, las megafallas y sistemas de pliegues con rumbos NE y E-W presentan desplazamientos de rumbo, principalmente lateral derecho, determinados por el movimiento hacia el Este de la Placa del Caribe. Este movimiento de placas genera un complejo régimen de desplazamientos de rumbo en las estructuras activas cuaternarias. En la región que abarca el Norte de Colombia, Venezuela y Trinidad y Tobago las principales estructuras regionales son los sistemas de fallas y pliegues de Oca-Ancón, Boconó, San Sebastián, Pilar, Los Bajos y El Soldado que se extienden a lo largo de 1200 km. Se han medido allí las más altas tasas de desplazamientos de los Andes del Norte, del orden de 10 mm/año. Otras fallas oblicuas a este sistema principal del Caribe del Sur, tales como las fallas de Talcagua-El Ávila, de Tácata y La Victoria, han sido interpretadas como fallas de segundo orden asociadas a la deformación neotectónica que ocurre en dicho sistema.

En Colombia, en la Cordillera Oriental frontal, existe un sistema de fajas plegadas y corrimientos que se desplaza a través de fallas inversas sobre el antiguo escudo de Llanos, generando niveles de sismicidad de moderados a altos.

El régimen de esfuerzos compresivos que genera las geformas características de la Cordillera Oriental frontal se traslada hacia el Sur produciendo movimientos laterales dominantes en la falla de Alciegas. En el Norte de Colombia, la falla Santa Marta-Bucaramanga de rumbo NE muestra desplazamiento de rumbo antihorario. La interacción de tres placas (Nazca, Caribe y Sudamericana) resulta en esa región en una compleja cinemática de las fallas Cuaternarias, estando los esfuerzos principales de compresión orientados en sentido NO-SE en el Norte de Colombia y hacia el Sur en sentido E-O a NE-SO. Dicho campo de esfuerzos genera sobre las fallas principales con rumbo N-S, movimientos laterales izquierdos en las fallas ubicadas al Norte y movimientos laterales derechos en las fallas del Sur de Colombia. En consecuencia, producto de la compresión oblicua ocurren tanto, desplazamientos inversos como normales. El sistema de fallas El Romeral se extiende a lo largo de la pendiente occidental de la Cordillera Central de Colombia, presentando sismicidad hacia el Este.

Los **Andes Ecuatorianos** al Norte del Golfo de Guayaquil, presentan cinco dominios morfoestructurales: 1) Planicie de la Costa, 2) Cordillera Occidental, 3) Valle Interandino o DepresiónTectónica Interandina, 4) CordilleraReal y 5) Piedemonte Andino o Andes Subandinos, en la cuenca superior del Amazonas. El fallamiento Cuaternario y las principales morfoestructuras con una orientación característica NNE-SSO son controlados en parte por antiguos rasgos geológicos regionales. La tectónica es controlada por la subducción de la placa de Nazca que presenta en ese sector una inclinación de 35°. Particularmente en la costa los rasgos neotectónicos son controlados por la subducción de la dorsal asísmica de Carnegie y la subducción oblicua de la Placa de Nazca. Allí, en la zona de las cuencas de antearco las principales fallas activas son El Naranjal y Ponce Enriquez, afectadas por esfuerzos transpresivos. Estas fallas limitan las sierras costeras del Norte y la Cordillera Occidental. Las principales fallas cuaternarias tienen movimientos oblicuos a los Andes Ecuatorianos, entre ellas la falla de Pallatanga, en el Golfo de Guayaquil al SO y la falla del Chingual en el borde oriental de la Cordillera Real. Estas fallas son probablemente las responsables de los principales terremotos registrados históricamente en Ecuador. Las fallas de San Isidro - El Ángel- Otavalo constituyen el límite entre la Cordillera Occidental (por el Este) y el Valle Interandino. A lo largo de este último, la deformación cuaternaria es acomodada en un conjunto de fallas inversas de orientación NE-SO y N-S, tales como la falla de Quito y asociados a ella, en los pliegues anticlinales de Nagsiche, Latacunga y Yanayacu. En la zona de piedemonte Subandina de Napo y Cutucú, que constituye la cuenca superior del río Amazonas, existen fallas con desplazamientos cuaternarios tales como las fallas de Payamino, Sumaco, Pusuno y Arajuno.

Andes Centrales

Corresponden al típico orógeno andino, formado por la subducción de la placa oceánica de Nazca y la colisión con el borde occidental continental de la Placa Sudamericana. Están comprendidos entre los 4°S y los 46°S de latitud. Generalmente, se los divide en Andes Centrales del Norte, del Centro y del Sur. En general, el estilo de la deformación Cuaternaria está controlado por la geometría de la subducción de la placa de Nazca y los rasgos geológicos heredados.

Los Andes Centrales del Norte presentan un sector de subducción de bajo ángulo en Perú (4°S-14°S) y otro de subducción normal (14°S-27°S). La dinámica del primero ha generado la migración de la deformación hacia el este desde el Plioceno, debido al bajo ángulo de la losa subducida. Uno de los principales efectos fue el levantamiento de la Cordillera Blanca en Perú, la cual presenta algunas de las más grandes elevaciones de los Andes y fallamiento normal cuaternario. La falla principal de la Cordillera Blanca presenta notable expresión geomorfológica. Rupturas de fallas en superficie históricas han sido observadas en las fallas de Chaquilbamba y Quiches. Sismicidad reciente ha sido observada en la falla de Huaytapallana, como también deformación activa de pliegues vinculados al sistema de fallas de Shitari. El segundo segmento de los Andes Centrales del Norte de subducción normal es el más ancho de la Cordillera de los Andes e incluye la fosa de Perú-Chile, la Cordillera de la Costa y el valle Central, en la costa del Pacífico, la Cordillera Occidental, la mesta del Altipano-Puna, la Cordillera Oriental y las Sierras Subandinas. La deformación cuaternaria está representada por fallas normales de alto ángulo que generan cuencas hídricas cerradas en la meseta del Altiplano-Puna, deformación por fallamiento inverso de alto ángulo que involucra rocas del basamento en la Cordillera Oriental y fallamiento de bajo ángulo asociado a plegamientos en las Sierras Subandinas. El sistema de fallas de Incapuquio, ubicado en el pie de monte occidental de la Cordillera Occidental, muestra reactivaciones recientes de viejas estructuras y está asociado a pliegues vinculados a fallamiento inverso, fallas de rumbo y fallas normales. En el sector Norte de los Andes Chilenos se observa deformación reciente evidenciada por terrazas marinas cuaternarias que se encuentran elevadas sobre la costa, sugiriendo tasas de levantamiento de 0.2-0.6 mm/año. La falla de Atacama de rumbo N-S, situada sobre la costa a 100 km desde la trinchera oceánica, está caracterizada por un regimen de fallamiento extensional durante el Pleistoceno tadío. La altura media actual de la meseta del Altiplano-Puna (3800 m) es una respuesta térmica al atenuamiento de la litósfera, que se sobrepone al levantamiento por apilamiento tectónico. Durante el Cuaternario, el Altipano ha estado afectado por fallamieinto extensionalo N-S, con colapso de cuencas y deslizamientos de laderas en el piedemonte, a lo largo de fallas. Este proceso es el responsable de grandes desplazamientos sobre fallas normales, cerca de la ciudad de La Paz en Bolivia. Un resultado de la tectónica extensional cuaternaria de orientación N-S fue el desarrollo de la cuenca ocupada por el lago Titicaca. La Coordillera Oriental ha estado sufriendo levantamiento a lo largo del Cenozoico. Se ha reportado deformación neógena en las cuencas de Cochabamba y Tarija en Bolivia. Las Sierras Subandinas constituyen el frente orogénico el cual está constituido por fajas plegadas y corridas dominadas por contracción desde el Neógeno. Se ha detectado deformación cuaternaria por fallamiento de depósitos pleistocenos a lo largo de las fallas de Mande-Yapecuá, en Bolivia y en el sistema de fallas de Lomas de Olmedo, en Argentina. Uno de los principales teremotos históricos ocurrió en la región de Talavera de Esteco (1962), provincia de Salta. También se ha reportado deformación tectónica cuaternaria en la cuenca de antepaís de El Beni, adyacente al frente orogénico al sistema de fajas plegadas y corridas de las Sierras Subandinas. Se sugiere que el río El Beni está sufriendo una deflexión por la actividad de la falla El Beni.

La región central los Andes Centrales corresponde al segmento de subducción plana Pampeano (27°S-33°S). Como resultado de la horizontalización de la placa de Nazca, la deformación migró hacia el este desde el Neógeno, generando el levantamiento de la Precordillera durante el Plioceno-Pleistoceno. La principal deformación cuaternaria en el frente orogénico andino oriental, se ubica entre la parte oriental de las fajas plegadas y corridas de la Precordillera y la región occidental del basamento fragmentado en bloques de las Sierras Pampeanas. Esta deformación tectónica incluye los grandes terremotos en la falla de Las Lajas (San Juan, 1944) y en la falla de Ampacampa-Niquizanga (Caucete, 1977). Al norte de los 32°S, se destaca la deformación cuaternaria en el sistema de fallas inversas del corrimiento Villicum-Zonda Pedernal, en la Precordillera Oriental, y en la falla de El Tigre de desplazamiento lateral, en la Precordillera Occidental. Al sur de los 32°S, en Mendoza, la deformación se concentra principalmente en las fallas inversas de Las Peñas y Las Higueras.

Las Sierras Pampeanas fueron interpretadas como el antepaís fragmentado, adyacente al orógeno andino, como expresión morfotectónica de la subducción sub-horizontal. Bloques de rocas de basamento han sido levantados y basculados desde el Mioceno tardío. Se ha reportado deformación cuaternaria a lo largo de muchas de las fallas que limitan dichos bloques. Esas fallas de intraplaca, alejadas 600 km de la trinchera oceánica, parecen tener un potencial sismogénico mucho mayor que el sugerido por el registro sismológico intrumental. El Sistema de Fallas de la Sierra Chica, es la estructura neotectónica más relevante en las Sierras Pampeanas de Córdoba, el cordón más oriental de esta provincia geológica, debido a su extensión, los datos obtenidos hasta el presente y también debido a su significado como fuente sismogénica. Otras fallas con evidencias de actividad tectónica cuaternaria son el Sistema de Fallas de Comechingones y la falla de la sierra Baja de San Marcos.

En los Andes Centrales al sur de los 33°S, los rasgos estructurales responden al efecto de subducción normal de la placa de Nazca.

En la transición de subducción plana a normal, la deformación cuaternaria se particionó en dos ambientes geológicos. En el ante-arco (Cordillera de la Costa, Depresión Central y Cordillera Principal), fallamiento por compresión fue registrado en las fallas de San José de Maipo, Esperanza y Victoria, al este de Santiago de Chile y sureste de Concepción. Y en el arco volcánico, en el sistema de fallas de Liquiñe-Ofqui el cual registra un regimen transpresivo durante el Pleistoceno.

La deformación cuaternaria progresó hacia el noreste en el sector argentino, constituyendo el frente orogénico actual entre los 36°S y 38°S, sobre las zonas de fallas Antiñir-Copahue de la faja plegada y corrida de Los Guanacos.

En el segmento sur de los Andes Centrales ocurrió el sismo más grande del mundo intrumentalmente registrado, en Valdivia-Chiloé en 1960. Este sismo con epicentro en el sector de plataforma marina, produjo grandes levantamientos y subsidencias en la costa. Éste y otros mega-terremotos anteriores dejaron como evidencia la presencia de elevadas terrazas costeras y registro de avalanchas de rocas y deslizamientos de laderas.

Andes del Sur

Es la región de la cordillera situada al sur del punto triple de unión entre las placas de Nazca, Antártica y Sudamericana, a los 46°S. En los Andes Fueguinos, se observa un regimen de fallamiento de rumbo, generado por la interacción entre las placas Sudamericana y de Scotia. Dos grandes terremotos ocurridos en 1949 generaron rupturas en superficie sobre la falla Fagnano-Magallanes. Desplazamientos cosísmicos por movimientos transtensivos han sido registrados cerca del Lago Fagnano, el cual se ha interpretado está localizado en una sección transtensiva del sistema de falla principal.

Región extra-andina de Sudamérica

Las regiones en las que mejor se ha documentado la deformación cuaternaria en un área de intraplaca de Sudamérica es en la región de Borborena en el Nordeste de Brasil y en las estructuras tectónicas de la Serra do Mar, en el sur de Brasil. El análisis de la sismicidad en Brasil ha sido medida instrumentalmente y ampliamente analizada. En esta región de intraplaca, se han detectado unos pocos sismos con magnitudes > 5,4 mb. Sin embargo, sobre la base de evidencia de licuefacción de gravas aluviales cuaternarias que han sido vinculadas a terremotos históricos o a paleoterremotos, se han estimado paleomagnitudes de hasta 6,8 M, en el Nordeste de Brasil. En general la deformación cuaternaria es atribuida en este sector del interior de la Placa Sudamericana, a la reactivación de muy antiguas estructuras o zonas de debilidad preexistentes, después de acumular esfuerzos durante lapsos de tiempo muy largos.

La falla Las Lagunas, ubicada dentro de la llanura de la Pampa Norte, en el interior continental de Argentina, ha registrado actividad durante el Holoceno y ha sido asociada con la sismicidad actual de la región de Sampacho y al sismo de 1934. Deformación tectónica durante Pleistoceno tardío ha sido documentada en el interior de la cuenca Chaco-Paraná, en el sector de la Pampa Norte, sobre la base de evidencia estratigráfica y geomorfológica. Dichas deformaciones no presentan rupturas en superficies y han sido interpretadas fueron originadas por fallas ciegas propagantes. Allí se han estimado tasas de levantamiento de bloques estructurales llamativamente altas, de hasta 0.35 mm/año. También se han aportado evidencias estratigraficas y geomorfológicas que sugieren actividad tectónica cuaternaria sobre las fallas del sistema que controla el Río Paraná en la región sur de la Mesopotamia.

LAS GLACIACIONES

Indudablemente, el factor decisivo del actual enfriamiento a largo plazo de la Tierra fue la glaciación de la Antártida, que comenzó en el Mioceno al situarse dicha masa continental en latitudes polares. El extremo sur de los Andes, situado a menos de 1000 kilómetros de la Península Antártica, sufrió la influencia de ese nuevo sistema climático desde los primeros tiempos. Los Andes patagónicos fueron sometidos a varios períodos glaciales desde el Mioceno: en el Mioceno superior ocurrió una glaciación de montaña relativamente importante en Tierra del Fuego y sur de Patagonia. Posteriormente, varias glaciaciones ocurrieron en el Plioceno y el Pleistoceno en el sur de Patagonia y más al norte, hasta Bolivia; aquí los depósitos glaciales y glacifluviales tienen espesores de más de 300 metros.

Los pulsos glaciales intermitentes parecen haber sido cada vez más fuertes hasta que ocurrió un evento extraordinariamente grande, denominado "La Gran Glaciación Sudamericana" o "La Gran Glaciación Patagónica", que formó un casquete de hielo que alcanzó el nivel del mar en al Atlántico hasta la latitud de 51° S entre 1,2 y 1,0 Ma, en el tope del Pleistoceno Inferior. Todas las glaciaciones posteriores fueron de menor extensión.

El Pleistoceno Superior de los Andes está caracterizado por una glaciación bien documentada durante el Estadio Isotópico 2 y por otra, mayor, muy probablemente ocurrida en el EI 4. Las morenas del EI 2 están bien preservadas en todos los países andinos y están generalmente acompañadas de depósitos sedimentarios de deshielo aguas abajo. En la mayor parte de los casos, los sedimentos glaciales y glaci-fluviales derivan de la destrucción de rocas terciarias; en varias regiones (por ejemplo en Patagonia norte) la mayor parte de los sedimentos glaciales son sedimentos fluviales reciclados. Durante el Holoceno Superior y la Pequeña Edad del Hielo se produjeron reavances menores de glaciares en los Andes del Sur y otras áreas. Durante el EI2 emergió un amplio sector de la plataforma continental atlántica debido al descenso del nivel del mar, particularmente en la Patagonia (Fig. 21-3).

Los procesos dinámicos más sobresalientes en los Andes durante el Cuaternario fueron las glaciaciones. Actualmente, por el contrario, el escenario está dominado por fenómenos de meteorización física y movimientos de masa, particularmente por encima de los 2500 metros de altura. Una amplia variedad de procesos de destrucción de material rocoso ocurre en la alta montaña; en su mayor

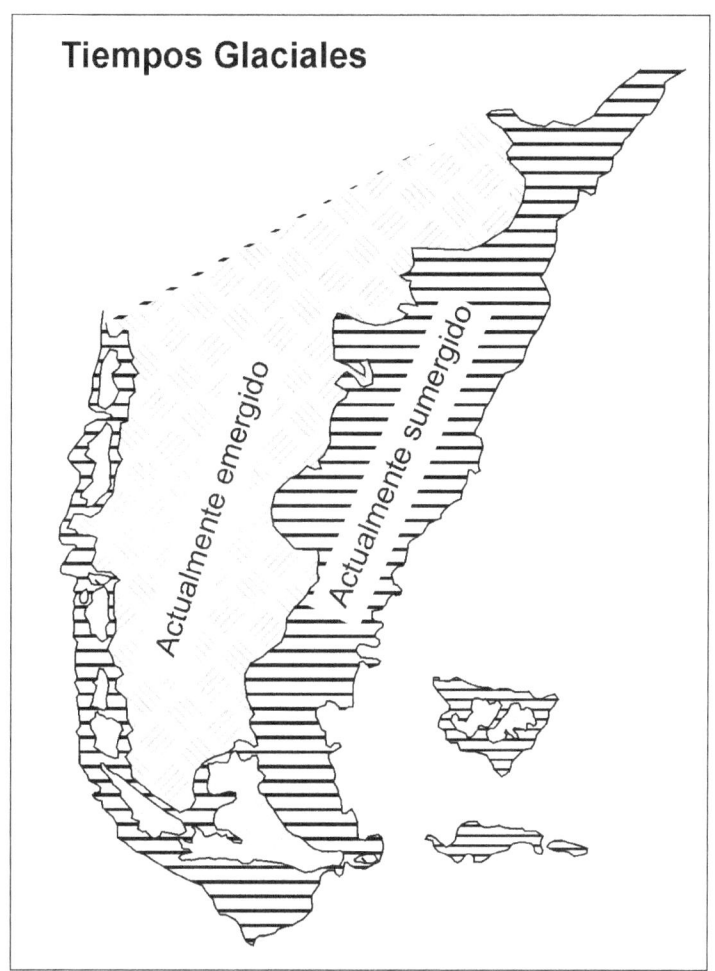

Fig. 21-3 - Plataforma patagónica emergida durante el Último Máximo Glacial (EI2)

LAS TIERRAS BAJAS INTERIORES

Las tierras bajas interiores son la expresión superficial de una cuenca geológica continental ubicada entre el cinturón móvil de los Andes y los terrenos más estables del este de Sudamérica. Desde un punto de vista geotectónico, se trata de la cuenca subandina de antepaís, que se extiende desde los 10°N hasta los 40°S, en el sur de la Pampa. Está dividida geológicamente en varios sectores, que coinciden en general con nombres geográficos (Iriondo, 1999b). Los cambios climáticos cuaternarios estuvieron caracterizados en las tierras bajas por variaciones en humedad más que en cambios de temperatura. Los climas húmedos favorecieron la generación de suelos y fajas fluviales; climas semiáridos provocaron la sedimentación areal de cauces efímeros y grandes derrames aluviales, lo que resultó en la construcción de mega-abanicos. En intervalos definidamente secos dominaron los procesos eólicos, que formaron campos de dunas y mantos de loess.

De acuerdo con la información actualmente disponible, el Anticiclón Antártico domina el patrón climático del Hemisferio Sur, que se intensifica y creee durante las glaciaciones y disminuye en los períodos de calentamiento global (Iriondo, 1999c). Este anticiclón avanzó 10-15 grados hacia el norte en el Ultimo Máximo Glacial. Dicho fenómeno produjo el corrimiento de las sucesivas fajas climáticas hacia el norte en distancias similares. Durante el último calentamiento significativo, ocurrido hacia la mitad del Holoceno (período Hypsithermal) el Anticiclón Antártico se contrajo hacia el sur entre 5 y 10 grados con respecto a su posición actual, o sea entre 550 y 1100 kilómetros. En consecuencia, esa tendencia resulta en una oscilación continental de climas secos y húmedos, debido a la posición relativa de la Zona de Convergencia Intertropical (ITCZ en inglés) en cada una de las fases: Durante los intervalos fríos la ITCZ es empujada hacia el norte, y un clima húmedo se produce en Venezuela mientras que aparece aridez en Argentina; lo contrario ocurre durante calentamientos globales.

Los principales sistemas sedimentarios en las tierras bajas son los mega-abanicos, los campos de arena y las secuencias loess- paleosuelos.

MEGA-ABANICOS

Un mega-abanico es un sistema sedimentario con forma de abanico que cubre un área de varios miles de kilómetros cuadrados; sus características son bastantes diferentes a las acumulaciones del mismo nombre que se desarrollan en el pie de monte. Están caracterizados por las siguientes propiedades:

– Cubren un área de varios miles de kilómetros cuadrados.
– El clima en el ápice es diferente al clima en las otras partes del sistema (debido a su gran extensión), particularmente en la zona distal.
– La pendiente longitudinal es extremadamente baja en comparación con los valores de los clásicos abanicos pequeños de pie de monte.
– Debido a la gran extensión del sistema, frecuentemente aparecen bloques tectónicos enteros dentro del abanico, cuyos movimientos originan lagos y otros fenómenos hidrográficos.

- El cuerpo sedimentario del mega-abanico no es homogéneo, sino está compuesto por un complejo de unidades sedimentarias y morfológicas depositadas durante largos períodos de tiempo.
- Un mega-abanico incluye cauces efímeros, derrames, campos de dunas, fajas fluviales, etc. formados bajo diferentes condiciones.

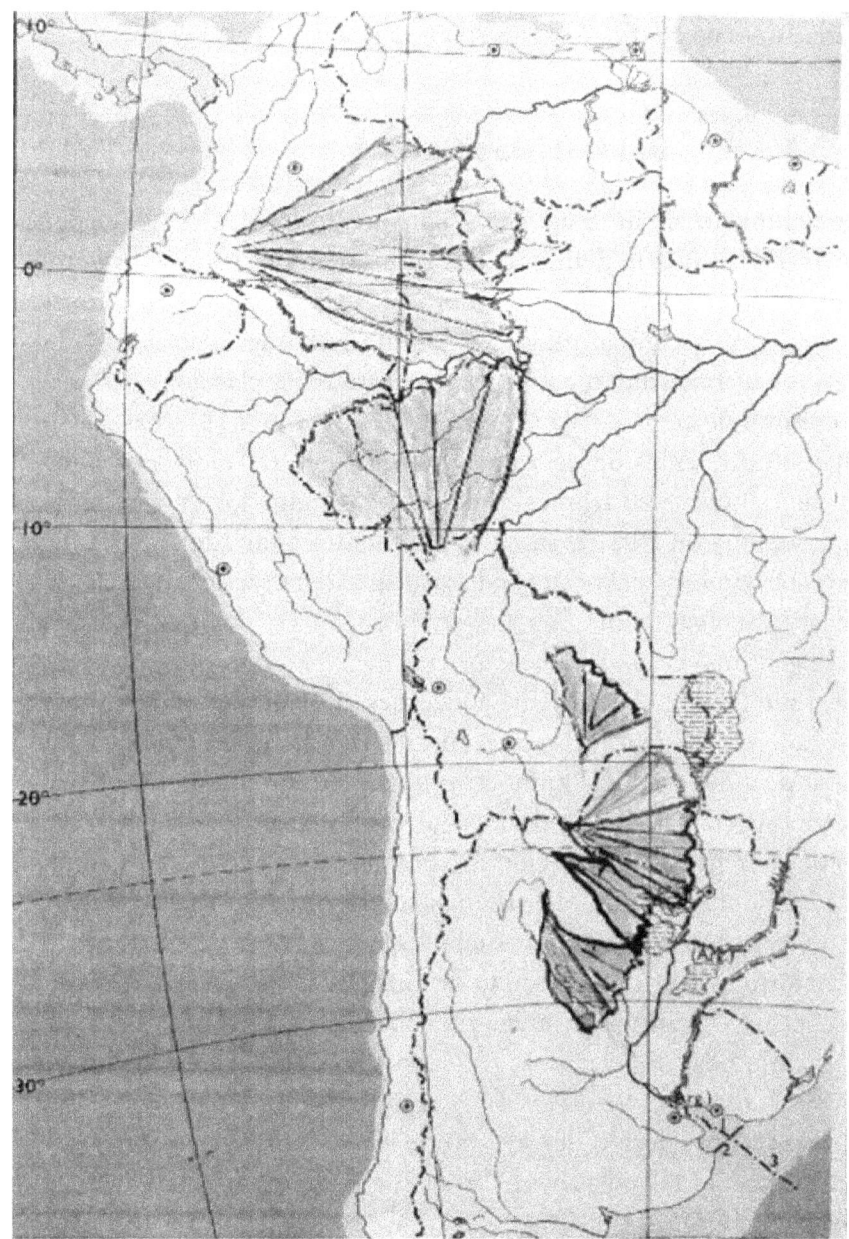

Fig. 21 – 4 – Mega-abanicos al este de los Andes.

Los mega-abanicos sudamericanos forman una serie continua a lo largo del antepaís andino (Fig. 1-4). Se formaron por acumulación de sedimentos aportados por las redes fluviales en los Andes; los colectores de dichas redes cruzan las Sierras Subandinas y cadenas montañosas similares en forma antecedente y desarrollan los mega-abanicos desde el pie de monte hasta largas distancias hacia el este (Iriondo, 1988). Comenzaron a formarse en el Plioceno y, con variaciones en su dinámica, permanecen activos hasta el presente.

DEPÓSITOS EÓLICOS

Grandes volúmenes de limo y arena originados en los Andes y transportados a las tierras bajas fueron deflacionados en los períodos secos y formaron extensos campos de arena y mantos de loess. El sistema mejor conocido de éstos se desarrolló en la Pampa durante el Ultimo Máximo Glacial y el Holoceno Superior, que muestra un patrón clásico: montañas glaciadas -- área de deflación -- campos de arena -- faja de loess periférico. Otros sistemas eólicos tuvieron diferentes modelos de desarrollo, por ejemplo el "modelo chaqueño", en el cual vientos secos tropicales del norte, originados en la planicie amazónica, deflacionaron hacia el sur a los sedimentos aportados a la llanura por los ríos que bajan desde el oeste. Se formaron así grandes campos de dunas en Bolivia y Paraguay y una faja marginal de loess en el sur de Bolivia y noroeste de Argentina.

Otro caso interesante es el sistema eólico desarrollado en los Llanos del Orinoco, en Colombia y Venezuela, en el cual los vientos alisios del norte formaron un mar de arena de 1200 kilómetros de longitud, con orientación este-oeste que gira suavemente hacia el sur, siguiendo la curvatura de los Andes. A sotavento de la arena, una formación loéssica cubre los Llanos en Colombia; a lo largo del borde derecho del sistema, en el pie de monte venezolano, se depositaron manchones menores de dicho loess. Las fuentes de sedimentos fueron la plataforma atlántica y el escudo de Guayanas.

La constelación de campos de arena movilizados en Sudamérica durante el Ultimo Máximo Glacial permite la reconstrucción de los paleovientos de ese período. En la mayor parte de los casos las dunas son de tipo parabólico, lo que facilita la reconstrucción del sentido de los vientos. En otros casos, la dirección de avance de los cuerpos de arena sugiere bastante claramente la dirección del viento (Fig. 21-5).

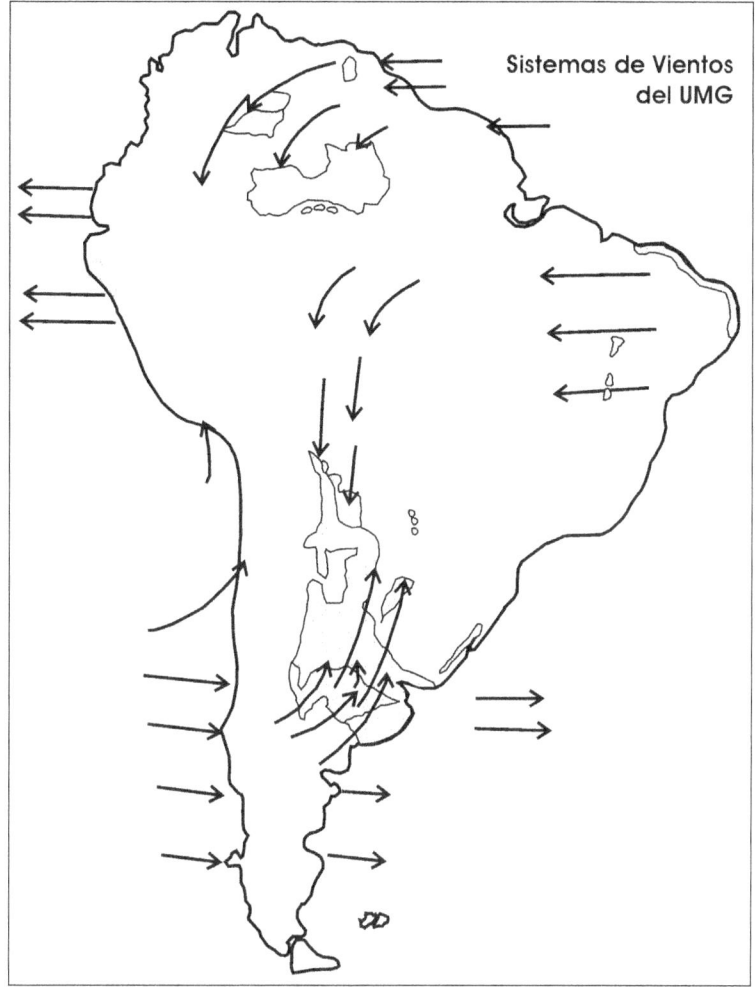

Fig. 21-5 - sistemas de vientos del UMG

HUMEDALES

Los procesos tectónicos tensionales que ocurren en el antepaís andino y en otras tierras bajas producen el hundimiento de bloques de varios miles de kilómetros cuadrados de superficie. Bajo climas húmedos, esas depresiones son ocupadas por cuerpos de agua someros y una densa vegetación palustre. Se trata de un caso especial de humedales que, debido a su gran extensión, complejidad, flujos internos de sales y sedimentos y otras características, deben ser considerados como macrosistemas. Dichas áreas están caracterizadas por inundaciones más o menos periódicas y constituyen complejos ecosistemas adaptados a grandes fluctuaciones en el nivel del agua. Los cuerpos de agua frecuentemente tienen condiciones anaeróbicas y acumulan materia orgánica con varios grados de descomposición. Una lista parcial publicada por Neiff et al. contiene 15 humedales con superficies mayores a diez mil kilómetros cuadrados. Otros humedales algo menores se forman en fajas fluviales abandonadas dentro de mega-abanicos. Ejemplos de ese tipo pueden encontrarse en el sistema del río Pilcomayo, donde una faja antigua está ahora transformada en un pantano de 250 Km de largo y 7 a 12 Km de ancho; en toda esa área la profundidad oscila solamente entre 20 y 80 centímetros. Ese humedal está ubicado en la provincia de Formosa, en Argentina. Otro similar se encuentra en el Chaco paraguayo, una corta distancia hacia el norte. La superficie del agua está cubierta por vegetación palustre (*Graminiae y Cyperaceae*) y plantas flotantes (Eichhornia y Pistia). Existen en el Chaco otros grandes pantanos, con 100 a 200 kilómetros de longitud, 3 a 10 kilómetros de ancho y menos de 1 metro de profundidad.

En algunos humedales crecen turberas tropicales. La laguna Iberá en NE Argentina ocupa un área de 12.000 Km2, cubriendo parcialmente un antiguo mega-abanico del río Paraná. La superficie de agua libre abarca solamente 10 % del total, el resto está cuberto por vegetación palustre y flotante. El producto más interesante de ese ambiente es una turba tropical. Su evolución comienza con el crecimiento de una carpeta de vegetación flotante. Las plantas muertas en esa carpeta no se hunden, sino que permanecen flotando, parcialmente descompuestas, y sirven de soporte a nuevas plantas flotantes. Esto resulta en un paulatino aumento en el grosos de la carpeta, que se transforma en un "embalsado" de 1 a 2 metros de espesor, compuesto por una masa esponjosa saturada de tejidos vegetales parcialmente descompuestos. Durante años excepcionalmente secos, el nivel del agua desciende y el embalsado puede tocar el fondo del pantano. En la siguiente estación húmeda el agua recupera su nivel normal, dejando al embalsado pegado al fondo. Después, el proceso de formación de embalsado comienza otra vez en superficie. Se han medido espesores de embalsados de hasta 3 metros, con edades de hasta 3000 años. Desde el punto de vista de la ciencia del Cuaternario, el grado de conocimiento de los grandes humedales es realmente pobre. En general, dicho conocimiento está restringido a la descripción de las condiciones actuales. Entre los escasos estudios existentes en humedales cuaternarios, puede mencionarse el de la Formación Tapebicuá, una unidad sedimentaria caracterizada por numerosas concreciones ferruginosas y un paleosuelo del tipo Plintosol en el tope. De todas maneras, es claro que estos pantanos tropicales existieron a lo largo de todo el Cuaternario en el continente y que muy probablemente fueron "puntos calientes" en la evolución de plantas y animales y refugios de ecosistemas particulares.

LOS GRANDES RÍOS

Los ríos mayores de Sudamérica funcionan como colectores de las grandes redes hidrográficas formadas como resultado de la elevación mio-pliocena de los Andes, con la excepción parcial del Orinoco. La literatura sobre la historia cuaternaria de los ríos sudamericanos es abundante y excede el motivo de este capítulo. Sin embargo, se pueden hacer dos comentarios aquí:

Se conoce desde hace décadas que la arena transportada por el Amazonas hasta el océano Atlántico es mineralógicamente inmadura, lo que a primera vista constituye una paradoja, porque el Amazonas es el epítome de ambiente tropical húmedo. Los autores citados concluyen que la razón de ello fue una aridez durante la última glaciación. Discrepan con esa opinión y presentan datos que indican que la arena arcósica llega desde los Andes vía río Amazonas. Nuestras propias observaciones realizadas en la alta cuenca del Amazonas confirman este origen: Las orillas de los ríos Napo y Pastaza y las de sus tributarios en Ecuador están formadas por arena volcánica fresca y muy suelta, la que es erodada en grandes volúmenes durante la estación lluviosa. La arena tiene composición mesosilícica y además los valles reciben frecuentemente nuevas lluvias de cenizas y sedimentos similares. El río Pastaza ha generado un mega-abanico de 400 kilómetros de largo, formado por arena volcánica y ceniza alterada, presumiblemente durante el Pleistoceno Superior. El borde distal del abanico está marcado por el río Amazonas. Integrando ambas observaciones se concluye que la carga sedimentaria del Amazonas tiene una fuente volcánica moderna, y no debe ser considerada dentro de la teoría "normal" de meteorización ambiental.

- Los sedimentos del río Paraná provienen de dos fuentes contrastadas. La carga de fondo está compuesta por arena cuarzosa fina originada en la destrucción de areniscas eólicas en Brasil. El sedimento transportado en suspensión proviene de los Andes, es transportado por los ríos chaqueños, y pueden alcanzar a concentraciones de hasta 40.000 partes por millón de limo y arcilla illítica. Ambos sedimentos se mezclan en la confluencia ParanáParaguay, unos 1400 Km aguas arriba de la desembocadura en el océano Atlántico. El contraste entre ambas fuentes de sedimento es claro, debido a que el clima de ambas regiones oscila con una correlación inversa.

LA COSTA Y LA PLATAFORMA CONTIENTAL

La relación entre continente y océano es altamente asimétrica en Sudamérica. La plataforma continental atlántica es ancha y bien desarrollada, por ejemplo en Patagonia, con todas las características de un margen pasivo. Por el contrario, la costa pacífica es escarpada y termina abruptamente en una fosa oceánica. La cordillera de los Andes es por lejos la fuente más importante de sedimentos que llegan al océano.

Los tres ríos mayores, el Amazonas entre ellos, descargan grandes volúmenes de sedimentos de origen andino en la costa atlántica. Actualmente el Paraná descarga 200 millones de toneladas de sedimentos suspendidos por año; el Orinoco 150 Mt/a y el Amazonas entre 1100 y 1300 Mt/a. Los tres son sistemas de transporte transcontinental de sedimentos finos, que forman aproximadamente el 90 % de la descarga total. Por el contrario, los sedimentos de fondo del Orinoco y del Paraná son originados en rocas antiguas de escudo.

El nivel del mar actual es representativo de los niveles altos interglaciales. En estas condiciones, cuando la masa sedimentaria alcanza el mar, no se derrama hacia el fondo del océano, sino que es transportado a lo largo de la costa sobre la plataforma interior hacia el noreste (Paraná) y el noroeste (Amazonas y Orinoco), esto es, en una dirección antihoraria (Fig. 21-6). La mayor parte del transporte ocurre en profundidades entre cero y 40 metros y la concentración de sedimento puede llegar hasta las 100 partes por millón en dicha faja. Es interesante hacer notar que la mayor parte de los ríos de la pendiente atlántica desarrollaron deltas durante el Holoceno, con la notable excepción del Amazonas, en cuya desembocadura se forman ondas de marea extremadamente fuertes que impiden la sedimentación. Por el contrario, la costa pacífica muestra depósitos costeros escasos, principalmente playas elevadas y llanuras de marea.

Durante períodos glaciales con bajos niveles del mar, la sedimentación marina es cualitativamente diferente; los ríos cruzan la plataforma y descargan sus sedimentos en el fondo oceánico, formando grandes cañones submarinos en el talud continental y conos en la planicie abisal. La plataforma emergida en esos períodos puede ser considerablemente amplia; el área de la Patagonia, por ejemplo, fue aproximadamente el doble que la actual durante el Último Máximo Glacial.

En la actualidad y durante todo el Holoceno, la dinámica costera en la mayor parte del lado del Pacífico está dominada por una acción casi constante de las mareas, interrumpida en algunos años por fuertes tormentas de oleaje durante los eventos El Niño. Por lo tanto, las playas elevadas y "beach ridges" son consideradas en Perú y Ecuador como indicadores de eventos El Niño. Un punto interesante es la discusión entre especialistas acerca de si El Niño ocurrió solamente durante el Holoceno o también apareció en el Pleistoceno; la mayor parte de ellos cree que es un fenómeno exclusivamente holoceno. Sin embargo, la estratigrafía pleistocena sugiere que una dinámica de oleaje (El Niño) tuvo lugar por lo menos tres veces durante el Pleistoceno, formándose los "tablazos", depósitos elevados formados en ambientes de playas de alta energía.

El Sistema de Dispersión Amazónico - Se ha dado este nombre al sistema de transporte litoral atlántico que abarca alrededor de 5.000 kilómetros, desde algo al sur de la boca del Amazonas hasta el delta del Orinoco, pasando por las tres Guayanas, la mitad de la costa de Venezuela y parte de la islas del Caribe. El agua y el sedimento provienen en su casi totalidad de la cuenca Amazónica, que abarca varios países sudameicanos desde los Andes hacia el este. Sus principales características en la actualidad son las siguientes:

– El Amazonas es el mayor río del mundo. Contribuye con aproximadamente 18 % del agua continental que llega al oceáno mundial.

– La carga sedimentaria de fondo que trasporta el río es relativamente limitada (cien millones de toneladas por año). Está formada por arenas y gravas. Llega a la plataforma continental solamente en temporada de creciente (mayo, junio y julio). Se acumula directamente frente a la desembocadura, a menos de 50 metros de profundidad..

– La carga de sedimento en suspensión (arcilla y limo) es mucho mayor: entre 1.100 y 1.300 millones de toneladas anuales. Se acumula principalmente en la zona del estuario y sobre la plataforma continental a todas profundidades.

– La dispersión amazónica obedece a un ritmo anual, con un período de mayor transporte durante la vigencia de la ITCZ (Zona de Convergencia Intertropical de la atmósfera) en el norte de Sudamérica, la cual produce fuertes trenes de olas inducidos por los vientos alisios del Nordeste. El oleaje aumenta el transporte costero y la erosión. Un pico menor se produce entre febrero y mayo, debido a la intensificación de la Corriente oceánica de las Guayanas.

– Duurante la estación "seca" de las Guayanas (agosto-septiembre) el mar está calmo, el alisio del Sudeste es más suave y más estable que el anterior y el pasaje de los sedimentos amazónicos queda bloqueado.

– Solamente entre el 10 y el 20 % de la carga total de sedimentos es transportado a lo larrgo de la costa de las Guayanas. Dos tercios de dicho volumen está compuestos por grandes bancos de un barro semi-fluido muy pegajoso, llamado "sling mud" en esa región.

– El porcentaje de esa carga en suspensión que queda sedimentada efectivamente en la zona costera de las Guayanas es escaso, 1 % o menos. La casi totaliidad transita a lo largo de las costas y se acumula en la zona del delta del Orinnoco (que actúa como una trampa de sedimentos de escala regional), en el golfo de Paria y en la cuenca oceánica de Venezuela.

– Esta dinámica se estableció alrededor de 3.500 años antes del Presente. Desde entonces ha depositado paquetes compactos de barro de varios metros de espesor, no bioturbados, separados por camadas finas de varios centímetros de espesor generalmente laminadas.

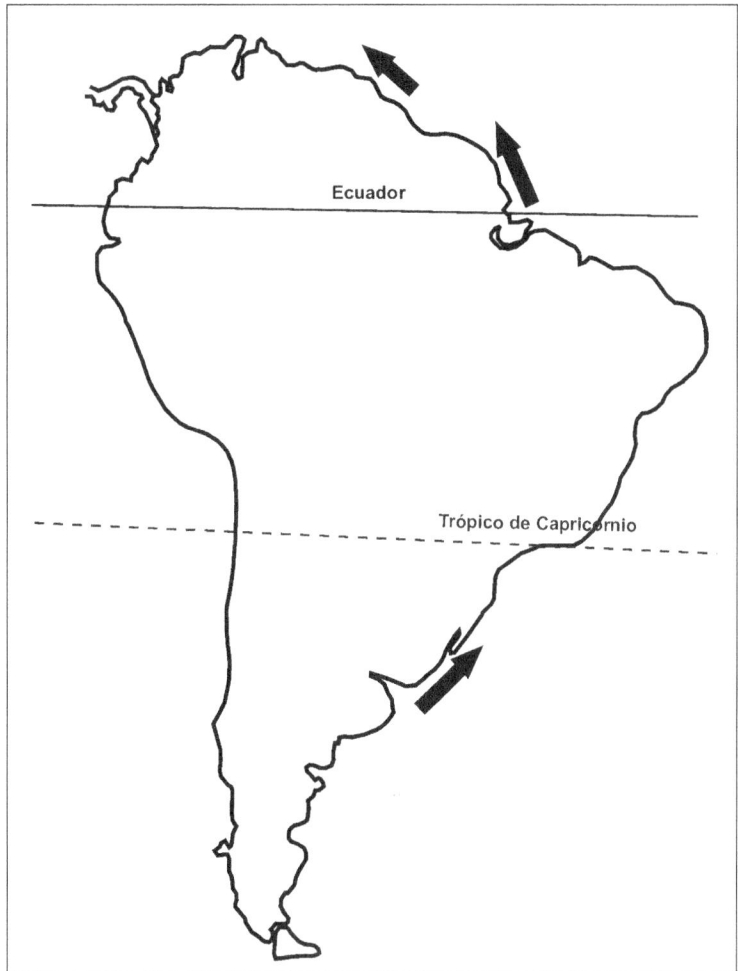

Fig. 21-6- Migración regional de agua y sedimentos litorales atlánticos

BANCO BURWOOD/NAMUNCURÁ

El banco Burwood o banco Namuncurá es una meseta sumergida ubicada aproximadamente a 200 kilómetros al este de Tierra del Fuego y 150 kilómetros al sur de las islas Malvinas. Forma la continuación de la Cordillera de los Andes en el borde norte de la placa oceánica de Scotia (que separa Sudamérica de la Antártida). Forma el rincón sudeste de la plataforma continental sudamericana.

Durante el ultimo Máximo Glacial este banco formó una gran isla de 13.600 Km2, mayor que el archipiélago de la Malvinas, con 300 kilómetros de longitud este-oeste y 70 kilómetros de ancho. Permaneció emergida, al menos parcialmente, durante todo el Estadio Isotópico 2, que tuvo entre 20.000 y 25.000 años de duración. Es sumamente probable que emergiera también durante un período de tiempo considerablemente mayor en la Gran Glaciación Sudamericana, ocurrida alrededor de 1 millón de años antes del Presente.

Actualmente la superficie del banco Burwood/Namuncurá se encuentra a profundidades que varían desde 50 metros hasta casi 200 metros. Está compuesta por acumulaciones de sedimentos sueltos, tales como arena, grava y conchillas. Su flanco sur está representado por pendientes abruptas, que llegan hasta los 3000 metros por debajo del nivel del mar.

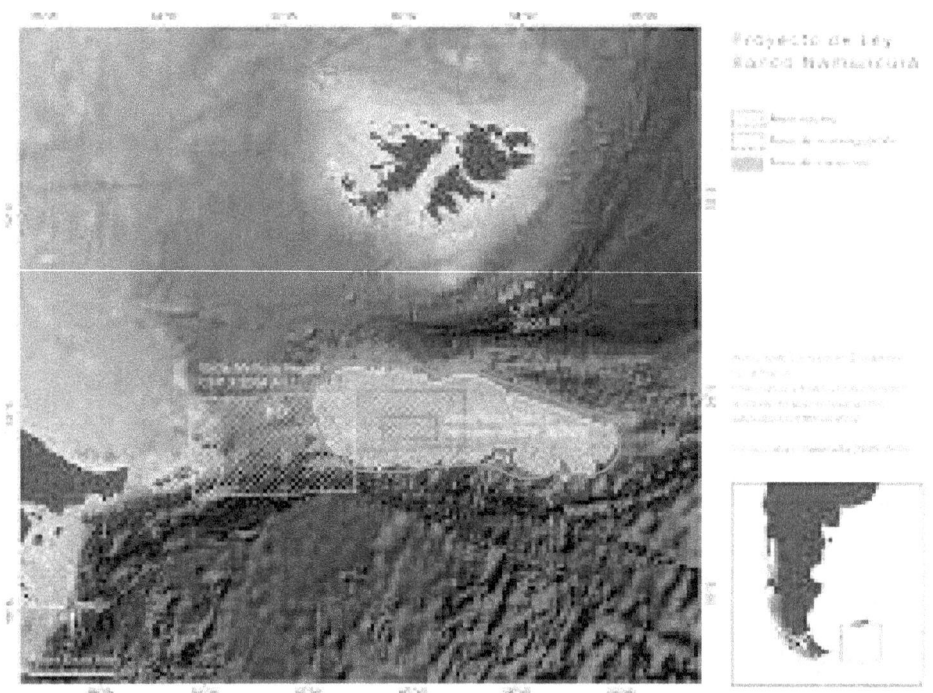

Fig. 21-7. Banco Burwood/Namuncurá. Es una gran isla sumergida durante épocas de alto nivel del mar (como la actual).

LOS CLIMAS CUATERNARIOS

Sudamérica ha sufrido numerosos cambios climáticos durante el Cuaternario. En las tierras altas y en latitudes mayores a los 40°S dichos cambios se expresaron en cambios extremos de temperatura (glaciaciones e interglaciales), mientras que en las tierras bajas se han producido secuencias de aridez/humedad. La glaciación de mayor intensidad y extensión fue la llamada Gran Glaciación Sudamericana, ocurrida en el Estadio Isotópico 30, alrededor de un millón de años antes del presente, al finalizar el Pleistoceno Inferior.

La época mejor conocida es el último ciclo glacial/interglacial. El último interglacial corresponde al Estadio isotópico 5. Estuvo caracterizado por altas temperaturas y humedad mayor que la normal en el sudeste del continente (Sur de Brasil, Noreste de Argentina, Paraguay, Uruguay) con elevación de unos 10 metros del nivel del mar y desarrollo de una terraza en el sur de Brasil, Argentina y Uruguay. Durante el Estadio Isotópico 4 (EI4, entre 85.000 y 65.000 a. A.P.) una masiva glaciación afectó toda la cordillera de los Andes. Ocurrió un clima húmedo en el norte del continente y un gran desierto se desarrolló en el sur, asociado con limos eólicos que alcanzaron la latitud de 25° en el sudeste de Brasil.

En el EI3 (65.000/36.000 a. A.P.) los glaciares de montaña fueron de modesta extensión en los Andes. En el sur (Pampa y Chaco) revaleció clima húmedo y cálido, mientras condiciones de sequía dominaban en el norte (Amazonas y Colombia).

En el EI2 (36.000/8500 a. A.P.) ocurrió un avance generalizado de glaciares en los Andes, aunque menor que en el EI4. Clima frío y seco en el sur, con extensión del clima patagónico hacia el noreste. Húmedo en el amazonas y en el Orinoco.

El período Hypsitermal del Holoceno fue húmedo en el sur y seco en el norte del continente. Esto se debe a que la Zona de Convergencia Intertropical (ITCZ) tiene tendencia a permanecer más tiempo en el sur durante los períodos cálidos y a estacionarse en el norte en los períodos fríos. Un ejemplo de cada caso ocurre en la actualidad: los años El Niño reproducen los períodos cálidos, mientras que La Niña imita a los períodos fríos. En realidad, el mapa de los paleoclimas sudamericanos no es solamente una oscilación norte/sur sino que se trata de algo más complicado. Por ejemplo, el Altiplano funciona climáticamente como Venezuela mientras que la República del Ecuador se comporta como la Pampa (Ver mapa). El Chaco y las tierras bajas bolivanas tienen climas tipo Pampa (Figs. 21-8 y 21-9).

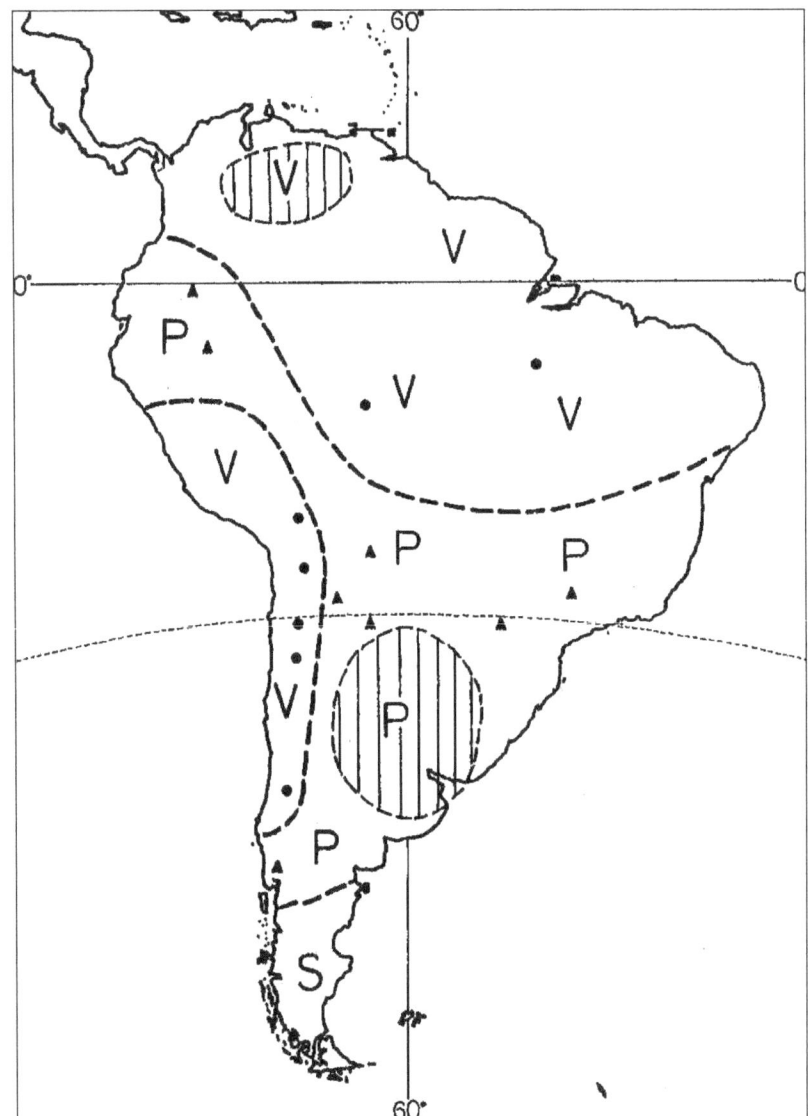

Fig. 21-8. Tipos climáticos de America del Sur – P: Climas tipo Pampa. V: Climas tipo Venezuela. S: Clima tipo oceánico en Patagonia

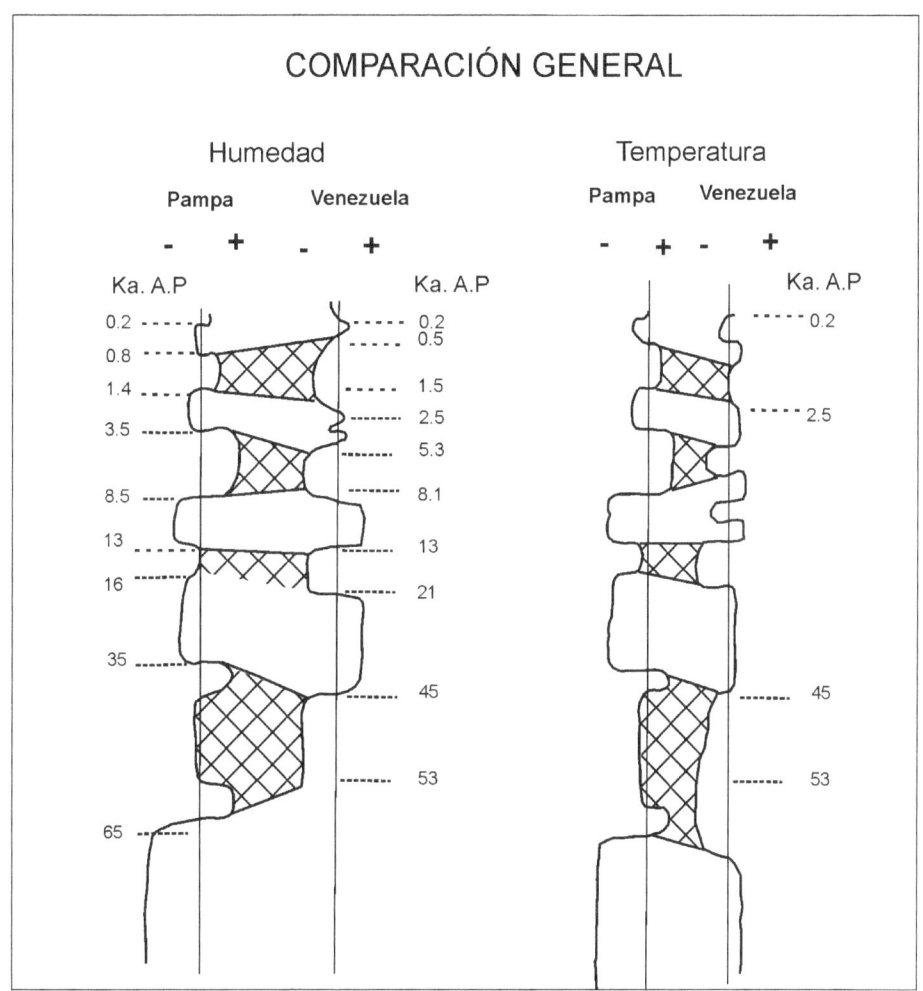

Fig. 21-9. Comparación de los cambios climáticos en la Pampa y en Venezuela durante el Cuaternario superior.

LOS MEGA-ABANICOS DE LA AMAZONIA OCCIDENTAL

Una serie de mega-abanicos aparece a lo largo de la vertiente oriental de los Andes, en la Amazonia Occidental (Fig. 1-4). Los mayores de éstos están ahora drenados por las cuencas de los ríos Pastaza y Purús. El abanico del Purús fue probablemente formado por la acumulación de sedimentos originados en el Ucayali; está caracterizado por ríos que transportan montmorillonita como mineral arcilloso dominante. Ese sistema sedimentario está compuesto por la Formación Iñapari (Argollo e Iriondo, 2008), con 30 metros de espesor.

Los abanicos amazónicos fueron desarrollados bajo climas más secos que el actual, probablemente durante las glaciaciones pliocenas y pleistocenas. Teniendo en cuenta que durante las glaciaciones las fajas climáticas del Hemisferio Sur fueron corridas hacia el norte, la dinámica actual de los mega-abanicos del Chaco puede proveer importantes claves para la interpretación de los procesos actuantes entonces: Clima tropical/subtropical semiárido, con marcada estacionalidad en la descarga de agua y sedimento, alta concentración de sedimento en suspensión, derrames y humedales no permanentes (Iriondo, 1988). Los abanicos del Chaco son tratados en detalle en el capítulo 5 de este libro.

EL CLIMA ACTUAL

El clima actual de Sudamérica, con datos instrumentales e información que cubre a todo el continente y océanos vecinos, se utiliza como base de referencia para el estudio y comparación de los climas del pasado. Una actualización de los conocimientos sobre este tema ha sido publicada por Garreaud y colaboradores (2009). Una síntesis es la siguiente:

- Sudamérica se extiende desde la latitud de 10° en el Hemisferio Norte hasta los 55 en el Hemisferio Sur, conteniendo climas tropicales, subtropicales y extra-tropicales. Esas variaciones norte-sur se combinan asimetrías climáticas de dirección este-oeste debido a la presencia de los Andes, también a variaciones en el ancho del continente entre las regiones del norte y la Patagonia y a la diferencia de temperaturas entre el océano Pacífico (frío) y el Atlántico (cálido). En consecuencia, en latitudes tropicales y subtropicales de la faja occidental dominan climas secos y relativamente templados mientras en el interior y en el este se extienden climas cálidos y muy húmedos, que incluyen el reciclado parcial del vapor de agua en la selva durante la estación lluviosa y el desvío de masas de aire húmedo hasta la latitud de 35°S.
- Al sur de los 40° de latitud Sudamérica está dentro de la Faja de Vientos del Oeste (Westerlies) que forman tormentas ciclónicas que migran en dirección oeste-este. La presencia de los Andes también rompe la circulación general, especialmente el patrón de precipitaciones, produciendo un clima muy húmedo en Chile y árido en Argentina debido a lluvias orográficas en el oeste y vientos catabáticos en el este

- El fenómeno ENSO (El Niño/Southern Oscilation) es un importante factor que determina la variabilidad climática interanual en casi todo el continente: provoca sequías en el norte (Venezuela, Colombia, Guayanas y norte de Brasil)"y lluvias extraordinarias en la cuenca del Plata. Durante el evento climático opuesto, llamado "La Niña", ocurre lo contrario.
- La variabilidad decadal (en diez años) e interdecadal (entre dos o más décadas). Posiblemente está provocada por la Oscilación Decadal del Pacífico (PDO).
- Otra fuente de variabilidad es la Oscilación Antártica (OAA), caracterizada por anomalías de presión atmosférica de un signo centradas en el Anticiclón Antártico y anomalías de signo opuesto en la faja de Westerlies que lo circunda.

EL POLVO EÓLICO PATAGÓNICO EN LA ANTÁRTIDA

El polvo atmosférico atrapado en los glaciares de la Antártida tiene origen patagónico. Esto ocurre porque la Patagonia es la única masa continental de gran tamaño ubicada en la faja de los Vientos del Oeste del Hemisferio Sur (Westerlies). Dichos "vientos" en realidad son una serie de estructuras ciclónicas de 400 a 800 kilómetros de diámetro que migran permanentemente alrededor de la Tierra entre las latitudes de 40 y 70 grados, elevando las masas de aire y aerosoles a la troposfera superior (Iriondo, 2000). En esa altura tiene lugar una compensación de masas con el Anticiclón Antártico, el cual (como todos los anticiclones) hunde el aire y los aerosoles hacia la superficie.

En esas condiciones, grandes masas de sedimentos superficiales sueltos y polvo atmosférico pueden ser fácilmente erosionados en el clima seco de la meseta patagónica. Se trata de un efecto particular de la Circulación General de la Atmósfera, la que impide que los sedimentos finos de Australia y África del Sur lleguen a la Antártida, a pesar de la importante dinámica eólica que domina en ambos continentes.

EPÍLOGO - LO QUE VENDRA

Evidentemente, el devenir geológico no se detiene en el año dos mil. El clima, los cordones montañosos y las especies animales seguirán cambiando. Los continentes, en su deriva, crearán y cerrarán océanos. De acuerdo a los conocimientos actuales, se pueden adelantar razonablemente los siguientes sucesos:

- En el siglo XXI el clima de la Tierra tendrá unos 2 grados centígrados más de temperatura que el el siglo XX. Esto se produce debido al efecto invernadero del anhídrido carbónico liberado en la atmósfera por la actividad industrial. En pocas décadas el nivel del mar subirá entre 50 centímetros y 1 metro.
- Las tormentas, sobre todo las tormentas marinas, serán más intensas que en el pasado reciente.
- El delta del Paraná, que crece actualmente 70 metros por año, alcanzará Montevideo en unos 3500 años, desapareciendo por completo el Río de la Plata. La Capital Federal ya habrá sido alcanzada y superada mucho tiempo antes, alrededor del año 2300 de nuestra era..
- El Cuaternario es un período fundamentalmente glacial, con algunos intervalos interglaciales cálidos intercalados. Estos duran entre 10 y 15 mil años cada uno. El actual intervalo cálido (llamado Holoceno) ya lleva diez mil años. Como no tenemos indicio alguno que la serie normal haya terminado, se debe asumir que comenzará otra época glacial antes de 5.000 años. La consecuencia principal va a ser que Canadá y toda Escandinavia van a quedar cubiertos por el hielo. También la Patagonia quedará inhabitable, aunque esto quedará en parte compensado por la expansión de la provincia de Buenos Aires hacia el sureste, debido al descenso del nivel del mar. Y por un aumento de lluvias en la Puna.
- Dentro de 9 millones de años el mar Mediterráneo desaparecerá al colisionar Africa con Europa. Para ese entonces el Atlántico Sur tendrá 200 Km más de ancho que actualmente. El océano Pacífico será menor que el actual.
- En 50 millones de años el Pacífico desaparecerá completamente mientras que el mar Rojo será un gran océano. La corteza continental será mucho mayor que la actual; a un ritmo de acreción de 3,5 Km2 por año, el lector puede hacer el cálculo.

- El origen del agua oceánica se encuentra en gran parte en las exhalaciones de vapor que ocurren en las suturas de expansión de lalitosfera. Con el tiempo, el volumen del océano irá creciendo y posiblemente se duplicará en 400 Ma. La Tierra se transformará cada vez más en un planeta acuático.
- Una vez que cristalice todo el núcleo terrestre (lo que puede ocurrir en 8.000 Ma) cesará el movimiento de las placas de la litosfera y toda la Tectónica se transformará en cosa del pasado. En unos millones de años más la erosión destruirá todo el relieve terrestre.
- Si las teorías geofísicas actuales son correctas, al cristalizar todo el núcleo desaparecerá el magnetismo terrestre. La brújula ya no marcará el norte. Pero el principal inconveniente para la Biosfera será que desaparecerá la pantalla protectora que forma dicho campo alrededor de la Tierra, que quedará expuesta al viento solar y otros fenómenos cósmicos.
- Aunque, si el Sol es una estrella normal (como parece serlo), estallará un tiempo antes. Eso ocurrirá dentro de unos 5.000 Ma, consumiendo en algunos minutos a todos los planetas y satélites que lo rodean.

NAHIKO (ORAINDIK).

Impreso por Editorial Brujas • mayo 2020 • Córdoba–Argentina

www.ingramcontent.com/pod-product-compliance
Lightning Source LLC
Chambersburg PA
CBHW060409220526
45465CB00008B/2819